Seewein

Weinkultur am Bodensee

herausgegeben von
Thomas Knubben und Andreas Schmauder
in Zusammenarbeit mit Christine Krämer

Jan Thorbecke Verlag

bis oben an von des Rheines
Warmen Bergen mit Wein reiche den Becher gefüllt!

Friedrich Hölderlin: Der Wanderer

Vorwort

Der Weinbau spielt am Bodensee seit mehr als tausend Jahren eine entscheidende Rolle in der Nutzbarmachung und Pflege der Natur, in der Entwicklung der Wirtschafts- und Herrschaftsstrukturen, in der Lebensmittelversorgung, im kulturellen Leben und im Alltag schlechthin. In der Geschichte des Seeweins spiegeln sich bis heute der Reiz, die Vitalität und das Potenzial einer faszinierenden Landschaft.

Dieser Band verdankt seine Entstehung der Errichtung des Vineum Bodensee in Meersburg. Geografen, Archäobotaniker, Historiker, Kulturwissenschaftler, Designer und Weinjournalisten von allen Seiten des Bodensees haben sich zusammengetan, um die wissenschaftlichen Grundlagen für dieses neue Haus für Wein, Kultur und Geschichte zu schaffen. Die Ergebnisse ihrer Forschungsarbeiten bieten erstmals eine umfassende und länderübergreifende Kulturgeschichte des Weinbaus am Bodensee.

Wir bedanken uns bei der Stadt Meersburg, ihrem Bürgermeister Dr. Martin Brütsch und der Kulturabteilungsleiterin Christine Johner für den Auftrag zu diesem Buch, bei Korkut Demirag und seinem großartigen Team rund um Demirag Architekten – Hanna Kropp, Christine Krämer, Chris Schaal, Michael Albertinelli, Ulrich Volz, Sharonah Lüderitz, Franziska Götz, Peter Stein – für die Zusammenarbeit bei der Gestaltung des Vineum Bodensee. Den Autorinnen und Autoren wie auch allen, die das reichhaltige Bildmaterial zur Verfügung gestellt haben, danken wir für ihre mit Leidenschaft und Begeisterung erarbeiteten Beiträge. Einen wesentlichen Anteil am Gelingen dieses Buches hat Christine Krämer. Ihr Blick auf die großen Zusammenhänge am Bodensee, ihre Faszination für die Geschichte des Weines und ihre Vernetzung in die Weinwelt haben uns begeistert.

Das Buch mit zwei Gestaltern zu realisieren, die den Bodensee und die Besonderheit des Weinbaus kennen, sich mit Wein und Design auseinandergesetzt haben, war für uns ein besonderes Privileg. Dank an Uli Braun und Markus Braun. Daniela Naumann, unsere Lektorin im Thorbecke Verlag, hat für die gute Lesbarkeit der Beiträge gesorgt, Anja Schuld die Nachweise bearbeitet. Auch hierfür sagen wir herzlichen Dank.

Thomas Knubben und Andreas Schmauder

Inhalt

Constantia
Soluta O.

Bürglen.

Ottenberg.

Weinfelden.

Girsperg.

Castell.

weil.

Kesweil.

Güttingen.

Münsterlingen

Tagerweil.

Constantia. Er

Got

Stad. Almans

Wo

Meinou

Mersperg.

Imenstad Kirchberg. Hagnaw.

Vldinge

bach.

Hersperg.

Kippenhausen.

Stetten.

ten

Lippach.

Ittendorff.

Nass

Radarach.

Bercka.

Marckdorff.

Bermatingen.

Memihausen.

A

Heppach.

Thomas Knubben / Andreas Schmauder

Seewein

Im Herbst 1580 unternahm der französische Philosoph und Humanist Michel de Montaigne eine legendäre Reise nach Italien. Sie führte ihn von Bordeaux durch halb Frankreich über das Elsass in die Schweiz und am Bodensee entlang bis nach Rom. Ein langjähriges Blasenleiden, das er in den berühmtesten Bädern Europas zu kurieren suchte, hatte ihn zur Reise veranlasst. Wir verdanken ihm sehr anschauliche Einblicke in die Weinkultur und in die Gastlichkeit rund um den See zu dieser Zeit. Montaigne gerät bei seinen Schilderungen geradezu in Entzücken. Nicht nur die Bürgerhäuser seien im Vergleich schöner als in Frankreich, auch sei man in den Gasthöfen besser aufgehoben. Überhaupt sei die ganze Gegend »äußerst fruchtbar, vor allem an Wein.« Das Städtchen Markdorf, das er am Nordufer des Sees passierte, sei »eingebettet in eine sich weithin erstreckende Rebenlandschaft, und die dort wachsenden Weine sind sehr gut.« Gerade, was den Genuss des Weines betraf, nahm Montaigne genauestens Notiz. Er würde immer in großen Krügen aufgetragen und es gelte als ein »Verbrechen, einen leeren Becher nicht sofort daraus nachzufüllen«, Wasser hingegen gebe es niemals, auch dann nicht, wenn man extra danach verlange. Montaigne hat sich daher den Landessitten angepasst und den Wein gegen seine Gewohnheit ohne Wasser getrunken. Freilich seien die Weine unverdünnt noch schwächer als die mit Wasser versetzten Gewächse aus Bordeaux. Sein Fazit am Ende der Reise: Er zöge die Annehmlichkeiten dieser Gegend in vielen Punkten der französischen Lebensweise vor, vergaß dabei aber nicht in Bezug auf seine Zechkumpanen, die ständig mit ihm um die Wette trinken wollten, hinzuzufügen: »Sie sind zwar Prahlhanse, Choleriker und Trunkenbolde, aber [...] weder Betrüger noch Spitzbuben.«[1]

See und Wein

Montaignes Eloge auf die Weinkultur und die Gastlichkeit am Bodensee erfolgte zu einem Zeitpunkt, als der Weinbau am Bodensee gerade einen ersten Höhepunkt erreicht hatte. Von den Klöstern Reichenau und St. Gallen im 9. Jahrhundert sehr gefördert und im Zuge der wirtschaftlichen und politischen Durchdringung des Voralpenraums immer weiter ausgebaut, wurde der Weinbau im Hoch- und Spätmittelalter neben Getreide-

Within the map:
S. Gallen.
Oberstemach. Oberaich. Amersried.
oberried. Marbach. Wartensee. Goldach.
Herrsruk. Balgach. Hern Steinach. Arbon. Lutzbühel Romishorn.
Rhenus fl. Weitnaw Rosenburg S. Margret. Rheinegg. Thal. Sulzberg. Rorschach.
Alt Emps. Lustnaw. Staad.
Dorremburen. Höchst. Grissow. Rhor.
Hasel stauden. Rickenbach. Fuossach.
Wolffurt Lutrach.
Hirstal Auw. Schloss. Hofen.
Bregenz. Lindau. Wasserburg. Buchorn. Manz
Lochen Altswind Mittm. Noßen Ernrich. Langen. orn. Klufft.
Hofen Ziegelhut Eschach Bihel horn Kresbrumm Oberdorff Eresstirch Lewenthal.
Liblach. Reiten Spitalh. Sennfenau Halnow Nonnebach Zell. Paumgarten. Ihnhausen. Schnetzen hausen.
Mezler Ober-Reitnow. Giessen. Reichlishaus.
Under-Reitnow. Langnow Laimnow. Ailingen.
Siberzweiler Rapperswil. Tetnang. Prochenzell. Berg.
Achberg Eckenkirch. Reinach
Argen Fluvius. Becklingen. Rangertshofen
Neukirch. Pfannen.

LACUS MOESIUS sive ACRONIUS.
Hodie POTAMICUS.

LACVS POTAMICI
cum adiacentibus Vrbibus,
Oppidis, Pagis, Castris,
Villis, obiter adumbrata
Designatio. Anno Christi.
MDCLXVII.

Bodenseekarte in Südausrichtung von Gabriel Bucelin, 1667

anbau und Textilwirtschaft und dem dadurch begründeten regionalen und überregionalen Handel zu einer tragenden Säule der zivilisatorischen Entwicklung in der ganzen Region. Im Weinbau verband sich die Befriedigung elementarer Lebensbedürfnisse mit der Möglichkeit, Überschüsse zu erwirtschaften, die in den Ausbau der Städte investiert und zur Entwicklung einer regen Stadtkultur mit Tavernen, Trinkstuben und allerlei Festivitäten genutzt werden konnten.[2] Wein und Stadt und Kultur bildeten so eine Einheit, die sich auch in anderen Orten und Regionen Europas entfaltete, die aber im Bodenseeraum an besondere Gegebenheiten gebunden war.

Der Begriff Seewein bringt diese Gegebenheiten auf den Punkt. Er signalisiert die besondere Bedeutung des Bodensees für die Entwicklung des regionalen Weinbaus. Die geografische Bestimmung des Seewein-Gebietes ist indes diffizil und muss notgedrungen unscharf bleiben, da sich hier großräumige geologisch-morphologische Kriterien, unterschiedliche historische Zusammenhänge im Hinblick auf Weinbau- und Weinhandelstraditionen sowie politisch-administrative Strukturen vielfach kreuzen und überlagern. Von einer geschlossenen und weitgehend einheitlichen Weinregion kann daher nur bedingt die Rede sein. Der vorliegende Band geht von den erdgeschichtlichen Bedingungen bei der Entstehung des Bodensees aus und umfasst das Bodenseebecken mit seinem Hinterland auf

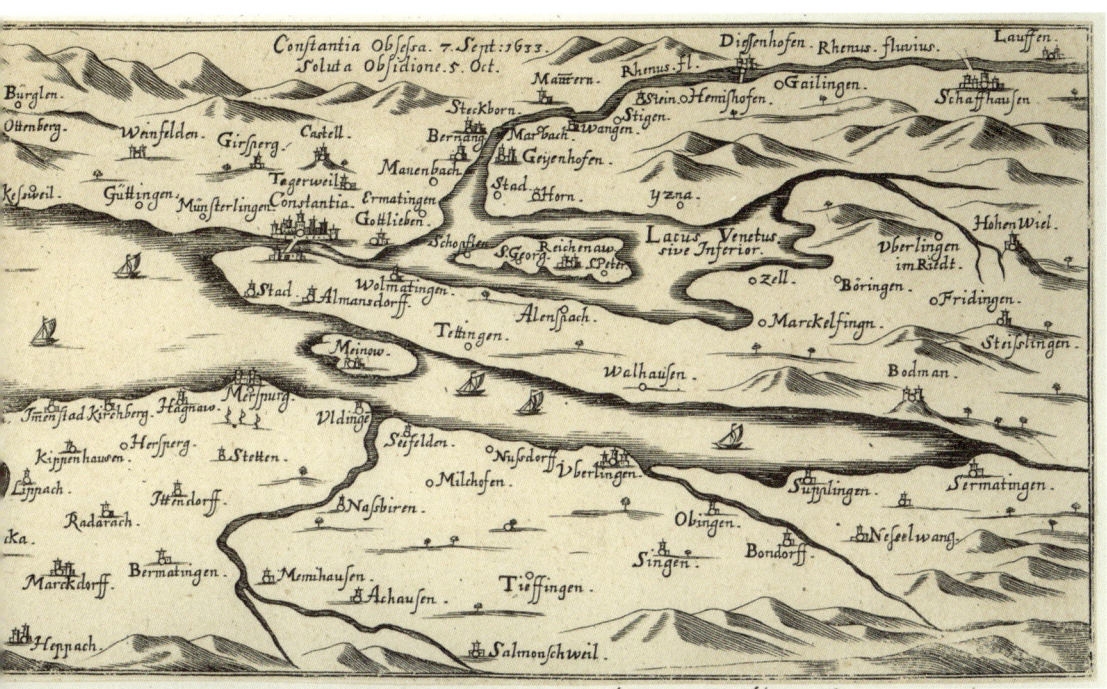

der Nord- wie auf der Südseite, bezieht gelegentlich auch das Rheintal und die Bündner Herrschaft mit ihren eigenen Traditionen und Ausprägungen ein. Weinbauorganisatorisch umfasst der Seewein die Weinproduktion in den Kantonen Schaffhausen, Thurgau, St. Gallen und Graubünden, die Länder Vorarlberg und Liechtenstein sowie das in badische, württembergische und bayrische Zuständigkeiten geteilte deutsche Bodenseeufer.

Der See erlaubt, wie allgemein bekannt, als Wärmespeicher den Anbau von Trauben in einer Höhe von bis zu über 400 Metern über Normal Null, also in Lagen, die dem Weinbau gemeinhin nicht wohlgesonnen sind. Damit erschöpft sich seine Wirkung aber noch lange nicht. Wie Andreas Schwab in diesem Band detailliert darlegt, bildete sich im Zuge der eiszeitlichen Überformungen eine Berg- und Hügellandschaft mit sehr differenzierten Mikroklimata, die bei entsprechend sorgfältiger Weinberg- und Kellerwirtschaft auch sehr differenzierte Weine hervorbringt. Sie profitieren von der Kombination verschiedener Momente, die sich gemeinhin in dem weinkundlichen Begriff des Terroirs vereinen. Terroir meint nicht nur die unterschiedlichen Gesteinsformationen und Böden, die im Alpen- und Voralpenland von Kalk- und Mergelgesteinen über Molassesandsteine und Kiese bis hin zu den Vulkangesteinen des Hegaus reichen. Er umfasst auch die Sonneneinstrahlung, die von der Seeoberfläche verstärkt wird, die Variationen von Feuchtigkeit, die sich an den Weinhängen ergeben, und nicht zuletzt Wetterphänomene wie den Föhn, der den Reben im Alpenrheintal außergewöhnliche Bedingungen zur Reifung verschafft.

Der Bodensee als Drehscheibe

Es sind indes nicht nur die natürlichen Verhältnisse, die dem See seine besondere Rolle im Weinbau verleihen. Auch die Arbeitsteilung, die sich im Laufe des Mittelalters und der Neuzeit rund um den See entwickelt hat, trug zum anhaltenden Erfolg bei. Christine Krämer hat für diesen Band herausgearbeitet, in welchem Maße die Anlieger zusammenwirken mussten, um den Weinbau dort, wo er klimatisch möglich war, auch wirtschaftlich und technisch zu gestatten. Dafür bedurfte es neben Sonne, Regen, Wind und passenden Böden insbesondere auch Holz und Dünger, also einer ausgebauten Forst- und Viehwirtschaft. Denn jede einzelne Rebe musste, um emporwachsen zu können, an einen Rebpfahl gebunden und mit Mist gedüngt werden. Dort aber, wo intensiver und einträglicher Weinbau betrieben wurde, konnte nicht auch noch ausreichend Vieh gehalten, Getreide angebaut und Waldwirtschaft betrieben werden. Und die Mengen an Rebpfählen und Mist, die benötigt wurden, waren enorm. Für die rund 6.000 Hektar Rebfläche, die im 18. Jahrhundert am See bewirtschaftet wurden, brauchte es jährlich 150.000 Tonnen Dünger – das entspricht dem Mist von 30.000 Kühen – und 10 Millionen Rebstecken. Gewonnen wurde das Holz dafür größtenteils im Bregenzerwald und geliefert wurden die Pfähle von der Bregenzer Holz-Compagnie, während die Schweizer Kantone mit ihrer Spezialisierung auf Viehwirtschaft dazu beitrugen, die Versorgung mit Dung sicherzustellen, für den es in den Häfen gesonderte Legen gab.[3] Der Transport zu den Abnehmerorten erfolgte quer über den See durch die Schifffahrtsgesellschaften mit ihren Lädinen. Sie sicherten in der Gegenrichtung die Versorgung mit Getreide und Wein. Der Vermarktungsradius der Seeweine reichte von Vorarlberg über Zürich bis in den Schwarzwald und von Oberschwaben bis ins Allgäu und weit nach Bayern hinein. So wurde der See zur Drehscheibe eines regionalen Wirtschaftskreislaufes, dessen Struktur sich bis heute in den Anrainerländern ablesen lässt.

Der Arbeitsteilung im Großen entsprach eine ausgeklügelte Wirtschaftsstruktur im Kleinen. Die Rebflächen am Nordufer des Bodensees waren für die Grundherren bis ins 18. Jahrhundert sehr rentabel und daher als Kapitalanlage sehr beliebt. Fast die Hälfte der Meersburger Weinberge war im Besitz geistlicher Institutionen, darunter die Klöster Weingarten,

Die Lastschiffe des Bodensees, Lädinen genannt, sorgten für den Warenaustausch über den See. Sie transportierten Rebpfähle aus Bregenz und Mist aus den Schweizer Kantonen in die Weinbauorte am nördlichen Bodenseeufer und lieferten Wein und Getreide in umgekehrter Richtung. Fürstäbtisch-Sankt-Gallischer Marchenbeschrieb, um 1728.

Schussenried und Rot an der Rot. Der erzeugte Wein diente der Liturgie sowie der Versorgung der Angehörigen und Dienstleute der Klöster. Darüber hinausgehende Überschüsse wurden eingelagert und bei günstiger Marktlage verkauft. Die Grundherren bewirtschafteten die Weinberge in der Regel aber nicht selbst, sondern verliehen sie an die Winzer in sogenannter Halbpacht. Dabei teilten sich die Grundherren und die Pächter sowohl Aufwand wie Ertrag. So fair die Teilung zunächst scheint, so sehr spielte sie doch den Herren in die Hände. Denn um ihren Anteil am Aufwand beizubringen, mussten die Pächter gemeinhin bei den Grundherren Kredit aufnehmen und die Schuld mit einem Gutteil ihres Ernteertrags wieder begleichen. Auch waren sie an die Keltern der Herren gebunden, konnten den Wein nicht selbst ausbauen und vermarkten und so die Vorteile des Handels nicht für sich nutzen. Bei Missernten verschlimmerte sich ihre Lage noch weiter und sie waren dem Gutdünken der Herren noch mehr ausgeliefert. Für diese hingegen war der Weinbau ein außerordentlich einträgliches Geschäft und in vielfacher Hinsicht lohnend, da sie, wie Felix Ackermann am Beispiel des Klosters Ittingen aufzeigt, neben den Erträgen für die Selbstversorgung auch Gewinne aus dem Weinhandel und den Kreditgeschäften ziehen konnten.[4] Dies spiegelt sich in den Urbaren und Flurkarten, die um 1700 für Meersburg und 1733 für Hagnau erstellt wurden. Sie zeigen eine außerordentlich zersplitterte Besitzstruktur mit sorgfältiger Unterscheidung der verschiedenen Lagen, wie sie auch aus anderen Weingegenden etwa in Burgund oder an der Mosel bekannt sind. Die einzelnen Rebgärten waren zu wertvoll, als dass man bereit war, sie ohne zwingenden Grund zu verkaufen, so dass es keinem Grundherrn möglich war, größere zusammenhängende Flächen zu erwerben.

Der großen Kontinuität im Weinbau über mehr als tausend Jahre hinweg stehen wiederkehrende Krisen und tiefgehende Einschnitte gegenüber. Missernten aufgrund von widrigen Witterungsverhältnissen, Hagelschäden und anhaltenden Kälteperioden, wie sie während der sogenannten Kleinen Eiszeit regelmäßig eintraten, gehörten dabei zum Alltagsrisiko der Winzer. Der Dreißigjährige Krieg mit seinen Kontributionen, Einquartierungen, seinen Verheerungen durch die Soldateska und einem grotesk erscheinenden Seekrieg trieb jedoch auch die Regionen rund um den Bodensee und mit ihnen den Weinbau in den Ruin. Mehr als die Hälfte der Bevölkerung fiel dem Krieg und seinen Begleiterscheinungen von Hunger und Krankheit zum Opfer, die Weinberge verfielen und der Handel kam fast ganz zum Erliegen.[5] Es brauchte lange Zeit, bis sich Bevölkerung und Wirtschaft von dieser Katastrophe einigermaßen erholt hatten, um am Ende des 18. Jahrhunderts vor einem neuen, noch tiefer gehenden Umbruch zu stehen.

Perioden der Weinkultur

Die Geschichte der Weinkultur am Bodensee lässt sich in vier Perioden einteilen, von denen die erste – die Weinkultur zur Römerzeit – gleichsam als eine Vor- oder Probephase anzusehen ist. Zwar ist die Ausbreitung des

Weinbaus in Mittel- und Westeuropa ohne Zweifel im Zuge der Expansion des Römischen Reiches erfolgt, das hinsichtlich Traubengut und Weinbautechnik wiederum auf das griechische Vorbild zurückgriff, doch gab es bislang keine hinreichende Belege, dass der während der römischen Besiedelung am See konsumierte Wein nicht nur importiert, sondern auch vor Ort an- und ausgebaut wurde. Wie Manfred Rösch nun jedoch anhand von Pollenanalysen im Zuge archäologischer Sondierungen rund um den See aufzeigen kann, ist die Einführung des Weinbaus am Bodensee im 2. und 3. Jahrhundert n. Chr., also in der Spätphase der römischen Kaiserzeit, sehr wahrscheinlich. Mehr noch: Wie die Daten ausweisen, wurde der Weinbau danach von den Alamannen übernommen und sogar ausgebaut, bevor es im 7. Jahrhundert zu einem drastischen Einbruch kam.[6]

Der Neubeginn und vor allem die Ausdehnung des Weinbaus am Bodensee ist daher mit der Gründung der Klöster St. Gallen und Reichenau anzusetzen. Wie Werner Rösener betont, konnten sie zwar bei ihrer Erstausstattung schon auf Weinzinse, also Erträge aus vorhandenen Rebanlagen zurückgreifen, doch nahm der Weinbau unter ihrer Ägide einen immensen Aufschwung und trat damit in eine neue Phase ein. Der berühmte St. Galler Klosterplan zeigt in unmittelbarer Nähe zur Kirche einen Weinkeller, in dem sich die Fässer stapeln. Auch wenn es sich dabei um einen Idealplan handelt, der so nie verwirklicht wurde, wird der Zusammenhang zwischen Kloster- und Weinkultur ansichtig und durch zahlreiche Urkunden im Zusammenhang mit der Entstehung und Ausübung der Grundherrschaft belegt.[7] Diese auf feudalen Strukturen basierende Weinkultur, in der Wein zu allererst ein Lebensmittel ist, das sich auch vortrefflich als Handelsgut eignete, zudem – wie Robert Jütte vor Augen führt – als Rausch- wie als Heilmittel herhalten konnte[8] und als zentraler Bestandteil der christlichen Liturgie im Abendmahl rituell überhöht wurde, hatte solange Bestand, solange auch das Alte Reich Bestand hatte.

Mit dem Ende des Feudalismus und dem fundamentalen Wandel von Wirtschaft und Gesellschaft im 19. Jahrhundert zog auch in der Weinkultur die Moderne ein und es begann eine neue Periode. Anders als bei der Industrialisierung war dieser Wandel von außen aber nicht auf den ersten Blick erkennbar. Die Weinberge blieben die alten und nur der Fachmann konnte die Veränderungen wahrnehmen. Den Umbruch markierte zunächst die Säkularisation mit der Auflösung der kirchlichen Güter. Die Besitzverschiebungen, die dadurch eintraten, sind bis heute wirksam und an der Struktur der Weinproduzenten ablesbar. So übernahm das Haus Baden das Kloster Salem und baute es zu einem Mustergut aus. Neue Akteure auf

Folgende Seiten:
Meersburger Flurkarte von 1700, erstellt von dem Lindauer Feldmesser Johann Jacob Heber (1666–1727). Die Karte zeigt die verschiedenen Lagen und die starke Zersplitterung der wertvollen Rebhänge.

Grundris

Vber die Veldgucker an Acter Wysen Reben
vnd Waldung sambt Hocher vnd Niderer Iurisdiction
zur Statt

Mörspurg

gehörig, so Abgemessen worden Vnder der Regierung deß Hoch Würdigsten
deß Heyl. Römischen Reichs fürsten vnd Herren

Herren MARQUARD RUDOLFF

Bischoffen zu Costantz Herzens der Rei
chenaw vnd Öhningen

SEPTENT ORIENT

OCCIDENT MERID

LACUS   BODAMICUS

VULGÒ Der Boden See

der Erzeugerbühne wurden die Domäne, das spätere Staatsweingut Meersburg sowie ab den 1880er-Jahren die Winzergenossenschaften, die den Weinbauern das Auskommen sichern halfen. Gerade die kleinen Winzer taten sich besonders schwer, mit den neuen Verhältnissen zurecht zu kommen. Durch den Wegfall der Feudalstrukturen mussten sie neue Wege für die Vermarktung ihrer Weine finden, einen eigenen Kundenstamm aufbauen und diesen umwerben. Erschwert wurde dieser notwendige Wandlungsprozess nicht nur durch missgünstige Wetterperioden, die ganze Jahresernten ausfallen ließen, sondern auch durch Rebkrankheiten wie den Falschen Mehltau und Rebschädlinge wie die Reblaus, die ab 1863 den Weinbau in Europa bedrohten, wobei die Reblaus im Bodenseeraum weniger wütete als anderswo. Hinzu kam, dass dem Wein im Laufe des 19. Jahrhunderts eine neue Bedeutung zuwuchs. Er wandelte sich vom elementaren Lebensmittel zu einem immer differenzierter dargebotenen und wahrgenommenen Genussmittel. Die Verfeinerung des Weinkonsums ist an vielen Indizien abzulesen. Äußerlich an der zunehmend aufkommen-

Reinhard Sebastian Zimmermann (Hagnau 1815 – München 1893): Die Weinprobe

den Flaschenabfüllung und mit ihr verbunden an den Etiketten. Sie vermittelten detailliertere Informationen über den Inhalt – die Erzeuger, die Rebsorte, den Jahrgang, die Lage – und über den Gehalt, der darin transportiert werden sollte – Wohlgefühl, Geselligkeit, Eleganz, kurz: Zugehörigkeit zu einem besonderen Kreis von Genießern. Ritualisiert wurde die neue Sinngebung des Weins unter anderem in der Zelebration von Weinproben, bei denen die Distinktionsfähigkeit unter Beweis gestellt werden konnte. Diese Kombination von hergebrachter Sinnenfreude und neuer Sinnstiftung unterfütterten die zeitgenössischen Poeten, insbesondere die schwäbische Dichterschule, mit ihren Gesängen auf den Wein.[9] Am Bodensee haben diesen Impuls Victor von Scheffel und Annette von Droste-Hülshoff sogar so weit verinnerlicht, dass sie selbst zu Winzern oder besser: Weinbergbesitzern wurden.[10]

Auch wenn sich die neue Kultur des Weingenusses im Bodenseeraum erst verzögert einstellte, konnte man sich ihr doch nicht auf Dauer entziehen. Die verbesserten Transportmöglichkeiten, die sich aus dem Bau der Eisenbahn ergaben, wirkten in alle Richtungen. Sie erlaubten Abnehmer zu finden, die nicht direkt vor Ort wohnten, brachten die Konkurrenz aus anderen Weingegenden aber auch vor die eigene Tür und zwangen die Winzer am See, sich neu zu organisieren und ihre Weine den veränderten Bedürfnissen gemäß aufzubereiten und zu präsentieren. Christa Fritschi stellt mit Victor Fehr einen Pionier der Modernisierung aus dem Thurgau vor.

Mithilfe der wissenschaftlichen Erkenntnisse zur Pflanzenphysiologie, zur Weinbergarbeit und Kellerwirtschaft, welche ab 1868 in den Lehr- und Versuchsanstalten von Weinsberg (Württemberg), Geisenheim (Hessen), Wädenswil (Schweiz) und Freiburg (Baden, ab 1920) gewonnen wurden und welche die Önologie hierzulande auf ein neues Fundament stellten, ja sie überhaupt erst begründeten, gelang es auch am Bodensee, den Weinbau, der im 19. Jahrhundert ernsthaft gefährdet war, in das 20. Jahrhundert zu überführen. Er war freilich in seinem Umfang merklich zurückgegangen und konnte auch nie mehr wieder an die Stellung, die er im Spätmittelalter und der Frühen Neuzeit errungen hatte, anknüpfen.

Die Wertschätzungen, die der Seewein über die Jahrhunderte hinweg erfuhr, haben eine enorme Schwankungsbreite. Aufrichtiges Lob wechselt sich ab mit fast schon boshaften Beschimpfungen. Während Teilnehmer des Konstanzer Konzils (1414–1418) den dargereichten örtlichen Wein schätzten und ihn auswärtigen Gewächsen gegenüber als überlegen ansahen, beschwerte sich der Konvent des Klosters Reichenau 1741 gegenüber dem Bischof von Konstanz wegen des zugewiesenen Deputatsweins. Er sei von einer solch »übel bestellten Qualität«, dass er »ohne unumgänglichen Verlust der Gesundheit niemahl zum rechten Genuß dienen« könne. In der Ständeversammlung des Königreichs Bayern war 1819 im Zuge von Auseinandersetzungen über Zollfragen vom »sauren, erbarmungswürdigen Seewein« die Rede. Joseph Freiherr von Laßberg, der Hüter der Meersburg, schrieb dagegen 1838 an Ludwig Uhland: »Der Wein, welcher seit einigen Jaren da aus Traminer Trauben gezogen wird, gehört gewiß unter die vorzüglichsten Weine Schwabens.« Den Gegebenheiten am nächsten kam womöglich der Verfasser einer Reisebeschreibung von 1841: »[...] allerdings ist manches Gewächs in der Umgegend des Seegestades wegen verfehlter Behandlungsweise des Rebstocks nicht zu rühmen, da der Winzer aus pecuniären Gründen dahin trachtet, nicht guten, wohl aber vielen Wein zu erzielen. Wer aber jemals Gelegenheit hatte, die Weine zu trinken, welche um Arbon, bei Meersburg, Bodmann etc. oder im Wannenthale bei Lindau gekeltert werden, wird ziemlichen Respekt vor dem Bodensee und seinen Reben bekommen.«[11]

Aktuelle Impulse

Allen Widrigkeiten und Einbrüchen zum Trotz konnte sich der Seewein im 20. Jahrhundert als ein Regionalprodukt, das vor Ort geschaffen und auch weitgehend vor Ort konsumiert wurde, behaupten und etablieren. Dies verdankte er insbesondere zwei Faktoren – dem Anbau der passenden Rebsorten und dem aufkommenden Tourismus. Mit der Pflege des am See schon lange angestammten Spätburgunders und der Einführung des Müller-Thurgaus als idealer Neuzüchtung kultivierten die Winzer zwei Rebsorten, die den natürlichen Bedingungen am See am besten entsprachen und dem Wein einen regional spezifischen Ausdruck verschafften. In der wachsenden Zahl der Touristen – Resultat der entstehenden bundesdeutschen Wohlstandsgesellschaft – fanden sie zudem die Abnehmer, die sich in den eher bodenständigen und unkomplizierten Weinen wiedererkannten und sie daher sehr zu schätzen wussten.

Etwa seit der Jahrtausendwende kann eine neue, vorerst letzte Periode in der Weinkultur auch am Bodensee konstatiert werden. Sie entspricht dem, was in der globalen Weinwelt seit ca. 1970 zu bemerken ist. Noch einmal hat der Weinkonsum seinen Charakter und seine Funktion geändert. Diente er bis ins 19. Jahrhundert vornehmlich als Lebensmittel im doppelten Sinne – zur Ernährung und zur Erwirtschaftung der Lebensbasis –

und wuchs ihm in der bürgerlichen Gesellschaft, als sich die Qualität der Weine spürbar verbesserte, immer mehr die Rolle des gehobenen Genussmittels zu, so erfüllt er mittlerweile alle Kriterien eines Lifestyle-Produktes, nämlich angesagt und hip, kreativ und kommunikativ, eigenständig und extravagant, international verfügbar und doch exklusiv und manchmal auch etwas schräg sein zu müssen. Dazu gehören Aufmachung und Verpackung, im Falle des Weines ganz besonders das Etikett mit allem, was es offen sagt oder nur versteckt andeuten will, die Geschichte des Weingutes, der Weinberge und der Reben, die Philosophie des Weinmachens – und natürlich ein guter Wein. Auch die Winzer am Bodensee stellen sich, wie Ursula Heinzelmann aufzeigt, zunehmend dieser Herausforderung, um in der globalisierten Weinwelt[12] bestehen und den Erwartungen erfahrener und weitgereister Weinfreunde genügen zu können. Und es lohnt sich ganz offensichtlich. Nicht nur die Rebfläche rund um den See hat sich in den letzten zwanzig Jahren merklich vergrößert. Sie wuchs seit 1995 um knapp 10 Prozent von 1.500 Hektar auf 1.650 Hektar im Jahr 2015.[13] Auch der Auftritt, das Design und die Architektur der Weingüter haben sich, wie Uli Braun belegt, erkennbar verändert. Eine frische Brise zog über den See und fegte den Staub, der sich über manche Fässer gelegt hatte, hinweg. Die Bodenseewinzer besannen sich auf das Potenzial ihrer Weine, das besondere Klima am See, die Vielfalt der Böden, die passende Kombination der Rebsorten, die behutsame Arbeit in Weinberg und Keller. Sie entwickelten ihren eigenen Stil und brachten so den Seewein auf ein neues Niveau und zu neuer, auch internationaler Anerkennung. Würde daher Montaigne wiederkehren und die Weinkultur am Bodensee erneut begutachten, er würde sich bestätigt fühlen und ebenso wie vor bald 450 Jahren ein weinreiches Land und gute, ja ausgezeichnete Weine von Schaffhausen bis Lindau und Liechtenstein hin vorfinden.

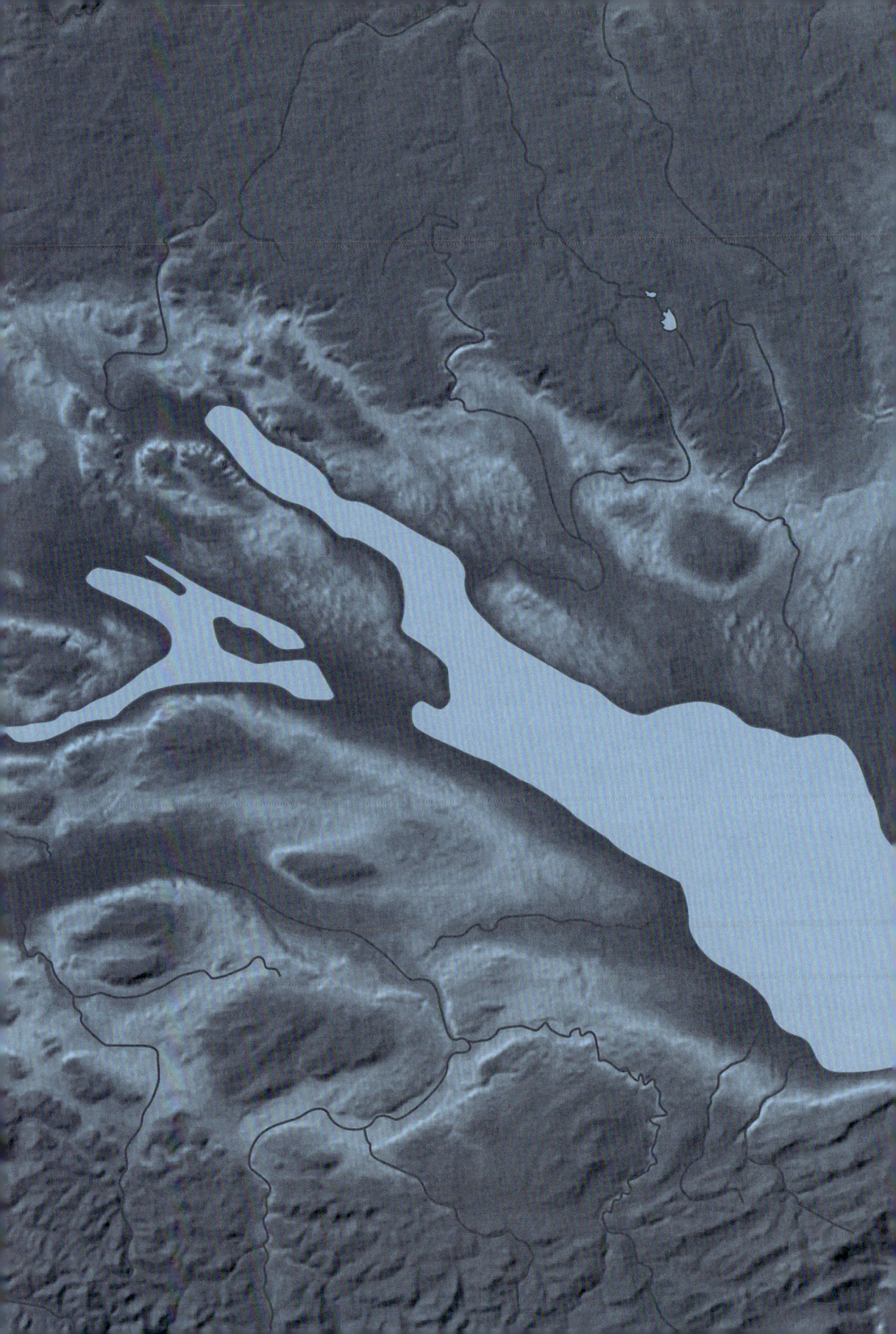

Andreas Schwab

Der Bodensee aus der Vogelperspektive

Allein die Zahlen beeindrucken: Bei einer Länge von 63 km (Bregenz – Bodman) und einer Breite von 14 km (Friedrichshafen – Romanshorn) hat der Bodensee einen Umfang von 273 km und eine Gesamtfläche von 536 km². Bei einer mittleren Tiefe von 90 m (maximale Tiefe: 254 m) ergibt dies ein Volumen von 48 km³ (= 48 Milliarden m³). Damit ist er der größte, tiefste und zugleich wasserreichste See Deutschlands. Da ist es fast schon zwingend, dass ein solcher See in verschiedene Teile untergliedert wird.

Zunächst wird zwischen Obersee und Untersee unterschieden, die über den Seerhein miteinander verbunden sind. Der nordwestliche Arm des Obersees heißt Überlinger See. Der Untersee (63 km²) ist durch die Insel Reichenau und mehrere Halbinseln stark gegliedert. Nördlich der Insel Reichenau befindet sich der Gnadensee, westlich der Insel, zwischen den Halbinseln Höri und Mettnau, befindet sich der Zeller See. Südlich der Reichenau erstreckt sich von Gottlieben bis Eschenz der Rheinsee.

Angrenzende Naturräume

Ein Blick aus der Vogelperspektive macht die landschaftliche Struktur der gesamten Bodenseeregion deutlich. Der See selbst füllt Teile eines großen, tief gelegenen Beckens aus, das sich in mehrere Richtungen fortsetzen lässt. Zu diesen Becken- und Tallandschaften gehören das Alpenrheintal im Südosten, das Schussenbecken und Salemer Becken im Norden, das Überlinger Becken und der Hegau im Westen, der Bereich zwischen Stein am Rhein und Schaffhausen im Südwesten sowie das Thurtal auf der Südseite des Sees.

Blick auf den Bodensee von Osten über den Pfänder

Einzelne Berge bzw. Höhenzüge überragen diese Becken- und Tallandschaft deutlich, so zum Beispiel der Seerücken, ein West-Ost verlaufender Höhenzug, der den Bodensee vom Thurtal trennt. Bei Salen-Reutenen erreicht er Höhen von über 700 m. Im Westen wird er durch den Stammerberg (639 m) begrenzt, nach Osten hin läuft er sanft bis fast nach Romanshorn aus. Der Otte-

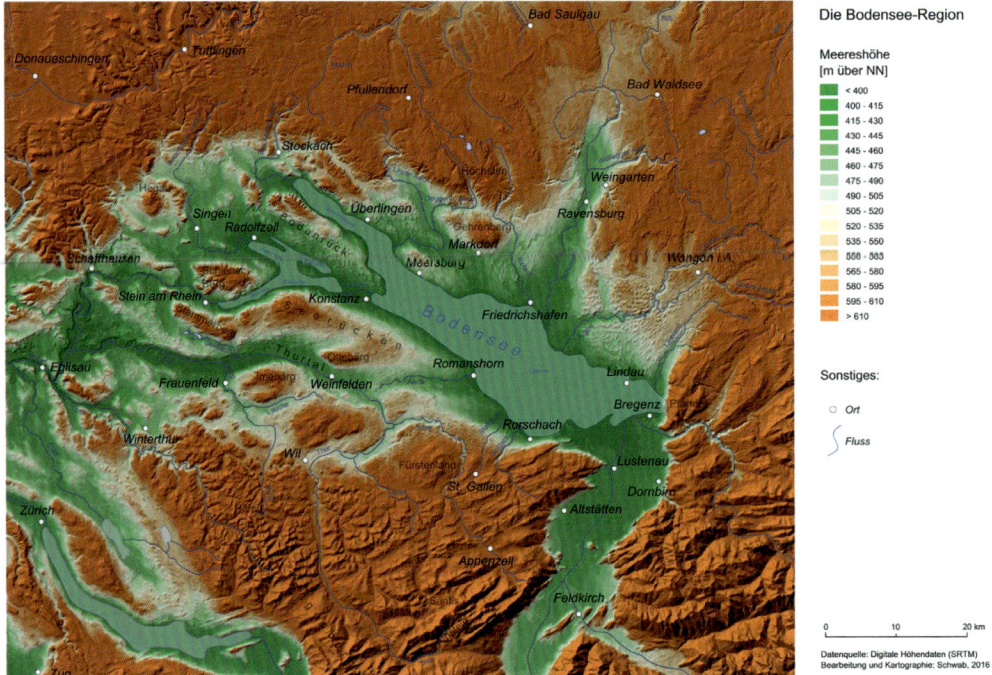

Die Bodensee-Region

Meereshöhe
[m über NN]

	< 400
	400 - 415
	415 - 430
	430 - 445
	445 - 460
	460 - 475
	475 - 490
	490 - 505
	505 - 520
	520 - 535
	535 - 550
	550 - 565
	565 - 580
	580 - 595
	595 - 610
	> 610

Sonstiges:

○ Ort

⌇ Fluss

0   10   20 km

Datenquelle: Digitale Höhendaten (SRTM)
Bearbeitung und Kartographie: Schwab, 2016

Reliefkarte mit
Höhenschichten

bärg (681 m) nördlich von Weinfelden und der Imebärg (707 m) zwischen
Frauenfeld und Weinfelden sowie der Höhenzug zwischen Weinfelden
und Wil mit dem Greutis Bärg (773 m) zählen ebenfalls zu dieser Kategorie.
Auf der deutschen Seite treten der Schiener Berg (716 m) zwischen Stein
am Rhein und Radolfzell, der Bodanrück (694 m) zwischen Überlinger See
und Untersee sowie der Gehrenberg (754 m) nördlich von Markdorf deutlich hervor.

Nach Süden bzw. Südosten steigen die Höhen zunehmend an. Mit
dem Hörnli-Bergland (Hörnli 1133 m), den Kammlandschaften zwischen
St. Gallen und Appenzell sowie dem Pfänder (1064 m) umrahmen voralpi-
ne Höhenzüge das große Bodenseebecken. Sie gehen über in die ersten
alpinen Gebirgsgruppen des Alpsteins mit Säntis (2502 m) und des Bregen-
zerwaldgebirges mit Hohem Freschen (2004 m).

Besondere Aufmerksamkeit verdient der Hegau im westlichen Teil
des Untersuchungsraums durch seine zahlreichen Vulkanberge. Die bekanntesten von ihnen sind der Hohentwiel (690 m), der Hohenstoffeln
(842 m) und der Hohenhewen (844 m). Im Westen schliessen sich das
Hochrheingebiet und der Klettgau an. Schließlich fallen noch die markanten Hügellandschaften auf, die den See umgeben. Besonders ausgeprägt
sind sie südwestlich von Wangen, rund um Markdorf, zwischen Salemer
Becken und Überlingen, auf dem Bodanrück, auf dem südlichen Teil des
Seerückens sowie südöstlich von Weinfelden.

Bedeutende Flüsse

Die beschriebenen Naturräume weisen ein Gewässernetz auf, das größtenteils zum Bodensee hin ausgerichtet ist. Hauptzufluss des Obersees ist der Alpenrhein. Weitere Nebenzuflüsse aus dem Alpenrheintal sind die Dornbirner und Bregenzer Ach sowie der Alte Rhein. Von Norden münden Leiblach, Argen, Schussen, Rotach, Seefelder Aach und Stockacher Aach in den Obersee. Die Aach (bei Romanshorn) sowie Steinach und Goldach sind kleinere Zuflüsse von Süden her. Abfluss des Obersees ist der Seerhein, der wiederum Hauptzufluss des Untersees ist. Wichtigster Nebenzufluss des Untersees ist die Radolfzeller Aach.

Mit Blick auf die gesamte Region sind auf der Schweizer Seite des Sees weitere Flüsse von Bedeutung, die nicht zum Einzugsgebiet des Bodensees gehören und dennoch wesentlich zur landschaftlichen Gliederung beitragen. Der Blick fällt dabei zunächst auf die Thur. Sie fließt auf ihrem Weg von der Quelle südlich des Säntis bis zur Mündung in den Hochrhein zunächst durch das Hörnli-Bergland nach Norden, erfährt anschließend östlichen Zufluss von Glatt und Sitter um bei Frauenfeld die Murg von Süden und den Seebach von Norden aufzunehmen.

Vielfältige Landnutzung

Die vielfältigen Naturräume sind Voraussetzung für eine differenzierte Landnutzung, die den Raum seit jeher geprägt hat. Ackerbau wird auf guten Böden bei nicht allzu hohen Niederschlägen in den eher flacheren Bereichen betrieben. Höher gelegene Gebiete mit hügeligem Relief sind für Grünland- bzw. Viehwirtschaft gut geeignet. Besonders hohe und steile Lagen werden forstwirtschaftlich genutzt. So war etwa der Bregenzerwald über Jahrhunderte ein nahegelegenes zusammenhängendes Waldgebiet, das für steten Holznachschub sorgte.

Leicht übersehen wird, dass all die genannten Nutzungen in einem ökologisch-ökonomischen System auch mit dem Weinanbau in der Bodenseeregion verbunden waren. Holz war unter anderem nötig, um ausreichend Rebstecken produzieren zu können. Mit dem Viehmist wurden die Rebhänge gedüngt und Getreide stellte wie überall die eigentliche Ernährungsgrundlage der Bevölkerung dar.[1]

Bedeutende Städte und Ortschaften

In der insgesamt eher ländlich geprägten Bodenseeregion konzentriert sich die Bevölkerung heute in einigen größeren Städten. Direkt am See liegen auf deutscher Seite Lindau, Friedrichshafen, Meersburg, Überlingen,

Radolfzell und Konstanz. In der Schweiz und in Österreich sind es Stein am Rhein, Kreuzlingen, Romanshorn, Arbon, Rorschach und Bregenz.

Im Hinterland des Sees befinden sich weitere Städte, die meist nur zwischen 20 und 30 km entfernt liegen und noch eng mit dem Bodensee verbunden sind. Zu diesen gehören Wangen i.A., Ravensburg und Weingarten, Markdorf, Pfullendorf, Stockach und Singen sowie die Schweizer Städte Schaffhausen, Eglisau, Frauenfeld, Weinfelden, Wil, St. Gallen, Appenzell und Altstätten. Im Alpenrheintal liegen außerdem die österreichischen Städte Lustenau, Dornbirn und Feldkirch sowie mit Vaduz der Hauptort und die Residenzstadt des Fürstentums Liechtenstein.

Wechselvolle Geschichte – viele verschiedene Namen

Der Städtereichtum ist ein erster Hinweis auf die wechselvolle Geschichte der Region, in der dem See immer wieder verschiedene Namen verliehen wurden. Erste Spuren ständiger Besiedlung und fester Behausung findet man aus der Zeit des mittleren und späten Neolithikums (Jungsteinzeit). Mit den sogenannten Pfahlbauten lassen sich im westlichen Teil des Bodensees zahlreiche Ufersiedlungen nachweisen. Erste schriftliche Nachrichten über den Bodenseeraum sind vom Ende der Keltenzeit erhalten. Als Bodenseeanrainer werden in diesen Quellen die Helvetier im Süden, die Räter im Bereich des Alpenrheintals und die Vindeliker im Nordosten genannt. Wichtigste Orte am See waren Bregenz (keltisch Brigantion) und das heutige Konstanz.

Im Verlauf des römischen Alpenfeldzugs 16/15 v. Chr. wurde das Bodenseegebiet ins Römische Reich eingegliedert. Der Geograf Pomponius Mela erwähnt um das Jahr 43 n. Chr. den Obersee als Lacus Venetus und den Untersee als Lacus Acronius. Der Naturforscher Plinius der Ältere bezeichnet den gesamten Bodensee um 75 n. Chr. erstmals als Lacus Brigantinus nach dem damaligen römischen Hauptort am See Brigantium (Bregenz). Weitere römische Städte waren Constantia (Konstanz) und Arbor Felix (Arbon).

Nach dem Rückzug des Römischen Reiches im 3. Jahrhundert n. Chr. besiedelten allmählich Alamannen die Ufer des Bodensees. Mit deren Christianisierung wuchs im Frühmittelalter die kulturelle Bedeutung der Region, besonders verstärkt durch die Gründung der Klöster St. Gallen und Reichenau und des Bischofssitzes Konstanz. Auch auf wirtschaftlicher und politischer Ebene spielte die Region eine zunehmend wichtige Rolle. Der Bodensee selbst wurde zum Umschlagplatz für Waren im deutsch-italienischen Handel. Der am Westende des Überlinger Sees gelegene Ort Bodman hatte für eine gewisse Zeit die Funktion einer fränkischen Königspfalz inne. Von diesem Ort leitet sich denn auch die heutige deutsche Bezeichnung Bodensee ab. Der Name des Ortes dürfte auf den See übertragen worden sein (Bodman-See). Später entwickelte sich daraus der heutige Name Bodensee, der auch in viele andere Sprachen übernommen wurde.[2]

Im Hoch- und Spätmittelalter kam es mit dem Aufstieg und dem Niedergang der Staufer zu einer Zersplitterung in zahlreiche weltliche und geistliche Territorien. Auf der Südseite des Sees bildete sich die Schweizer Eidgenossenschaft heraus. Ein historisch bedeutendes Ereignis fand zwischen 1414 und 1418 statt. Auf dem Konstanzer Konzil sollte unter anderem das Große Abendländische Schisma beendet und damit die Einheit der Kirche wiederhergestellt werden. Im romanischen Sprachraum geht die Bezeichnung des Bodensees seither auf die Stadt Konstanz zurück. Aus lateinisch Lacus Constantinus wurde Lac de Constance (französisch), Lago di Costanza (italienisch) oder Lago de Constanza (spanisch). Auch im romanisch beeinflussten Englisch hat sich Lake Constance etabliert.

Während des Dreißigjährigen Kriegs kam es zu diversen Auseinandersetzungen um die Vorherrschaft über das Bodenseegebiet. Die heutige politische Struktur der Anrainerstaaten geht jedoch im Wesentlichen auf die Ergebnisse der Koalitionskriege (1798–1802) zurück, von denen die Bodenseeregion ebenfalls betroffen war.

Weinregion Bodensee

Mit den bisherigen Ausführungen wurden der Bodensee als größter See Deutschlands und die gesamte Bodenseeregion grob vorgestellt. Nun soll der Blick gezielt auf den hiesigen Weinbau gerichtet werden, um anschließend nach seinen naturräumlichen Voraussetzungen fragen zu können.

Die internationale Weinregion Bodensee wird in die Teilregionen Deutscher Bodensee, Schaffhausen, Thurgau, St. Galler Rheintal, Vorarlberg und Liechtenstein untergliedert.

Zur Region Deutscher Bodensee werden alle Lagen an den deutschen Ufern des Sees, auf der Insel Reichenau, im Hegau und am Hochrhein gezählt. Auch einige wenige Lagen im Hinterland des Sees gehören dazu. Die Lagen in der Region Schaffhausen konzentrieren sich auf den Klettgau. Die Weinregion Thurgau wird unterteilt in die Gebiete Untersee, Lauchetal, Oberes Thurtal, Unteres Thurtal, Seebachtal und Rhein. Die bedeutendsten Lagen in der Region St. Galler Alpenrheintal liegen bei den Ge-

Maximale Gletscher-
ausdehnung in der
Würmeiszeit vor
ca. 24.000 Jahren

meinden Thal, Berneck/Au und Altstätten. Auf der österreichischen Seite
des Alprenrheintals in Vorarlberg wird Wein bei Bregenz und Feldkirch
angebaut, allerdings nur auf sehr begrenzten Flächen. Die Verteilung der
Weinlagen ist keinesfalls zufällig. Als gemeinsame Eigenschaft können
auf den ersten Blick die nach Süden exponierten Hanglagen erkannt werden. Ihre Entstehung steht in engem Zusammenhang mit der Entstehung
des Bodensees.

Entstehungsgeschichte des Bodensees

Um die Entstehung des Bodensees zu verstehen, sollte man sich zunächst
klarmachen, dass die gesamte Region noch vor ca. 24.000 Jahren unter
einem mächtigen Eispanzer verborgen lag (vgl. Abb. oben). Gespeist von
einem weitverzweigten Eisstromnetz im Gebirge drang der Alpenrhein-
gletscher bei Bregenz mit einer Eismächtigkeit von über 1.100 m aus dem
Tal ins Vorland und breitete sich dort in alle Richtungen aus.[3] Das Eis
beinhaltete große Mengen an Gesteinsschutt, zum einen bedingt durch
die eigene Schürfleistung an Talhängen und Talböden zum anderen aber
auch durch Bergstürze, die regelmäßig auf die Gletscheroberfläche nieder-
gingen.

Die gewaltigen Eismassen erzeugten einen immensen Druck auf den
Untergrund. Die ins Eis eingefrorenen Gesteinsbrocken verstärkten ihrerseits die Schürfleistung, indem sie kräftig am anstehenden Gestein reiben
konnten. Innerhalb des Gebirges wurden so die bereits bestehenden Täler
zu u-förmigen Trogtälern erweitert und stark übertieft. Kaum zu glauben,
dass der Talboden des Alpenrheintales eigentlich unter dem Meeres-

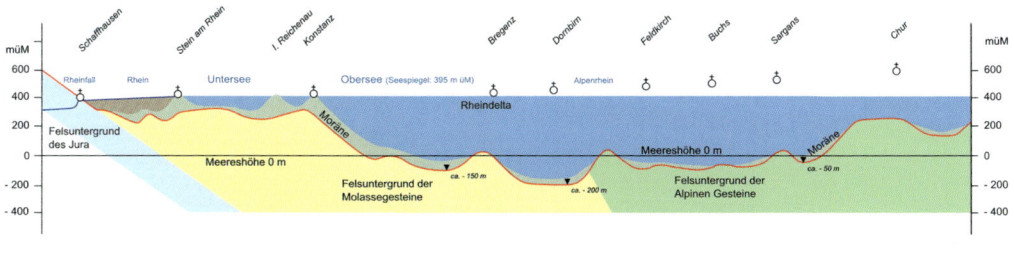

Felsbecken und Ur-Bodensee vor 16500 J.

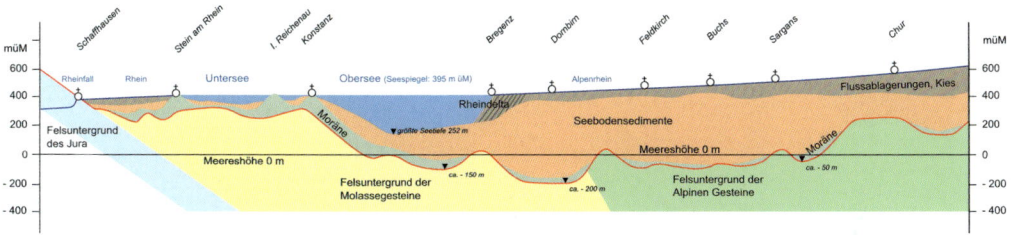

Felsbecken und Füllung von Bodensee und Rheintal heute

Tiefenprofil durch den Bodensee und das Alpenrheintal vor 16.500 Jahren und heute.[4]

spiegel liegen würde, wäre das Tal nacheiszeitlich nicht bereits wieder mit bis zu 600 m Flussgeröllen verfüllt worden.

Im Vorland teilten sich die Eismassen in verschiedene Gletscherzungen auf, die in den recht weichen (Molasse-) Gesteinen große, weite Becken ausschürfen konnten, sogenannte Zungenbecken. Das Bodenseebecken geht auf ebensolche Vorgänge zurück. Seine gewaltige Dimension und z.T. extreme Tiefe kann dadurch erklärt werden, dass die Erosionswirkung der Gletscher durch tektonische Schwächezonen (insbesondere im Bereich des Überlinger Sees) und fluviale bzw. fluvioglaziale Erosionsprozesse hier noch zusätzlich verstärkt wurde.

Die bereits genannten angrenzenden Beckenlandschaften wie Salemer Becken und Schussenbecken, aber auch das Thurtal lassen sich ebenfalls als klassische Zungenbecken deuten. Sie gehen auf einen zweiten großen Eisvorstoß während der Würmeiszeit vor ca. 19.500 Jahren zurück. Alle genannten Becken lagen hier erneut unter Eis und wurden abermals tief ausgeschürft. Mit dem späteiszeitlichen Abtauen der Gletscher füllten sich die Becken mit Schmelzwasser. Dort, wo die Gletscherränder als Staumauern fungierten, liefen die entsprechenden Seen später wieder aus. Der Bodensee aber blieb als klassischer Zungenbeckensee bis heute erhalten.

Einzelne Berge als Erosionsreste

Es bleibt die Frage, wie es dazu kam, dass einzelne Berge bzw. Höhenzüge der gewaltigen Abtragungskraft der Gletscher widerstehen konnten. In den meisten Fällen dürfte dies darauf zurückzuführen sein, dass sie im Vergleich zur Umgebung aus etwas härteren widerständigeren Gesteinen

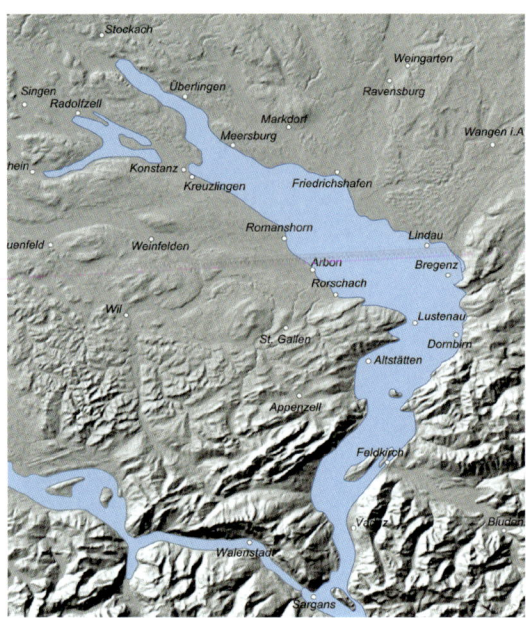

Ausdehnung des Ur-Bodensees nach dem Rückzug der Gletscher aus dem Alpenrheintal[5]

aufgebaut sind. So liegen etwa einigen dieser Berge Schotter früherer Eiszeiten (Deckenschotter) auf, die – zu harten Konglomeraten verbacken – quasi als Schutzschicht für die darunter liegenden weichen (Molasse-) Gesteine fungieren konnten. Die Gletscherzungen suchten sich beim Gletschervorstoß dann den ›Weg des geringsten Widerstands‹ und schürften dort verstärkt in die Tiefe. Teilweise waren diese Wege auch schon durch bereits vorhandene Täler vorgezeichnet. Sehr deutlich wird diese Überlegung bei den Hegau-Vulkanen. Sie sind in ihrer heutigen Form eigentlich gar keine echten Vulkane, sondern eher Vulkanruinen. Die harten Schlotfüllungen wurden durch die Schürfleistung der Gletscher zu den markanten Hegaubergen herausmodelliert.

Endmoränen und Drumlin-Landschaften

Die bisherigen Überlegungen haben das Bild eines Gletschers gezeichnet, der als großer »Landschaftshobel« nahezu alles aus dem Weg räumt, was sich ihm entgegenstellt. Umso mehr erstaunt es, dass sich am Rande und sogar unter den gewaltigen Eismassen auch ganz andere, »aufbauende« Prozesse abspielen konnten.

Relativ einfach zu erklären sind die markanten Endmoränenwälle. Sie entstehen, wenn die Gletscher beim Vorstoß das vor ihnen liegende Material wie eine Planierraupe zusammenschieben (Stauchendmoränen) oder wenn Klimabedingungen über längere Zeiträume konstant bleiben und sich dadurch Eisnachschub aus dem Gebirge und Abtauen im Vorland in etwa die Waage halten. Die Gletscher transportieren dann wie ein Fließband große Schuttmengen heran und türmen sie zu Endmoränen auf

(Satzendmoränen). Besonders schön ausgebildet sind die Endmoränen, die den maximalen würmzeitlichen Eisvorstoß markieren. Aber auch innerhalb des Bodenseebeckens findet man häufig Reste von Endmoränen, die späteren Eisvorstößen oder »Stillstandslagen« zugeordnet werden können.

Mit solchen jüngeren Eisvorstößen werden auch die Drumlin-Landschaften rund um den See in Verbindung gebracht. In diesen morphologisch besonders reizvollen Gebieten liegen zahlreiche längliche Hügel (Drumlins) mit tropfenförmigem Grundriss gestaffelt nebeneinander. Die Längsachse der Hügel liegt in der ehemaligen Eisbewegungsrichtung.

Typischerweise sind sie bis zu 40 m hoch und erreichen Längen von mehreren 100 bis über 1.000 m. Die Entstehung dieser Formen ist recht komplex und wird in der Wissenschaft nach wie vor kontrovers diskutiert. Ein gängiger Erklärungsversuch bemüht das Helmholtzsche Gesetz und geht davon aus, dass der vom Gletscher überfahrene Untergrund ein plastisches Gemisch aus Wasser und Sedimenten ist. Die Grenzfläche zwischen dem Gletschereis und seinem verformbaren Untergrund muss sich nach diesem Gesetz dann wellenförmig ausbilden.

Zukunft des Bodensees

Wie jeder glaziale See wird auch der Bodensee durch Sedimentation in geologisch naher Zukunft verlanden. Wie schnell solche Verlandungsprozesse ablaufen ist zu erkennen, wenn man die vergangenen ca. 16.500 Jahre in den Blick nimmt. Die Abbildung auf der gegenüberliegenden Seite zeigt die Ausdehnung des Ur-Bodensees (=Bodensee-Rheintalsee) kurz nachdem sich alle Gletscher aus dem Alpenrheintal und dem Walenseetal zurückgezogen hatten. Mit einer Gesamtlänge von rund 150 km war er der größte See, der sich je im Alpenraum ausbreitete.[6] Bedingt durch die starke glaziale Übertiefung hatte er auch ein gewaltiges Volumen. Betrachtet man die Querschnitte (Abb. S. 29), so wird deutlich, dass unser heutiger Bodensee schon jetzt, nach gerade einmal 16.500 Jahren, nur noch als kleiner Restsee Bestand hat und es nur eine Frage geologischer kurzer Zeit ist, bis er ganz von der Bildfläche verschwunden sein wird.

Andreas Schwab

Die Besonderheiten des Bodenseeklimas

Die Weinregion Bodensee liegt zwischen 47 und 48 Grad nördlicher Breite und somit mitten im Hauptrebengürtel der Welt. Durch die Breitenlage allein ist jedoch keinesfalls die Eignung für den Weinbau gesichert. Auch die Höhenlage spielt eine wichtige Rolle, da sie wesentlich für die mittleren Jahrestemperaturen verantwortlich ist. Vergleicht man etwa die Jahresmitteltemperatur von Radolfzell (9 °C) mit jener von Freiburg i. Br. (10,8 °C), so wird die klimatische Bevorzugung von tiefer gelegenen Gebieten deutlich. In den mitteleuropäischen Anbaugebieten befinden sich die Weinberge in Höhenlagen zwischen 50 m und 450 m über NN. Damit liegen die Weinlagen am See knapp an bzw. sogar über der eigentlichen Höhengrenze des Weinbaus.

Neben Breiten- und Höhenlage ist auch die großräumige Reliefsituation für das allgemeine Temperaturniveau eines Raumes verantwortlich. Der Bodensee liegt als Zungenbeckensee in einer markanten Beckenlage mit z.T. sehr steilen Hängen. Beckenlagen sorgen vor allem im Winterhalbjahr dafür, dass sich häufig Inversionswetterlagen ausbilden können. Bei solchen Wetterlagen kehren sich die normalen Temperaturverhältnisse um. In den Becken sammelt sich nachts kalte Luft, die durch ihre vergleichsweise hohe Dichte auch am Tage nur noch schwer ausgeräumt werden kann. Sind solche Wetterlagen häufig oder halten sie längere Zeit an, macht sich dies in vergleichsweise niedrigen Jahresmitteltemperaturen bemerkbar. Erstaunt stellt man so fest, dass die für ihre Klimagunst bekannte Bodenseeregion gegenüber der auf vergleichbarer Höhe liegende Filderebene (380 m ü. NN) 0,5 °C kälter ist. Die viel zitierte Klimagunst am Bodensee erscheint daher zunächst verwunderlich. Es gibt aber andere Faktoren, die diese Aussage begründen.

Wärmespeicher Bodensee – Verzögerter Frühlingseinzug, gedämpfter Tagesgang

Eine große Gefahr für den Weinbau stellen Spätfröste im Frühjahr dar. Gemeinhin wird behauptet, der Bodensee reduziere durch seine Wirkung als Wärmespeicher diese Frostgefahr. In den Frühjahrsmonaten ist die Seeoberfläche im Mittel jedoch kälter als die Luft. Auch dies klingt zunächst widersprüchlich. Die vom Winter her stark ausgekühlten Wassermassen des Bodensees (der See als »Kältespeicher«) sorgen dadurch aber für einen verzögerten Frühlingseinzug in Ufernähe und im unmittelbar angrenzenden Hinterland. Die für die Reben besonders empfindliche Austriebphase fällt so in einen Zeitraum, in dem Fröste grundsätzlich nur noch selten auftreten.

Sinken die Boden- und Lufttemperaturen an Land dennoch einmal deutlich unter 0 °C kommt die Wirkung des Sees als Wärmespeicher zum Tragen. Für große Wassermassen gilt: Am Tage werden sie nicht so warm, in der Nacht kühlen sie nicht so stark ab. Dies hat mehrere Gründe. Zunächst liegt es an der hohen spezifischen Wärmekapazität von Wasser. Außerdem dringen Sonnenstrahlen einige Meter tief ins Wasser ein. Dadurch verteilt sich die einfallende Sonnenenergie auf ein großes Volumen. Letztlich sorgen auch turbulente Vorgänge im Wasser selbst dafür, dass die Energie dort sehr gut verteilt wird. Das Wasser speichert somit während des Tages viel Wärme, die im Laufe der Nacht wieder an die Umgebung abgegeben werden kann.

Gerade in den besonders frostgefährdeten frühen Morgenstunden kann die nicht gefrorene Wasserfläche das Frostrisiko in Ufernähe also deutlich abschwächen. Dies gilt im Übrigen auch für besonders scharfe Winterfröste, die in Seenähe merklich abgemildert werden.

Hanglagen im Vorteil - optimale Einstrahlungswinkel und nächtlicher Kaltluftabfluss

Trotz dieser beiden die Frostgefahr reduzierenden Effekte wird auch am Bodensee (wie überall in Mitteleuropa) Weinbau nur an Hängen betrieben. In Hanglagen kann die in klaren Nächten durch Abkühlung an der Erdoberfläche entstehende bodennahe Kaltluft aufgrund ihrer erhöhten Dichte hangabwärts abfließen (Hangabwinde). Die abgeflossenen Kaltluftmassen werden anschließend durch wärmere Luft aus den darüber liegenden Atmosphärenschichten ersetzt. Die Hänge bleiben dadurch vergleichsweise warm, während es in tiefer gelegenen Geländeteilen zur Kaltluftansammlung und zum Kaltluftstau mit besonders niedrigen Temperaturen und häufiger Taubildung kommt. Dort wäre die Frostgefahr trotz Seenähe für den Weinbau zu groß. Auch mit Fäulnisproblemen müsste gerechnet werden.

Kaltluftabfluss und Kaltluftstau in Hang- und Tallagen

Kaltluftabfluss am Hang

Kaltluftabfluss

Abkühlung Kaltluftbildung

Weitere Abkühlung

Kaltluftsee

Geringe Frostgefahr am Hang

Hohe Frostgefahr in Tallagen

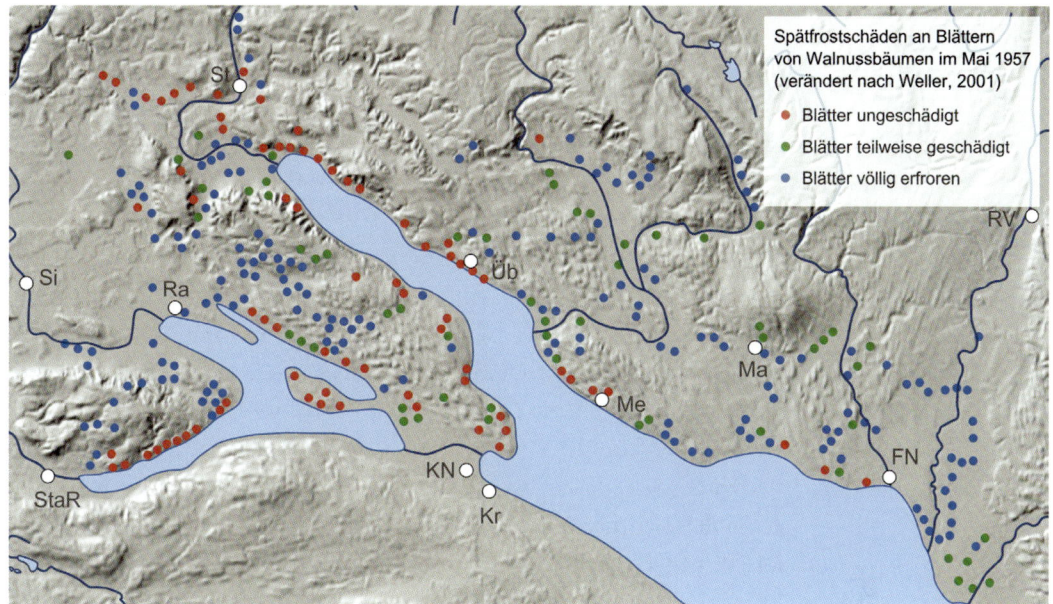

Spätfrostschäden an Blättern von Walnussbäumen im Mai 1957. Gut erkennbar sind die starken Frostschäden überall dort, wo ein Abfließen von Kaltluft durch das Relief verhindert wird. Dies gilt auch für Standorte in Seenähe. So gut wie keine Frostschäden weisen die Hanglagen am See auf.

Die frostreduzierende Wirkung von Hanglagen ist seit langem bekannt. Ein Beispiel dafür sind die Ergebnisse einer Frostschadenskartierung an Walnussbäumen am Nordufer des Bodensees im Anschluss an eine Nacht mit Spätfrost im Mai 1957.[1] Aus der Karte geht deutlich hervor, dass insbesondere die Hanglagen in unmittelbarer Ufernähe von Frostschäden verschont geblieben sind. Die Nähe zum See allein reicht jedoch als Gunstfaktor nicht aus. So konnten östlich von Friedrichshafen auch direkt am See starke Frostschäden beobachtet werden. Hier geht das nördlich angrenzende Schussenbecken mit wenig Gefälle in das eigentliche Bodenseebecken über. Folglich entsteht hier in Strahlungsnächten ein Kaltluftsee, in dem die oberflächennahen Lufttemperaturen im Laufe der Nacht immer weiter zurückgehen. Auch alle anderen Standorte in Tal- und Beckenlagen oder in kleineren Senken inmitten von Drumlinlandschaften im Hinterland des Sees zeigen starke Schäden und kommen somit nicht für eine Kultivierung mit frostempfindlichen Pflanzen in Frage.

Ein weiterer positiver Effekt von Hanglagen ergibt sich bei entsprechender Exposition. Südhänge sind klar im Vorteil. Die Sonnenstrahlen treffen hier viel steiler auf die Oberfläche und sorgen so für einen erhöhten Strahlungsinput. Es verwundert deshalb nicht, dass Weinbau nur am Nordufer des Sees auf den nach Süden exponierten Hängen betrieben wird, nicht aber am Schweizer Ufer. Im Weinland Thurgau, aber auch in allen anderen seeferneren Gebieten, ist die Frage nach geeigneten Flächen deshalb gleichbedeutend mit der Suche nach relativ steilen und nach Süden ausgerichteten Hängen. Fündig wird man unter anderem am Imebärg, Stammerberg,

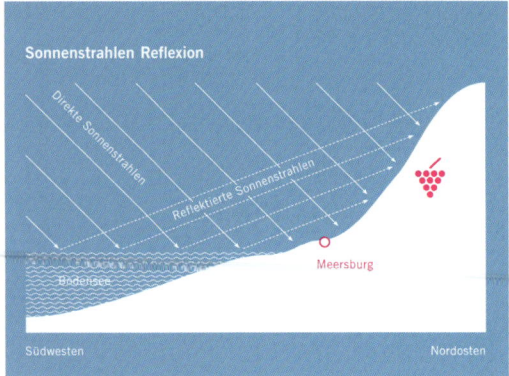
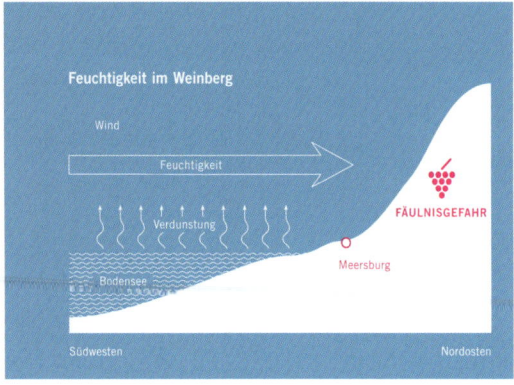

Der See als Sonnenspiegel – die Reflexion der Sonnenstrahlen an der Seeoberfläche sorgt für zusätzlichen Strahlungsinput an den nach Süden exponierten Hängen.

Ottebärg, Schiener Berg, Gehrenberg und am Hohentwiel, also an jenen Bergen und Höhenzügen, die der eiszeitliche Gletscher durch seine Erosionstätigkeit herausmodelliert hat. Auch im Alpenrheintal lässt sich die Abhängigkeit von südexponierten Lagen sehr gut studieren. Nur dort, wo die geologischen Prozesse zur Ausbildung kleinerer kammartiger Vorsprünge ins Rheintal geführt haben, ist auf deren Südseite Weinbau möglich.

Verstärkt wird der Strahlungsinput am Bodensee durch Sonnenstrahlen, die auf die Seeoberfläche treffen und dort in Richtung der angrenzenden Hänge reflektiert bzw. gestreut werden. Der See fungiert also quasi als Sonnenspiegel, der zusätzliche Energie liefert. Da auf der Nordhalbkugel die Sonne ihren scheinbaren Lauf bekanntlich im Süden nimmt, können auch von diesem Effekt wiederum nur die nach Süden exponierten Hänge am Nordufer des Sees profitieren.

Der Föhn – optimal für die Öchslegrade im Alpenrheintal

Mit dem Föhn ist auch eine übergeordnete Wetterlage in die Betrachtungen des Bodenseeklimas mit einzubeziehen. Auch er darf als klimatischer Gunstfaktor gesehen werden. Beim häufig zu beobachtenden Südföhn kommt es, bedingt durch ein Süd-Nord-Druckgefälle, zum nordwärts gerichteten Überströmen des Alpenhauptkammes mit Steigungsregen-Effekten auf der Alpensüdseite und trockenen warmen Fallwinden in den nördlichen Alpentälern (insbesondere auch im Alpenrheintal) und dem angrenzenden nördlichen Alpenvorland. Während in anderen Regionen Süddeutschlands bei solchen Wetterlagen Bewölkung und Niederschläge verzeichnet werden, herrschen im Alpenrheintal und am Bodensee für den Weinbau dann optimale Strahlungs- und Temperaturbedingungen. Der Föhn treibt damit die Öchslegrade in die Höhe. Die Weine aus dem Alpenrheintal sind deshalb sehr gehaltvoll und kräftig.

Erkennen kann man den Föhn aus der Ferne häufig an einem tiefblauen Himmel und den klassischen Föhnwolken, den als Föhnfischen be-

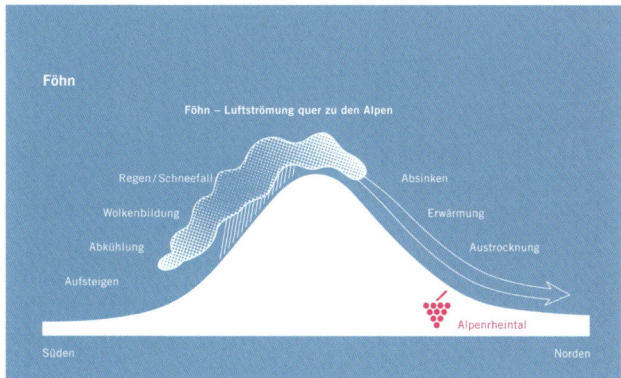

Entstehung des Föhns
im Alpenrheintal

zeichneten »Altocumuli lenticularis«. Die Frage, wie weit der Föhn vom Alpenhauptkamm ins Rheintal oder gar bis zum Bodensee und ins Alpenvorland vorstoßen kann, hängt in erster Linie vom Druckgefälle und von der Dauer der Föhnwetterlage ab. Im Oberen Alpenrheintal tritt er wesentlich häufiger auf als am Bodensee. So weist Bad Ragaz 700 klassische Föhnstunden pro Jahr auf, Bregenz hingegen nur 70 Stunden.[2]

Während der Föhn für die Winzer am See also als Segen gelten kann, wird er als heftiger Südwind von den Seglerinnen und Seglern eher gefürchtet. Dies liegt vor allem an seinem oft unkalkulierbaren und überraschenden Eintreten, insbesondere im oberen Seebereich in der Fussacher Bucht und an der Rheinmündung.

Gefahren durch Feuchtigkeit und Hagel

Bei so viel Klimagunst dürfen natürlich auch Ungunstfaktoren nicht unerwähnt bleiben. Die hohen Verdunstungsraten über der Wasseroberfläche sorgen für hohe Werte der Luftfeuchtigkeit. Bei windschwachen Strahlungswetterlagen macht sich dies im Winterhalbjahr durch hohe Nebelhäufigkeiten bemerkbar. Im langjährigen Mittel dominieren in der Bodenseeregion jedoch Süd- und Südwestwinde. Sie treiben die feuchten Luftmassen in die Rebhänge am Nordufer, wodurch die Winzer hier mit einer erhöhten Fäulnisgefahr zu rechnen haben. Entsprechende Schutzmaßnahmen müssen ergriffen werden.

Seit jeher sind Schäden durch Hagel in landwirtschaftlich intensiv genutzten Gebieten besonders gefürchtet. Lange Zeit als »Strafe des Himmels« oder »Werk des Teufels« angesehen und hingenommen, versuchte man bis weit ins 19. Jahrhundert hinein das drohende Unheil durch Gebete und Prozessionen abzuwenden (»Vor Blitz, Hagel und Ungewitter, bewahre uns Herr Jesus Christus«). Später sollten durch »Hagelschießen« hagelverdächtige Wolken vertrieben werden. Ein erster erfolgversprechender Ansatz der Hagelbekämpfung, der aber bis heute wissenschaftlich nicht belegt ist, kam mit der Idee, Silberjodid in hagelträchtige Wolken einzubringen (Hagelimpfung). Dadurch wird die Anzahl der natürlich vorkommenden Kondensationskerne erhöht mit dem Ziel, dass sich dadurch mehr, aber eben nicht so große Hagelkörner bilden sollen.

Große Hagelkörner können eigentlich nur im Hochsommer entstehen, wenn bei ausreichender Thermik hohe Wolkentürme mit starken Auf- und Abwinden entstehen. Durch diese Vertikalwinde werden bereits vorhandene Schneekristalle oder Graupel lange Zeit in Schwebe gehalten bzw. nach oben und unten transportiert. Dabei stoßen sie wiederholt mit unterkühlten Wassertröpfchen zusammen und wachsen so immer weiter, bis sie dann bei nachlassender Thermik als große Hagelkörner auf die Erdoberfläche treffen. Voraussetzungen für starke Aufwinde sind eine einstrahlungsbedingte Thermik und eine durch vorangegangene Verdunstung entstandene hohe Luftfeuchtigkeit. Im gasförmigen Wasserdampf ist nämlich jene Energie latent enthalten, die für die Verdunstung des flüssigen Wassers nötig war. Bei der Kondensation des Wasserdampfes zu Wolkentröpfchen wird diese Energie wieder frei und trägt so zu einem verstärkten Auftrieb innerhalb der Wolke bei.

Beim berühmten Münchner Hagelschlag vom 14. Juli 1984 fielen Hagelkörner mit Duchmesser von über 9 cm und einem Gewicht von bis zu 300 g mit mehr als 100 km/h auf den Boden.[3] Das Unwetter entstand aus einer Gewitterzelle im Berner Oberland, die von dort nach Nordosten zog. Der entscheidende Schwall an feuchtigkeitsgesättigter und damit sehr energiereicher Luft stammte aus dem Bodenseegebiet. Wieder spielt also der See als Wasserdampfquelle eine eher negative Rolle, weil er dazu beiträgt, dass in der Region selbst und in den angrenzenden Räumen verstärkt mit Hagelereignissen zu rechnen ist. Aus Angst vor solchen Ereignissen investieren immer mehr Obstbauern in den letzten Jahren in Hagelnetze, um Ernteausfälle zu vermeiden und eine ständige Marktpräsenz sicherzustellen. Im Weinbau der Bodenseeregion sind sie jedoch noch nicht verbreitet.

Land-See-Wind am Bodensee – auch eine Folge des Wärmespeichers Bodensee

Die gedämpfteren Tagesgänge der Temperatur von Wasserflächen gegenüber Landflächen sorgen nicht nur für eine Verringerung der Frostgefahr in Ufernähe. Sie sind auch für die Entstehung von Luftdruckunterschieden und den damit verbundenen Ausgleichsströmungen verantwortlich, die als Land-See-Windsystem bekannt sind.

Über den tagsüber stärker erwärmten Landflächen kommt es zur Ausdehnung der Luft. In der Höhe entsteht so über Land ein Höhenhoch und damit ein Druckgefälle vom Land zum See. Die dadurch induzierten Ausgleichsströmungen sorgen am Boden für ein Druckgefälle in genau umgekehrter Richtung, also vom See aufs Land. Dies hat dort auflandige Winde (Seewinde) zur Folge. Abends und nachts, wenn die Wasserflächen wärmer sind als die Landflächen, herrscht entsprechend eine umgekehrte Situation mit ablandigen Winden (Landwind).

Für die Entstehung ausgeprägter Land-See-Winde sind ausreichend große Wasserflächen nötig. Von der Größe der Wasserflächen hängt auch die Reichweite der jeweiligen Winde auf den See hinaus und ins Hinterland des Sees ab. Deutlich messbare Land-Seewindsysteme treten an allen Meeresküsten auf. Sie können aber auch im Uferbereich von sehr großen Binnengewässern nachgewiesen werden. Für den Bodensee sind Land-See-winde mehrfach belegt.[4] Über die Reichweite gibt es jedoch recht unterschiedliche Aussagen. Während einige Autoren nur die direkten Uferregionen als Wirkungsbereiche sehen, verweisen andere auf Extremsituationen, in denen Seewinde bis südlich von Ravensburg, also fast 20 km ins Hinterland nachweisbar sein sollen. Fallen die Uferbereiche stark zum See hin ab, weisen die entsprechenden Hang- und Talwindsysteme eine Tagesperiodik auf, die mit jener des Land-See-Windsystems übereinstimmt. Es ist daher oft schwierig, mit Hilfe bodennaher Messungen die beiden Systeme voneinander zu trennen. Sie verstärken sich vielmehr gegenseitig.[5]

Das »eine« Bodenseeklima gibt es nicht

Durch das Zusammenwirken der beschriebenen Phänomene entstehen kleinräumig sehr unterschiedliche Klimabedingungen. Als gemeinsames Merkmal wird jedoch immer der Einfluss des Bodensees gelten können. Seine Wirkung als Wärmespeicher, Sonnenspiegel oder als Feuchtigkeitslieferant und das von ihm abhängige Land-See-Windsystem sorgen zusammen mit den vom See unabhängigen Faktoren wie Hangexposition oder Föhnwirkung für eine große Vielfalt der Kleinklimate innerhalb des »Bodenseeklimas«. Das erklärt auch den unterschiedlichen Charakter der Weine vom Nord- und Südufer des Sees, aus dem Alpenrheintal, dem Hegau und vom Hochrhein.

Andreas Schwab

Das Terroir - Vielfalt aus Gesteinen, Böden und Klima

Die Böden sind als Geofaktor von großer Bedeutung für den Charakter und die Qualität der Weine. Der berühmte Pinot Noir aus dem Burgund etwa gedeiht besonders gut auf Kalkböden. Dem Riesling von der Mosel wird nachgesagt, sein besonderer Geschmack gehe auf die Schieferböden im Untergrund zurück. Offensichtlich scheint also die mineralische Zusammensetzung eines Bodens eine wichtige Rolle zu spielen. Sie hängt ganz wesentlich vom Ausgangsgestein ab, aus dem der Boden durch Verwitterungsprozesse hervorgegangen ist. Aber auch der Aufbau und die Struktur eines Bodens müssen bestimmte Voraussetzungen erfüllen, damit überhaupt Qualitätsweinbau betrieben werden kann. Besonders geeignet sind leichte, warme, trockene Böden mit einer nicht zu großen, aber auch nicht zu geringen Menge an organischen Stoffen. Von Bedeutung sind auch seine Tiefgründigkeit, sein pH-Wert und sein Wasserrückhaltevermögen. Als Ergebnis einer wechselvollen Erdgeschichte findet man in der Region rund um den Bodensee einen kleinräumig differenzierten geologischen Untergrund und ein abwechslungsreiches Relief vor.[1] Entsprechend vielfältig sind auch die Böden.

Unterschiedliche Gesteine - Ergebnis einer wechselvollen Erdgeschichte

Starten wir einen Gang durch die Erdgeschichte, indem wir Bilder verschiedener geologischer Aufschlüsse und eine vereinfachte geologische Karte samt Profil betrachten (Abb. S. 42 und 43). Gemeinsam geben sie Auskunft darüber, mit welchen Gesteinen in der Bodenseeregion zu rechnen ist und welche erdgeschichtlichen Prozesse hier abgelaufen sind.

Im Alpenrheintal dominieren Kalk- und Mergelgesteine, die in komplexen Faltenstrukturen an die Oberfläche treten. Entstanden sind diese Gesteine überwiegend in der Kreidezeit (vor 145 bis 60 Millionen Jahren). In verschiedene Meeresbecken wurden Sedimente wie Sande und Tone von Flüssen eingetragen. Insbesondere in warmen Flachwasserzonen kam es durch Verdunstungs- und Ausfällungsprozesse auch zur Ablagerung von Kalken. Bei der im Tertiär vor ca. 40 Millionen Jahren einsetzenden Verfaltung und Hebung der Alpen wurden diese Sedimente zunehmend zu Gesteinen verfestigt und an die Oberfläche befördert. In den beiden Darstel-

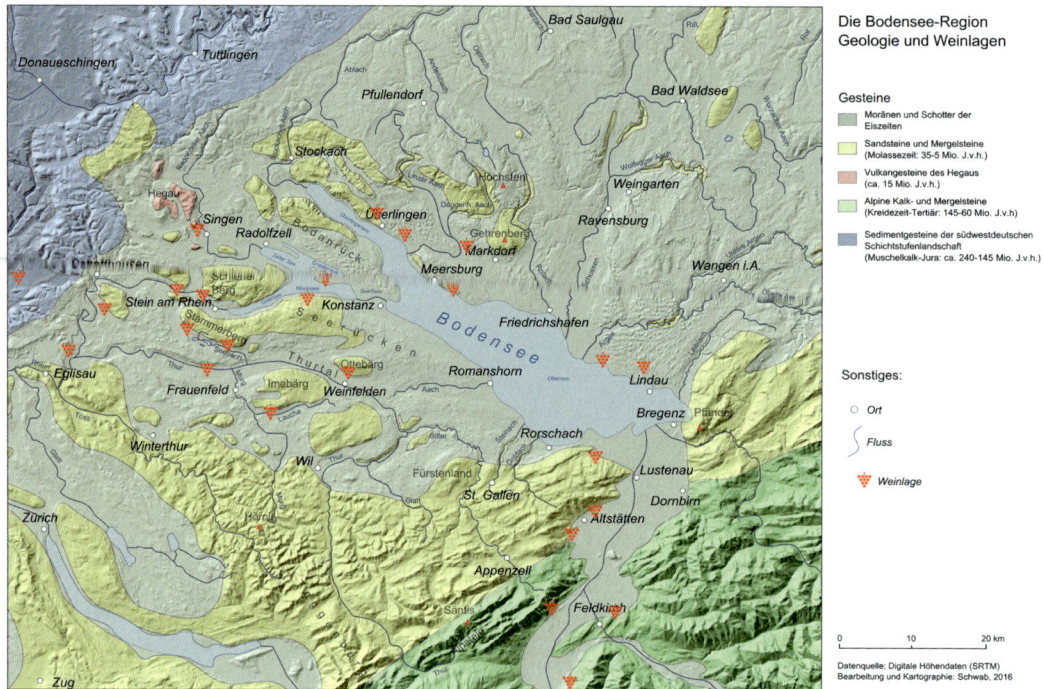

**Die Bodensee-Region
Geologie und Weinlagen**

Gesteine

Moränen und Schotter der
Eiszeiten

Sandsteine und Mergelsteine
(Molassezeit: 35-5 Mio. J.v.h.)

Vulkangesteine des Hegaus
(ca. 15 Mio. J.v.h.)

Alpine Kalk- und Mergelsteine
(Kreidezeit-Tertiär: 145-60 Mio. J.v.h)

Sedimentgesteine der südwestdeutschen
Schichtstufenlandschaft
(Muschelkalk-Jura: ca. 240-145 Mio. J.v.h.)

Sonstiges:

○ Ort

Fluss

Weinlage

0   10   20 km

Datenquelle: Digitale Höhendaten (SRTM)
Bearbeitung und Kartographie: Schwab, 2016

Vereinfachte geolo-
gische Karte des
Bodenseeraums[2]

lungen werden sie unter der Bezeichnung Alpine Gesteine zu einer Einheit
zusammengefasst. Sie bauen unter anderem das Alpsteinmassiv und das
Bregenzerwaldgebirge auf.

Im Zuge der Alpenfaltung und -hebung bildete sich nördlich der Alpen ein großer Trog (Molassetrog). Zeitgleich mit der Hebung setzten Ver-
witterungs- und Abtragungsprozesse ein. Die Alpenflüsse transportierten den Abtragungsschutt in den Molassetrog hinein und lagerten ihn
dort in Form großer Schwemmfächer oder Flussdeltas ab. Zusätzlicher
Sedimenteintrag erfolgte von Norden und Osten her (Schwäbische Alb,
Bayrischer Wald). Der Trog verfüllte sich so zunehmend, sank durch die
Last der eingetragenen Sedimente aber auch immer weiter ab, zeitweilig
sogar so stark, dass Meerwasser eindringen konnte. Innerhalb der Molasse-
ablagerungen wird deshalb zwischen Schichten der Meeresmolasse und
Süßwassermolasse unterschieden.

Bei der Ablagerung der Flussgerölle im Übergangsbereich vom Gebirge ins Vorland wurden diese der Größe nach sortiert. In Alpennähe, bei
noch etwas höheren Fließgeschwindigkeiten der Flüsse, wurden zunächst
die gröberen Sedimente (Kiese) abgelagert. Sande und noch feinere Bestandteile wurden weiter transportiert und erst bei nachlassenden Fließgeschwindigkeiten in größerer Entfernung vom Alpenrand sedimentiert.
Insbesondere die in Alpennähe abgelagerten und in der Folge zu Konglomeraten (Nagelfluh) verfestigten Kiese wurden durch die immer weiter

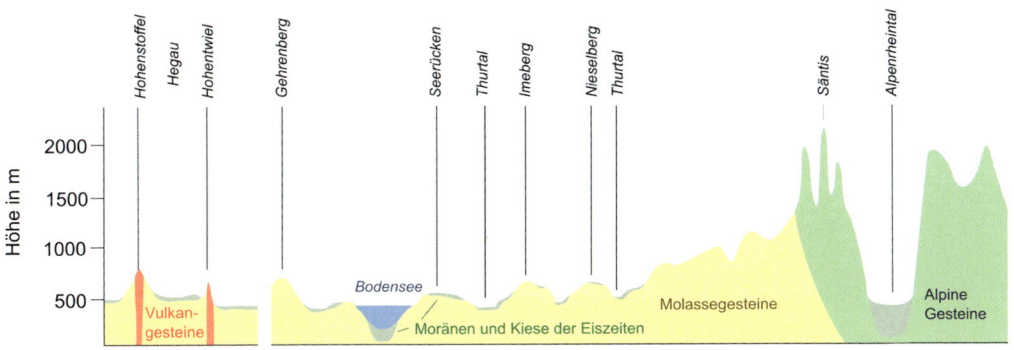

herannahenden Alpen ihrerseits wieder verfaltet und in die Hebungsprozesse des Gebirges mit einbezogen (Faltenmolasse, aufgerichtete Molasse). So gehören die voralpinen Höhenzüge des Hörnliberglands, der Kammlandschaften zwischen St. Gallen und Appenzell sowie des Pfänders geologisch gesehen also gar nicht zu den Alpen, sondern zur Molasse. Die Grenze zwischen diesen Einheiten verläuft von Südwest nach Nordost quer durchs Alpenrheintal.

Die mineralische Zusammensetzung der Molassesedimente spiegelt letztlich den geologischen Aufbau ihrer Herkunftsgebiete wider. Bedingt durch die hohen Kalkanteile der Alpen sind deshalb auch die Molasseschichten in der Regel kalkreich. Die gelblich-gräulichen Molassesandsteine sind häufig weich, können aber an bestimmten Stellen dennoch markante Formen ausbilden, wie etwa die beeindruckenden Felswände bei Überlingen.

Eine Sonderrolle innerhalb der Weinregion Bodensee nehmen die Gesteine des Klettgaus ein. Der Klettgau liegt bereits westlich der südlichsten Ausläufer der Schwäbischen Alb, gehört aus geologischer Perspektive also nicht zum Alpenvorland sondern zur südwestdeutschen Schichtstufenlandschaft. Entsprechend dominieren hier Gesteine, die dem Jura und teilweise sogar noch der Keuperzeit zuzuordnen sind. Erstgenannte bestehen überwiegend aus Kalk, letztgenannte auch aus Mergel-, Gips- und Sandsteinen.

Im Hegau trifft man verschiedene Tuff- und Lavagesteine an, die auf den dortigen Vulkanismus zurückgehen. Im Bereich einer tektonischen Schwächezone kam es hier vor ca. 15 Millionen Jahren zunächst zu explosiven Vorgängen. Aus den ausgeworfenen Aschen, Gesteinsbruchstücken und Lavafetzen entstand eine ca. 100 m mächtige Tuffschicht. Später drangen von unten Phonolite und Basalte ein, die jedoch nicht bis zur Erd-

Mergel- und Sandsteine aus der Molassezeit im Bereich der Gletschermühle bei Überlingen. Molassesandsteine sind häufig recht weich, können aber dennoch markante Formen ausbilden.

Tuffgestein am Hohentwiel, das auf den Vulkanismus im Hegau zurückgeht.

oberfläche gelangten und erst später durch Erosionsprozesse freigelegt wurden. Sowohl die Lava- als auch die Tuffgesteine haben eine ganz andere mineralische Zusammensetzung als die übrigen Gesteine der Bodenseeregion.

Flächenmäßig nehmen die eiszeitlichen Moränen und Schotter den mit Abstand größten Anteil in der Bodenseeregion ein. Ihre Mächtigkeit beträgt jedoch selten mehr als einige Zehnermeter. An vielen Stellen werden sie in Form von Kies und Sand als Rohstoff gewonnen und wirtschaftlich verwertet, sodass sprichwörtliche vom »Weißen Gold« der Region die Rede ist. Die Kiesgruben verschaffen einen guten Einblick in die Gesteinszusammensetzung. Sie spiegelt den geologischen Aufbau der Alpen im Einzugsgebiet des Alpenrheingletschers wider, der die Schuttmassen herantransportiert hat. Weil in den nördlichen Alpen Kalksteine dominieren, sind auch die Kalkanteile in den noch nicht verfestigten Sedimenten recht hoch, jedoch kommen auch viele andere Gesteinsarten darin vor und sorgen für einen ausgeprägten Mineralienmix.

Terroir ist mehr als Boden – das Zusammenspiel von Klima und Untergrund

Das Zusammenspiel der Faktoren Klima, Gestein und Boden beeinflusst die Entwicklung des Weins in einem komplexen Wirkungsgefüge, dem sogenannten Terroir. Tag- und Nachttemperaturen, Verteilung der Niederschläge auf das Jahr oder die Anzahl der Sonnenstunden sind also genauso von Bedeutung wie die verschiedenen Bodeneigenschaften und die Oberflächengestalt der Landschaft, die sich ganz wesentlich auf die Intensität der Sonneneinstrahlung auswirkt. Es ist klar, dass kaum eine Weinbaulage der anderen gleicht. Vielmehr erzeugen die vielfältigen Kombinationsmöglichkeiten der Faktoren eine enorme Vielfalt der Weine, die man tatsächlich auch schmecken kann.

So bilden sich bei gleichem Boden an einem frostgefährdeten Fuß eines Berghanges geschmacklich andere Weine als am Hang darüber, der durch nächtlichen Kaltluftabfluss von starken Frösten verschont bleibt und grundsätzlich geringere nächtliche Temperaturschwankungen aufweist. Auch die exakte Ausrichtung von Hängen wirkt auf die Entwicklung von Weinen. Nach Osten exponierte Hänge mit Morgensonne wirken anders als Westhänge, die erst am Nachmittag und Abend stark erwärmt werden.[3]

Besonders wichtig für die Qualität der Weine ist die Verfügbarkeit von Wasser und Nährstoffen. Hier gilt: Zu viel davon ist nicht optimal, weil die Rebe dann mit übermäßigem (Laub-) Wachstum reagiert, was zu einer zu starken Beschattung der Frucht und letztlich zu unreifen Trauben führen kann. Bei extrem nährstoffarmen Böden und Wasserarmut besteht wiederum die Gefahr, dass im Sommer die Photosynthese zum Erliegen kommt und sich durch Verdunstungsprozesse in den Trauben zwar Zucker anreichert, sich aber keine interessanten Geschmacksverbindungen ergeben. Mit entsprechenden Maßnahmen (Laubpflege, Bewässerung) können die Winzer solchen unvorteilhaften Naturbedingungen entgegenwirken.

Von Natur aus optimale Böden sind nicht zu fruchtbar und weisen eine gute Wasserdurchlässigkeit auf. Die Wurzeln müssen dann tief vordringen, um einen ständigen Wasservorrat sicherzustellen. Dabei erreichen sie wiederum unterschiedliche Boden- oder sogar Gesteinsschichten, die eine Vielfalt an Nährstoffzufuhr gewährleisten.

Weinregion Bodensee

Die verschiedenen Teilregionen der Weinregion Bodensee haben auf der Basis ihrer jeweiligen Terroirs ganz eigene Profile entwickelt. Mit den folgenden Ausführungen werden die wesentlichen Eckpunkte und charakteristischen Merkmale zusammengetragen. Die Darstellung konzentriert sich dabei auf die Teilregionen Deutscher Bodensee und Thurgau, da hier die meisten Charakteristika exemplarisch herausgearbeitet werden können.

Die Region Deutscher Bodensee

Der Weinbaubereich Badischer Bodensee gehört zwar zu den kleinsten Bereichen im Anbaugebiet Baden, innerhalb der Weinregion Bodensee ist er aber zusammen mit den (extrem kleinen) Gebieten Württembergischer und Bayrischer Bodensee der größte. Die Rebfläche verteilt sich entlang des Hochrheins über den Hegau bis an das Bodenseeufer rund um Meersburg, Hagnau, Konstanz, Überlingen, Kressbronn und Wasserburg bis Lindau.[4]

Große Teile der Region sind von eiszeitlichen Moränen und Schottern geprägt. Auf dem lehmigen, mit Sand und Kies durchmischten Material haben sich mittel- bis tiefgründige, oftmals kalkhaltige, aber stets gut durchlüftete und in Hanglage gut wasserabführende Weinbergsböden entwickelt. Auf solchen stocken die Rebflächen um die Barockkirche Birnau, die Rebflächen um Bermatingen, alle höher über dem See bestockten Rebflächen zwischen Unteruhldingen und Immenstaad und die südwestlich von Schaffhausen gelegene Lage Nacker Steinler. Auch der Weinbau auf der Insel Reichenau gehört in diese Kategorie. Er konzentriert sich auf den 40 m über dem Seespiegel liegenden Hochwart und den etwas nördlich angrenzenden Vögelisberg. Diese beiden Erhebungen auf der Reichenau sind Drumlins[5], ihre Böden entsprechend aus Moräne entstanden.

Unter den Moränenablagerungen steht rund um den Bodensee Molasse an, die insbesondere an den steilen zum Bodensee hin geneigten Hängen an die Oberfläche tritt. Auf den Unterhängen haben sich über häufig recht mächtigen Rutschmassen mittelgründige sandig-kiesige Lehmböden gebildet. Darüber liegen in den steileren Hangabschnitten mittelgründige kiesige, z.T. kalkhaltige Lehmböden über Molasse. In den höheren und flacher werdenden Bereichen treten dann wieder die bereits erwähnten Moränenböden auf. Die größte zusammenhängende Weinbaufläche des Bereichs Deutscher Bodensee erstreckt sich an den zum See abfallenden Molassehängen von Meersburg über Hagnau nach Immenstaad. Auch die Flächen bei Überlingen stocken auf Molasseböden.

Der Weinbau am Hohentwiel kann aus zweierlei Gründen als besonders gelten. Hier stehen bis auf 562 m ü. NN Reben. Die beiden Einzellagen Elisabethenberg und Olgaberg sind damit die beiden höchstgelegenen Weinlagen Baden-Württembergs.[6] Gleichzeitig fallen die Weinbergsböden völlig aus dem Raster. Im Untergrund stehen vulkanische Tuffgesteine und Lavangesteine (Phonolit) an. Die mineralische Zusammensetzung dieser Gesteine und damit auch der Böden unterscheidet sich markant von allen anderen der Region. Entsprechend anders schmecken auch die Weine: »Fast schon salzig«, sagen Kenner.

Alle Teilgebiete weisen im Wesentlichen südexponierte Hanglagen auf. Unterschiede ergeben sich bei einer genauen Betrachtung der Hang-

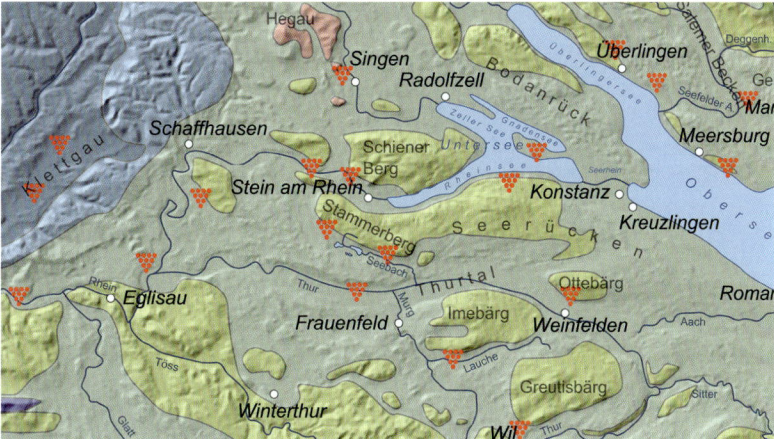

Lage von Weinbau-
gebieten im westlichen
Teil der Weinregion
Bodensee

ausrichtung und des Grades der Neigung. Die Höhenlagen differieren zwischen 400 m ü. NN und 560 m ü. NN. Dies führt zu Unterschieden bei den Jahresdurchschnittstemperaturen. Die unterschiedliche Nähe zum See wirkt über den Faktor Frostgefahr und die Reflexion der Sonnenstrahlen. Lagen im Hinterland sind hier doppelt benachteiligt. Für die Seelagen ist die Nähe zum See ein positives Alleinstellungsmerkmal. Die Menge der durchschnittlichen Jahresniederschläge nimmt mit Annäherung an die Alpen zu, ist aber für den Weinbau noch überall gut geeignet. Der unterschiedliche geologische Untergrund macht sich vor allem im Hegau bemerkbar.

Die Region Thurgau

Die Weinregion Thurgau wird unterteilt in die Gebiete Untersee, Lauchetal, Oberes Thurtal, Unteres Thurtal, Seebachtal und Rhein. Der Thurgau gilt als kleine, aber qualitativ hochstehende Weinregion. Die dortigen Winzer verstehen es offenbar sehr gut, das Optimum aus ihren Terroirs herauszukitzeln. Zahlreiche nationale und internationale Auszeichnungen zeugen davon. Rebforscher Hermann Müller aus dem thurgauerischen Tägerwilen gab bereits im Jahr 1882 der von ihm gezüchteten Rebsorte Müller-Thurgau seinen Namen. Auf einer Gesamtfläche von über 260 Hektar dominieren im Thurgau inzwischen aber die roten Sorten. Nur auf ca. 80 Hektar werden Weißweine angebaut.

Mit ca. 110 Hektar verfügt die Region Unteres Thurtal über die größte Anbaufläche im Thurgau. Die Rebhänge liegen hier fast ausnahmslos an südexponierten Talhängen auf eiszeitlichen Moränenablagerungen. Im Zentrum des Gebiets Oberes Thurtal (ca. 70 Hektar Anbaufläche) liegt das Anbaugebiet von Weinfelden am Südhang des Ottebärgs. In den besonders steilen Bereichen sind hier die Gletschersedimente bereits abgetragen und am Hangfuß wieder abgelagert worden. Die Reben stocken deshalb sowohl auf Mergel- und Sandsteinen der Molasse als auch auf kiesig-sandigen Lockersedimenten. Im Anbaugebiet Seebachtal (ca. 35 Hektar, fast ausschließlich auf Moränenböden) herrscht dank der drei Seen ein sehr ausgeglichenes, dem Weinbau förderliches Klima. Das gleiche gilt für die Lagen am Untersee (ca. 28 Hektar), die innerhalb eines abwechslungsreichen Kleinreliefs in der Regel nicht direkt am See, sondern an den nach Süden exponierten Hängen im direkt angrenzenden Hinterland liegen. Die beiden kleinsten Lagen im Lauchetal und im Gebiet »Rhein« an der Grenze zu den Kantonen Zürich und Schaffhausen umfassen jeweils gerade einmal ca. 10 Hektar. Im Lauchetal liegen die Rebhänge am Südhang des Imebärgs wieder im Übergangsbereich von freiliegender Molasse und Rutschmassen am Hangfuß. Im Gebiet »Rhein« sind im Untergrund überwiegend Moränen der Würmeiszeit anzutreffen.

Die Regionen Schaffhausen, St. Galler Rheintal, Vorarlberg und Liechtenstein

Die Lagen in der Region Schaffhausen konzentrieren sich auf den Klettgau. Dieser unterscheidet sich geologisch deutlich von den bislang beschriebenen Teilregionen. Er liegt bereits westlich der südlichen Ausläufer der Schwäbischen Alb und ist demnach Teil des Albvorlandes. An den Hängen stehen hier verschiedenste Gesteine aus der Keuper- und Jurazeit an. Dies führt zu einer enormen Gesteinsvielfalt mit Sand-, Mergel-, Gips- und Kalksteinen. Große Teile der Weinberge weisen aufgrund der Talverläufe eher eine südostexponierte Lage auf.

Die bedeutendsten Lagen in der Region St. Galler Alpenrheintal liegen bei den Gemeinden Thal, Berneck/Au und Altstätten. Hier haben sich an den Hängen flach- bis mittelgründige, gut wasserabführende Böden entwickelt. Der besondere Geschmack der Weine geht hier aber nicht auf besondere Böden zurück. Vielmehr spielt mit dem Föhn ein klimatologischer Effekt eine wichtige Rolle. Er sorgt für eine hohe Sonneneinstrahlung und äußerst gehaltvolle, kräftige Weine.[7]

Auf der österreichischen Seite des Alpenrheintals in Vorarlberg wird Wein bei Bregenz und Feldkrich angebaut, allerdings nur auf sehr begrenzten Flächen. Nicht mehr auf der Karte sichtbar sind die ebenfalls sehr kleinen Flächen bei Vaduz, die den Liechtensteiner Wein hervorbringen.

Fazit

Fasst man die Ausführungen zusammen, so kristallisieren sich folgende Punkte für die Terroirs der Weinregion Bodensee als charakteristisch und differenzierend heraus: Die Weinregion Bodensee weist eine große Vielfalt von Gesteinen und Böden auf. In der Fläche betrachtet dominieren dabei Böden, die auf eiszeitlichen Ablagerungen (Moränen und Schotter) entstanden sind. In besonders steilen Lagen stehen häufig Mergel- und Sandsteine der Molasse an. Sondersituationen ergeben sich im Hegau (Vulkangesteine), Klettgau (Mergel- und Sandsteine, Gipssteine und Kalksteine der südwestdeutschen Schichstufenlandschaft) und im Alpenrheintal (alpine Kalk- und Mergelsteine).

Dass es überhaupt südexponierte Hänge gibt, ist der Tätigkeit der eiszeitlichen Gletscher im Zusammenspiel mit den (Schmelzwasser-) Flüssen zu verdanken. Aus einer gleichmäßig nach Norden zur Donau abfallenden Ebene haben sie durch ihre Erosionsleistung ein großes Becken herausgearbeitet, in dem noch einige Einzelberge als Erosionsreste erhalten sind und von Osten nach Westen verlaufende Täler für ein abwechslungsreiches Kleinrelief sorgen. Die steilen Lagen haben durch entsprechende Erosions- bzw. Rutschungsvorgänge ihrerseits wieder dazu geführt, dass vom Hangfuß bis zu den höher gelegenen Hangbereichen kein einheitlicher Untergrund vorliegt.

Innerhalb dieses Reliefs können bei genauer Analyse der Neigungs- und Expositionsverhältnisse die im Hinblick auf den Strahlungsinput optimalen Weinlagen ausgemacht werden. Dies sind die im Wesentlichen nach Süden exponierten steilen Hänge, die auch einen nächtlichen Kaltluftabfluss und damit eine verminderte Frostgefahr sicherstellen. In unmittelbarer Seenähe kommt zusätzlich die Wärmespeicherwirkung des Bodensees zum Tragen. Sie sorgt für ausgeglichene Jahres- und Tagesgänge der Lufttemperatur. Die Häufigkeit der Föhnlagen im Alpenrheintal kann als klimatischer Sonderfall angesehen werden, der den dortigen Weinen einen besonders kraftvollen Charakter verleiht.[8]

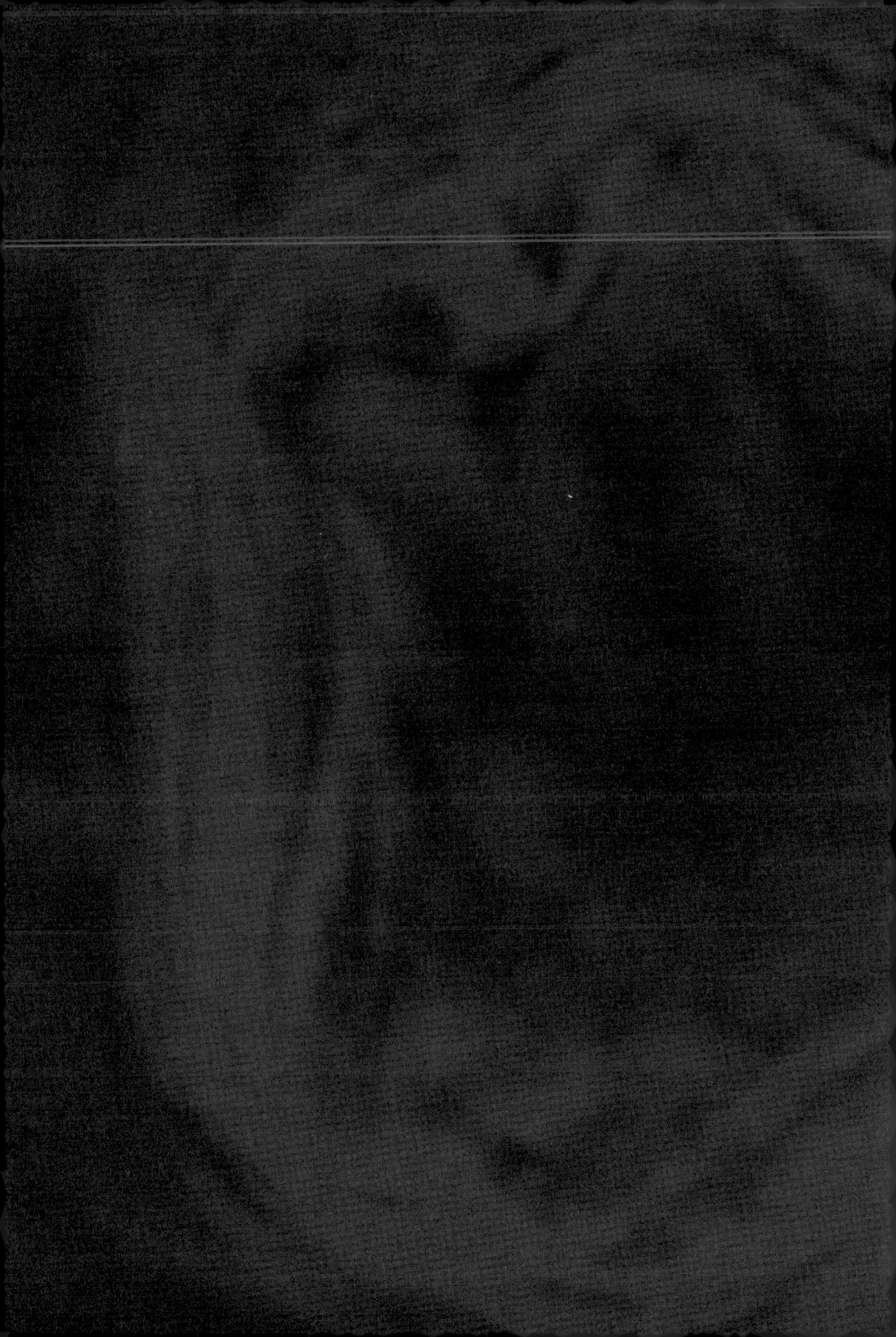

Manfred Rösch

Weinbau am Bodensee im Spiegel der Rebpollen

Wie bei allen Samenpflanzen erzeugen die Blüten der Rebe Pollen als Träger des männlichen Erbgutes. Während die europäische Wildrebe (*Vitis vinifera* L. ssp. *sylvestris Gmelin*), eine bis zu 43 m hoch kletternde Auenwald-Liane, zweihäusig ist, hat die Kulturrebe (*Vitis vinifera* L. ssp. *sativa* DC.) zwittrige Blüten, was Selbstbestäubung prinzipiell möglich macht.[1] Die Kulturrebe, domestiziert im 4. Jahrtausend v. Chr. in Westasien,[2] wird in der Regel durch Insekten bestäubt, wobei teilweise auch Selbst- und Windbestäubung vorkommen sollen.[3] Der Pollen von Wild- und Kulturrebe ist morphologisch nicht unterscheidbar.[4] Bei der zweihäusigen Wildrebe, deren Blüten- und Fruchtstände sich in großer Höhe in Baumkronen befinden, spielt Windblütigkeit möglicherweise eine größere Rolle.[5] Die Wildrebe ist in Deutschland zurückgegangen und sehr selten. Letzte Vorkommen der Wildrebe beschränken sich heute auf das nördliche Oberrheingebiet.[6]

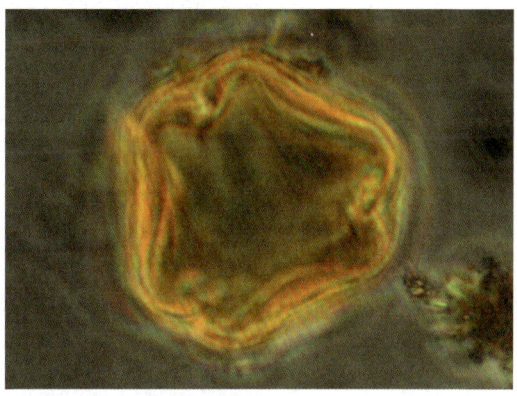 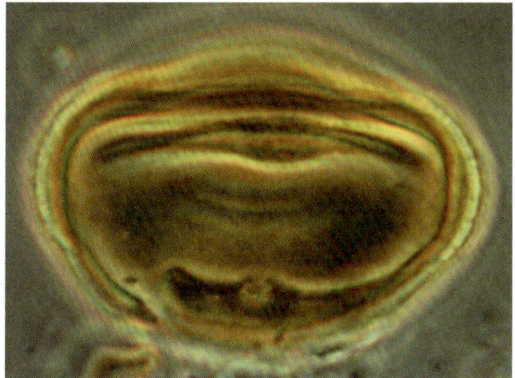

Pollenkorn der Weinrebe
links: Mindelsee, Mittelalter, Äquatorsicht
rechts: Mainau, Mittelalter, Polsicht;
tatsächliche Größe (maximale Länge) 26 µm

Nutzung der Wildrebe durch den prähistorischen Menschen?

Gemäß von Pollenfunden war die Wildrebe offenbar in der ersten Hälfte der Nacheiszeit, also ab dem 7. Jahrtausend v. Chr., im südlichen Mitteleuropa recht verbreitet.[7] Pollenfunde außerhalb potentieller Wuchsgebiete, wie zum Beispiel im Schwarzwald, sind auf Ferntransport durch Wind oder Vögel zurückzuführen.[8] Die Verbreitung des Pollens durch Vögel wird dadurch begünstigt, dass dieser den reifen Weintrauben in erheblicher Menge anhaftet.[9] Ab der Bronzezeit (ca. 2200 bis 800 v. Chr.) zeichnet sich vielerorts am Rückgang und dem Aussetzen der Pollenfunde ein Verschwinden der Wildrebe ab, was mit zunehmender Störung und Zerstörung der Auenwälder durch den Menschen in Zusammenhang stehen dürfte.

Eine systematische Nutzung der Wildrebenvorkommen durch den prähistorischen Menschen lässt sich nach neuerem Forschungsstand nicht nachvollziehen.[10] Umfangreiche, stratigrafisch abgesicherte Ausgrabungen der letzten Jahrzehnte in den spätneolithischen und bronzezeitlichen Feuchtbodensiedlungen des Alpenvorlandes erbrachten Äpfel, Schlehen, Himbeeren, Brombeeren und Erdbeeren in erheblicher Menge, auch Juden- und Kornelkirschen, aber weder Weintrauben noch Walnüsse oder Kirschen. Bei den beiden letztgenannten spricht das gegen ihr Vorkommen im Gebiet, bei der Wildrebe vor allem gegen eine Nutzung, was angesichts der Schwierigkeit der Ernte und der leichteren Erreichbarkeit der Früchte für Vögel einleuchtend ist. Altfunde von Weintraube, Wal-

Prozentuale Anteile von Bäumen, Sträuchern, Gräsern, Kräutern und Getreide sowie ausgewählter Baumarten an der terrestrischen Pollensumme aus dem westlichen Bodenseegebiet und dem Hegau. Zeitachse in Jahren vor heute

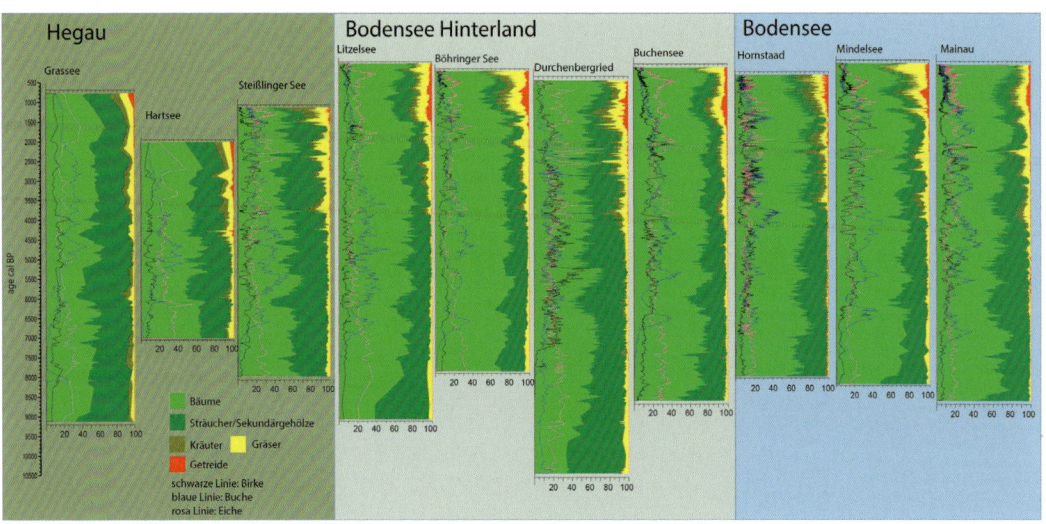

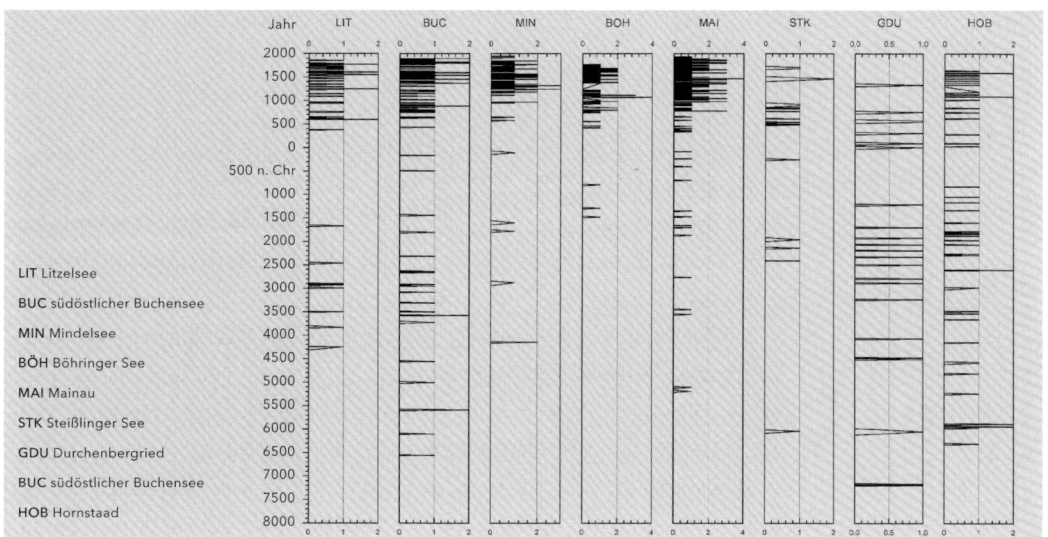

Jahr	LIT	BUC	MIN	BOH	MAI	STK	GDU	HOB

LIT Litzelsee

BUC südöstlicher Buchensee

MIN Mindelsee

BÖH Böhringer See

MAI Mainau

STK Steißlinger See

GDU Durchenbergried

BUC südöstlicher Buchensee

HOB Hornstaad

Rebenpollen in den Profilen im westlichen Bodenseegebiet von 8.000 v. Chr. bis heute[11]

nuss und Kirsche in prähistorischen Ufersiedlungen gehen mit größter Sicherheit auf nicht erkannte mittelalterlich-neuzeitliche Verunreinigungen der Befunde zurück.

Der Pollen der Rebe ist in Seeablagerungen oder Torf viel seltener als derjenige von windblütigen Gehölzen. Sein Anteil beträgt deutlich unter 1 Prozent, oft weniger als 1 Promille der Pollensumme. In Abhängigkeit von der ausgezählten Pollensumme bleibt es meist bei Einzelkörnern, und die Nachweise entlang der Profiltiefe fügen sich nicht zu geschlossenen Kurven zusammen. In älteren Untersuchungen mit geringer Stichprobengröße und großen Probenabständen fehlen Rebenpollen manchmal ganz, oder es handelt sich um ganz wenige Zufallsfunde.

Veranlasst durch archäologische Untersuchungen in den prähistorischen Ufersiedlungen des westlichen Bodensees entstanden in den letzten Jahren eine ganze Reihe neuer Pollenprofile, die aufgrund engmaschiger (lückenloser) Beprobung und hoher Auszählsumme (mindestens 1000 Gehölzpollen in jeder Probe) sehr große Datensätze darstellen, in denen auch seltenere, von Tieren bestäubte Pollentypen regelmäßig erfasst sind, darunter auch der Rebenpollen.[12] Das untersuchte Material sind Bohrkerne aus der Flachwasserzone des Bodensees bei Hornstaad (Untersee) und bei der Mainau (Überlinger See), aus den Zentren von Mindelsee, südöstlichem Buchensee, Böhringer See, Litzelsee und Steißlinger See sowie aus dem Durchenbergried.[13] Die radiometrisch datierten und synchronisierten Pollenprofile zeigen die Kulturlandschaftsentwicklung des Gebietes während der vergangenen sieben Jahrtausende mit vielen gemeinsamen Zügen, aber auch feinen kleinräumigen Unterschieden (Abb. links). Hervorzuheben ist eine zunehmende, allerdings mit Rückschlägen verbundene Entwaldung, die ihren Höhepunkt im Hochmittelalter und der Neuzeit erreichte.

Die Kurven des Rebenpollens für die gleichen Profile im westlichen Bodenseeraum sind in Abb. S. 53 dargestellt. Der früheste Rebenpollen am Bodensee ist um 7000 v. Chr. im Durchenbergried erfasst. Der erste Fund am südöstlichen Buchensee ist 500 Jahre später. Um 6000 v. Chr. ist die Wildrebe auch in Hornstaad und am Steißlinger See belegt, kurz vor 5000 v. Chr. an der Mainau, um 4300 v. Chr. am Litzelsee und rund ein Jahrhundert später am Mindelsee. Am benachbarten Böhringer See taucht der erste Rebenpollen erst im 16. Jahrhundert v. Chr. auf, also in der Bronzezeit. Überall bleiben die Kurven lückenhaft. Gewisse Häufungen sind in den meisten Profilen Mitte des 5., Mitte und Ende des 4. und Mitte des 3. Jahrtausends zu beobachten, letztmalig im 18. Jahrhundert v. Chr., also zu Beginn der Frühbronzezeit. Danach werden die Nachweise spärlicher. Im 1. Jahrtausend v. Chr. gibt es nur noch ganz vereinzelte Pollenfunde. Die Nachweise dünnen in der zweiten Hälfte des 1. Jahrtausends, also in der Latènezeit, weiter aus und bleiben auf wenige Pollenkörner vom Steißlinger See, vom Buchensee und Mindelsee sowie von der Mainau beschränkt.

Lücken in der Rebpollenkurve im 1. Jahrtausend v. Chr.

Man geht sicherlich nicht fehl in der Annahme, dass die prähistorischen Rebenpollen zumindest vor dem 1. Jahrtausend v. Chr. auf Vorkommen der europäischen Wildrebe im Gebiet zurückgehen. Offenbar verschwand diese während des ersten vorchristlichen Jahrtausends weitgehend aus dem Gebiet oder wurde wenigstens sehr selten, möglicherweise wurde sie auch

Trauben einer Wildrebe am Oberrhein.

ausgerottet. In allen Profilen hat die Rebpollenkurve im 1. Jahrtausend v. Chr. eine mehr oder weniger lange Unterbrechung (Tab. S. 57). Diese Unterbrechung beginnt frühestens im 18. vorchristlichen Jahrhundert und endet spätestens im 6. nachchristlichen. Sie ist nicht synchron und dauert zwischen drei Jahrhunderten und zwei Jahrtausenden. Sie markiert den Übergang vom Verschwinden der Wildrebe bis zum zum Beginn des Weinbaus.

Beginn des Weinbaus in der späten Römerzeit, Fortführung durch die Alamannen

Das Wiedereinsetzen der Rebpollenkurven vom 2. und 3. Jahrhundert n. Chr. an in Hornstaad und im Duchen-

	letzer prähistorischer Rebenpollen	erster historischer Rebenpollen
Mainau	1. Jh. vor Chr.	2. Jh. nach Chr.
Mindelsee	kein Nachweis	6. Jh. nach Chr.
Buchensee	6. Jh. vor Chr.	6. Jh. nach Chr.
Duchenbergried	11. Jh. vor Chr.	3. Jh. nach Chr.
Hornstaad	8. Jh. vor Chr.	2. Jh. nach Chr.
Böhringer See	9. Jh. vor Chr.	4. Jh. nach Chr.
Litzelsee	18. Jh. vor Chr.	3. Jh. nach Chr.
Steißlinger See	3. Jh vor Chr.	6. Jh. nach Chr.

Nachweislücken des Rebpollens in Pollenprofilen des westlichen Bodenseegebietes am Übergang Vorgeschichte/ Frühgeschichte

bergried fällt in die Spätphase der römischen Kaiserzeit im Gebiet und ist mit römischem Weinbau in Zusammenhang zu bringen. Die ersten spätantiken Rebpollenfunde am Litzelsee, Buchensee, Böhringer See und an der Mainau fallen ins späte 3. und 4. Jahrhundert n. Chr. Die Rebpollennachweise setzen sich aber auch in der Völkerwanderungs- und Merowingerzeit, also nach der alamannischen Landnahme, fort und nehmen sogar zu.

Die mediterrane Rebkultur reicht viele Jahrtausende zurück.[14] Anbauverfahren und Kellertechnik waren bereits bei den Griechen hoch entwickelt und ausgereift und wurden auch schriftlich dokumentiert. Diese Literatur ist verschollen. Der römische Weinbau wie auch die Literatur darüber fußt auf der griechischen Vorlage.[15]

Bei ihrem Vordringen in die Zonen gemäßigten Klimas nördlich der Alpen brachten die Römer die Gartenkultur und eine ganze Reihe von Gartenpflanzen mediterraner Herkunft – Obst, Gemüse, Gewürze – mit und machten sie hier heimisch.[16] Dazu gehörte offenbar auch die Rebe. Im Moselgebiet ist die römische Weinkultur durch spätantike Kelteranlagen belegt.[17] In Südwestdeutschland, wo die römische Anwesenheit von kürzerer Dauer war als im Rheinland, wurden solche Zeugnisse bislang nicht gefunden. Zahlreiche Funde von Traubenkernen in römischen Befunden mit Feuchterhaltung belegen aber die Nutzung von Weintrauben und machen auch den Anbau wahrscheinlich.[18] Klimatische Unterschiede können jedenfalls nicht als Ursache herangezogen werden, warum der römische Weinbau auf die linksrheinischen Gebiete beschränkt geblieben sein soll. Ein römischer Weinbau am Bodensee kann daher zumindest als Arbeitshypothese aufrechterhalten werden.[19]

Die in den folgenden Jahrhunderten ziemlich regelmäßig auftretenden Pollenfunde legen nahe, dass der Weinbau nicht mit den Römern aus dem Gebiet verschwand, sondern von den Alamannen weitertradiert wurde. Das deckt sich bestens mit der in jüngerer Zeit von der Archäobotanik anhand von archäologischen Bodenfunden mediterraner Gartenpflanzen gemachten Feststellung, dass auch der Gartenbau nicht mit den Römern aus Südwestdeutschland verschwand, sondern ebenfalls von den Alamannen weitergeführt wurde.[20] Es liegt nahe, dass diese während ihres Kontakts mit den Römern manches von deren Kultur kennen und schätzen gelernt hatten, zum Beispiel kulinarische Aspekte. In einer weitgehend schriftlosen Kultur wurde dies über viele Jahrhunderte nicht niedergeschrieben und entzog sich so dem Zugriff der mit schriftlichen Quellen arbeitenden geschichtlichen Forschung.

Es soll nicht verschwiegen werden, dass die römischen und frühmittelalterlichen Funde von Rebenpollen auch auf eine Wiedereinwanderung der Wildrebe bei nachlassendem menschlichem Nutzungsdruck zurückgehen könnten, doch ist das wenig wahrscheinlich, zumal der Nutzungsdruck bis ins 3. Jahrhundert n. Chr. hoch war und anschließend auch nur für kürzere Zeit und nicht überall in gleichem Maße zurückgeht (Abb. rechts).

Damit kann festgehalten werden, dass die Rebpollenfunde einen römischen Weinbau im Bodenseegebiet nahelegen, der von den Alamannen lückenlos weitertradiert wurde. An ihn knüpft der mittelalterlich-neuzeitliche Weinbau im Gebiet an.

Weinbau doch schon bei den Kelten?

Was aber ist mit den spärlichen Rebenpollen vor der Zeitenwende, in der Latènezeit (450 v. Chr. bis zur Zeitenwende)? Sind das die letzten Wildreben im Gebiet oder pflanzten die Kelten doch schon Reben?

Den Kelten war das Getränk Wein bekannt. Das bezeugen Funde von mediterranen Weinamphoren-Fragmenten aus keltischen Siedlungen.[22] Eine eigene Produktion wurde vermutlich nicht aufgenommen. Wichtigstes alkoholisches Getränk der Kelten war aus Gerstenmalz gebrautes Bier.[23] Als weiteres Luxusgetränk kann Met gelten, der in den Rückständen in Bronzegefäßen aus keltischen Prunkgräbern nachgewiesen wurde.[24]

Aber nicht überall wurde Wein nur eingeführt und konsumiert. Im Wallis legt die Rebenpollenkurve aus dem Lac de Mont d'Orge bei Sitten nahe, dass der Weinbau dort bis in die späte Hallstattzeit zurückreicht, also dort wohl von inneralpinen keltischen Stämmen ausgeübt wurde, ein halbes Jahrtausend vor dem Alpenfeldzug von Tiberius und Drusus im Jahr 15 v. Chr.[25]

Im Bodenseegebiet gibt es für so frühen Weinbau keine klaren Anhaltspunkte. Die wenigen Pollenfunde vom Buchensee (5. und 2. Jahr-

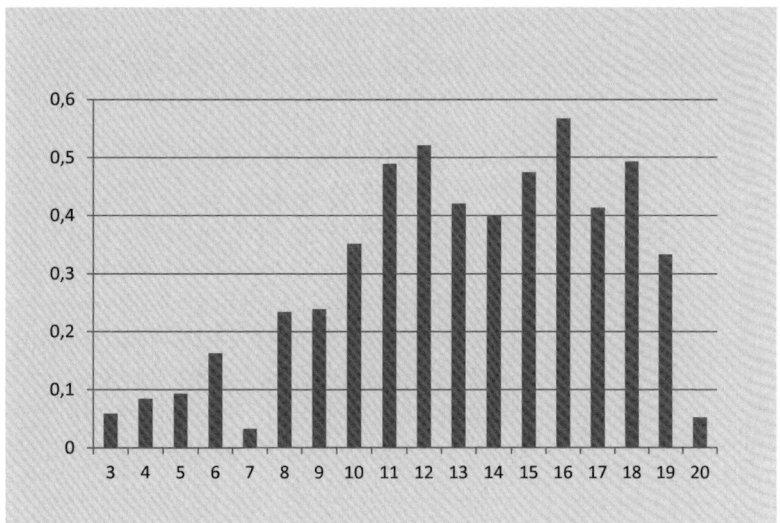

Rebenpollen je Pollenprobe im westlichen Bodensee-gebiet für das 3. bis 20. Jahrhundert n. Chr.

hundert v. Chr.), vom Steißlinger See (3. Jahrhundert v. Chr.), vom Mindel-see (2. Jahrhundert v. Chr.) und von der Mainau (5., 3. und 1. Jahrhundert v. Chr.) könnten auf letzte Wildreben-Vorkommen zurückzuführen sein.

Ein anderer Fall der früheren Einführung einer Nutzpflanze nach Mitteleuropa als bisher angenommen ist die Walnuss. Bisher war man da-von ausgegangen, dass der Baum von den Römern eingeführt wurde.[26] Pollenfunde in hoch ausgezählten Profilen und in Metresten aus eisenzeit-lichen Gefäßen machen nun wahrscheinlich, dass bereits die Kelten die Walnuss von ihren Beutezügen aus Kleinasien mitbrachten und hier an-pflanzten.[27] Das ist bei diesem Baum sicherlich leichter als bei der kulti-vierten Weinrebe, da er sich in bestimmten Waldgesellschaften einbür-gert, selbst verjüngt und praktisch keiner Pflege bedarf. Dennoch kann auch bei der Rebe, besonders im Hinblick auf die Befunde im Wallis, eine keltische Nutzung nicht ausgeschlossen werden. Gewissheit gäben jedoch nur Großrest-, also Traubenkernfunde aus eisenzeitlichen Gräbern und Siedlungen, die bislang fehlen. Solche sind vor allem unter Feuchtboden-bedingungen möglich, aber die bislang einzigen eisenzeitlichen Befunde mit Feuchtbodenbedingungen sind hierzulande die Burggräben der Heu-neburg bei Herbertingen-Hundersingen, und das ist aus klimatischen Gründen gewiss kein Ort, an dem man Rebkultur zuallererst erwarten würde.[28]

Weinbaukonjunktur über die Jahrhunderte

Aus alten Zeiten mit wenig gesichertem Wissen zurück ins Mittelalter und in die Neuzeit erhebt sich die Frage, ob die Häufigkeit der Rebenpollen die Weinbaukonjunktur nachzeichnet, ähnlich, wie das mit Traubenkernen in spätmittelalterlich-neuzeitlichen Lehmstrukturen von Gebäuden der Fall ist.[29] Dazu wurden die Rebenpollen der Profile des westlichen Bodensees, geordnet nach Jahrhunderten, aufsummiert und zur Zahl untersuchter Pollenproben je Jahrhundert in Beziehung gesetzt (Abb. S. 57). Demnach nahm der Weinbau im Gebiet vom 3. bis zum 6. Jahrhundert langsam zu, ging aber im 7. Jahrhundert drastisch zurück. Damit geht ein genereller Rückgang der Landwirtschaft in der ersten Hälfte des 7. Jahrhunderts einher.[30]

Im 8. Jahrhundert erreichte der Weinbau sprunghaft ein viel höheres Niveau als je zuvor, blieb im 9. Jahrhundert unverändert und nahm vom 10. bis zum 12. Jahrhundert weiter stark zu. Im 13. und 14. Jahrhundert erfolgte ein Einbruch. Dieser blieb schwach, und der Umfang des Anbaus war immer noch viel größer als in karolingischer und ottonischer Zeit. Im 15. Jahrhundert steigt die Kurve wieder an und erreicht im 16. ihren Höchststand. Im 17. Jahrhundert bricht sie auf das Niveau des 13./14. Jahrhunderts ein, erholt sich aber im 18. wieder und erreicht den Stand des Hochmittelalters. Der Rückgang im 19. Jahrhundert ist moderat, auf den Stand am Ende des Frühmittelalters. Erst im 20. Jahrhundert bricht die Kurve ein und sinkt unter das Niveau des 3. Jahrhunderts.

Abgesehen von dem Einbruch des 7. Jahrhunderts, der teilweise mit einem allgemeinen Rückgang von Besiedlung und Landnutzung korreliert, aber wohl schwer mit historischen Daten abzugleichen sein dürfte, gibt die Kurve den generellen Trend in der Entwicklung des mitteleuropäischen Weinbaus wieder: Der spätmittelalterliche Rückgang überrascht nicht und steht mit der klimatischen und wirtschaftlichen Krise in Zusammenhang.[31] Überraschend sind allenfalls sein frühes Einsetzen und der moderate Verlauf. Der Rückgang im 17. Jahrhundert, bedingt durch Klimawandel (Kleine Eiszeit) und Krieg, überrascht wiederum durch sein geringes Ausmaß.

Am westlichen Bodensee gab es bis vor wenigen Jahren praktisch keinen Weinbau mehr. Der rückläufige Trend ist allerdings gebrochen, und in jüngster Zeit wurden mancherorts, vor allem auf der Reichenau, aber auch auf der Höri, wieder Weinberge angelegt. Die Rebflächen sind aber viel kleiner als noch im 19. Jahrhundert. So wurden in Böhringen, auf dessen Gemarkung Böhringer See und Litzelsee liegen und das heute gar keine Rebflächen mehr hat, noch im Jahre 1871 375 Eimer, also mehr als 14.000 Liter Wein von den Bauern als Entgelt für die Nutzung der Kelter abgeliefert. Da diese Abgabe fünf Prozent des Ertrags betrug, ergibt sich eine Ernte von 2.800 Hektolitern was auf eine Rebfläche von 20–30 Hektar schließen lässt.[32] Da die Profile vom Böhringer See und Litzelsee im 18. bzw. 19. Jahrhundert abbrechen, lässt sich der endgültige Niedergang des örtlichen Weinbaus hier nicht mehr nachverfolgen. Der Litzelsee liegt heute im Wald, was die niedrigen Werte von Gräsern und Kräutern in Oberflächen-Pollenproben reflektieren. Mitte des 19. Jahrhunderts, als das limnische Profil abbricht, lag er noch in der freien Feldflur, wie aus den viel höheren Werten von Gräsern, Kräutern und Getreide hervorgeht. Die »Charte von Schwaben« von I.A. Amman von 1803 bestätigt das.[33]

Werner Rösener

Die Klöster als Urheber des Weinbaus

Der Weinbau im Bodenseeraum geht in seinen Anfängen zweifellos auf die Römer zurück, die den Anbau der Weinrebe in der Spätantike an den Bodensee brachten. Auf diesem römischen Kulturerbe hat der Bodenseeraum während des Mittelalters aufgebaut und den Weinbau weiter entwickelt.[1] Aufgrund des milden Seeklimas waren die natürlichen Voraussetzungen zur Anlage von Rebgärten im Bodenseegebiet gut, so dass sich im Laufe des Mittelalters in günstigen Lagen eine ausgeprägte Weinkultur entwickelte, welche die umliegenden Regionen mit Weinprodukten versorgte. Neben lateinischen Begriffen wie »vinum« und »vindemiare« sind es vor allem Ausdrücke wie Most (»mustum«), Eimer (»amphora«), Fass (»vas«), Kelter (»calcatorium«), Torkel (»torculum«) und Winzer (»vinetor«), die auf den römischen Einfluss hinweisen. Diese Lehnwörter verdeutlichen, dass die Alemannen nach der Landnahme von der römischen Bevölkerung den Weinbau und die damit verbundenen Bezeichnungen übernommen haben.

Wein für die Liturgie: Kloster Reichenau

Wichtige Akteure und Förderer des Weinbaus waren seit dem Frühmittelalter vor allem Klöster und geistliche Institutionen, die den Wein für die Liturgie des christlichen Gottesdienstes benötigten. In der Merowinger- und Karolingerzeit treten daher die ersten Zeugnisse für den Weinbau im Bodenseeraum auf: 724 werden auf einem Landgut in Ermatingen, 773 in Bohlingen auf der Höri und auch in anderen Orten Weinberge genannt.[2] Am Beispiel der Reichsabtei Reichenau, die im Jahre 724 als Benediktinerkloster gegründet und von Karl Martell großzügig mit Königsgut im Bereich des Untersees ausgestattet wurde, lässt sich die Entwicklung des Weinbaus im Bodenseeraum klar aufzeigen. Zur Gründungsausstattung der Abtei Reichenau gehörten die fünf im Unterseegau gelegenen Orte Markelfingen, Allensbach, Kaltbrunn, Wollmatingen und Allmannsdorf sowie das Gut Ermatingen jenseits des Rheins, ferner 24 zinszahlende Personen im nördlichen Thurgau. Zu den Abgaben im benachbarten Thurgau gehörten auch umfangreiche Weinzinse, die uns auf das Vorhandensein von Rebgärten hinweisen.[3] Die Reichenauer Gründungsausstattung stammte also im Wesentlichen aus Königsgut und lag in einer Gegend, die siedlungsmäßig gut erschlossen war und auch über eine Weinkultur verfügte. Die zentrale Lage der Gründungsgüter im westlichen Bodenseegebiet und auf der Insel Reichenau, die bald über ausgedehnte Rebgärten verfügte, ermöglichte es den Mönchen in kurzer Zeit eine blühende Klosterökonomie aufzubauen, zumal die Wasserwege über den See günstige Verkehrsverbindungen zu den zahlreichen Klostergütern im Umland boten. Anders als die Abtei St. Gallen, die schon im 7. Jahrhundert in einem abgelegenen Waldgebiet südlich des Bodensees gegründet worden war, wo die Bedingungen für den Weinbau ungünstig waren, lag das Kloster Reichenau inmitten einer altbesiedelten Kulturlandschaft mit fruchtbaren Böden. Der Grundbesitz der Reichenauer Mönche erreichte bereits im 9. und 10. Jahrhundert den Höhepunkt seiner Ausdehnung. Das Wirtschaftszentrum des Klosterguts bildeten zweifellos die Güter und Rechte, die dem Kloster auf der Insel, die reich mit Rebgärten ausgestattet war, zustanden. Zu den ältesten Besitzzentren der Mönche zählten auch umfangreiche Güter und Villikationen (Ansammlung von Gehöften um einen Frohnhof), die sich in den benachbarten Regionen des Hegaus, Thurgaus und Linzgaus befanden.

Das Kloster Reichenau verfügte schon früh über umfangreiche Rebgärten.

Durch die Reichenauer Kelleramtsordnung des 12. Jahrhunderts erhalten wir einen Einblick in die Reichenauer Klosterökonomie des Hochmittelalters, in der auch die Versorgung des Klosterhaushaltes mit ausreichend Wein eine wichtige Rolle spielt.[4] Demnach war detailliert festgelegt, welche Mengen an Nahrungsmitteln und sonstigen Produkten die einzelnen Fronhöfe und zinszahlenden Hörigen dem Kloster zu erbringen hatten. An erster Stelle stand dabei die Versorgung der Klosterküche mit Agrarprodukten aus der Wirtschaft der Fronhöfe und Bauernstellen. Die Palette der Agrarerzeugnisse umfasste neben umfangreichen Nahrungsmitteln des alltäglichen Bedarfs wie Hülsenfrüchten, Gemüse, Käse, Schmalz und Honig auch besonders die Lieferung von Wein. Für den Milchbedarf der Klosterküche hatten einige genannte Fronhöfe Milchkühe zu stellen, die im Brüdergarten nahe dem Kloster gehalten wurden. Für die Versorgung des

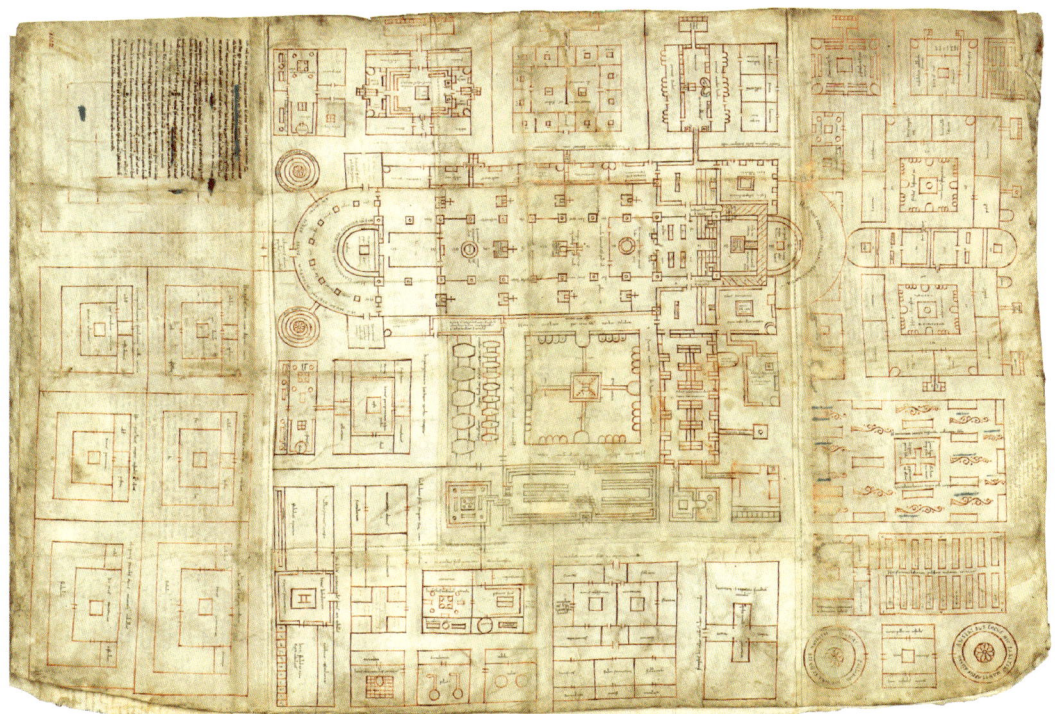

Auf dem Idealplan der Abtei St. Gallen ist der Weinkeller mit zahlreichen Fässern dargestellt.

Konvents mit ausreichend Wein trugen auch die Fronarbeiten bei, die vierzig Winzer aus Steckborn bei der Bepflanzung von genau vorgeschriebenen Feldern des Klosters auf der Insel zu erbringen hatten. Sie wurden dabei von den Klosterknechten und Bediensteten der einzelnen Klosterämter unterstützt.

Kloster St. Gallen

In der Wirtschaft des Klosters St. Gallen spielte aufgrund der höheren Lage der Weinbau zwar eine geringere Rolle als in dem Inselkloster Reichenau, doch hatte die Versorgung mit Wein aus eigenen Klostergütern oder aus Marktorten am Bodensee dort ebenfalls eine große Bedeutung.[5] Die Ursprünge der Abtei St. Gallen gehen bekanntlich bis in die Zeit des frühen 7. Jahrhunderts zurück. Um das Jahr 612 ließ sich der Mönch Gallus im Steinachtal am Ort des späteren Klosters nieder und erbaute dort im Grenzbereich von rätischer und alemannischer Siedlung eine Mönchszelle. Im ersten Jahrhundert seines Bestehens erlangte dieses Kloster offenbar keine größere Bedeutung. Erst im 8. Jahrhundert erfolgte unter Abt Otmar ein erstaunlicher Aufschwung der Benediktinerabtei St. Gallen, die durch Schenkungen und Gütertraditionen südlich und nördlich des Bodensees einen ausgedehnten Güterbesitz erhielt, der in günstigen Lagen am Bodenseeufer auch zahlreiche Weingüter aufwies. Unter Abt Salomon III. (880–919), der gleichzeitig das Konstanzer Bischofsamt bekleidete, erreichte die Abtei St. Gallen einen ersten Höhepunkt ihrer Besitzentfaltung und ihrer überregionalen Bedeutung.

Ein Blick auf die räumliche Verteilung der St. Galler Klostergüter lässt im frühen 10. Jahrhundert mehrere Schwerpunkte der Grundherrschaft erkennen.[6] Eine starke Konzentration an Klosterbesitzungen findet sich im Nahbereich des Klosters und allgemein im benachbarten Thur- und Zürichgau. Größere Besitzhäufungen erkennt man vor allem im oberschwäbischen Raum nordöstlich des Bodensees, ferner im Aargau, im Breisgau und an der Donau um Marchtal. In den meisten Räumen, in denen St. Gallen über eine größere Zahl an Besitzungen und Rechten verfügte, bildeten Fronhöfe die Zentren der Klosterwirtschaft. Diese Höfe standen unter der Leitung von Meiern und Kellern und wurden mit Hilfe von unfreien Hofknechten und frondienstpflichtigen Hufenbauern bewirtschaftet. Die Überschüsse, die man auf den Fronhöfen in Ackerbau, Viehzucht und auch im Weinbau erzielte, wurden zum Klosterzentrum transportiert oder auf lokalen Märkten abgesetzt. Zu den Fronhöfen gehörten Getreidescheunen, Mühlen, Brauhäuser und Weintorkel, in denen die Erträge der Fronhofwirtschaft an Ort und Stelle weiter bearbeitet wurden.

Wie aus dem berühmten St. Galler Klosterplan hervorgeht, fanden sich am Klosterzentrum neben der Kirche und den Konventsräumen auch zahlreiche Wirtschaftsgebäude und Vorratshäuser für Agrarprodukte, in denen auch die zum Kloster gebrachten Weinmengen gelagert wurden.[7] Im Kontext der Lieferungen von Getreide, Wein und anderen Produkten an den Klosterort St. Gallen spielten auch die Transportfronen der abhängigen Bauern eine wichtige Rolle. Von den Fronhöfen, wo die Abgaben der Bauern und zinspflichtigen Personen eingingen, mussten die abgelieferten Feldfrüchte und Weinzinse mittels Fuhrdiensten zur Klosterzentrale befördert werden. Teils benutzte man dafür das wenig entwickelte Wege- und Straßennetz, teils wählte man den bequemeren Weg über die Flüsse und den Bodensee. Radolfzell war wegen seiner günstigen Lage am Untersee eine bevorzugte Verladestelle, an der nicht nur Waren aus dem benachbarten Hegau, sondern auch aus dem weiten Umland der Neckar- und Donauregion eintrafen. Von Radolfzell ging dann der Weg in der Regel nach Steinach, dem Hafenplatz von St. Gallen am Obersee. Hier errichtete die Abtei schon früh einen Hof mit Vorratsräumen für Getreide und Wein. Die Verbindung zwischen Steinach und St. Gallen war offenbar der bequemste Weg zwischen Kloster und See und erforderte umfangreiche Fuhrdienste der Klosterbauern, wie aus den Hofrechten und Urkunden der Abtei hervorgeht.

Kloster Allerheiligen
in Schaffhausen.
Illustration von Hans
Kaspar Lang in der
Schaffhauser Chronik,
um 1606.
Badische Landes-
bibliothek Karlsruhe

Die Winzerlehen des Klosters Allerheiligen in Schaffhausen

Im Unterschied zu St. Gallen wurde das Allerheiligenkloster in Schaffhausen erst im frühen Hochmittelalter gegründet.[8] Graf Eberhard von
Nellenburg stiftete in der Mitte des 11. Jahrhunderts in Schaffhausen ein
Benediktinerkloster, das bereits nach kurzer Zeit zu einem bedeutenden
spirituellen, kulturellen und wirtschaftlichen Zentrum im Bodenseeraum emporstieg und unter seinen umfangreichen Besitzungen auch bedeutende Weingüter aufwies. Das Gründergeschlecht der Nellenburger
übte längere Zeit Grafschaftsrechte im Zürichgau aus, hatte zeitweise die
Vogtei über die Abtei Reichenau inne und verfügte über ausgedehnte
Güter, die sich vom mittleren Neckar bis zum Bodenseegebiet und nach
Rätien erstreckten. Nach Aussage des Stifterbuches stattete Graf Eberhard
von Nellenburg sein Hauskloster mit mehr als 200 Hufen Land aus, so dass
die Allerheiligenabtei über eine solide Besitzgrundlage verfügte. Ein Blick
auf die Besitzverhältnisse in der Mitte des 12. Jahrhunderts zeigt, dass das
Allerheiligenkloster damals ausgedehnte Güter im gesamten Bodenseeraum besaß.

Detaillierte Angaben zur Güterstruktur und zum Weinbergbesitz
der Abtei erhalten wir aus der Grundherrschaftsbeschreibung in Rätien,
wo der Klosterhof (»curtis«) in Maienfeld im Mittelpunkt der Abteibesit-
zungen stand.[9] Zur Villikation Maienfeld gehörten 3 Bauernhufen und
3,5 Winzerlehen (»vineae«), ferner die Hälfte einer Herrschaftsmühle,

eine Weinschenke, wichtige Fährrechte und etliche zinszahlende Bauern. Auf dem ausgedehnten Fronhof der Abtei wurde eine vielseitige grundherrliche Eigenwirtschaft betrieben: neben Getreidewirtschaft und Wiesenbau vor allem eine intensive Weinkultur auf den Rebgärten des Hofes. Die Leitung des Klosterhofes lag in den Händen eines Kellers (»cellerarius«), der die Landflächen mit Hilfe unfreier Hofknechte und der Frondienste höriger Bauern bewirtschaftete. Entsprechend der umfangreichen Hofwirtschaft waren die Hörigen zu erheblichen Frondiensten verpflichtet: Jeder Hufenbauer musste auf dem Herrenacker Pflugarbeiten verrichten, den Boden für die Einsaat bereiten, das Getreide mähen und die Ernte einfahren. In Bezug auf die Rebgärten des Hofes mussten die Hörigen für eine gründliche Düngung der Weingärten mit etlichen Fuhren Mist sorgen. Der gewonnene Wein musste von den Bauern in Weinfuhren von Maienfeld bis an das Ufer des Bodensees transportiert werden, von wo aus der Wein auf Schiffen über den See nach Schaffhausen gebracht wurde. An Abgaben hatte jeder Hufenbauer in Maienfeld vor allem Wein zu liefern: Jährlich fast 15 Zuber Wein, wobei in schlechten Erntejahren statt des Weines auch ein Geldbetrag von 1 Pfund entrichtet werden konnte.

Der Unterschied zwischen Winzerlehen und den allgemeinen Bauernhufen des Klosters Allerheiligen bestand vor allem darin, dass die Inhaber von Winzerlehen von Frondiensten am Herrenhof befreit waren; sie mussten stattdessen höhere Weinabgaben leisten.[10] Jährlich sollten sie ein Fuder Wein abliefern und dieses Quantum auf eigene Kosten zur Verladestelle am Bodensee schaffen. Da die Winzer des Allerheiligenklosters sich weitgehend auf den Weinbau spezialisiert und dafür die Getreidewirtschaft vernachlässigt hatten, erhielten sie vom Kloster einen Getreidezuschuss: Bei den Winzerlehen in Malans und Fläsch betrug dieser jeweils 9 Mutt Gerste oder Roggen pro Jahr. Die Abgabenpalette der Winzer stimmte ansonsten größtenteils mit der der anderen Hörigen überein. Beide Gruppen waren gleichermaßen verpflichtet, an den dreimal jährlich tagenden Gerichtsversammlungen des Klosters am Fronhof teilzunehmen und dort dem Vertreter des Abtes eine vorgeschriebene Menge an Abgaben (1 Viertel Wein, 6 Brote, 1 Käse, 1 halbes Mutt Hafer, 1 Last Heu) zu übergeben. Der Wert der entlegenen Besitzungen des Klosters Allerheiligen in Rätien lag in erster Linie in der Bedeutung, die der Weinbau dieser südöstlich des Bodensees gelegenen Landschaft für die Versorgung des Klosters mit Wein besaß. Allerheiligen war wie viele andere Klöster bestrebt, seinen Grundbedarf an Wein möglichst aus der eigenen Produktion zu bestreiten. Im 11. und 12. Jahrhundert besaßen außer Allerheiligen auch andere nördlich des Bodensees gelegene Klöster etliche Rebgärten in Rätien, wie z.B. die Benediktinerklöster Zwiefalten und Weingarten.

Hochstift Konstanz

Zum Rebbesitz des alten Hochstifts Konstanz, das sich seit dem 7. Jahrhundert allmählich entwickelte, erhalten wir erst aus den Schriftquellen des Hochmittelalters detaillierte Hinweise.[11] Die Grundherrschaft der Konstanzer Bistumskirche tritt uns deutlich in der Urkunde Kaiser Friedrichs I. von 1155 entgegen, die den Besitz des Konstanzer Bischofs in der Mitte des 12. Jahrhunderts dokumentiert. Einen Querschnitt des bischöflichen Besitzstandes zu Ende des 13. Jahrhunderts gewährt uns das Urbar, das Bischof Heinrich von Klingenberg (1293–1306) in der Zeit um 1302 anlegen ließ.[12] Diese beiden Dokumente sind unsere Hauptzeugnisse für die hochmittelalterliche Besitzentwicklung des Bistums Konstanz und geben uns auch einige Hinweise auf den Rebbesitz der Bischöfe im Bodenseeraum. In der Kaiserurkunde von 1155 wird der Kirchen- und Grundbesitz von Bischof und Domkapitel dokumentiert. Der Kernbesitz des Hochstifts Konstanz setzte sich damals aus einer Reihe von Fronhofverbänden zusammen, die sich in konzentrierter Form oder in Streulage rund um den Bodensee erstreckten. Das Konstanzer Bistumsurbar von 1302 gewährt dann einen detaillierteren Einblick in den Besitzstand des Hochstifts zur Zeit seiner Hochblüte und gibt auch Hinweise auf die Rebgärten der Konstanzer Bischöfe.

Neben den Kellhöfen als Zentren alter Villikationen treten im Urbar von 1302 eine Anzahl weiterer Höfe und Bauernstellen hervor. Aufgrund einer dichten Überlieferung lässt sich das bischöfliche Grundherrschaftszentrum in Arbon relativ gut analysieren. Der Kellhof des Hochstifts wurde um 1302 von der bischöflichen Güterverwaltung noch in eigener Regie bebaut. Mit Hilfe des Arboner Urbars von 1546 erkennt man die Fronverpflichtungen der einzelnen Güter und Bauernstellen, die dem Fronhof zugeordnet waren. In bischöflicher Eigenbewirtschaftung standen vor allem die beiden herrschaftlichen Weingüter in Wenzelsberg bei Erdhausen und in Bodmer bei Arbon.[13] Die Bewirtschaftung dieser Rebflächen erfolgte in erster Linie durch Lohnknechte und bäuerliche Frondienste. Die frondienstpflichtigen Bauern mussten den Rebboden umgraben, genügend Mist für die Düngung heranschaffen und zur Weinlese im Herbst Hilfskräfte bereitstellen. Der Arboner Weinbergbesitz konnte offenbar jahrhundertelang zusammen mit anderen Weingütern des Bistums eine ausreichende Versorgung des Konstanzer Bischofshofes gewährleisten. Erst seit dem Spätmittelalter erhielten die bischöflichen Weingärten in der Umgebung von Meersburg eine wichtige Funktion bei der Belieferung des Bischofshofes mit Wein.

Zisterzienserabtei Salem

Seit dem Hochmittelalter trat die Zisterzienserabtei Salem zweifellos als wichtiger Akteur beim Weinbau und im Weinhandel des nördlichen Bodenseeraums in Erscheinung.[14] Im Jahre 1134 stiftete Guntram von Adelsreute in Salmansweiler das Ausstattungsgut für die Gründung eines Zisterzienserklosters, das in der nachfolgenden Zeit zu einer der reichsten und mächtigsten Zisterzienserabteien im südwestdeutschen Raum emporstieg. Auf Betreiben des ersten Abtes Frowin übergab Guntram von Adelsreute auf dem Konstanzer Hoftag 1142 die junge Zisterzienserniederlassung in den Schutz des Stauferkönigs Konrad III. In ihrer Stellung als Könige und Kaiser des deutschen Reiches übten dann die Staufer im 12. und 13. Jahrhundert die Schutzvogtei über Salem aus, das sich in spiritueller und wirtschaftlicher Hinsicht rasch entwickelte. Während des Interregnums erlitt Salem zwar schwere Verluste, gelangte jedoch unter König Rudolf von Habsburg und seinen Nachfolgern, welche die Landvögte von Oberschwaben mit dem Schirm über die Abtei beauftragten, zu immer größerem Reichtum und höherem Ansehen. Gegenüber den Grafen von Heiligenberg, die sich im 14. Jahrhundert zeitweise Schirmrechte angemaßt hatten, konnte Salem mit Hilfe König Karls IV. schließlich seine Reichsunmittelbarkeit erfolgreich behaupten. Salem, das in einem altbesiedelten Land im Linzgau gegründet wurde, war kein Rodungskloster wie viele andere Zisterzienserabteien, obwohl es sich auch einige Verdienste um den inneren Landesausbau erwarb. In der nördlich des Bodensees gelegenen Landschaft, die besitzrechtlich und siedlungsmäßig bereits stark erfasst war, mussten die Salemer Zisterzienser versuchen, unbelastete Güter zu erwerben und gemäß ihrem Ordensprinzip der Eigenbewirtschaftung durch Klosterhöfe (Grangien) zu bearbeiten. Zu diesen Gütern zählten schon früh Rebgärten und Weinbauhöfe. Bereits im frühen 13. Jahrhundert ging Salem teil-

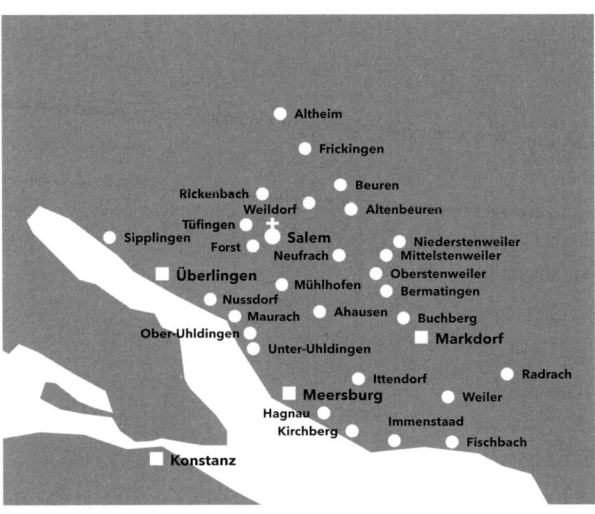

Rebbesitz des Klosters Salem im 12. Jahrhundert

weise zur Grundherrschaft mit abhängigen Bauern über, so dass die Salemer Mönche neben der Eigenbewirtschaftung ihrer Grangien ihren übrigen Besitz rentenwirtschaftlich nutzten. Durch eine zielstrebige Güterpolitik erwarb Salem umfangreiche Besitzungen, die sich über den weiten Raum zwischen Bodensee, Schwarzwald, Neckar und Ulm erstreckten.[15] In den einzelnen Besitzzentren, in denen die Salemer Mönche als Akteure ihre Ländereien und Güter planmäßig erweiterten, trieb Salem mit Hilfe von Kauf- und Tauschaktionen eine intensive Erwerbspolitik.

Zu den frühen Weinbaugütern des Klosters Salem gehörte die Grangie Maurach am nördlichen Ufer des Bodensees. Im Jahre 1155 kaufte Abt Frowin vom Kloster Einsiedeln ein Gut in Maurach, unmittelbar am Bodenseeufer gelegen; dieses Gut war partiell noch ein unbebautes, von Dornen bewachsenes Gelände, das von den Salemer Mönchen erst für den Weinbau erschlossen werden musste.[16] Weitere Landerwerbungen schufen in Maurach die Grundlage für eine bedeutende Weinbaugrangie der Abtei. Mit einer Entfernung von ungefähr sieben Kilometern (von Salem bis Maurach) ist der sogenannte Prälatenweg noch heute die kürzeste Verbindung vom Klosterzentrum bis zum Bodenseeufer. Wenn man bedenkt, dass im Mittelalter die Wasserwege wegen der geringen Frachtkosten und wegen des schlechten Zustands vieler Landstraßen stark bevorzugt wurden, erkennt man die große Bedeutung, die der bequeme Zugang zum Schiffsverkehr des Bodensees von Maurach aus für Salem besaß. Von der Grangie Maurach konnten auch die Weinfässer der Grangie schnell auf den Weg nach Konstanz, dem wichtigsten Handels- und Verkehrszentrum des Bodenseeraumes, transportiert werden. Ferner ergaben sich von Maurach aus gute Seeverbindungen zu den Anliegerstädten Buchhorn, Lindau und Bregenz am Obersee, ferner den Rhein entlang zur bedeutenden Handelsstadt Schaffhausen.

Seit dem späten 12. Jahrhundert hatte Salem durch Käufe und Schenkungen allmählich einen umfangreichen Besitz an Weinbergen erworben und erfolgreich entweder in Eigenbau oder durch hörige Winzer bewirtschaftet. Die Salemer Rebgärten erstreckten sich von Überlingen bis gegen

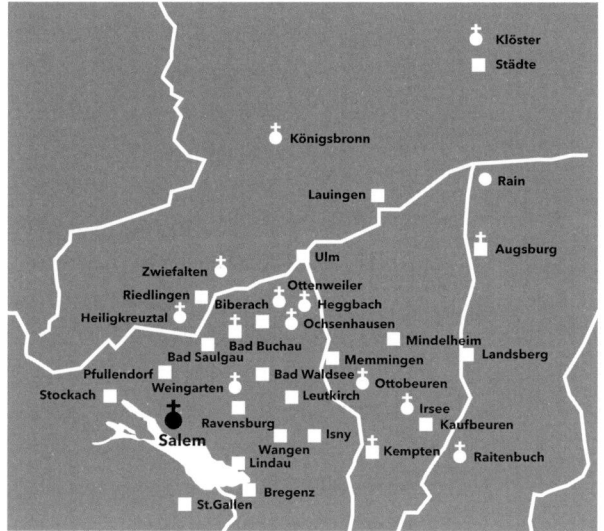

Absatz von Seewein des Klosters Salem im 12. Jahrhundert

Buchhorn (Friedrichshafen) am Ufer des Bodensees entlang und landein-
wärts in vielen Orten bis zur Linie Markdorf–Frickingen im Norden, wobei der Rebbesitz des Klosters in einigen Gemeinden wie Bermatingen und
Markdorf besonders ausgeprägt war.[17] Salem verfügte daher im Spätmittelalter über eine erhebliche Weinproduktion, die teils im eigenen Kloster-
haushalt am Klosterzentrum, teils in großen Mengen in den benachbarten
Städten Oberschwabens abgesetzt wurde. Auch Weinschenkungen an Ter-
ritorialherren zur Gewährleistung von Schutz und Schirm gehörten zur
alltäglichen Praxis. Als sich Salem zur
Zeit König Ludwigs des Bayern zum Beispiel in den Schirm der Grafen von Wer-
denberg begab, überreichte die Abtei
dem Grafen außer Schirmgeld auch etliche Fuder Wein.[18] Für die Salemer Weinbauern herrschte Torkelzwang, d.h. sie
mussten ihre Trauben in einem zugewiesenen Torkel, in einem bestimmten
Kelterhaus, pressen lassen. Für den Bau
und den Erhalt der Kelter hatte der Tor-
kelinhaber zu sorgen; dafür bekam er
von jedem Weinbauern die entsprechende Menge »Torkelwein« zurück. In
vielen Dörfern der Umgebung von Sa-

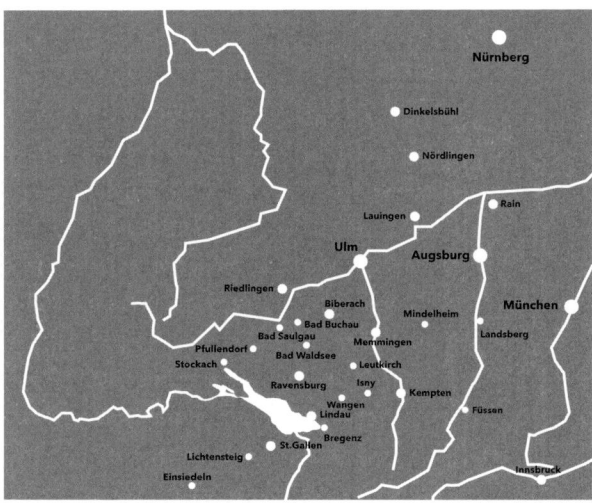

Absatzorte des
Seeweins im Mittelalter

lem standen Torkel, so in Mimmenhausen, Neufrach und Bermatingen.
Salem ließ während des Spätmittelalters seine eigenen Reben in der Regel
im Halbbau von Winzern bewirtschaften. Diese erhielten bestimmte Flächen zugewiesen, von denen sie die Hälfte des Ertrages abzuliefern hatten;
die andere Hälfte kaufte ihnen das Kloster zumeist ab. Dafür ließen die
Salemer Mönche den Winzern in der Regel Brotfrucht und Rebstecken zu-
kommen. Die so belehnten Rebleute betrieben daneben häufig noch eine
kleine Landwirtschaft, wodurch sie den wichtigen Dung für die Rebberge
erzeugen konnten. Als Entgelt wurde den Winzern die entsprechende
Menge Jahrholz aus den Klosterwäldern zur Verfügung gestellt. Im Spätmittelalter wurde Bermatingen zu einem der wichtigsten Weinorte des
Klosters. Es gab dort ursprünglich eine große Anzahl auswärtiger Rebbe-
sitzer, die die Salemer Klosterverwaltung aber allmählich planmäßig aus-
kaufte. Die mächtige Reichsabtei setzte dabei ihre Wirtschaftsinteressen
konsequent durch, so dass sich Bermatingen im Laufe der Zeit zu einem
der wichtigsten Weinorte der Salemer Zisterzienser entwickelte.[19]

Die Abtei Salem stellte im Spätmittelalter einen großen Wirtschaftskörper mit einem starken Konvent dar, der im Jahr 1311 sogar 310 Mönche und Laienbrüder umfasste.[20] Auf den in Eigenbau bewirtschafteten Grangien des Klosters war offenbar ein großer Bestand an Pferden, Kühen, Schweinen und Schafen vorhanden, die mit der Bebauung der ausgedehnten Grangienflächen verbunden waren. Durch diese produktive Grangienwirtschaft war Salem in der Lage, hohe Überschüsse an Getreide, Käse, Fleisch und Wein für den Markt zu produzieren. Aus den Haushaltsrechnungen der Jahre 1489 bis 1530 erhalten wir aufschlussreiche Einblicke in die Gesamtwirtschaft des Klosters und können auch die Weinbauverhältnisse zuverlässig beurteilen.[21] Im Jahre 1489 besaß Salem einen beachtlichen Vorrat von 237 Fuder Wein und erhielt neu rund 250 Fuder Wein. Im Jahre 1498 war der Weinvorrat auf 128 Fuder gesunken, der Jahresertrag betrug aber nicht viel weniger als 1489.[22] Wenn man das Fuder zu rund 1100 Litern rechnet, so verfügte Salem jährlich also über Weineinkünfte von etwa 3000 Hektolitern. Diese enorme Weinmenge wurde vor allem in den Städten Oberschwabens abgesetzt, wobei die zahlreichen Stadthöfe des Klosters als Verkaufsstellen dienten. Im Spätmittelalter verfügte Salem in etwa dreißig Städten seiner näheren und weiteren Umgebung über Stadthöfe, in denen die Salemer Mönche ihre reiche Produktion an Wein, Getreide und Salz gewinnbringend absetzten.[23] Die Häuser des Klosters in benachbarten Städten wie Überlingen und Konstanz, Pfullendorf und Saulgau, weiter entfernt in Biberach und Ulm werden in den Klosterrechnungen regelmäßig als Empfänger von Salemer Weinlieferungen genannt. Bedeutende Kunden Salems waren auch die Äbtissinnen von Buchau und Heggbach in Oberschwaben, ferner die großen Benediktinerabteien Ottobeuren, Kempten und Irsee.[24] Der Wein, den Salem in großen Mengen verkaufte, lief im Spätmittelalter unter der allgemeinen Bezeichnung »Seewein«. Es war also der Wein der Bodenseeufer, der einerseits auf der nordöstlichen Seite von Überlingen bis Buchhorn, andererseits auf der südlichen Seite um Konstanz, Reichenau und im Unterseebereich bis Stein und Schaffhausen erzeugt wurde. Verglichen mit anderen deutschen Weinlandschaften wie Elsass und Mittelrhein, Franken und Südtirol nahm sich die Weinproduktion im Bodenseeraum allerdings bescheiden aus.[25] In der Epoche des Mittelalters hatte aber die Weinproduktion im Bodenseeraum eine fundamentale Bedeutung bei der Weinversorgung der Nachbarlandschaften.

Andreas Schmauder

Weinbau und Stadtkultur – die Ausbreitung der Reblandschaft

Von Städten geprägte Weinbaugebiete in der Form, dass die Rebenkultur nicht nur die agrarische Produktion, sondern auch die Lebensweise und Mentalität der Stadtbewohner dominierte und der Wein für einen überregionalen Markt produziert wurde, gab es am Bodensee nicht. Der in den Bodenseestädten produzierte Wein diente hauptsächlich dem Eigenkonsum der Bodenseeregion und ihrem Hinterland ohne Weinbau, den Produzenten und den rentenbeziehenden Eigentümern von Weinbergen. Nur in geringen Mengen verließ er die Regionen Schwaben, Nordschweiz oder Vorarlberg. Dennoch waren die spätmittelalterlichen Städte am Bodensee neben den Klöstern und dem Adel die wichtigsten Förderer der Weinkultur und durch die Gewinne profitierten sie sehr davon. Sie konnten und wollten es sich leisten, einen Teil der Agrarfläche nicht für Getreideanbau, sondern für die Sonderkultur Weinbau bereitzustellen, um ein Genuss- und Nahrungsmittel von hohem Statuswert und Gewinn zu produzieren.

Mit der ersten Nennung eines Marktes in den Bodenseestädten vornehmlich im 12. und 13. Jahrhundert begegnen uns in den meisten Städten auch erste Hinweise auf Weinbau. Aufgrund der Nachfrage und der Lukrativität wurden die Rebflächen immer mehr ausgedehnt, bis sie am Ende des 15. und am Beginn des 16. Jahrhunderts ihre größte Ausdehnung erreichten. Während in den Bodenseestädten Konstanz, Friedrichshafen, Ravensburg, Lindau sowie Bregenz und Feldkirch Weinbau und Weinhandel neben europaweitem Fernhandel mit Leinwand und Luxusgütern, dem Getreide- und Salzhandel sowie einem qualifizierten Handwerk zu einem beachtlichen Anteil der städtischen Wirtschaft wurden, entwickelten sich die Bodenseestädte Überlingen, Meersburg und Radolfzell zu regelrechten Weinbaustädten. Um eine Vorstellung vom Umfang der genutzten Rebflächen zu erhalten, seien geschätzte Größenordnungen von Überlingen genannt: Die Rebfläche betrug vor dem Dreißigjährigen Krieg rund 270 Hektar, sank aber nach den Belagerungen 1634 und 1644 auf etwa 100 Hektar.[1] Für 1584 wird das Überlinger Rebgelände mit insgesamt 1.200 Überlinger Jauchart angegeben, was in etwa 268 Hektar entspricht.[2] Zum Vergleich: Heute gibt es im Stadtgebiet nur noch ein einziges Weingut im Überlinger Felsengarten mit einer Anbaufläche von 25 Hektar.

Rebherren

In den Bodenseestädten waren in erster Linie die städtischen Heilig-Geist-Spitäler, auswärtige Klöster wie Salem, Weingarten, Weißenau, Hofen (Friedrichshafen), Reichenau, Schussenried, Mehrerau und St. Gallen sowie kirchliche Institutionen wie das Hochstift Konstanz, also der weltliche Herrschaftsbereich der Bischöfe von Konstanz, die Eigentümer der in und um die Städte liegenden Weinberge. Sofern städtischer Grundbesitz für Rebanbau gerodet wurde oder die Städte über ein Territorium mit mehreren Dörfern in ihrem Umfeld verfügten wie insbesondere Lindau, Überlingen und Radolfzell[3], waren auch sie in großem Stil Eigentümer von Rebland in und um ihre Städte. In ihrem zwischen 1409 und 1478 erworbenen Territorium (Vogtei Ramsberg, Hohenbodman, Ittendorf, Vogtei Hofen) sowie im Spitalgebiet mit seinen Dörfern hatte die Stadt Überlingen Niedergericht, Wehr- und Steuerhoheit. In den Reichsstädten am Bodensee befanden sich auch immer wieder Rebflächen im Besitz führender Patrizierfamilien (Muntprat in Konstanz, Humpis in Ravensburg). Ansonsten war bürgerlicher Grundbesitz von Rebflächen eher die Ausnahme.[4] In Buchhorn besaßen um 1700 das Kloster Weingarten und die Propstei Hofen im engeren und weiteren Umkreis des heutigen Schlosses umfangreiche Weingüter. Die Reichsstadt Buchhorn war um 1700 noch im Besitz von 122 Rebgütern, nachdem sie hundert Jahre zuvor das Weingut Hermannsberg in Schnetzenhausen an das Kloster Weingarten verkauft hatte.[5]

In fast allen Bodensee-Städten wurde noch während des gesamten 15. Jahrhunderts das Roden, Einzäunen, Verwandeln von Äckern und Wiesen in Weingärten betrieben. Ein herausragendes Beispiel hierfür ist Bregenz mit Hofsteig, wo in großem Stil der Weinbau vorangetrieben wurde. Um 1500 hatte der städtische Weinbau am Bodensee seine größte Ausdehnung erreicht. Dabei kam den Städten ein bedeutender Anteil an der Ausbreitung des Weinbaus am Bodensee zu.[6]

Für die städtische Weinwirtschaft waren insbesondere die Heilig-Geist-Spitäler von zentraler Bedeutung. Als soziale Einrichtungen zur Versorgung von armen und bedürftigen Menschen gestiftet, erhielten sie schon bei ihrer Errichtung im Hochmittelalter, aber insbesondere durch eine Vielzahl bürgerlicher Stiftungen für das Seelenheil der Stifter während des gesamten Spätmittelalters, großzügige Zuwendungen von ganzen Dörfern, Bauernhöfen, Acker- und Rebland. Durch Zukäufe zur Besitzarrondierung waren sie bis um 1500 zu einem bedeutenden städtischen Wirtschaftsfaktor, zu einem territorialen und finanziellen Machtfaktor und damit in vielen Fällen zu Großbetrieben der Weinwirtschaft gewor-

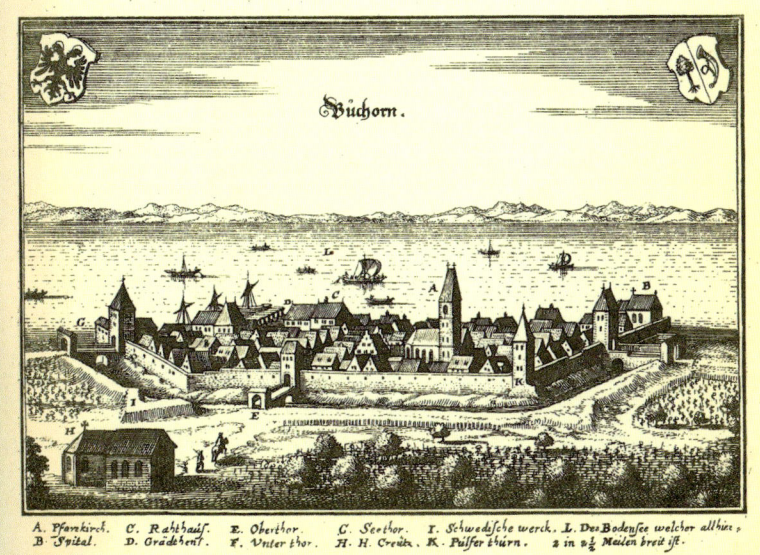

Büchorn.

A. Pfarrkirch. C. Rahthauß. E. Oberthor. G. Seethor. I. Schwedische werck. L. Der Bodensee welcher allhier,
B. Spital. D. Grädehenß. F. Unter thor. H. H. Creüz. K. Pülferthürn. 2 in 2½ Meilen breit ist.

In Buchhorn (heute Friedrichshafen) besaßen das Kloster Weingarten und die Propstei Hofen umfangreiche Rebflächen.

den. Für die Städte waren die Spitäler deshalb so interessant, weil sie als Sozialanstalten und Wirtschaftbetriebe kommunalisiert wurden, das heißt unter städtischer Aufsicht und Verwaltung standen. Ein weiterer wichtiger Faktor, der das Spital als Weinproduzenten von anderen unterscheidet, beruht auf dem noch weitaus stärker als ohnehin durch den Communis-Gedanken gegebenen Prinzip der Caritas. Das heißt alle Geschäftsunternehmungen waren nicht von einer ausschließlich an fiskalischen Interessen orientierten Praxis geprägt, sondern unterlagen auch dem Selbstverständnis einer Sozialanstalt.[7]

Über besonders umfangreiche Rebflächen verfügten die Heilig-Geist-Spitäler in Konstanz (1225 gestiftet), Überlingen (um 1250 gestiftet), Meersburg (um 1272 gestiftet) und in Radolfzell (1343 gestiftet). Die Spitalkellerei Konstanz gehörte seit 1225 zur Spitalstiftung Konstanz und ist die älteste noch existierende Spitalkellerei Deutschlands. Die mittelalterlichen Kellergewölbe der Spitalkellerei liegen in der Niederburg am Rand der Konstanzer Altstadt in der Brückengasse 16. Das »Weingut« des Lindauer Spitals verfügte im Jahre 1584 über Rebland im Umfang von 207,5 Manget (umgerechnet würde dies im Jauchart-Maß etwa 87 Hektar, im Morgen-Maß etwa 64 Hektar umfassen) in 25 unterschiedlichen Lagen, die von rund 170 Pächtern im Teilbau bewirtschaftet wurden. Zum Pressen der Trauben standen 21 Torkeln zur Verfügung.[8]

Die Klöster, Spitäler und Städte bewirtschafteten ihre Rebflächen nicht selbst, sondern verpachteten sie im Teilbau an spezialisierte Rebleute aus den Städten. Die Rebbauern – als Ausdruck der engen Zusammenarbeit oft Gemainder genannt – bewirtschafteten die Flächen unter Beauf-

Der heilige Urban ist Patron des Weines, der Weinberge, der Winzer und der Küfer. Er schützt vor Trunkenheit, Gicht, Frost, Gewitter und Blitz. Kirche St. Christina, Ravensburg, 16. Jahrhundert

sichtigung weitgehend eigenverantwortlich und erhielten je nach Teilbauverhältnis ihren Anteil an der Ernte. In vielen Fällen wie in Meersburg wählte man den Halbbau, das heißt die Gemainder bekamen die eine Hälfte der Ernte, das Spital als Pachtherr die andere Hälfte.[9] In Lindau fiel der Teilbau für die Pächter nicht so vorteilhaft aus: Hier bot das Spital den Pächtern ein Drittel bis ein Sechstel des Ertrags an.[10] Neben dem Teilbau, aber wesentlich seltener, existierte im Bodenseeraum auch der Lohnbau. Dabei handelt es sich um die Bewirtschaftung der Weingärten durch Rebbauern mit festen Lohntaxen, was bis weit in die Neuzeit praktiziert wurde, wie bei einigen der Weinberge des Klosters Weißenau.[11] Die hochprofitable Sonderkultur gewährte den Herren trotz aller witterungs- und klimatisch bedingten Risiken des Anbaus relative finanzielle Sicherheit und Liquidität. Darüber hinaus führten die besonderen Bewirtschaftungsformen im Weinbau zu engen wirtschaftlichen Beziehungen der Rebleute mit den Eigentümern. Die bedürftigen Spitalbewohner und -bediensteten waren in der Regel nicht an der hochspezialisierten Bewirtschaftung der Rebflächen beteiligt.[12]

Rebleute oder Gmainder: die Arbeiter im Weinberg

»Die fachlich anspruchsvollen und aufwendigen Tätigkeiten im Weinbau erforderten im Vergleich zum Getreideanbau besondere Produktionsbedingungen, die diese intensive Bewirtschaftung für beide Seiten – den Verpächter und Pächter – dauerhaft gewährleisteten.« Der Teilbau »basierte auf dem Grundprinzip einer engen beiderseitigen Zusammenarbeit und vor allem beiderseits gleicher Profitmaximierung bei Ertragssteigerungen. Aufgrund der profitablen Ertragsintensität im Weinbau und der regelmäßigen Beschäftigung durch die Erbleihe verfügten die Rebbauern über ein dauerhaftes Einkommen, so dass eine weitere Erwerbstätigkeit nicht unbedingt notwendig war, lediglich kleine Gärten zur Selbstversorgung wurden noch unterhalten. Vielfach kombinierten die Bauern die Bewirtschaftung mit Viehwirtschaft, um so gleich über eigenen Dünger zu verfügen. Die Spezialisierung der Landwirtschaft bedingte eine Fremdabhängigkeit in Bezug auf das Grundnahrungsmittel Getreide.« So hat der Historiker Jens Aspelmaier den Spezialisierungsgrad und das Leihverhältnis Teilbau treffend charakterisiert.[13]

Ihre Berufsqualifikation erlangten die Rebleute in den Reichsstädten zunächst als Lehrlinge, dann als Gesellen und schließlich als Meister in der Rebleutezunft. Die Zunft stand für die Ausbildung und Qualitätssicherung im Weinbau, sie stand für die politische Vertretung der Rebleute im Rat der Stadt und für Geselligkeit in den Trinkstubengesellschaften. Mit ihren Zunfthäusern verfügten die Rebleute über Orte der Kommunikation und Repräsentation in den Städten. In den Bodenseereichsstädten Buchhorn-Friedrichshafen, Konstanz, Lindau und Ravensburg stellten die Rebleute jeweils eine Zunft, in Konstanz bildeten sie eine der vier großen Zünfte.[14] In Ravensburg wies die Rebleutezunft, zu der auch die Küfer gehörten, 1525 die beachtliche Zahl von 125 Mitgliedern auf.[15]

Die von den Städten erlassenen Rebbau- und Rebschau-Ordnungen wiesen den Rebleuten ihre Arbeiten häufig nach dem Heiligenkalender zu, differenzierten und spezialisierten diese. Nach den Ordnungen von Konstanz aus den Jahren 1527, 1537 und 1540 sowie Ravensburg von 1385 und 1543[16] waren die zentralen Aufgaben der Rebleute und Gmainder im Frühjahr die Aufbereitung der Rebgärten mit dem Entfernen alter und dem Einpflanzen neuer Schößlinge, das Einbringen neuer Rebstecken sowie das Schneiden und Anbinden der Reben. Nachdem die Weingärten wieder hergerichtet worden waren, erfolgte die Aufbereitung des Bodens mit Erde, um weggeschwemmte Teile auszugleichen, sowie eine erste Düngung mit Mist, bevor die alten und neuen Reben wieder mit Stroh angebunden wurden. Schließlich folgten im Herbst das Ernten und die Abwicklung des Keltergeschäfts. Damit die Weinwirtschaft reibungslos funktionieren konnte, sorgte die Stadtgemeinde für Rebbeschau und Traubenhut und ahndete Vergehen im Bereich der hohen und niederen Gerichtsbarkeit. Während Traubendiebe vor dem Stadtgericht in Ravensburg im 18. Jahrhundert mit dem Schandmantel bestraft wurden, stand auf Weinpanscherei im 15. Jahrhundert die Todesstrafe.[17]

Das Keltern erfolgte zumeist in den Torkeln des Grundherrn, der so über eine effektive Kontrolle über die Weinmenge verfügte. Zudem erhielt er den Kelterwein als Nutzungsabgabe. In den Rebflächen standen dieselben in großer Dichte zur Verfügung. Allein in Überlingen soll es um 1600 rund 110 Torkeln gegeben haben.[18] Nach dem Keltern wurde der im Teilbau erwirtschaftete Wein unter Verpächter und Rebmann »verteilt«, dann rechnete man die jeweiligen, im Verlauf des Jahres beiderseitig erbrachten Leistungen im Zuge der Ertragsteilung ab. Anschließend konnte der Ausbau des Weines im Keller beginnen. Erfolgte die Arbeit im Weinberg im

Lohnbau, wurden nun zumeist die Taxen abgerechnet und neue Vereinbarungen geschlossen.

Weinertrag und Weinhandel

Für Lindau, Überlingen und Meersburg gibt es Schätzungen, wie man sich den Weinertrag vorzustellen hat. Für die Reichsstadt Überlingen wird der durchschnittliche Weinertrag für das 16. Jahrhundert mit 2292 Überlinger Fuder angegeben, was in etwa 2.640.400 Litern Wein entspricht. In Spitzenzeiten waren es bis zu fünf Millionen Liter, womit Überlingen vom Spätmittelalter bis ins 17. Jahrhundert der größte städtische Weinproduzent am Bodensee gewesen sein dürfte; rund die Hälfte ging in den Export.[19] Im habsburgischen Herrschaftsbereich am See war Bregenz, was heute nur noch schwer nachzuvollziehen ist, einer der großen Weinproduzenten. Um 1500 hatte auch die Bregenzer Weinkultur ihren eindrucksvollen Gipfel erreicht und blieb dann einige Zeit auf dieser Höhe stehen. Aus dem Jahr 1509 ist das Ergebnis der Weinzählung in der Stadt bekannt, es waren 629 Fuder, also etwa 566.000 Liter Wein.[20] Zu einer Einschätzung der Leistungskraft der städtischen Spitäler als Weinproduzenten sind vom Konstanzer und vom Meersburger Spital Mengenangaben der Weinerträge vorhanden. Das Konstanzer Spital besaß nicht nur in Meersburg, sondern im gesamten Linzgau umfangreichen Besitz und profitierte ähnlich dem Meersburger Spital entscheidend von dieser Einnahmequelle. Das Meersburger Spital war wiederum einer der großen Weinproduzenten in Meersburg und Umgebung. Das Heilig-Geist-Spital Konstanz erzielte im Zeitraum von 1570 bis 1650 jährlich zwischen 30 (33.270 Liter) und 211 Fuder Wein (234.000 Liter) (Rekordjahr 1578). Im nahezu selben Zeitraum von 1575 bis 1620 betrug der durchschnittliche Weinertrag des Heilig-Geist-Spitals Meersburg zwischen 23 (25.500) und 147 Fuder (163.023 Liter).[21] Der Weinertrag der beiden Spitäler setze sich zusammen aus dem sogenannten Neuen Wein, also dem aus dem Teilbau der Rebgärten des Spitals stammenden Wein, und dem Bannwein als Nutzungsabgabe für die spitaleigenen Torkel sowie diversen Bodenzinsen. Hinzu kommt der Übertrag des Vorjahres an Vorräten. Die Spitäler lagerten einen erheblichen Teil der jährlichen Ernte ein. Etwa die Hälfte des erzielten Ertrags brachten sie in den Handel, oftmals aber nicht mehr als die Hälfte der Vorräte, in den meisten Jahren noch weniger. Ähnlich verfuhren auch die anderen in den Städten agierenden Weinproduzenten, die Klöster, die patrizischen Eigner oder die Stadtgemeinde selbst.

Unmittelbar nach der Ernte, sobald die Ertragsmengen feststanden, legten alle städtischen Weinproduzenten gemeinsam mit der Stadtobrigkeit die Preise und Absatzmengen für den Handel fest und versuchten durch diese Form der Marktregulierung möglichst Gleichgewichtspreise einzuhalten bzw. so die sich naturgemäß ergebenden Knappheitserscheinungen in Folge von Rekordernten und Missernten zu vermeiden. Die festen städtischen Preisabsprachen im Herbst sorgten für eine Regulierung des Marktes im Sinne aller. Auch wenn nur maximal die Hälfte des Ertrags in den Handel ging, waren dies wie oben gezeigt enorme Mengen an Wein, die Gewinne in guten Weinjahren entsprechend hoch, für Produzenten wie für Händler.[22]

Über die städtischen Warenlager und Handelshäuser, die Grethen direkt in Ufernähe an den Schiffsländen, wie in Überlingen, Friedrichshafen, Radolfzell und Meersburg, lief der Handel mit Wein und Getreide.[23] Durch die Lage der einstigen Reichsstadt Überlingen kam der dortigen Greth oder Gred eine zentrale Bedeutung zu: Sie vermittelte den Verkehr über den Überlinger See von Schwaben nach Konstanz und in die Schweiz. Mehrere wichtige Straßen (von Stockach, Pfullendorf und Meersburg) kreuzten sich in Überlingen, was für den Getreide- und Weinhandel von besonderer Bedeutung war. Im östlichen Teil des Bodensees waren Lindau und Bregenz die wichtigsten Handelsorte für Wein. Die führenden alten Familien von Bregenz, die Kaisermann, Loher und Leber, waren durch den Weinhandel reich und einflussreich geworden. Ihre Familien stellten das gesamte 15. Jahrhundert über die Stadtammänner.[24] Bregenz war auch die zentrale Stadt für den Holzhandel am Bodensee. Über Bregenz lief der Handel mit Millionen von Rebstecken, die der Bodensee-Weinbau benötigte.[25] Absatzgebiet des in den Bodenseestädten produzierten Weins war das Bodensee-Hinterland ohne Weinbau, also alle weinarmen Regionen in Schwaben, insbesondere Ostschwaben mit Landsberg oder Memmingen, der Nordschweiz oder Vorarlbergs. Einer der Absatzmärkte für Konstanzer und Markdorfer Wein war auch Nürnberg. Das Kloster Salem beispielsweise ließ seinen in Konstanz angebauten Wein zum Verkauf an Wirte nach Lindau, Bregenz, Andelsbuch, Wangen im Allgäu, Kempten, Memmingen, Isny, Ochsenhausen, Saulgau und Ostrach transportieren. Die Städte profitierten von den Zöllen und von den Taxen in den Grethen.[26]

Der Bodensee war der wichtigste Verkehrsraum für den Handel mit Wein, Rebstecken und Dünger. Die gut ausgebildeten Schiffsleute und Spediteure transportierten mit ihren Lädinen die Waren von den gut ausgebauten Häfen und Schiffsländen der Bodenseestädte. Zu Auseinander-

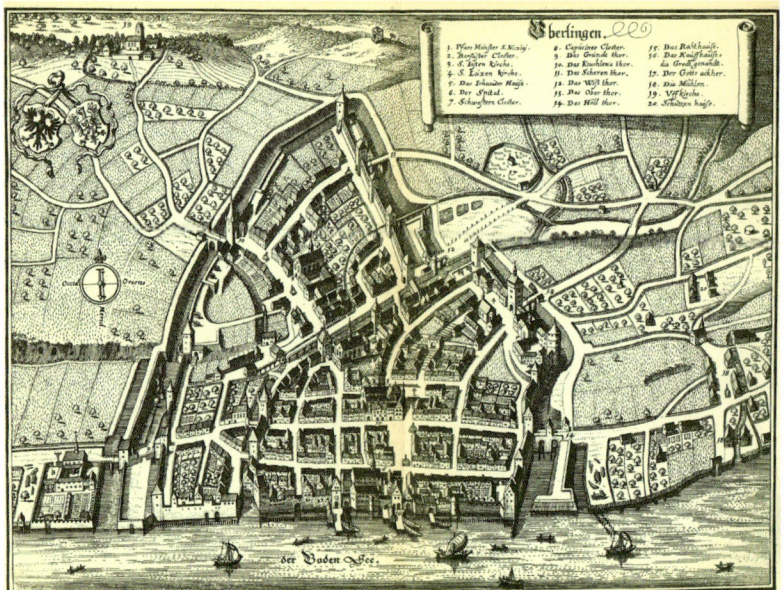

Überlingen – eine der bedeutendsten Weinbau- und Weinhandelsstädte am Bodensee, umgeben von Rebgelände. Matthäus Merian, 17. Jahrhundert

setzungen zwischen Weinhändlern und Schiffern kam es immer wieder, wenn die Schiffsmeister, Schiffsleute und Schiffsknechte der Meinung waren, sich auf dem Wasser unerlaubterweise am zu transportierenden Wein bedienen und auch Fischer auf ein Getränk einladen zu können. Die Weinhändler störten sich besonders daran, dass der entnommene Wein mit Bodenseewasser wieder aufgefüllt wurde.[27]

Weinausschank: Schild- und Schankwirtschaften

Der Weinausschank erfolgte in den spätmittelalterlichen Bodensee-Städten in der Regel an drei Orten: den Trinkstuben der Zünfte und Patriziergesellschaften, den Tavernen in den Städten, später als Schildwirtschaften bezeichnet, und in den zahlreichen Weinschankwirtschaften. In den Städten hatten wenige Gasthäuser die Tavernengerechtigkeit, das heißt sie konnten einheimischen und auswärtigen Gästen Wein ausschenken, Mahlzeiten wie Fisch, Hühner, Wild und Kalbfleisch anbieten, Gäste beherbergen und deren Pferde abstellen. Die Inhaber der Gasthäuser bzw. Tavernen bezeichneten sich als Schildwirte, weil sie Wirtshausschilder besaßen. Alte traditionsreiche Tavernen sind für Meersburg bereits seit dem 15. Jahrhundert erwähnt: der Bären, die Traube und die Krone. Der Gasthof zum Bären gehört damit zu den ältesten deutschen Gasthäusern.[28] Daneben gab es eine große Zahl an Weinschankwirtschaften, weil alle Weinproduzenten das Recht hatten, den eigenen Wein in ihrem Haus ausschenken zu können. So wurde nach der Weinernte in jedem dieser Häuser und Stuben der Weinausschank eröffnet. Die Schankwirtschaften blieben geöffnet, solange der eigene Wein ausreichte und die Arbeiten im Weinberg es zuließen. Die Besenwirtschaften konnten nur kleine kalte Speisen anbieten, in der Regel Brot und Käse. Die saisonalen privaten Weinwirtschaften hängten als Zeichen einen Fassreifen, einen Strauß, einen grünen Ast, einen Kranz oder einen Besen vor die Tür, weshalb sie auch als Reif-, Straußen- oder Besenwirtschaften bezeichnet werden. Da die Städte wie von den Trinkstuben und Tavernen auch von den Besenwirtschaften das Umgeld, eine Getränkesteuer von in der Regel 10 Prozent des Verkaufspreises, erhielten, hatten sie gegen die bei Handwerkern und Tagelöhnern beliebten Besenwirtschaften nichts einzuwenden.[29]

Relikte des mittelalterlichen Weinbaus

Der mittelalterliche Weinbau hat bis heute seine Spuren in den Bodensee-Städten hinterlassen, auch dort, wo heute kein Weinbau mehr betrieben wird. Eine Vielzahl der noch heute angebauten Lagen ist im Mittelalter angelegt worden. Sofern der Weinbau an der Wende vom 19. zum 20. Jahrhundert aufgegeben wurde, sind Weinbergwege, Terrassen, Mauern oder zumindest Flur- und Straßennamen noch erhalten, am häufigsten ist der Flurname »Halde« anzutreffen.[30] Eindrucksvolle steinerne Zeugen sind bis heute die Heilig-Geist-Spitäler mit ihren weitläufigen Kelleranlagen, die Pfleghöfe der einzelnen Klöster in den Städten oder Quartiere von Patriziern mit mittelalterlichen Kellern. In zahlreichen Bodenseestädten sind noch Wohn- und Wirtschaftsgebäude von Rebleuten bzw. Gmaindern aus dem 15. und 16. Jahrhundert mit ihren Kellerabgängen erhalten geblieben, in Ravensburg existiert noch die Zunftstube der Rebleute. Die Greth in Überlingen und die Greth in Meersburg stehen für den ehemals bedeutenden Weinhandel. Besonders eindrucksvolle Zeugen des spätmittelalterlich-frühneuzeitlichen Weinbaus sind die historischen Torkeln, die Weinpressen, die sich erhalten haben. Sehenswerte Beispiele sind der Torkel im Heilig-Geist-Spital Meersburg (von 1607), heute Vineum Bodensee mit sehr guter Erklärung zur Funktionsweise, die Torkeln der Familie Stüble und der Stadt in Überlingen (beide aus dem 17. Jahrhundert; der Stadttorkel befindet sich im Innenhof des Heimatmuseums Überlingen), der Torkel der Stadt Lindau (von 1711), der Torkel der Stadt Konstanz im Rebgut Haltnau bei Meersburg und der Burghaldentorkel der Familie Humpis in Ravensburg (datiert von 1591, 1694, 1794).[31]

Eise Decke zu Zoll dick würde, und man ohne Gefahr mit Schlitten ec.

fländern geschehen ist. Zum Andenken dieses ausserordentlichen Ereig...

...chwürdige und Wohlgeborne Herr Johann Baptist fink, Kapitel a...

... Vogt Ninser, Schullehrer Länder, nebst den Gerichtsmänn...

...en Frauen-Abtey Münsterlingen; woselbst Ihnen das Brust-Bild getheilt...

...Boden-See überfrieren sollte, übergeben würde. Abends 6 Uhr fam...

Christine Krämer

Gute Ernten, schlechte Ernten

»Nichts hatte mir bis dahin so klar vor Augen geführt, daß Wein wahrhaftig ein lebendiger Organismus ist, denn diese braune madeiraähnliche Flüssigkeit vor mir hielt noch immer die aktiven Lebenselemente in sich fest, die sie von der Sonne jenes längst vergangenen Sommers in sich aufgenommen hatte.«[1] So kommentierte Hugh Johnson den Geschmack des 1540er Würzburger Steinweins, den er 1961 probieren durfte. Vom Bodensee existiert keine Flasche des Jahrtausendjahrgangs mehr, aber immerhin eine Verkostungsnotiz aus dem 17. Jahrhundert. 1540 war ein ausgesprochen heißes Jahr gewesen, monatelang fiel kein Regen, die Menschen litten unter der Dürre. Die Weinlese, die schon im August stattfand, fiel nicht nur so reichlich aus, dass es allerorts an Fässern mangelte, die eingeschrumpelten Trauben ergaben zudem einen »uberauß herlichen und starken Wein«. Er hielt über Jahrzehnte. Noch 1610 trank man davon »zu Lindaw und in Veldkirch, er ward wie Gold und so starck, daß man ihn im gantzen Gemach riechen konnte.«[2]

Volle Keller

Die frühe Neuzeit begann für den Weinbau durchaus erfreulich. Zwar besteht ein Zusammenhang zwischen mehreren Fehlherbsten in den 1520er-Jahren und der Beteiligung zahlreicher Rebleute am Bauernkrieg, doch war dies nicht mehr als eine vorübergehende Störung für die Weinwirtschaft, und auch die Reformation mit ihren gesellschaftlichen Umwälzungen berührte den Weinbau nur am Rand. Zwischen 1525 und 1560 herrschte eine klimatische Gunstphase ohne Fehlherbste, in der Erntemengen und Weinqualität durch frostarme Frühlingsmonate und warme Sommer begünstigt wurden.[3] Die Bevölkerung wuchs und der steigende Weinverbrauch der zahlungskräftigen Käuferschichten in den großen Städten kurbelte den Absatz an, die Weinwirtschaft florierte. In allen Weinbaugebieten rund um den Bodensee wurden die Flächen im 16. Jahrhundert ausgeweitet, so dass der Weinbau Mitte des 16. Jahrhunderts seine größte Ausdehnung erfuhr.[4]

In der zweiten Hälfte des 16. Jahrhunderts änderten sich die Rahmenbedingungen. Sieben Mal fror im 16. Jahrhundert der Bodensee über den Winter zu, so dass man zu Fuß vom einen zum anderen Ufer gehen

In Jahre 1830 auf Dienstag den 2ten Horning überfror der Boden-See dermaßen stark, daß die Eis-Decke 14 Zoll dick wurde, und man ohne Gefahr mit Schlitten, und Wagen von einem Gestade zum Andern fahren konnte, was auch in der That von Inn- und Ausländern geschehen ist. Zum Andenken dieses außerordentlichen Ereignisses führten die damaligen Orts-Vorstände der löblichen Gemeinde Hagnau, als: Der Hochwürdige und Wohlgeborne Herr Johann Baptist Fink, Kapitels-Definitor, und Pfarrer daselbst, Herr Franz Jakob Osteller, Kaplan, sodann Orts-Vogt Rüster, Schullehrer Länder, nebst den Gerichtsmännern, die Schul-Jugend, 130 Kinder, am Samstag den 6ten nämlichen Monats über das Eis nach der benachbarten Frauen-Abtey Münsterlingen; woselbst Ihnen das Brust-Bild deshalligen Evangelisten Johann zum 3ten mal in einem Zeitraum von 300 Jahren vertragsmäßig wenn der Boden-See überfrieren sollte, überreben wurde, Abends 6 Uhr kam der Zug unter Glocken-Geläut wieder in Hagnau an, wo sodann besagtes Bild in der Pfarr-Kirche daselbst feierlich auf einer Seiten-Altar aufgestellt wurde.

konnte. Allein für die Zeit zwischen 1560 und 1573 sind fünf Seegfrörnen dokumentiert. 1572/73 herrschte »grimmigklichen kalt wätter, und gar vil Schnee«.[5] In diesem Winter, dem wohl kältesten des Jahrhunderts, trugen die Rebleute erstmals die Büste des heiligen Johannes von Münsterlingen über den zugefrorenen See nach Hagnau und begründeten damit die Tradition der Eisprozession, die noch heute existiert.

Die kleine Eiszeit

Diese Kälteperiode war die erste Hochphase der kleinen Eiszeit, die bereits im Spätmittelalter eingesetzt hatte und bis ins 19. Jahrhundert anhielt. Zwei besonders markante Klimadepressionen, vermutlich hervorgerufen durch Vulkanausbrüche, lassen sich zwischen 1570 und 1630 sowie zwischen 1675 und 1715 feststellen. Im 18. Jahrhundert folgten weitere kurze Phasen extremer Kälte. Diese Phasen waren geprägt von nassen Sommern, verminderter Sonneneinstrahlung und kalten Wintermonaten, die ein häufiges Überfrieren der Gewässer und ein Vordringen der Gletscher zur Folge hatten.[6]

Die Winterfröste schädigen die Reben allerdings nur dann, wenn die Temperatur länger unter -20 °C fällt, insofern besteht nicht unbedingt ein Zusammenhang zwischen Seegfrörne und Fehljahr. Selbst im Rekordwinter 1572/73 erfroren die Reben erst durch Spätfröste Ende April.[7] Problematisch waren für den Weinbau vielmehr die nasskalten Sommer und die Temperaturabsenkungen in den Übergangszeiten, die zu einer verkürzten Vegetationsperiode führten. Folgen waren Ernteausfälle sowie eine verminderte Weinqualität. Eine Auswertung von Weinmosterträgen für die Schweiz lässt erkennen, dass zwischen 1570 und 1630 die Weinerträge signifikant fielen. Fast zwei Drittel der Erträge waren unterdurchschnittlich.[8] Nicht überall hatten die extremen Kaltphasen dramatische Konsequenzen für den Weinbau: Gute Lagen mit Süd- und Südwestneigung und windgeschützte Hangbuchten in den Kernzonen waren begünstigt, während sich die Störungen an der Grenze des lohnenden Weinbaus erheblich auf die Bewirtschaftung der Weinberge auswirkten oder gar zur Aufgabe von Rebflächen führten. In Bregenz leiteten Ernteausfälle Ende des 16. Jahrhunderts den Niedergang des Weinbaus ein,[9] Winterfrost schädigte 1586/87 die Reben im Thurgau massiv, als Mitte November eine »überkalte und strenge Zyt« begann, »so sich mit schneyen und gefrieren über die 17 Wuchen verzogen: Es erfrurind in disser Landsart vil Räben und baum«.[10] Für Überlingen wird hingegen berichtet, es habe zwischen 1550 und 1620 nicht einen einzigen Fehlherbst gegeben; man gewann den Eindruck, dass »die Natur und die menschliche Kunst um die Wette sich bemüht haben, die Finanzlage des Überlinger Winzerstandes so günstig als nur möglich zu gestalten«.[11] Es ist überdies davon auszugehen, dass die wirtschaftliche Großwetterlage des 16. Jahrhunderts die Auswirkungen der Klimaverschlechterung in mancher Hinsicht überlagert hat, denn insgesamt prosperierte die Weinwirtschaft im Bodenseeraum bis zum Dreißigjährigen Krieg.

Niedergang des Weinbaus im Dreißigjährigen Krieg

Die sozialen Folgen der kleinen Eiszeit waren indes gravierender. Die Welt war ein Stückweit grauer geworden. Auf Kälte folgt Krise, auf Krise folgt Krieg, und dieser erreichte 1632 den Bodensee. In zwei Phasen, von 1633 bis 1635 und von 1643 bis 1648, kämpften schwedische und kaiserliche Truppen um die Vormacht am See. Die Seeanrainer wurden belagert, die Lastschiffe zu Kriegsschiffen umgerüstet, das Hinterland litt unter den Durchmärschen. Ob schwedische oder kaiserliche Truppen, das machte für die Weinbau treibende Bevölkerung keinen großen Unterschied. Die einen schlugen alles kurz und klein und machten Beute, wo sie nur konnten, die anderen verlangten Quartier und Verpflegung und zehrten Land und Leute aus. Das nördliche Bodenseeufer und vor allem Überlingen traf es besonders hart. In seinen Tagebüchern schildert Johann Heinrich von

Bei der Belagerung Überlingens durch die Schweden 1634 wurden die Reben um die Stadt herum massiv geschädigt. Gemälde von Philipp Jakob Mayer, 1670, Museum Überlingen

Pflummern (1585–1671), kaiserlicher Rat und späterer Bürgermeister von Überlingen, eingehend die Verhältnisse während des Krieges am See.

Im Oktober 1633 nahm der kaiserliche General Duca di Feria bei Überlingen Quartier und richtete in den »rebgärten mit verbrennen der steckhen und reben sonders großen schaden« an. Als wenige Tage später ein Tross mit 100.000 Mann von Überlingen nach Pfullendorf zog, schnitten sie in den Weingärten die Trauben ab, die kurz vor der Reife waren. Allerorts rissen die Soldaten in den Weinbergen am See die Rebstecken heraus, um sie als Brennmaterial zu verwenden, und wenn das nicht ausreichte, kamen die Rebstöcke dran, so dass die Rebflächen für Jahre ruiniert waren.

Die Zerstörungen der Weinberge waren das eine, dazu kamen die Ablieferungen von Wein. Ende Oktober 1633 verlangte der kaiserliche Kommissar Kirsinger in Lindau für den Unterhalt der Garnison von allen Weinbauorten am nördlichen Seeufer als Kontribution jeden sechsten Eimer des gerade geernteten Weins. Widerstand war zwecklos, in Lindau hatte man den Keller, der die Kontributionsweine aufnehmen sollte, schon vorbereitet, Immenstaad hatte seine 36 Fuder bereits abgeliefert, das Benediktinerkloster Hofen gab 24 Fuder, von »Merspurg wolle man wenigst 100 Fuder haben« und das Kloster Weingarten sollte von seinem Hagnauer Gut 15 Fuder Wein beisteuern. Die Gemeinde Hagnau klagte, dass über den

sechsten Eimer hinaus, im Falle Hagnaus 25 Fuder, noch ein Zoll von zehn Gulden für jedes verkaufte Fuder Wein verlangt würde, so dass letztlich ein Drittel des erwirtschafteten Weins als Kontribution abgegeben werden musste, und wenn man noch die Unkosten für den Anbau und den Zehnt abziehe, blieben »dem aigenthumbsherrn deß rebgartens (deme jedoch ein so starckhes capital darauff stehe) nicht wol von einem Fuder Wein mehr als 6 aymer[12] für aigen«, also gerade mal ein Fünftel, »der bodenzinß und dergleichen zu geschweigen«. Pflummern, der die Rechte der Gemeinden am See vertrat, wandte sich an die Verantwortlichen in Lindau und argumentierte, dass es »unproportionirt seie und ia der gantze last nhur an die wenige am Bodensee gelegne landtschaft kommen werde«, dabei hätten sie als einzige noch zum Kaiser gehalten und seien gerade deshalb »layder, wie der augenschein zu erkennen gibt, mehrers, dan andere lännnder vom feind ruinirt worden.« Als Kirsinger antwortete, die anderen Orte hätten ihre Kontribution in Getreide abgeliefert, so habe Wangen beispielsweise 200 Malter Korn geben müssen, erwiderte Pflummern, man könne Wein und Getreide nicht vergleichen und die 25 Fuder Wein, die man von Hagnau verlange, kosteten weit mehr als 200 Malter Korn und es »seye nit billich, daß ein einiger fleckh so vil contribuiere, alß ein sollche reichs-statt.«[13] 1634 folgte die Belagerung Überlingens. Die Schweden rodeten um die Stadt herum die Reben, um Laufgräben zu ziehen, die Rebstecken und die Zäune verbrannten sie. Sogar die Überlinger selbst mussten Reben aushauen, weil kein anderes Material mehr da war, um sich zu verbarrikadieren.[14]

Noch nicht einmal nach der Schlacht bei Nördlingen kehrte Ruhe am See ein. Als der kaiserliche Feldmarschall von Ossa im April 1635 in Überlingen Quartier machte, forderte er umfangreiche Kontributionen. Auf den Protest der Stadt konterte er, er glaube wohl, »daß die von Überlingen an frucht (weiln sie keine bawen) vnd auch an gellt in publico et privato erschöpfft« seien, doch könne durch die Verpfändung von Dörfern und Gütern der Vermögenderen sicher einiges an Geld aufgetrieben werden. An den Rand seiner Aufzeichnungen setzte Pflummern verbittert die Notiz, »die Schweitzer werden vil auf vnßre reben leihen«, und Ossa antwortete er, das Vermögen bestehe nur aus liegenden Gütern, die derzeit nichts einbrächten, die Dörfer seien dergestalt, »daß die bauren darinnen hunger sterben. Im schweitzerlandt gellt aufzubringen habe man sich vilfeltig bemüehet, aber vmb sonst«. Als Überlingen anbot, anstatt der geforderten 150 Malter Korn drei Fuder Wein nach Lindau zu liefern, drohte Ossa, sich bei Generalleutnant Gallas zu beschweren.[15]

Zu den Kriegsverwüstungen kam 1635 am Urbanstag, dem 25. Mai, ein zerstörerischer Spätfrost. Schon am Tag zuvor hatte es »geschnait, gewindet, gewähet, geregnet und kuzebonet, daß sich ainer deß winterrocks,

Weintransport auf dem See bei Buchhorn. Kupferstich von Joseph Friedrich Leopold, Augsburg, Mitte 18. Jahrhundert

belz oder warme stuben, häntschen und dergleichen nit derfte beschämen«, des morgens kam dann der Reif und hat »die reben aller orten, doch ainß fürß ander, ubel getroffen und besängt, dan sie schon gar zue forder, alß wären sie ganz mit fewr verbränt« und »von obgesagter zeit und krüegßwesen an«, so der Salemer Mönch Sebastian Bürster, »ist kain rechter herbst mehr gerathen und hat man wegen krüeg und sterbat und mangel der leuten die reben aller orten gnuog wol ungebawen und ab laßen gehen«.[16] Im Oktober 1636 nahmen Kommissar Handel und Hauptmann Tromette der Stadt Überlingen 190 Stück Vieh weg und versuchten so, die Lieferung von 100 Fuder Wein zu erpressen. Da 1636 erneut ein Fehljahr in Überlingen war, konnte die Stadt die Forderung nicht erfüllen.[17]

Anfang 1643 nahmen die Württemberger und Franzosen unter dem Kommando von Wiederholt, dem Befehlshaber der Festung Hohentwiel, Überlingen ein. Bayerische Truppen eroberten zwar die Stadt im April 1644 zurück, doch gingen überall dort, wo die Geschütze aufgefahren wurden, die Reben zugrunde. Und auch nach der Befreiung konnte die Region noch lange nicht aufatmen, da die Hohentwieler Überlingen und die umliegenden Orte noch über Jahre mit Plünderungen und Kontributionsforderungen drangsalierten. Kurz vor der Weinlese 1645 drohte Wiederholt, alle Keltern anzuzünden, falls man auf seine Forderungen nicht eingehe.[18]

Als 1648 Frieden einkehrte, war die Bilanz der Kriegsjahre verheerend. Während der Ackerbau sich relativ schnell erholte, blieb der ehemals so bedeutende Weinbau der Reichsstadt weit zurück. Die Wiederinstandsetzung der Weinberge war aufwändig und teuer, und es fehlte an Geld. Außerdem dauerte es viele Jahre, bis neu gepflanzte Reben wieder Ertrag brachten. So lagen die Reben des Überlinger Spitals, das vor dem Krieg als »das reichste weit und breit« galt, noch 1653 zu zwei Dritteln wüst. Des gesamte Rebareal Überlingens belief sich vor dem Krieg auf 1200 Juchart, etwa 270 Hektar.[19] Bei Kriegsende waren weniger als die Hälfte davon übrig geblieben und so sollte es vorerst bleiben: 1661 waren lediglich 518 Juchart bestockt. Von 110 Torkeln im Jahr 1597 verringerte sich die Zahl auf 48 Stück im Jahr 1680. Die Weinerträge gingen nicht im selben Maß zurück, sie verringerten sich nur um 40 Prozent, was auf das Anpflanzen produktiverer, aber minderwertiger Sorten zurückzuführen ist. Infolgedessen verringerte sich der durchschnittliche Weinpreis um 15 Prozent – der Wein hatte also obendrein seinen guten Ruf eingebüßt.

Die Verluste des Dreißigjährigen Kriegs konnte Überlingen nie aufholen. 1802 umfasste die Rebfläche 617 Juchart, sie war also im Vergleich zu 1661 kaum gestiegen. Daran war zum Großteil das Modell Reichsstadt schuld mit seiner zünftischen Organisation, seiner oligarchischen Struktur und einer von protektionistischen Ideen geprägten Wirtschaftsweise, die gerade in einer kleinen Herrschaftseinheit wie Überlingen zum Scheitern verurteilt war, ein Modell also, an dem Überlingen festhielt, obwohl es in der Frühmoderne eigentlich bereits ausgedient hatte, und das einen wirtschaftlichen Aufschwung im Keim erstickte.

Doch auch die Absatzsituation hatte sich geändert, die Kaufkraft der ehemaligen Kunden hatte abgenommen. Billigere Getränke drohten den einfachen Hauswein zu ersetzen. Überlingen verbot daher seinen Bürgern, in den brachliegenden Weinbergen Obstbäume zu pflanzen und der Rat wachte sorgsam darüber, dass sich kein Bierbrauer in der Stadt niederließ, um dieser Konkurrenz von vornherein einen Riegel vorzuschieben.

Bier und Most

Bier oder Most stellten nur für jene Weinbauorte eine echte Bedrohung dar, bei denen zur Klimaverschlechterung weitere Faktoren hinzukamen, die eine Weiterführung des Weinbaus wenig lohnend erscheinen ließen.

Im Thurgau war der Most kein billiger Ersatz, hier galt Birnenmost als ein Getränk, das mit den besten Weinen konkurrieren konnte, wie der Arzt und Botaniker Theodor Zwinger 1696 berichtete: »Man macht den Birnwein [...] sonderlich im Schweizerischen Turgäw so gut, daß er, wenn er alt ist für starcken guten Wein getruncken wird: ja ich bin mit dergleichen Birnwein, so man Beerleinmost nennet, vor unterschiedlichen Jahren von einem guten Freund auß Bischoffszell begabet worden, welcher, nach dem sich die Heffen zu Boden gesetzet, gantz klar und goldgelb, beneben auch so kräfftig worden, daß er von verschiedenen Personen für den lieblichsten und herrlichsten Spanischen Wein getruncken worden.«[20]

So wurde im Thurgau der Weinbau vielerorts aufgegeben und durch den Obstbau ersetzt, da es obrigkeitlich gefördert wurde, Birn- oder Nussbäume zu pflanzen.

Bier spielte am Bodensee als Konkurrenz letztlich bis ins 18. Jahrhundert keine große Rolle. Die Brauereien etablierten sich am See erst im 19. Jahrhundert, die Seehasen blieben beim Wein. Der gewöhnliche Seewein, so ein Reisebericht von 1783, sei »ein weißer Wein, der leicht ist, aber sonst keine Annehmlichkeit und Vorzug hat, als daß er spottwolfeil, ja wolfeiler wie Bier ist. Daher säuft auch der gemeine Mann in dieser Gegend den Wein, wie Wasser, und alle Wirthshäuser sind voll von Leuten. Zu Constanz trift man mehr Leute in selbigen an, wie auf der Gassen.«[21] Das

Aufkommen der Brauereien in Bayern ab dem 17. Jahrhundert dürfte dem Seewein allerdings in seinen Absatzgebieten Marktanteile abgenommen haben.

Während sich im 18. Jahrhundert in Kernzonen wie Überlingen der Weinbau auf kriegsbedingt reduzierter Fläche konsolidiert hatte, gab man angesichts der schwächeren Weinkonjunktur andernorts nun ungünstig gelegene Flächen auf. Dazu gehörten Rebanlagen in der Ebene wie die auf der Reichenau, schlecht exponierte Hänge oder solche in Randlagen. In Wolfurt bei Bregenz wandelten die Rebleute ihre Weinbauflächen in Obstanlagen um, weil sie wegen ungünstiger Witterung, Frost und Kälte nicht mehr rentabel waren. In der Ostschweiz waren durch das Manufakturwesen lukrative Alternativen gegeben, so dass die Aufgabe ungünstiger Flächen leicht fiel.[22]

Barocke Blüte

Wo geistliche Grundherren in den für die Rebe begünstigten Kernzonen regierten, kam es in der Barockzeit hingegen vielfach zu einer neuen Blüte des Weinbaus. Die oberschwäbischen Klöster sorgten auf ihren Weingütern am Bodensee für eine äußerst straffe Wirtschaftsführung und setzten dafür tüchtige Wirtschaftsverwalter ein. Mit unterschiedlichen Maßnahmen steigerten sie die Rentabilität ihrer Weingüter und die Gewinne aus dem Weinbau. Erstens durch Nachverdichtung, indem sie auf den bestehenden Rebflächen Bäume und andere Beikulturen entfernen und durch Reben ersetzen ließen, zweitens durch Intensivierung mittels vermehrter Düngung und drittens dank einer Qualitätssteigerung, indem bestimmte Rebsorten und Keltermethoden vorgeschrieben wurden.[23] Die Klöster und Kirchenfürsten investierten nicht nur aus Prestigegründen in Weingüter am Bodensee, sie erhofften sich entsprechende Gewinne, um ihren üppigen Lebensstil und die umfangreichen Neubauten zu finanzieren.

Die barocke Prachtentfaltung kommt in den überschwänglich ausgestatteten Kirchen und Bibliothekssälen zum Ausdruck. Die Chancen, die man im Weinbau sah, zeigen sich dagegen unter der Erde. Ob in Salem, St. Gallen oder Meersburg, Schussenried, Weingarten, Ittingen oder Rheinau – überall entstanden im 18. Jahrhundert Weinkeller geradezu gigantischen Ausmaßes. Der neue, in den 1720er-Jahren erbaute Hofkeller des Fürstbischofs in Meersburg fasste 260 Fuder und der des Klosters Weingarten war so groß, dass sich die Freude des nassau-oranischen Gesandten bei der Übernahme des Klosters 1802 überschlug: »Es sind vier große Weinkeller hier [...] Welch eine unterirdische Welt! [...] Die Kellerge-

Der Weinkeller unter dem Fruchtkasten von Kloster Weingarten war der größte der vier Keller des Klosters. Er wurde zwischen 1685 und 1688 erbaut und konnte 500.000 Liter Wein aufnehmen.

wölbe sind in einer Höhe und Weite, die man in unserer Gegend nicht kennt, und wovon man sich dann erst einen Begriff macht, wenn man doppelte Reihen solcher Fässer auf hohen Lagern, und in der Mitte noch einen weiten Raum sieht.«[24]

Die Erwartungen an den Weinbau waren also hoch. Nicht überall wurden sie erfüllt. So manches klösterliche Weinunternehmen stand auf wackligen Beinen, denn die Dependancen in den Weinorten kosteten Unterhalt, die Steuern und Abgaben waren nach dem Dreißigjährigen Krieg wegen der Umlagen höher als zuvor, und wenn dann klimatisch schwierige Jahre dazu kamen, lohnte sich der Weinbau nicht mehr. »Wann der Wein am See nit mehr als mittelmäßig geratet«, notierte der Schussenrieder Abt Nikolaus Cloos (1756–1775), so habe das Kloster aus »all vier deren Schaffnereien keinen Profit, so groß sind dermahlen die Unterhaltungskösten und was damit verbunden.«[25]

Die Hoffnung auf eine gute Weinernte drückt sich in den Winzerprozessionen aus, die gerade in den katholischen Weinbauorten am nördlichen Bodenseeufer, wo die meisten oberschwäbischen Klöster begütert waren, eine große Tradition haben. Die Weinpatrone sollten Gottes Segen für die Reben vermitteln und oft trug man ihre Statuen beim Gang durch die Reben vor sich her.

Mehr imaginär als Realität

Mit dem Weinbau allein war man freilich für den neuen Geist, der Ende des 18. Jahrhunderts zu wehen begann, nicht gerüstet. Die alten Strukturen wurden als hinderlich empfunden. »Der Staat des Hochstifts Kostanz ist mehr imaginär als Realität«, schrieb der Staats- und Kirchenrechtler

Joseph von Sartori 1787. »Ausser dem geringen Weinwachs hat das zerstreute Stiftsland keine Nahrung. [...] Der Regent hat wenig, und die Unterthanen im Durchschnitt gar nichts. Keine Handlungszweige sind vorhanden, Industrie kann nicht unterstützt werden, und bey leerem Magen und dem ohnehin zehrenden Seewein wird der Landgeist niemals zu Unternehmungen belebt. Der Fürstbischof muß sich wie der Großmeister von Maltha, mit seiner schönen Aussicht über die weite See, und seiner hierauf behauptenden Souverainität begnügen.«[26] Wie gründlich die Umwälzung sein würde, ahnte man da freilich noch nicht.

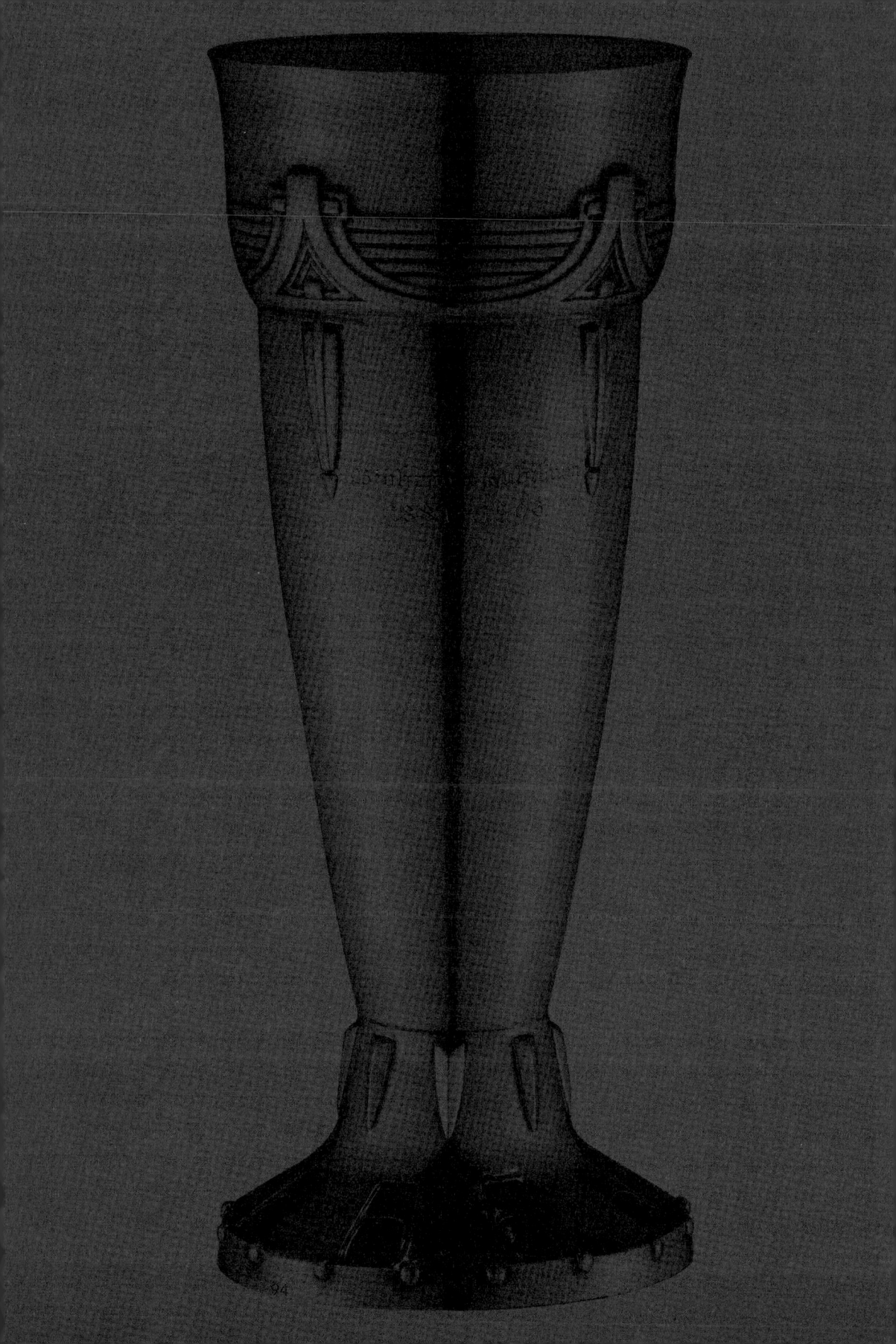

94

Thomas Knubben / Christine Krämer

Umbrüche und Aufbrüche im 19. Jahrhundert

Mit dem Ende des Alten Reiches und dem fundamentalen Wandel von Wirtschaft und Gesellschaft im 19. Jahrhundert wurde auch der Weinbau am Bodensee Herausforderungen ausgesetzt, die ihn fast zum Verschwinden brachten. Über Jahrhunderte hinweg hatten sich rund um den See eine Wirtschaftsstruktur und eine Weinbaukultur entwickelt, die sich trotz aller Krisen insbesondere im Zusammenhang mit dem Dreißigjährigen Krieg als bemerkenswert stabil und kontinuierlich erwiesen hatten. Sie wurden nun durch die radikale Veränderung der politischen Landschaft, durch die Industrialisierung und die damit zusammenhängenden neuen Wirtschaftsgesetze, neuen Verkehrsverhältnisse und neuen Konsummechanismen akut gefährdet. Der Weinbau, zuvor tragendes Element der regionalen Wirtschaft, wurde zu einem Wirtschaftssektor von nachrangiger Bedeutung. Dies lässt sich eindrücklich am Rückgang der bewirtschafteten Rebflächen und Weinerträge erkennen.

Im badischen Weinbaugebiet des Sees wurden 1830 noch 2.000 Hektar bewirtschaftet, um 1900 waren es 1.200 Hektar und 1913 nur noch 900 Hektar.[1] Nach weiteren Rückgängen stehen heute wieder 600 Hektar im Anbau. Im Oberamt Tettnang ging der Umfang der Weinberge von 300 Hektar im Jahr 1838 bis 1915 auf 71 Hektar zurück, im Oberamt Ravensburg im gleichen Zeitraum von 120 Hektar auf knapp 8 Hektar. In vielen Gemeinden Oberschwabens war er ganz verschwunden.[2] Auch in Vorarlberg und der Schweiz sah es nicht anders aus: Im Kanton Thurgau ging der Weinbau zwischen 1830 und 1913 um 85 Prozent von 2.326 Hektar auf 300 Hektar zurück.[3]

Die Auflösung der Kirchengüter
Den ersten Umbruch markierte die Säkularisation mit der Übergabe der kirchlichen Güter an weltliche Standesherren. Die Maßnahmen dienten als Ausgleich für deren Verluste in linksrheinischen Gebieten im Zuge der Französischen Revolution. Die Auflösung der Klöster und Stifte war ein fundamentaler Eingriff in das System des Weinbaus am See, denn von Anfang an hatten sie bei der Entwicklung der Weinwirtschaft eine herausragende Rolle gespielt. Durch Seelstiftungen und zielgerichtete Zukäufe war es ihnen mit der Zeit gelungen, beträchtliche Teile des Rebgeländes unter

ihre Fittiche zu bekommen. Sie waren damit zentrale Akteure im Weinbau und oftmals auch Garanten für Stabilität und Kontinuität im Wirtschaftsleben. Durch ihre Klosterhöfe und Keltern waren sie auch überall präsent und bestimmten das Geschehen in den Weinbaugemeinden wesentlich mit. Dass sie nun plötzlich aufgehoben wurden und durch knappe Verwaltungsakte an neue Herren übergingen, wurde von den Zeitgenossen vor Ort zunächst mit Unverständnis und Argwohn betrachtet. So notierte der Meersburger Spitalverwalter Joseph Waldschütz: »Infolge der Mediatisation und Säkularisation sind Klöster und Korporationen privilegirten Räubern in die Hände gefallen. Man lässt sie ungeschoren! Erobern, annexieren nennt man jetzt, was vor Zeiten rauben oder stehlen hieß. Gewalt kennt kein Gesetz! Zu Schildhaltern haben darum die Mächte Raubthiere. Unter dem Krummstab war gut leben, hieß es einst. Aber auch ihm wurde die Herrschaft hier entrißen und dem Greifen, zwar nur ein fabelhaftes Raubthier, in die Krallen gelegt. Doch haben wir solche noch nicht so stark gefühlt, wie die der wirklichen Raubthiere. Denn wir haben bisher noch immer milde Herrscher gehabt.«[4]

Mit der Säkularisation änderten sich die Herrschaftsverhältnisse insbesondere am nördlichen Bodenseeufer. Den Markgrafen von Baden fiel unter anderem das Kloster Salem mit seinen ausgedehnten Weinbergen zu, was sie bis heute zu den größten Weingutsbesitzern am See werden ließ. Auch die Rebflächen der Fürstbischöfe von Konstanz gingen an Baden über, wurden aber als Domäne des Großherzogtums separat bewirtschaftet. Daraus entstand 1919 die staatliche Weinbaudomäne des Landes Baden und 1930 das Staatsweingut Meersburg.

Bei anderen Kirchengütern liefen die Übertragungen keineswegs so glatt ab. Da viele der neuen Standesherren die Bewirtschaftung der Güter, die oftmals weit entfernt von ihrem Kernbesitz lagen, als zu aufwändig und mäßig rentabel ansahen, gaben sie diese bald weiter oder ließen sie versteigern. So gerieten alte kirchliche Güter auch in bürgerliche Hände. Der umfangreiche Besitz der Abtei Weingarten ging zunächst an das Haus Nassau-Oranien, dann an das Königreich Württemberg. Die Rebgüter der Prämonstratenserabtei Rot an der Rot fielen an die Grafen von Wartenberg. Dort versuchte der ehemalige Rotsche Schaffner Dominikus Reinhard, ein Pelzhändler, das Rebgut zu kaufen. Er konnte jedoch das Geld nicht aufbringen. Also erwarb es 1806 der Meersburger Kaufmann Franz Josef Zimmermann.[5]

Auch den Pächtern und Dienstleuten der Klöster wurde die Möglichkeit eingeräumt, die von ihnen bewirtschafteten Rebflächen zu erwerben bzw. sich von Dienstbarkeiten, die auf den Weinbergen lagen, freizukaufen. Dafür aber benötigten sie Kapital, das sie zumeist nicht hatten.

Wiederholte Agrarkrisen

Mussten für die besitzrechtlichen Veränderungen langfristige Lösungen gefunden werden, so stellten die wiederholten Missernten akute Bedrohungen dar, die sofort an die Substanz gingen. Die Reichenauer Winzer hatten Anfang des 19. Jahrhunderts 14 schlechte Weinjahre in Folge. »Viele derselben wären«, wie der großherzoglich badische Staatsrat Hofer in einem Memorandum 1822 bemerkte, »ganz zu Grunde gegangen, wenn die milde Hand der Regierung sie nicht aus den Staatsvorräthen und aus milden Stiftungen unterstützt hätte.«[6]

Historisch markant war auch am Bodensee das Jahr 1816, das als »Jahr ohne Sommer« in die Geschichte einging und weltweit zu Hungersnöten führte. Die Klimakatastrophe war die Folge eines Ausbruchs des Vulkans Tambora in Indonesien im April 1815. Der Vulkan hatte 150 Kubikkilometer Lava – das entsprach dem dreifachen Volumen des Bodensees – in die Luft geschleudert. Gase und Partikel verteilten sich danach über die ganze Atmosphäre und verdunkelten im Folgejahr den Himmel über großen Teilen Europas und Nordamerikas. In Süddeutschland gab es sintflutartigen Regen im Frühjahr und Schneefall im Juli.[7]

Der verregnete und viel zu kalte Sommer 1816 führte fast zu einem Totalausfall der Getreide-, Obst und Weinernten und zur schlimmsten Hungersnot seit 1771/72. Die Versorgungslage der Bevölkerung war so katastrophal, dass in vielen Städten Suppenanstalten eingerichtet wurden, die bis zum Sommer 1817 aufrechterhalten werden mussten. Allein im Ravensburger Spital wurden im Mai noch 11.037 Rationen einer aus Knochenbrühe, Kartoffelschnitzen und Hafermehl bestehenden Suppe kostenlos ausgeteilt.[8] Zwar brachte die Ernte des Jahres 1817 wieder einen befriedigenden Ertrag, doch hatten die mit der Missernte verbundenen Teuerungen und Investitionsausfälle nachhaltige Wirkungen.

Im Jahr 1830 kam es nach langer Zeit wieder zu einer Seegfrörne mit einer vollständigen Vereisung des Bodensees. Dies war aber eher ein Kuriosum und hatte, da sie in die Winterruhezeit fiel, keinen großen Einfluss auf die Weinernten. Problematischer war die Agrardepression des Jahrzehnts von 1845 bis 1855. Mehrfache Missernten führten erneut zu Versorgungsengpässen und Teuerungen und veranlassten einige tausend Menschen zur Auswanderung nach Amerika.[9]

Absatzschwierigkeiten durch Zollschranken und Bierkonkurrenz

Als Hemmnisse für den Weinbau gesellten sich zu der schlechten Witterung erhebliche Absatzschwierigkeiten. Ihre Ursachen waren vielfältig. Neben dem Wegfall der überkommenen Verkaufsstrukturen, die eng an die alten Feudalherren gebunden waren, machten den Winzern neue Zollschranken zu schaffen, welche die neu gebildeten Staaten zum Schutz ihrer Wirtschaft einführten. Hinzu kamen hohe Konsumtionssteuern, die höhere Weinpreise nach sich zogen, und die Konkurrenz durch die immer stärker werdenden Bierbrauer.

Wie sehr die neuen Zollschranken den Handelsaustausch um und über den Bodensee hemmten, veranschaulichen die Klagen der Winzer allerorts: »Ein [...] Unglück für diese Insel so wie für unsere ganze Weingegend«, so war von der Reichenau zu hören, »ist seit mehreren Jahren das Douanensystem unserer Nachbarstaaten und leider vorzüglich derjenigen, welche Mitglieder eines und des nämlichen deutschen Bundes sind. Noch zur Zeit der ehemaligen Reichsverfassung setzte auch der Reichenauer seine Weine über das ehemalige Buchhorn und Lindau nach Oberschwaben und in das Allgäu sodann über Bregenz nach Vorarlberg vortheilhaft ab. Die Weinhändler jener Gegenden hatten in der Reichenau selbst Agenten und Commissionäre, welche den Wein, der ihnen angetragen ward, für ihre Committenten aufkauften und baar bezahlten. Regelmäßig giengen alle Wochen Weinladungen zu Schiff an einen oder den andern jener Absatzorte ab. Diese glückliche Zeit ist ganz verschwunden.«[10]

Die Erschwernisse beim Export der eigenen Weine waren das eine, die Konkurrenz durch hereinströmende ausländische Gewächse das andere. Eine besondere Konfliktlinie stellte dabei die Grenze zwischen der Schweiz und den deutschen Bundesstaaten dar. Sie wurde von den badischen Winzern als Einfallstor für die unstatthafte Einfuhr von Weinen aus Frankreich angesehen: »Die französischen Weine werden durch den neuen Schweizer Zolltarif sehr begünstigt, und so ihre Einfuhr in die Schweiz auf Kosten der süddeutschen, besonders badischen Weine vermehrt. Bis jetzt gestattete ferner noch der Zollverein die Einfuhr Schweizer Weine um sehr ermässigte Zölle. Durch dieses doppelte Missverhältniss mussten die Weine des obern Rheintals, des Kaiserstuhls, des Markgräflerlandes in immer grössere Nähe ihres Ursprungsorts zurückgedrängt werden, woraus sich die gedrückte Lage des zahlreichen Standes der Weinbauern in diesen Gegenden erklärt.«[11] Als die Schweizer Weine von den deutschen Nachbarn schließlich mit hohen Einfuhrzöllen belegt wurden

Die Meersburger Bürgergarde in Uniform zieht das Bier dem Wein vor. Zeichnung von Reinhard Sebastian Zimmermann, 1836

und dies »die thurgauischen vollends von der Concurrenz« ausschloss, traf es den Kanton hart: Die Weine blieben liegen, die Preise des Rebgeländes verfielen, zahlreiche Parzellen wurden ausgestockt, während zuvor im Thurgau der Absatz selbst einfacher Weine durch die Nachfrage in Schwaben gesichert war.«[12]

Tatsächlich waren es nicht nur die neuen Steuern und Abgaben, die der moderne Staat zur Finanzierung seiner erweiterten Aufgaben ersann, und auch nicht allein die verstärkte Konkurrenz oder die Handelsschranken, welche den Weinbau vor Ort massiv bedrohten. Die Verbesserung des Brauwesens und die Steigerung des Bierkonsums trugen ein Weiteres dazu bei, den Weinbau unter Druck zu setzen.

Bis zum Beginn des 19. Jahrhunderts war Wein am Bodensee das vorherrschende Getränk in allen Gesellschaftsschichten gewesen. »Bier wurde in der weinreichen Seegegend nur als grosse Seltenheit getrunken, als allgemeines Getränk jedoch verachtet« – ein Umstand, den der weit über seinen Amtsradius hinaus wirkende Salemer Bezirksarzt Albert Wilhelm Bodenius dafür verantwortlich machte, dass sich der »Menschenschlag hierzulande noch bis vor 20 oder 30 Jahren vorherrschend durch schöne Gestalt und kräftige Körperausbildung« auszeichnete. 1846 musste er hingegen in der Seegegend »häufiger vorkommende Körpergebrechen« sowie eine »wahrnehmbare Verkümmerung der jüngeren Generation« feststellen, eine »traurige Erscheinung«, die er vor allem auf die neuen Trinkgewohnheiten zurückführte: »Als Getränke dient vornehmlich Obstmost und leider! Branntwein. Auch Bier wird in neuerer Zeit häufig (in Wirtshäusern, die jedoch im Allgemeinen nur an Sonn- und Feiertagen besucht werden) getrunken, viel seltener bei den theueren Preisen geringerer Wein, während früher der Weinverbrauch viel bedeutender war«.[13]

Die gesteigerte Bierproduktion spiegelte sich auch in der Ausbreitung des Hopfenanbaus wider. Zu Beginn des Jahrhunderts kam er in Oberschwaben nur ganz vereinzelt vor. Ab 1821 begann der württembergische König Wilhelm I. ihn jedoch in seinen Besitzungen um Altshausen besonders zu fördern. Mitte des Jahrhunderts brachte es der Hopfenanbau bereits auf rund 600 Morgen und die dafür genutzte Fläche nahm stetig zu. Allein zwischen 1864 und 1868 verneunfachte sich der Hopfenertrag in Oberschwaben, so dass man trotz starker Exporterfolge von einer Überproduktion zu sprechen begann.[14] Bier war mittlerweile *das* Volksgetränk geworden und hatte dem Wein seinen selbstverständlichen Platz im Alltag genommen.

Die Eisenbahn als Chance und Bedrohung

Eine weitere Herausforderung für die Weinwirtschaft am Bodensee wurde die Eisenbahn. Sie war für die Industrialisierung der Länder unentbehrlich und stellte selbst ein großes öffentliches Investitionsprogramm dar, das Arbeitsplätze schuf und die Wirtschaft ankurbelte. Für die Winzer war sie jedoch eine Neuerung von ambivalentem Charakter. Einerseits wurden die Transporte billiger und neue Kundenkreise konnten erschlossen werden, andererseits wurde es auch einfacher, billige Importweine heranzutransportieren, so dass sich die Konkurrenzsituation weiter verschärfte.

Bis 1863 hatten die Staatsbahnen von Bayern, Württemberg und Baden ihre Bahntrassen bis an den Bodensee geführt. Nun galt es, die Endpunkte miteinander zu verknüpfen. Der erste Abschnitt der Bodenseegürtelbahn von Stahringen nach Überlingen wurde 1895 fertiggestellt, Friedrichshafen–Lindau folgte 1899.

Für große Weinbaugemeinden bedeutete es einen enormen Standortnachteil, nicht an die Bahnlinien angeschlossen zu sein. Deshalb forderten die Winzervereine Meersburg und Hagnau 1894 die Fortführung der Bodenseegürtelbahn über Meersburg, Hagnau und Immenstaad: »Bei den heutigen Konkurrenzverhältnissen können nur solche Orte mit Handelsprodukten den Mitbewerb mit Erfolg aushalten, welche mit dem Weltverkehr direkt in Verbindung stehen«,[15] argumentierten sie. Das Schreiben blieb allerdings wirkungslos: Der Teilabschnitt Überlingen–Friedrichshafen wurde 1901 eingeweiht, führte aber über Salem und Markdorf. Meersburg wurde nie an das Bahnnetz angeschlossen.

Verbesserung des Rebsortiments und der Kellerwirtschaft

Die größte Herausforderung für den Weinbau war die Konkurrenz: die Konkurrenz auswärtiger Weine, die Konkurrenz des Bieres und die Konkurrenz in der effektiven Bewirtschaftung der Weinberge. Ihr konnte nur durch die Steigerung der Qualität der Weine und die Verbesserung der Anbaumethoden wie der Kellerwirtschaft begegnet werden.

Bereits vor den staatlich initiierten und geförderten Rebschulen und Musterweinbergen gab es am Bodensee mehrere private Initiativen von Rebsammlungen, um den Rebsatz zu verbessern. Es entstanden regelrechte Rebkollektionen mit exotischen Sorten, die man aus den berühmtesten Weinregionen der Welt importierte. So legte beispielsweise der spätere Erzbischof von Freiburg, Hermann von Vicari (1773–1868), während seiner Zeit an der Konstanzer Kurie eine Kollektion mit 109 verschiedenen Rebsorten an, aus der er großzügig an jeden Weingutsbesitzer Stecklinge abgab.[16] In Meersburg war es Joseph Waldschütz, der Verwalter des Heilig-Geist-Spitals, der zur Verbesserung der spitälischen Rebanlagen zahlreiche Rebsorten sammelte, die er mit großem Engagement auswählte. Seine Sammlung enthielt unter anderem Rebsorten aus Bordeaux, Ungarn und sogar Malaga.[17]

Die maßgeblichen Impulse für eine Verbesserung des Weinbaus am nördlichen Bodensee gingen jedoch vom Haus Baden aus. Sie sind vor allem mit dem Wirken von Markgraf Wilhelm (1792–1859) verknüpft, der als Gründervater des Qualitätsweinbaus am Bodensee gelten kann. Wilhelm war der jüngere Bruder des regierenden Großherzogs Leopold. Als langjähriger Präsident des landwirtschaftlichen Vereins für das Großherzogtum Baden machte sich Markgraf Wilhelm die Verbesserung der Landwirtschaft zu seiner ganz persönlichen Aufgabe. Salem und Maurach machte er zu Mustergütern, um die er sich persönlich kümmerte. In Salem hatte er, wie er sich ausdrückte, einen »wahren Augiasstall auszumisten«[18]. Die Maßnahmen, die zur Steigerung der Qualität wie der Effizienz des Weinbaus unternommen wurden, waren umfassend. Der aus dem Feudalsystem überkommene Halbbau wurde durch den Lohnbau ersetzt, weil er dem Weingutsbesitzer mehr Einflussmöglichkeiten bot. Die Bannkeltern, die dem Qualitätsweinbau entgegenstanden, wurden beseitigt. Mit der Anlage von Rebschulen vermehrte man edle Sorten wie Traminer, Ruländer oder Burgunder. Die Rebanlagen wurden weiter bestockt, vor allem in geraden Reihen gepflanzt und eine niedrige Erziehungsart eingeführt. Vorbildhafte Rebleute erhielten besondere Prämien. Bei der Lese wurden rote und weiße Trauben, schlechtere und bessere getrennt gelesen und separat vergoren.[19]

Die Bemühungen zeitigten bald Wirkung. Auf einer Blindverkostung in Salem im Jahr 1836, bei der 56 Proben gereicht wurden, zeigten sich die Seeweine aus Meersburg, Konstanz und Salem den besten Weinen aus der Ortenau ebenbürtig. »Insbesondere stund der in den Großherzoglich Markgräflichen Rebgütern von Maurach gewachsene Rießling, Burgunder und Traminer oben an. Diese Weine zeichneten sich durch ein so feines Bouquet, Kraft und Süße aus, daß sie Jeden überraschten, der sie kostete. Es wurde für diese Weine bis auf 100 Gulden pro Ohm geboten; für einen einjährigen Seewein ein Preis, der schwerlich in unserm Lande je erhört worden ist.«[20]

Die Anstrengungen wurden konsequent fortgesetzt und über die markgräflichen Besitzungen ausgedehnt, so dass das Badische landwirtschaftliche Wochenblatt 1843 vermelden konnte: »Für den Weinbau ist in unserer Seegegend seit mehreren Jahren außerordentlich viel gethan worden, und die großartigen Bestrebungen hierin von Seite der Standesherrschaft Salem trugen reichliche Früchte. Die Domänenverwaltung Meersburg und mehrere kleinere und größere Gutsbesitzer in der Runde um den See folgten diesem Beispiele und geben fortwährend durch veredelten Satz und zweckmäßigere Bebauungsart, durch Sonderung der Trauben und bessere Kelter- und Gärungseinrichtungen, durch sorgfältigeres Einkellern dem Rebbauer ein gutes, erfolgreiches Beispiel. Durch diese Verbesserungen gewinnt der früher so sehr verrufene Seewein nachgerade an besserem Rufe, dessen er so sehr bedarf.«[21]

Verwissenschaftlichung des Weinbaus in der Önologie

Versuchten die Weinfachleute in der ersten Hälfte des 19. Jahrhunderts den Weinbau vor allem praxisnah mit hochwertigen Rebsorten, geeigneten Methoden der Rebkultur und einer sorgfältigen Verarbeitung der Trauben im Keller zu verbessern, so wurde der Weinbau in der zweiten Hälfte des 19. Jahrhunderts auf eine wissenschaftliche Basis gestellt. Die moderne Önologie war geboren. Der badische Staat beabsichtigte bereits 1850, eine landwirtschaftliche Versuchsstation zu errichten. Das Vorhaben nahm Gestalt an, als 1859 der Apotheker und Chemiker Dr. Julius Nessler (1827–1905) aus eigenen Mitteln mit staatlicher Subvention in Karlsruhe die »Agrikulturchemische Versuchsanstalt« gründete. Schwerpunkt war die Analyse der Weine, und Nessler legte damit den Grundstein für eine moderne, rationelle Kellerbehandlung. Die Erzeuger hatten nun die Möglichkeit, Proben ihrer Weine zur Untersuchung ins Labor zu schicken und erhielten im Gegenzug Analysewerte, die ihnen wertvolle Anhaltspunkte für die weitere Weinbehandlung lieferten: neben dem Mostgewicht vor allem Alkoholgehalt, Extrakt, Zucker, Säure und Glycerin, außerdem Hinweise auf Fehlentwicklungen wie flüchtige Säure.

1863 wurde das Institut verstaatlicht, 1890 in Großherzoglich Landwirtschaftlich-Chemische Versuchsanstalt umbenannt und später nach Augustenberg verlegt. Die Versuchsanstalt blieb bis zur Gründung des Weinbauinstituts Freiburg 1920 die maßgebliche Stelle für Weinanalysen.

Ein Meilenstein in der Kellerwirtschaft war die Entwicklung von Reinzuchthefen. Bei der Gärung wird Zucker mit Hilfe von Hefen in Alkohol umgewandelt. Hefen kommen im Weinberg und im Keller von Natur aus vor. Mit diesen sogenannten »wilden Hefen« ist der Gärungsverlauf allerdings schwer zu kontrollieren. Häufige Komplikationen sind unvollständig vergorene Weine und negative Gäraromen. An der Lehranstalt für Weinbau in Geisenheim wurde 1894 eine Hefe-Reinzucht-Station gegründet. Selektierte Hefen standen nun der Praxis zur Verfügung, die per Katalogversand auch für die Weinerzeuger am Bodensee erhältlich waren. Dies bedeutete eine wesentliche Qualitätsverbesserung in der Weinbereitung.

Die Erfindung der Genossenschaften

Die Erneuerung des Weinbaus am nördlichen Bodensee ging von den Mustergütern aus, welche die neuen Herren in den ihnen zugefallenen, ehemals kirchlichen Besitzungen errichteten und von deren Erfolge auch andere Gutsbesitzer profitierten. Schwerer fiel die Anpassung an die neuen Gegebenheiten hingegen den kleinen Winzern. Ihre Produktionsbedingungen hatten sich gänzlich verändert. Sie hatten größtenteils ihre früheren Absatzwege verloren, mussten Kapital aufbringen, um sich von alten Feudallasten zu befreien und sollten sich nun gleichsam als freie Unternehmer auf einem offenen Markt betätigen. Das überforderte sie. Allerdings waren sie mit dieser Aufgabe nicht allein. Auch die Handwerker in den Städten, die aus den Zunftzwängen in die Gewerbefreiheit entlassen wurden, und die Getreide-, Obst- und Viehbauern mussten sich auf die neuen Verhältnisse einstellen.

Die politischen Auseinandersetzungen über die Ablösung der Vielzahl bäuerlicher Belastungen, von Gefällen, Zehnten und Frondiensten, die sich aus der feudalen Grund- und Leibherrschaft ergaben, zogen sich in Oberschwaben trotz mehrerer Gesetzesinitiativen bis 1848 hin und kamen faktisch erst 1865 zum Abschluss. Als wichtiges Instrument der Finanzierung hatten sich staatliche Ablösungskassen erwiesen, die den Bauern zinsgünstige Darlehen gewährten und so die Übernahme der vormaligen Lehensgüter in den Privatbesitz ermöglichten.[22]

Damit war das Problem der Abhängigkeit von einem freien Markt, auf dem der kleine Winzer mächtigen und oftmals gerissenen Weinhändlern und Traubenaufkäufern gegenüber stand, aber noch nicht gelöst. Die meisten Winzer waren es gewohnt gewesen, ihre Trauben direkt an ihre Lehensherren abzuliefern. Sie verfügten daher weder über die notwendigen Voraussetzungen für eine eigene Kellerwirtschaft noch über die Räume und das Kapital, eigenen Wein einzulagern und erst dann zu verkaufen, wenn die Preise einen befriedigenden Erlös versprachen. Gab es einen schlechten Jahrgang mit mäßigem Ertrag und mäßiger Qualität, waren auch die Erlöse gering. Verlief die Ernte hingegen gut und waren die Erträge üppig, drückten die Aufkäufer angesichts des Überangebots die Preise und die Winzer gerieten erneut ins Hintertreffen.

Genau dies war die Lage in den Jahren 1879 bis 1881 in Hagnau. Die Jahre 1879 und 1880 waren schlecht verlaufen, die Ernten gering und die Erlöse kümmerlich. Der Jahrgang 1881 brachte hingegen eine ertragreiche Weinlese. Die Händler nutzten jedoch die Not der Weinbauern, das Lesegut direkt von der Torkel weg verkaufen zu müssen, spielten die Winzer gegeneinander aus und drückten die Preise ins Bodenlose. In dieser Situation lud der Hagnauer Pfarrer Heinrich Hansjakob, zu dessen Besoldung ein eigenes Rebgelände gehörte und der als langjähriges Mitglied des badischen Landtages politisch versiert war, die Winzer zu einer Versammlung am 20. Oktober 1881 ein, um bald darauf in Hagnau die erste badische Winzergenossenschaft mit 93 angeschlossenen Winzern zu gründen. Das Modell war nicht neu. Bereits 1855 hatten sich die Winzer von Neckarsulm zu einer Weingärtner-Gesellschaft zusammengeschlossen, um ihre Interessen gemeinsam zu vertreten. 1857 waren ihnen die Fellbacher und 1859 die Esslinger Weingärtner gefolgt und bis 1880 schlossen sich Weinsberg, Tübingen, Beilstein und Oberstenfeld der Bewegung an.[23]

Heinrich Hansjakob (1837-1916) gründete als Pfarrer von Hagnau 1891 mit dem Winzerverein Hagnau die erste badische Winzergenossenschaft. Foto von 1907.

Die neue Hagnauer Vereinigung nannte sich nicht Genossenschaft, sondern Winzerverein, da die gesetzlichen Grundlagen für Genossenschaften erst 1889 durch ein Reichsgesetz geschaffen wurden. Die Statuten entsprachen aber den Regelungen, wie sie für Genossenschaften üblich wurden. Als Zweck legte die Vereinigung die »Hebung und Vervollkommnung des Weinbaus und der Weinbehandlung« fest. Die wichtigsten Maßnahmen dafür waren der gemeinsame »Verkauf der aus den von den Mitgliedern selbstgezogenen Trauben gekelterten Weine« und der gemeinschaftliche »Einkauf der zum Rebbau und der Kellerwirtschaft erforderlichen Gegenstände und Materialien.«[24] Anstatt die Ernte direkt an die Weinhändler zu verkaufen, wurde sie zuerst vom Winzerverein übernommen, eingelagert und zu einem gemeinsam festgelegten Mindestpreis, der deutlich über den bis dahin erreichten Erlösen lag, weiterveräußert. Das System erwies sich als erfolgreich und wurde 1884 durch

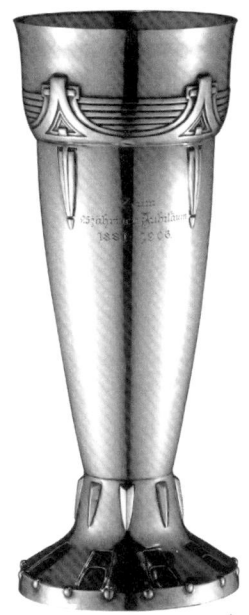

Silberpokal des Winzervereins Hagnau, 1906, ein Geschenk des Gründers Heinrich Hansjakob zum 25-jährigen Gründungsfest. Museum Hagnau

die Winzerkollegen in Meersburg, 1886 auf der Reichenau und 1887 in Immenstaad übernommen. Zwar verließ Hansjakob Hagnau bereits 1884, um eine neue Pfarrstelle in Freiburg zu übernehmen, doch blieb er bis 1889 Vorsitzender des Winzervereins und erinnerte die Mitglieder gelegentlich daran, dass sämtlicher Wein dem Verein gehöre und jeder »bleibend« ausgeschlossen werde, der seinen Wein anderwärts verkaufe.[25]

Die Genossenschaften konnten sich für die Vermarktung ihrer Weine nicht auf die herkömmlichen Wege beschränken, sie mussten sich neue Strategien ausdenken und wirksame Marketingmaßnahmen entwickeln. Sie schalteten daher Werbeanzeigen in einschlägigen Zeitungen, verschickten Weinpreislisten und bauten insbesondere einen weitreichenden Privatkundenkreis auf. Während diese Kunden ihren Wein zuvor im örtlichen Weinhandel eingekauft hatten, bezogen sie nun ihren Wein direkt beim Erzeuger. Geliefert wurde per Eisenbahn. Für die weiter entfernt wohnenden Kunden mussten Probiermöglichkeiten geschaffen werden. Daher bot beispielsweise der Winzerverein Meersburg den Versand kleiner Probefläschchen an, damit sich der Kunde von der Qualität der Weine überzeugen konnte, bevor er seine Bestellung aufgab. Die Glashersteller stellten spezielle, für diesen Zweck geeignete Probefläschchen mit Inhalten von 0,1 bis 0,125 Liter her.

Neue Bedrohungen – Rebkrankheiten und Rebschädlinge

Das 19. Jahrhundert zeigt sich im Weinbau als eine lange Kette von fundamentalen Herausforderungen. Kaum war ein Problem bewältigt, stellte sich bereits das nächste. Waren den Trauben bislang außer Wildschweinen und Vögeln kaum Tiere zu Leibe gerückt, so kam in der zweiten Hälfte des 19. Jahrhunderts eine ganz neue Schädlingskategorie auf. Nachdem um 1850 der Mehltau aus Amerika nach Europa gelangt war, wurde in der Folge mit amerikanischen Reben, die eigentlich den Mehltau eindämmen sollten, die Reblaus nach Europa eingeschleppt. Der unterirdisch lebende Schädling befällt die Wurzeln der Reben, die Pflanze kann infolgedessen nicht mehr genügend Nährstoffe aufnehmen, die Wurzeln verfaulen, und innerhalb von drei Jahren stirbt die Rebe. In den 1860er-Jahren tauchte die Reblaus zunächst in Südfrankreich auf, breitete sich dann über fast alle europäischen Weinanbaugebiete aus und zerstörte annähernd 75 Prozent aller Rebflächen.

In Baden hatte sich Adolph Blankenhorn, der 1867 auf eigene Kosten in Karlsruhe ein Önologisches Institut gegründet hatte, ganz dem Kampf gegen die zerstörerische Laus verschrieben. Auf dem familieneigenen Weingut Blankenhorn am Kaiserstuhl untersuchte er die Biologie der Reblaus, ihre direkte, aber auch indirekte Bekämpfung durch widerstandsfähige Amerikanerreben und Hybriden. Heinrich Hansjakob beschrieb in seinen Erinnerungen eine Begegnung mit dem Reblausexperten 1878: »Ich habe selten einen geistig lebhafteren Mann kennen gelernt, als diesen Herrn, der die rastloseste Geistesarbeit aufwendet für den Weinbau, nicht bloß in Deutschland, sondern in allen europäischen Staaten [...] Phylloxera vastatrix – die Reblaus – läßt dem gelehrten Herrn Tag und Nacht keine Ruhe, und zahllos wie Sand am Meer sind seine Briefe und Aufsätze, die er in den verschiedenen Sprachen gegen diesen internationalen Reichsfeind schreibt! In seinem Laboratorium wird dieses lausige Geschöpf in allen seinen Lebensstadien studiert und präpariert, werden Weine untersucht und Rebwurzeln aller Länder und Sorten nach allen Richtungen hin sondiert. [...] Dr. Blankenhorn steht jeder Politik fern, aber seine Arbeit zeigt, daß man seine Nerven ruinieren kann, auch ohne in religiös-politischem Kulturkampf zu machen, und daß der viel lohnendere und edlere Kulturkampf gegen die Feinde unserer Reben die Körperkräfte auch mitnimmt.«[26]

Der wissenschaftlichen Erkundung stellte der Staat umfangreiche Maßnahmen an die Seite, um die Ausbreitung der Reblaus zu verhindern. Strenge Regelungen, die den Verkehr mit Rebsetzlingen unterbanden und jede Neupflanzung anzeigepflichtig machten, vor allem aber die Einrichtung einer Rebenbeobachtungskommission, die alle Rebflächen regelmäßig auf Schädlingsbefall untersuchte, verhinderten letztlich eine Ausbreitung der Reblaus in Baden. Der badische Bodensee blieb reblausfrei. Im Thurgau hingegen wurden insbesondere am Immenberg bei Frauenfeld und in Landschlacht am Bodensee zwischen 1897 und 1922 rund 32 Hektar Weinberge von der Reblaus zerstört.[27] Am württembergischen Bodensee war die Reblaus in Hemigkofen-Nonnenbach aufgetreten.[28]

Der einzig sichere Schutz gegen die Reblaus war das Aufpfropfen europäischer Edelreiser auf reblausresistente Rebunterlagen, wobei die Umstellung auf Propfreben erst in der ersten Hälfte des 20. Jahrhunderts stattfand. Leider

Dem steigenden Bedarf an Mitteln gegen den Falschen Mehltau begegnete die Hofapotheke mit entsprechenden Angeboten. Der Salmiakgeist wurde dem Kupfervitriol zugefügt und ergab die Bordelaiser Brühe. Werbeschreiben der Hofapotheke Meersburg, 1897

kam mit den neuen Rebunterlagen eine dritte Plage aus Amerika: der Falsche Mehltau oder Peronospora, eine Pilzkrankheit, verursacht von dem Eipilz *Plasmapora viticola*. Die aggressiven Sporen dringen in alle Spaltöffnungen der Rebe und die Blätter fallen ab. Es drohen völliger Ernteausfall und eine nachhaltige Schädigung der Reben. Peronospora trat in den 1880er-Jahren erstmals auf. Die Reben am Bodensee waren wegen der höheren Feuchtigkeit in Seenähe besonders gefährdet, denn bei feuchtwarmer Witterung breitet sich der Pilz besonders rasch aus, es kommt zu regelrechten Epidemien. Die eigentliche Plage des 19. Jahrhunderts war daher am Bodensee nicht die Reblaus, sondern der Falsche Mehltau.

Winzer beim Spritzen im Weinberg, um 1920. Das Versprühen der Mittel zur Schädlings-bekämpfung stellte eine hohe gesundheitliche Belastung für die Winzer dar.

Die Winzer behandelten die Reben-Peronospora mit Kupfervitriol bzw. Kupferkalk, der Bordelaiser Brühe, sowie mit Perozid, einem Mittel auf Basis schwefelsaurer Salze aus seltenen Erden, doch die richtige Anwendung und Dosierung war eine Wissenschaft für sich. Die Mittel wurden per Rückenspritze ausgebracht. Die Radolfzeller Firma Allweiler konstruierte einen solchen »Peronospora-Apparat« und belieferte zahllose Winzer am Bodensee mit ihrem »System Allweiler«, einem tragbaren Metallbehälter kombiniert mit Flügelpumpe, der die Firma weltweit bekannt machte. Dennoch war die Behandlung der Reben mühsam, gesundheitsbelastend, die Spritzbrühe teuer und nicht unbegrenzt verfügbar. Die hohen Ernteausfälle Anfang des 20. Jahrhunderts verschärften die ohnehin schwierige wirtschaftliche Lage der Winzer, die sich während des Ersten Weltkriegs noch zuspitzte. Längst hatten Industrieunternehmen die Situation des Weinbaus am Bodensee für sich genutzt und sich gerade in den bevölkerungsreichen Weinbaugemeinden niedergelassen, weil sie dort ein Potenzial an Arbeitskräften sahen. Wo nicht starke Genossenschaften wie in Hagnau oder Meersburg für ein Auskommen der Winzer sorgten, verwandelten sich allmählich die ehemals der Rebe vorbehaltenen Hanglagen in vornehme Villengebiete.

Christine Krämer

Herren des Weines – Arbeiter im Weinberg. Das Meersburger Rebstallurbar von 1700

Meersburg, wo für die Rebe »freylich am ganzen bodensee daß beste gländt zu sein erachtet würde«,[1] war über Jahrhunderte für Grundherren von der Alb bis zur Schweiz die erste Wahl, wenn es um den Standort eigener Reben am Bodensee ging.

Auf Veranlassung von Fürstbischof Marquard Rudolf von Rodt beauftragte der Rat der Stadt Meersburg Ende des 18. Jahrhunderts den Feldmesser Hans Jacob Heber aus Basel, einen Grundriss der Meersburger Rebflächen, Wälder, Wiesen und Äcker anzufertigen. Die Erfassung der Grundstücke erlaubte einen besseren Überblick über die Abgaben, gleichzeitig diente sie dazu, die Ungleichheit in der Steuerveranlagung zu beseitigen. Der Kartenerstellung war 1645 eine Beschwerde der Bürgerschaft vorangegangen. In einer Bittschrift klagten die Bürger über zu hohe Abgaben, die von den Beamten oftmals willkürlich eingetrieben wurden.[2] Das Rebstallurbar von 1700 ergänzt die Karte und ist das erste umfassende Grundbuch, in dem sämtliche Meersburger Weinberge mit ihren Eigentümern und den Belastungen verzeichnet sind, sortiert nach Lagen und Qualität. Das Urbar und die Karte geben Aufschluss über die Besitzverhältnisse und die Weinwirtschaft um 1700.[3]

Ein Mosaik aus 1200 Weinbergparzellen

Während heute in Meersburg rund hundert Hektar mit Reben bestockt sind, umfasste die Rebfläche um 1700 etwa 225 Hektar.[4] An die hundert Einzellagen sind im Rebstallurbar aufgeführt. Die Weinlagen wurden entsprechend der Hangneigung und ihrer Exposition sowie ihrer Ertragsfähigkeit in drei Güteklassen eingeteilt – gut, mittel oder schlecht. Die besten Lagen ziehen sich wie ein Band entlang der zum See hin abfallenden Hänge und sind nach Süden oder Südwesten ausgerichtet.

Die Meersburger Flurkarte von 1700 ist in Zusammenschau mit dem Rebstallurbar eine der ältesten Lagenklassifikationen der Welt. Dass sie, wie andere historische deutsche Lagenkarten, dennoch nicht in ein Bezeichnungsrecht mündete, wie es beispielsweise im Burgund oder im Elsass der Fall ist, hängt mit dem deutschen Weingesetz zusammen, das seit jeher ausschließlich das Mostgewicht bei der Qualitätseinstufung der

Das Rebstallurbar von 1700 ist das erste umfassende Grundbuch, in dem sämtliche Meersburger Weinberge mit ihren Eigentümern und den Belastungen verzeichnet sind, sortiert nach Lagen und Qualität. Je besser die Hangneigung, Ausrichtung und Bodenbeschaffenheit, umso wertvoller war die Weinlage.

Weine zugrunde legt. 1971 wurden zudem alle Weinbergflächen in Deutschland als Qualitätsflächen definiert. Tausende von Lagen wurden zusammengefasst und die Wertigkeit der traditionellen Lagen dadurch zusätzlich verwässert. Mittlerweile schuf zwar die Lagenklassifikation des Vereins deutscher Prädikatsweingüter Abhilfe, doch ist dies eine privatrechtliche, rein verbandsinterne Klassifizierung, die nur den Mitgliedern der Vereinigung offen steht.

Charakteristisch ist die enorme Zersplitterung des Rebgeländes. 35 Körperschaften und mehr als hundert private Eigentümer teilten sich um 1700 das Meersburger Weinanbaugebiet. Doch nicht nur das: Die Weingüter der Grundherren bestanden selten aus zusammenhängenden Flächen. Die Meersburger Rebfläche war begrenzt und die guten Lagen waren enorm gefragt. Ähnlich dem Burgund war der Besitz der einzelnen Grundherren daher stark verstreut und bestand aus einem Mosaik mit rund 1200 Einzelparzellen, deren Größe zwischen wenigen Ar und mehreren Hektar betragen konnte, wobei kleine und kleinste Flächen überwogen. Das Rebgelände unterschied sich dadurch wesentlich von den Ackerflächen und den Wiesen. Wo immer sich im Gelände eine Kuppe erhob, bestanden die für den Weinbau geeigneten Flanken wegen der vielen Eigentümer, die sich darauf drängten, aus kaum mehr als handtuchbreiten Streifen.

Filetstücke bei den bedeutenden Grundherren

Die wenigen großen zusammenhängenden Parzellen befanden sich in den besten Lagen in der vordersten Seereihe und gehörten in erster Linie dem Hochstift, der Konstanzer Kirche und bedeutenden Klöstern. Sie dürften zu den ältesten Weinbergen Meersburgs zählen und weisen auf die Anfangzeit des Weinbaus hin, in der ein einzelner Grundherr sich noch einen großen Weinberg in Spitzenlage leisten konnte und noch nicht das

An die 100 Einzellagen sind im Rebstallurbar aufgeführt. Lagennamen wie Glockengießer, Lustgarten oder Hurenwadel sind mittlerweile aus dem Rebkataster verschwunden. Sie gingen im Zuge der Weinrechtsnovellen unter. Die Meersburger Lagenbezeichnungen auf den Weinetiketten beschränken sich daher heute auf die Lagen Chorherrnhalde, Fohrenberg, Rieschen, Jungfernstieg, Sängerhalde, Bengel, Haltnau und Lerchenberg.

ganze Areal mit Reben bedeckt war. So war die berühmte Lage Rieschen im Besitz des Fürstbischofs und des Klosters Schussenried. Die Chorherrenhalde gehörte dem Konstanzer Domkapitel und sie ist möglicherweise jener Weinberg, den die Domherren von Graf Mangold von Rohrdorf, dem letzten, 1210 verstorbenen Burggrafen der Meersburg, erhielten und der mit der frühesten Erwähnung von Weinbau in Meersburg in Zusammenhang steht.[5] Direkt daneben waren die Truchsessen von Waldburg-Wolfegg und das Kloster Schussenried mit bedeutenden Rebstücken begütert. Die Dompropstei war mit einem ansehnlichen Rebstück in der Lage Bengel ausgestattet und der größte Teil der Sängerhalde mit dem dazu gehörigen Unterhof Haltnau gehörte der Benediktinerabtei Weingarten, die in der Lage Kutzenhäuser am äußersten östlichen Rand der Meersburger Gemarkung ein weiteres Rebareal mit Haus und Torkel besaß. Der Oberhof Haltnau gehört seit dem 13. Jahrhundert und bis auf den heutigen Tag dem Spital Konstanz. Der Konstanzer Bürger Ulrich Sommeri und seine Frau Adelheid hatten das Weingut 1272 als Seelgerätstiftung dem Spital vermacht, eine im Geist der Zeit beliebte Form der Schenkung, die das Seelenheil im Jenseits garantierte. Die Versorgung im Diesseits sicherten 20 Eimer Wein, die das Spital der Witwe nach dem Ableben des Ehemanns jährlich zu liefern hatte. Daraus entstand die Legende von der buckligen schweinsrüsseligen Wendelgard, die ihr Gut den Konstanzern vermachte, weil die Meersburger Ratsherren, denen das Angebot zunächst galt, ihre Bedingungen nicht erfüllen wollten. Sie sollten im Gegenzug zur Schenkung der hässlichen alten Frau Gesellschaft leisten. Mit knapp zehn Hektar Fläche besaß das Konstanzer Spital das größte zusammenhängende Rebgut in Meersburg.

Ganz anders stellte sich die Situation des Meersburger Heilig-Geist-Spitals dar: Es hatte mit 15,5 Hektar zwar den umfangreichsten Weinbergbesitz in Meersburg inne, doch erstreckte sich dieser auf 67 unterschiedliche Parzellen in allen Gewannen. Das Spital erhielt seine Weinberge teils von den Bürgern, die sich als Pfründner ins Spital einkauften, was den stark zerstreuten Besitz erklärt. Eine gute Wirtschaftsführung erlaubte es dem Spital außerdem, seinen Rebbesitz laufend durch Zukäufe zu erweitern, wobei das Spital nicht wählerisch war. Die kommunalen Einrichtungen Meersburgs, neben dem Spital vor allem die Arme-Leute-Pflege und die Stadt selbst, hielten rund zehn Prozent an der Rebfläche. Bedeutenden Rebbesitz hatten außerdem das Dominikanerinnenkloster zum Heiligen Kreuz in Meersburg, die Kirchenfabrik und die St.-Sebastiansbruderschaft.

Je nachdem ob man die Spitäler als kommunale oder als geistliche Einrichtung betrachtet – das Meersburger Spital beanspruchte den Status als kommunale Institution, das Konstanzer verstand sich als kirchliche Einrichtung[6] – belief sich die Rebfläche in der Hand kirchlicher Einrichtungen auf zwischen 35 und 45 Prozent.

Mehr als die Hälfte der Meersburger Rebfläche war im Jahr 1700 im Besitz von Privatleuten. Vor allem wohlhabende Beamte im städtischen oder bischöflichen Dienst verfügten über ausgedehnten Weinbergbesitz. Das umfangreichste bürgerliche Weingut gehörte mit 3,1 Hektar dem Bürgermeister Johann Schorp, der Stadtschreiber Franz Roth hielt 2 Hektar. Zu den reich begüterten Grundbesitzern zählten außerdem mehrere Angehörige der Familie Landolt, ein bedeutendes Patriziergeschlecht, dessen Mitglieder seit dem 14. Jahrhundert öfter als Beamte der Bischöfe von Konstanz auftraten[7] und das in Meersburg im 17. und 18. Jahrhundert fünf Ratsherren stellte. Michael Landolt war Hofküfer und verfügte über 1,1 Hektar Reben, der Stadtammann Johann Landolt über 1,6 Hektar, der Untervogt Joseph Landolt über 1 Hektar. Der Hofapotheker Leopold Gißschütz nannte ebenso wie der Mesmer der Pfarrkirche Ägidius Busch ein stattliches Rebgut sein Eigen. Viele Weingüter mit mittlerem Umfang von bis zu 2 Hektar gehörten Gewerbetreibenden, unter den Vermögenderen waren Hans Giray von den Schiffleuten, der Schmalzhändler Jakob Grathwohl oder der Bärenwirt Friedrich Schütz, der stattliche 1,8 Hektar besaß.[8] In geringem Umfang besaßen Handwerker und die Rebleute selbst Weinberge. Ihnen gehörten meist kleinere Rebstücke, dazu in den ungünstige-

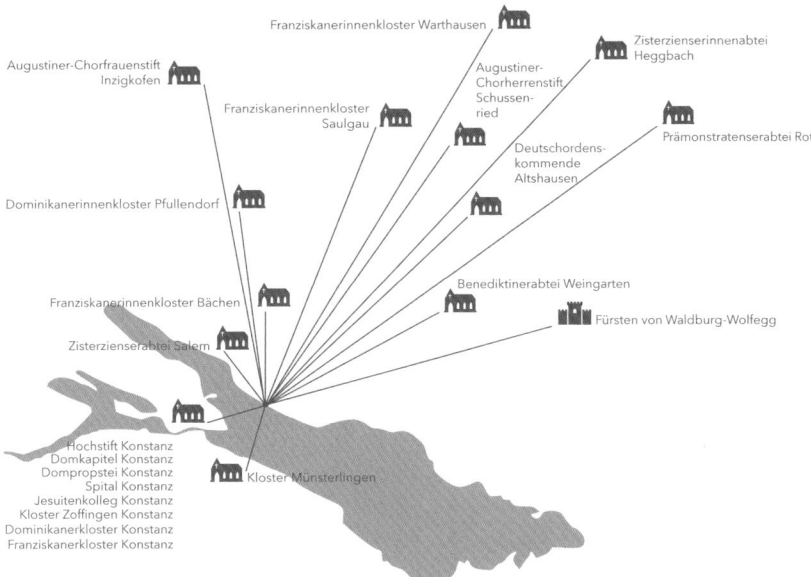

Franziskanerinnenkloster Warthausen

Augustiner-Chorfrauenstift Inzigkofen

Zisterzienserinnenabtei Heggbach

Franziskanerinnenkloster Saulgau

Augustiner-Chorherrenstift Schussen-ried

Prämonstratenserabtei Rot

Deutschordens-kommende Altshausen

Dominikanerinnenkloster Pfullendorf

Franziskanerinnenkloster Bächen

Benediktinerabtei Weingarten

Zisterzienserabtei Salem

Fürsten von Waldburg-Wolfegg

Hochstift Konstanz
Domkapitel Konstanz
Dompropstei Konstanz
Spital Konstanz
Jesuitenkolleg Konstanz
Kloster Zoffingen Konstanz
Dominikanerkloster Konstanz
Franziskanerkloster Konstanz

Kloster Münsterlingen

Das Einzugsgebiet der Grundherren in Meersburg erstreckte sich vom Bodensee über Oberschwaben bis zur schwäbischen Alb.

ren Lagen, die vielfach erst zu Weinbergen gemacht wurden, als die besten Stücke schon vergeben waren.

Der Markt für Weingrundstücke ist volatil

Die Besitzstruktur der Weinberge in Meersburg war alles andere als statisch, insofern stellt das Rebstallurbar von 1700 lediglich eine Momentaufnahme dar. Nicht nur im Erbfall wechselten Rebflächen ihren Eigentümer; der Markt für Weinberggrundstücke war vielmehr erstaunlich volatil. Wer es sich leisten konnte, versuchte seinen Besitz zu vergrößern oder zu arrondieren, und wer in Finanznöten war, verkaufte Rebstücke.

Um die Überfremdung des Grundbesitzes einzudämmen, verbot der Stadtrat im 16. Jahrhundert, Weinberge an Fremde zu veräußern. Wurden dennoch Verkäufe an Auswärtige getätigt, hatten die Stadt und die Meersburger Bürger das Vorkaufsrecht. Sämtliche Grundstücksverkäufe waren durch Rat und Ammann zu ratifizieren. Besonders Verkäufe an »Ewigkeiten«, wie Kirche, Klöster, Spitäler und andere Ordenshäuser, waren der Stadt ein Dorn im Auge, da bei der Toten Hand kein Heimfall zu erwarten war. Gleichwohl kam es häufig zu Besitzveränderungen. Die geistlichen Grundherren wussten sich den Bürgerpflichten oftmals zu entziehen, so dass der Stadt Einnahmen entgingen. Ab 1569 belegte sie daher die Forenser, die Auswärtigen, mit dem doppelten Steuersatz.[9]

Der Wirtschaftsverwalter der Prämonstratenserabtei Rot an der Rot nannte 1733 die viel zu hohen Steuern in Meersburg als Grund dafür, dass »vor nit gar viln Jahren hero gar vil vorneme undt minderen Stands begüethrete ihre reebgärthen in Mörspurg, [...] fayl gethan und verkhauft«[10]

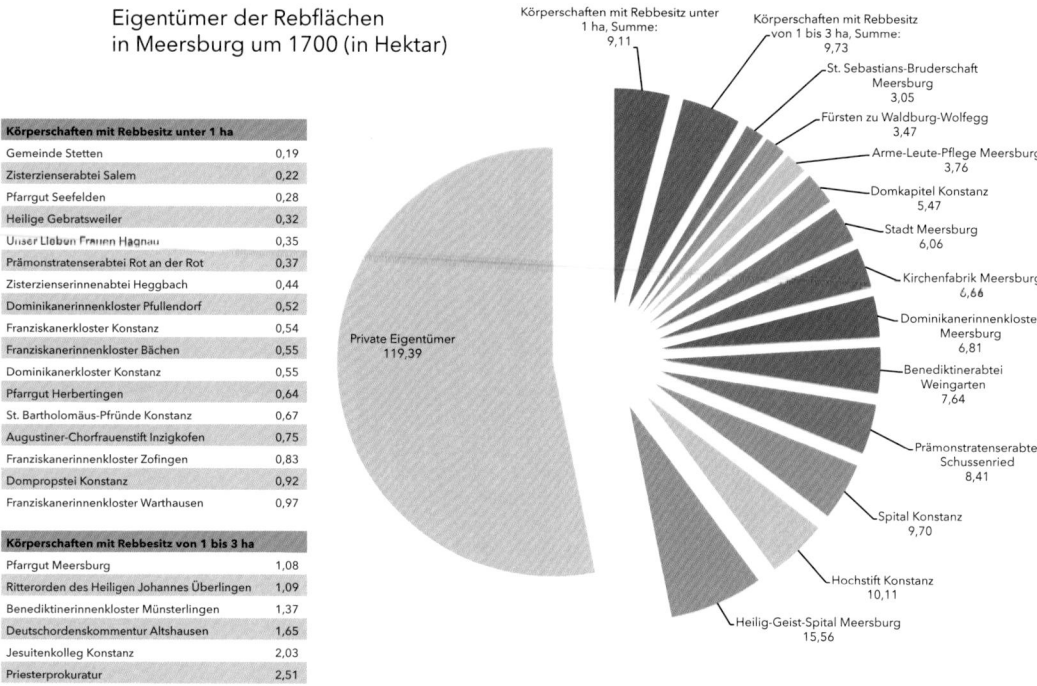

Eigentümer der Rebflächen
in Meersburg um 1700 (in Hektar)

Körperschaften mit Rebbesitz unter
1 ha, Summe:
9,11

Körperschaften mit Rebbesitz
von 1 bis 3 ha, Summe:
9,73

St. Sebastians-Bruderschaft
Meersburg
3,05

Fürsten zu Waldburg-Wolfegg
3,47

Arme-Leute-Pflege Meersburg
3,76

Domkapitel Konstanz
5,47

Stadt Meersburg
6,06

Kirchenfabrik Meersburg
6,66

Dominikanerinnenkloster
Meersburg
6,81

Benediktinerabtei
Weingarten
7,64

Prämonstratenserabtei
Schussenried
8,41

Spital Konstanz
9,70

Hochstift Konstanz
10,11

Heilig-Geist-Spital Meersburg
15,56

Private Eigentümer
119,39

Körperschaften mit Rebbesitz unter 1 ha	
Gemeinde Stetten	0,19
Zisterzienserabtei Salem	0,22
Pfarrgut Seefelden	0,28
Heilige Gebratsweiler	0,32
Unser Lieben Frauen Hagnau	0,35
Prämonstratenserabtei Rot an der Rot	0,37
Zisterzienserinnenabtei Heggbach	0,44
Dominikanerinnenkloster Pfullendorf	0,52
Franziskanerkloster Konstanz	0,54
Franziskanerinnenkloster Bächen	0,55
Dominikanerkloster Konstanz	0,55
Pfarrgut Herbertingen	0,64
St. Bartholomäus-Pfründe Konstanz	0,67
Augustiner-Chorfrauenstift Inzigkofen	0,75
Franziskanerinnenkloster Zofingen	0,83
Dompropstei Konstanz	0,92
Franziskanerinnenkloster Warthausen	0,97

Körperschaften mit Rebbesitz von 1 bis 3 ha	
Pfarrgut Meersburg	1,08
Ritterorden des Heiligen Johannes Überlingen	1,09
Benediktinerinnenkloster Münsterlingen	1,37
Deutschordenskommentur Altshausen	1,65
Jesuitenkolleg Konstanz	2,03
Priesterprokuratur	2,51

Die Rebfläche in
Meersburg verteilte sich
auf viele Eigentümer.
Über die Hälfte war
jedoch in bürgerlichem
Besitz.

hätten. So habe das Domkapitel Konstanz dem Kloster Rot mehrfach seine Reben zum Verkauf angeboten, ebenso das Konstanzer Jesuitenkolleg. 1732 habe Kloster Weingarten wegen der vielen auf den Reben lastenden und oft willkürlich erhöhten Anlagen, Steuern, Grund- und Bodenzinsen sämtliche Rebflächen an die Hofrätin Schwendner verkauft.

Kloster Rot ist im Rebstallurbar nur mit einem einzigen, sehr kleinen Rebstück in der Lage Sauerbronnen aufgeführt. Die Abtei hatte zwar bereits im 15. Jahrhundert Weinberge in Meersburg erworben, diese jedoch 1498 an das Kloster Schussenried verkauft. Ende des 17. Jahrhunderts begannen die Roter, erneut in Meersburger Weinlagen zu investieren. Wenn Rot einerseits die hohen Abgaben bemängelte und sich andererseits dennoch um Reben in Meersburg bemühte, dann doch wohl, weil die natürlichen Voraussetzungen des Rebgeländes verlockende Gewinnaussichten boten. Die Steine, die Meersburg den auswärtigen Investoren in den Weg legte, muss Kloster Rot für überwindbar gehalten haben, gegebenenfalls durch entsprechendes Verhandeln, wie es ja auch das Kloster Schussenried schaffte, sich mit Stadt und Rat gut zu stellen, und dadurch zeitweise den günstigeren Bürgerstatus in der Stadt aushandeln konnte.[11]

Bereits 1699 machte das Konstanzer Domkapitel den Rotern ein Kaufangebot. Es sei mit Weingefällen »ad abundantiam« versehen und gewillt, »von dessen Mörspurgischen Reebguetern 9 bis in 10 Jauchart […] käufflich hinzugeben umb daß hierauß erlösende Gelt zu gelegenen Frucht- und Geltintraden zu appliciren«, es beabsichtigte also, in den Getreidehandel

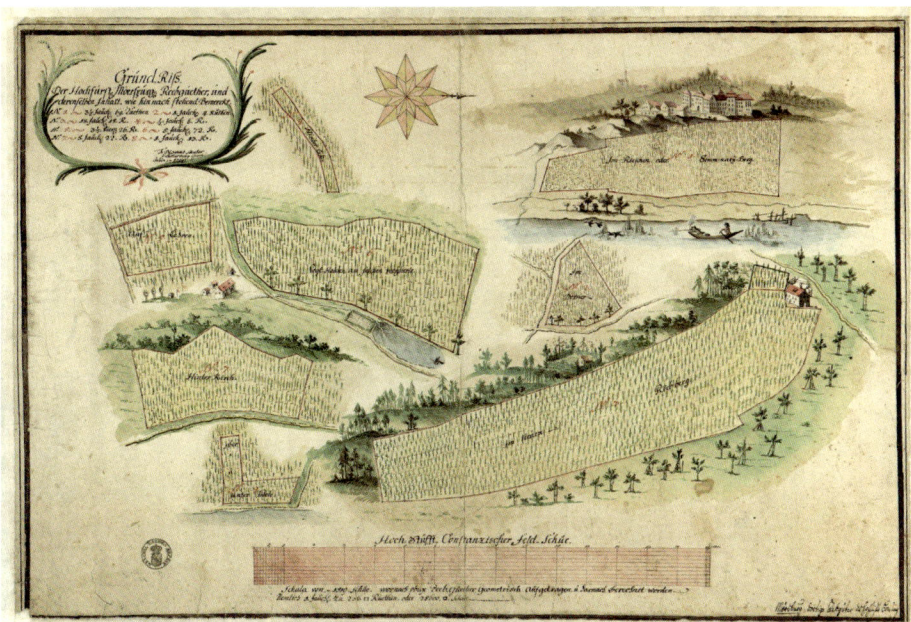

Das Hochstift Konstanz besaß 1760 noch acht Weinbergparzellen in unterschiedlichen Gewannen, hierunter einen Großteil der berühmten Lage Rieschen. Generallandesarchiv Karlsruhe

und in Geldgeschäfte einzusteigen, und wenn Rot interessiert sei, so solle es sich bald melden, es sei schließlich »bekandt, daß die Reebe zu Mörspurg insonderheit von der besseren gattung [...] ganz werth sey und, so einige fail, sich gar baldt käuffer darzu geben«.[12] Der Kauf kam jedoch nicht zustande. Erst 1709 und 1716 erwarb das Kloster größere Parzellen von Altbürgermeister Clauß, der sie wegen eines finanziellen Engpasses abstoßen wollte. 1722 kamen weitere Weinberge dazu, die es Untervogt Landolt abkaufte. Im selben Jahr konnte es Kaufverhandlungen mit Fürstbischof Franz Schenk von Staufenberg führen. Das Hochstift war fortlaufend in Geldnöten, und um finanziellen Spielraum zu gewinnen, trennte sich das Hochstift vom Mohrschen Haus mit Torkel und Keller in der Nähe des Rathauses (das heutige Zimmermannsche Haus) und etlichen Weinbergen, so dass Kloster Rot 1733 nunmehr dreißig Rebparzellen sein Eigen nennen konnte. In Ausnahmefällen stimmte der Rat einem Verkauf an Auswärtige eben doch zu, und notfalls wurde mit großzügigen Geschenken geschmiert.

Vierzig Torkel in Meersburg

Das Hochstift Konstanz besaß im Jahr 1700 in Meersburg zehn Hektar Rebfläche auf 18 Rebparzellen verteilt. Mit dem Erlös aus dem Verkauf an Kloster Rot erbaute das Hochstift auf dem Sentenhart ein Vogteigebäude, ein Torkelgebäude mit zwei Weinpressen, eine Küferei und einen Weinkeller, der über 260 Fuder Wein fasste.[13] Dort baute das Hochstift auch die Gefäll-

Meersburg am Bodensee
Vorburggasse im Herbstbetrieb, Weinkelterei

Die Torkel waren in Meersburg auf zwei Standorte konzentriert: In der Vorburggasse in der Oberstadt für alle Weinberge oberhalb der Stadt und in der Unterstadtstraße für all jene, die zum See hin lagen. Allein in der Vorburggasse befanden sich etwa acht Torkel, so dass zur Herbstzeit ein reges Treiben auf der Gasse stattfand.

weine aus, die ihm als Stadt- und Landesherrn zufielen. Neben dem Hochstift Konstanz, dem weltlichen Herrschaftsbereich des Konstanzer Fürstbischofs, besaßen weitere Körperschaften des Bistums Konstanz Stadthöfe in Meersburg. So baute das Domkapitel seine Weine in der eigenen Kellerei aus, die dem Domherrenhof in der Unterstadt, dem heutigen Hotel Schiff, angegliedert war.

Die Grundherren, die nicht am Ort ansässig waren, ließen ihre Weingüter durch angestellte Schaffner aus der Meersburger Bürgerschaft verwalten. Die größeren auswärtigen Grundherren unterhielten in Meersburg eigene Wirtschaftshöfe mit einem oder mehreren Torkeln und Kellereigebäuden, in denen sie ihre Trauben verarbeiteten. Neben der Abtei Weingarten und dem Spital Konstanz mit den Höfen an der Haltnau waren dies in der Stadt vor allem die beiden Stadthöfe des Klosters Schussenried und das Torkelgebäude der Grafen von Waldburg-Wolfegg in der Unterstadt. Zusammen mit jenen der Ortsansässigen belief sich die Zahl der Torkeln in Meersburg um 1700 auf über vierzig – ein deutliches Zeichen für die große wirtschaftliche Bedeutung des Weines für die Stadt.

Die Verwendung des Weins: Tischtrunk, Besoldungswein, Handelsgut und Kapitalanlage

Den erzeugten Wein benötigten die Grundherren für die Liturgie, die Versorgung der Pfründner im Spital, des Konvents und der Gäste im Kloster, für die Tafel bei Hof sowie als Naturalbesoldung ihrer Dienstleute. Die Überschüsse wurden eingelagert und in Zeiten von Höchstpreisen gewinnbringend verkauft.

Die Meersburger Dominikanerinnen verbrauchten von den 30 Fudern Wein, die sie im Jahr 1773 erwirtschafteten, nur knapp sechs Fuder für den Konvent, dem zu der Zeit etwa zwanzig Frauen angehörten. Weitere sechs Fuder benötigten sie für Löhne, Weinbodenzinsen, Almosen, die Gästebewirtung und Weinproben für Kaufinteressenten. Verkauft wurden 27 Fuder. Aus den Vorjahren befanden sich insgesamt noch 69 Fuder im Keller der Schwestern, ferner kauften sie im selben Jahr 13 Fuder fremden

Wein hinzu.[14] Die Patres in Rot an der Rot waren weit durstiger als die Dominikanerinnen. 1790 belief sich die Ernte in Meersburg auf 29 Fuder. Sie gesellten sich zu 121 Fudern, die aus den Vorjahren als Vorrat noch im Keller lagen. Rund 25 Fuder verbrauchten die Mönche wiederum übers Jahr im Konvent, der etwa vierzig Personen umfasste, verkauft wurden lediglich sechs Fuder.[15] Beachtlich ist in beiden Fällen der hohe Lagerbestand an Wein im Keller. Das war keine Ausnahme: So lagerten im Jahr 1779 in der Hofkellerei des Fürstbischofs 165 Fuder Wein verschiedener Jahrgänge.[16]

Die oberschwäbischen Klöster lagerten und verkauften ihren Wein allerdings nicht in Meersburg. Den jungen Wein mussten im Herbst Bauern des Klosters in Fron am Bodensee abholen. Je nach Größe der Höfe wurde den Bauern eine entsprechende Anzahl von Fuhrdiensten, die man Weinleiten oder Seefahrten nannte, »aufgeburdet«.[17]

Mehr Gewinn durch Intensivierung des Weinbaus

Obrigkeitliche Bestimmungen zielten im 18. Jahrhundert vermehrt darauf ab, die Produktivität der Rebflächen zu steigern und die Qualität der erzeugten Weine zu sichern. Ein besonderes Augenmerk galt dem Rebsatz. Seitens der Stadt wurde eine Bestockung mit überwiegend roten Reben, die einen besseren Wein gaben, vorgeschrieben, eine zu enge Bestockung wurde untersagt.[18]

Vor allem die geistlichen Grundherren ergriffen weitere Maßnahmen, um den Weinbau zu intensivieren und die Gewinne zu steigern. Ihr oberstes Ziel war eine gut gefüllte Kasse. Angetrieben vom Wunsch, der Reformation etwas entgegenzusetzen, zeigten sich im Barock der Machtanspruch und das Repräsentationsbedürfnis der Reichsprälaten in opulenten Neubauten, Wallfahrtskirchen und Bibliothekssälen. Die Klöster, in Traditionen verhaftet, die letztlich ins Frühmittelalter zurückreichen, waren in ihrer Wirtschaftsstruktur nach wie vor agrarisch geprägt und setzten zur Beschaffung des notwendigen Kapitals auf den lukrativ erscheinenden Weinbau, dem sie auf diese Weise am Bodensee zu einer neuen Blüte verhalfen.

Nebenkulturen wie der beliebte Anbau von Bohnen in den Weinbergen wurden den Rebleuten untersagt. Wo sich freie Wiesenplätze oder Randstücke in den Weinbergen befanden, die sich für die Rebe eigneten, waren diese allmählich zu bestocken. Mit detaillierten Vorschriften zur Rebraithung, der am Bodensee üblichen Verjüngungsmethode durch Absenker, sorgten die Weinberginhaber für ein ausgewogenes Alter der Rebstöcke. In einer Parzelle sollten sich je zu einem Drittel junge, mittelalte und alte Reben befinden, wobei dreißig Jahre bereits als hohes Rebalter galten. Die Düngermenge wurde für jeden Weinberg genau festgelegt, denn die Ertragsfähigkeit selbst schlecht gelegener Weinberge ließ sich durch eine entsprechende Düngung erheblich steigern. So konnte Kloster Rot sein Rebstück im Moggen, einer als schlecht klassifizierten Lage, innerhalb von zehn Jahren in einen ertragsstarken Weinberg umwandeln, indem es den Boden mit etlichen tausend Karren voll Dung und »Weyher-Koth« anreicherte.[19]

Ganz nebenbei war den Klosterherren natürlich daran gelegen, einen trinkbaren Wein für ihren Konventstisch zu erzeugen. Kloster Rot achtete darauf, dass in der Kelter die reiferen nicht mit den unreifen Trauben zusammen gekeltert wurden, da sie sonst »allen Wein verderben, also daß mann nit einmahl 1 Fuder zu einem Tischwein würde gebrauchen können«. Wegen der besten Vorgehensweise dürfe »kein Mörspurger oder anderer Seehas von denen gemeinen Leüthen umb Rath gefragt« werden, denn sie würden die klösterliche Lebensweise nicht kennen und den Trank zurückweisen, der den Patres zuträglich ist, und »vermeinen, daß alle gleich wie sie scharpfe harte Wein lieben«.[20]

Die Arbeiter im Weinberg

Eben jene gemeinen Leute waren es, welche die Arbeit in den Weinbergen verrichteten, denn die Grundherren bewirtschafteten ihre Rebflächen nicht selbst, sondern ließen die Weinberge von Berufswinzern bewirtschaften. Die Rebleute arbeiteten gegen Lohn oder pachteten die Weinberge von ihrem Grundherrn.

Verpachtete der Grundherr seine Rebberge, so teilten sich der Grundherr und der Gemainder Aufwand und Ertrag. Daher bezeichnete man diese Pachtform als Halbbau. Der Grundherr stellte dem Winzer Dung und Rebstecken zur Verfügung, die Hälfte der Kosten dafür zog er dem Winzer später an seinem Weinanteil ab. In der Regel vermarkteten die Rebleute ihre Weinhälfte nicht selbst, sondern überließen ihrem Grundherrn nach der Ernte den Most zum amtlich festgelegten Mittelpreis, der jedes Jahr aufs Neue in der sogenannten Weinrechnung der Stadt Meersburg festgelegt wurde. Oft waren sie gezwungen, für ihren Lebensunterhalt von ihrem Grundherrn Geld auf die bevorstehende Ernte zu leihen, so dass ihnen nach dem Herbst nach Abzug der Kosten für die Betriebsmittel und den Kredit kein Überschuss blieb. Die Halbpacht erscheint auf den ersten Blick als fortschrittlich und im Weinbau, wo die Erträge stark schwankten, geradezu ideal. Der Rebmann wurde am Gewinn beteiligt, trug aber auch das

Ausfallrisiko mit. Der Grundherr war freilich in der besseren Position. Er hatte Gestaltungsmöglichkeiten, die der Rebmann nicht hatte, zum Beispiel beim Weinverkauf. In einem ertragreichen Weinjahr, wenn der Weinpreis niedrig war, lagerte der Grundherr den Wein ein und wartete eine günstige Marktsituation ab, um ihn zu einem deutlich höheren Preis zu verkaufen. Der Rebmann hingegen musste den Wein im Herbst zu einem niedrigen Preis hergeben, da er sein Konto ausgleichen musste. Während sich bei den Rebleuten Schulden auftürmten, wenn mehrere schlechte Jahrgänge aufeinander folgten, war für die Grundherren der Halbbau profitabler als der Lohnbau. Andererseits hatte der Grundherr die Fürsorgepflicht für seine Bauern. Unterm Krummstab ist gut leben, hieß es einst, und so hatte der Pächter zwar wenig Spielraum, doch der Absatz seiner Erzeugnisse war gesichert.

Grundsätzlich überwog in Meersburg der Halbbau, doch bedienten sich die Grundherren durchaus beider Wirtschaftsformen. So hatte Kloster Rot bis 1726 seine Reben im Lohnbau bewirtschaften lassen, dann hielt man im Rückblick den Halbbau für die günstigere Variante. Waren die Ernten schlecht, war dem Rebmann der Lohnbau lieber, waren die Ernten gut, nahm er Reben in Halbpacht gern an. Wie die Weinernte künftig ausfallen würde, konnten indes weder Rebmann noch Grundherr vorhersehen, und mehr als den Wettersegen für eine günstige Ernte herabzubeten, vermochte weder der eine noch der andere. Kloster Münsterlingen pendelte im 18. Jahrhundert ebenfalls zwischen Lohnbau und Halbbau hin und her. Dabei ist bei den Rebleuten durchaus eine unternehmerische Einstellung erkennbar. Ein Rebmann des Klosters bewirtschaftete 1761 Reben im Lohnbau, der in Meersburg auch Kübelbau hieß. »Wegen dem Kibelbauen« habe er nicht anschreiben lassen müssen, aber er habe »an dem Lohnbauen keine Freud«, schrieb er in sein Tagebuch. Das Kloster sei bereit, »es drei Jahr zu probiren, ob es ihnen beßer taug, um den Lohn oder um die Hälfte, ich bin dieß Jahr etwas beßer bestanden am Lohnbau, die Rechnung war 45 fl.«.[21]

Der Weinbau – ein rentabler Wirtschaftszweig trotz hoher Abgaben?

Die Weinbergeigentümer hatten vielfältige Abgaben zu leisten. Lediglich die Weinberge des Hochstifts und des Domkapitels waren von Steuern befreit. Es gab eine Vielzahl von Abgabenempfängern und die Abgaben waren teils in Geld, teils in Naturalien zu leisten.

Den Weinzehnt hatte das Bistum Konstanz inne. Dem Hochstift stand der Weinzehnt im inneren Etter zu, den Zehnt im äußeren Etter bezog das Domkapitel. Von einigen Flurstücken erhielt der Fürstbischof als Vogtherr darüber hinaus Weingrundzinsabgaben. Zinsverpflichtungen gegenüber weiteren geistlichen Empfängern in natura verweisen meist auf Seelgerätstiftungen, die ins Hochmittelalter und damit in die Anfangszeit des Weinbaus am See zurückreichen.

In Geld hatte der Eigentümer eines Weinbergs die städtische Grundsteuer zu bezahlen (die auswärtigen Grundherren in doppelter Höhe) sowie die sogenannte Anlage, eine Landessteuer, die dem Fürstbischof als Landesherrn zur Deckung außergewöhnlicher Belastungen, beispielsweise in Kriegszeiten, dienen sollte. Sie konnte bis zur zwölffachen Höhe des Nennbetrags eingezogen werden. Gerade diese Anlage veranlasste den Oberkeller der Prämonstratenserabtei Rot an der Rot 1733 zu dem Vorwurf »es gehe dise sach wegen Steür vnd anlaagen nit allerdings aufrichtig vnd rödlich her«[22] und viele Grundherren hätten ihre Weingüter wegen der schlechten Ertragslage verkauft.

Ließ sich mit dem Weinbau in Meersburg nun Geld verdienen oder nicht? Das Heilig-Geist-Spital erwirtschaftete im 16. Jahrhundert erhebliche Gewinne mit dem Weinbau und war in der Lage, 40 bis 60 Prozent der Bruttoeinnahmen mit dem Weinbau zu bestreiten.[23] Für das Konstanzer Spital hingegen war das Rebgut Haltnau nicht immer lukrativ.[24] Das Kloster Schussenried klagte Ende des 18. Jahrhunderts, wenn mehrere Fehljahre aufeinanderfolgten, habe man am Weinbau keinen Profit mehr[25] und im Kloster Rot ging die Rechnung 1723 gerade Null auf Null auf.

Nirgendwo anders schwankten die Erntemengen so stark wie im Weinbau. Natürlich stellten aufeinander folgende Fehljahre ein Risiko dar. Es war wie an der Börse: Ob sich eine Investition lohnte, war erst im Nachhinein erkennbar. Rentabilität war im Weinbau nur über einen

langen bis sehr langen Betrachtungszeitraum gegeben. Für eine kurzfristige Gewinnmaximierung bot sich die Investition nicht an, da zumeist der größere Teil der erzeugten Weine eingelagert wurde. Der Grundherr musste also nicht nur über das entsprechende Kapital verfügen, sondern auch längere Durststrecken überbrücken können, wobei das in den meist hohen Lagerbeständen gebundene Kapital kein Hemmnis darstellte, sondern vielmehr Handlungsspielraum verschaffte. Die Grundherren, die mit Wein spekulierten, profitierten davon, dass der Seewein »für das Lager taugt und sich auf demselben nicht unbedeutend zu seinem Vortheile verändert.«[26]

Für die Meersburger Bürger stellte der Weinbau die wesentliche wirtschaftliche Grundlage dar. Der Stadt lieferte er bedeutende Einkünfte, denn über die Steuern hinaus erhielt sie das Ungeld, eine Wirtssteuer auf den in der Stadt ausgeschenkten Wein, eine Weinumsatzsteuer bei allen Weinverkäufen sowie Weinlagergebühren, wenn auswärtige Grundherren größere Mengen in ihren Meersburger Kellern beließen.[27] Für die Stadt Meersburg war der Weinbau über Jahrhunderte der wichtigste Wirtschaftsfaktor.

Christine Krämer

Drehscheibe Bodensee. Regionaler Austausch und Ressourcenmanagement

Als Fürstabt Ulrich Rösch 1480 das Kloster St. Gallen nach Rorschach an den Bodensee umsiedeln wollte, zählte die unmittelbare Nähe zum Bodensee zu den wichtigsten Argumenten für den Klosterneubau Mariaberg bei Rorschach. Abt Ulrich wollte ein »nutzlicher hus han und näcker an winfur, korn, saltz, ysen etc.« sein. Der Warentransport auf dem See war nämlich billiger als über Land, und Abt Ulrich argumentierte, man könne »mit lützel [= geringen] costen uff dem see, als gen Costentz, Lindow, Überlingen, Buchhorn, Arbon, Romanßhorn, Bregentz, Rintail« fahren und egal was man »verkouffen und kouffen welt, das käm als bim minsten costen darhin und darzuo«.[1] Das galt auch für Material, das man im Weinbau benötigte: »Rebstecken und derglichen sachen« bekam man »wol und um ein rechten pfening [...] von Pregentz herab und näcker denn zuo Rorschach, zuo sant Gallen etc. jndert jm land«, und nicht nur Rebstecken, argumentierte Rösch, auch eichene Fässer, tännene Lägel, Bütten, Zuber, Gelten, Fassreifen und derglichen hielten die Bregenzer Händler feil. Das Kloster einfach umziehen? Das war gewagt, galt für die Benediktiner doch die *stabilitas loci*, die Ortsgebundenheit. In den Jahren davor hatte Fürstabt Ulrich Rösch, der Bäckersohn aus Wangen im Allgäu, der als Küchenjunge angefangen und sich bis zum Abt hochgearbeitet hatte, bereits mit einer straffen Wirtschaftsführung die Finanzen des Klosters erfolgreich saniert. Die Mönche vertrauten ihm. Sein Plädoyer überzeugte den Konvent, und der Bau in Rorschach wurde zügig in Angriff genommen. Doch dann machte der Rorschacher Klosterbruch die Umzugspläne zunichte: Den St. Gallern und den Appenzellern erschienen die Pläne des allzu mächtigen Klosters bedrohlich, sie fürchteten wirtschaftliche Nachteile, wenn sich das Kloster direkt am See installieren würde. Womöglich würden die Mönche sogar das Heiligste, die Gallus-Reliquien, mitnehmen und der Pilgertourismus, eine wichtige Einnahmequelle für St. Gallen, würde somit ausbleiben. 1489 zerstörten sie mit mehr als 2.000 Mann die Baustelle in Rorschach, der Wiederaufbau verlief schleppend, dann kam die Reformation.

Fürstabt Ulrich Rösch bezweckte mit dem Umzug vor allem, sich aus der Umklammerung St. Gallens zu lösen, gleichzeitig zeigen seine Argu-

mente die Bedeutung des Bodensees als »Drehscheibe für sein Umland«.[2] Mit der großen Ausdehnung des Weinbaus am Bodensee im Spätmittelalter entwickelten sich in spezialisierten Regionen rund um den See unterschiedliche Wirtschaftszweige, die mit dem Weinbau zusammenhingen. Die Wald- und die Viehwirtschaft waren unmittelbar am Weinbau beteiligt, um die wichtigsten Produktionsmittel, Holz und Dünger, zu liefern. Mit den Gewinnen aus dem Weinverkauf konnten die Erzeuger Getreide für ihren Lebensunterhalt einkaufen. Die Grundstrukturen dieser Arbeitsteilung ergaben sich aus der naturräumlichen Gliederung der Region. Mit steigendem Spezialisierungsgrad wuchs indessen die Abhängigkeit von Importen, »die Spezialisierung einer Zone förderte jene der angrenzenden«.[3] Die weitgehende Monokultur, die durch die Spezialisierung entstand, war also nur im Rahmen eines regionalen Austauschs möglich und der Bodensee wurde zur Verkehrsfläche, der die Wirtschaftszonen miteinander verband. Die regionale Arbeitsteilung prägt die Kulturlandschaft des Bodenseeraums bis heute.

Hohe Rebpfähle, niedrige Weinqualität

Der Bregenzerwald als Holzlieferant verlieh dem Weinbau der Region ein ganz besonderes Gesicht. Die Rebe wächst lianenartig, um sich Licht und Sonne zu verschaffen und die Trauben zur Reife zu bringen. Während die Wildrebe sich an Bäumen hochrankt, muss der Winzer der Ertragsrebe eine Stütze geben. Am Bodensee wurde jede Rebpflanze mit einem Pfahl gestützt, der mit Hilfe eines am Fuß angeschnallten Stoßeisens in den Boden getrieben wurde.[4] Erst ab den 1930er-Jahren wurde diese Einzelpfahlerziehung durch die heute übliche Drahtrahmenerziehung abgelöst. Um hohe Weinerträge zu erzielen, pflanzten die Winzer die Reben eng beieinander. Auf einem Hektar standen zwischen 15.000 und 20.000 Rebstöcke. Die vier bis sechs Zentimeter starken Rebstecken waren am Bodensee mit mindestens acht Schuh, etwa zweieinhalb Meter, verhältnismäßig lang, stellenweise sah man eine bis zu zwölf Schuh hohe Erziehung.[5] So hoch auf jeden Fall, dass Reisende sich wunderten, hier am Bodensee werde die Rebe »sehr hoch, wie bei uns die Bohne, gezogen«.[6]

Die Rebkultur am Bodensee wurde von Fachleuten anderer Weinbauregionen immer wieder kritisiert und als verbesserungswürdig angesehen. Sie hielten »die in den Bauernweinbergen am Bodensee übliche Stockentfernung im Verhältniß zur Pfahlhöhe und der Höhe der Erziehungsart für viel zu enge.« In den Bodenseeweingärten erreiche »die Sonne weder den Boden noch die Trauben«.[7]

Die enge Bestockung bei hoher Erziehung ging mit dem Anbau minderwertiger, reichtragender Rebsorten wie dem Elbling einher. Produktive Sorten brauchten viel stützendes Holz, was wiederum in direktem Zusammenhang mit der Weinqualität stand. Es ist auffällig, dass Weinbauregionen, in denen kein Mangel an Holz herrschte, eine starke Beholzung, minderwertige Rebsorten und folglich eine niedrige Weinqualität aufwiesen, während Regionen wie der Rheingau oder die Pfalz, in denen das Holz rar und teuer war, auf eine sparsame, niedere Bestockung und edlere Traubensorten wie Riesling oder Traminer setzten, die mit weniger Holz auskamen. Der See als Drehscheibe prägte also nicht nur die Kulturlandschaft der spezialisierten Regionen. Die auf dem Wasserweg hohe Verfügbarkeit der Rebpfähle mehrte auch den Ruf des Erzeugnisses als »geistlosen Seewein« und begründete eine Weinbautradition, die bis in die jüngere Zeit nachwirkt.

Die Weinberge am Bodensee glichen dichten Rebwäldern, die Reifung der Trauben wurde dadurch verzögert. Ansicht Meersburg

Das Überangebot an Rebstecken führte ferner dazu, dass man am Bodensee im Herbst nur diejenigen Pfähle aus dem Boden zog, die ohnehin umzufallen drohten,[8] während in den meisten Weinbaugegenden rheinabwärts alle Pfähle über den Winter ausgezogen und haufenweise gelagert wurden, damit sie länger hielten.

Ungefähr zehn Prozent der Rebstecken mussten jährlich ausgetauscht werden, weil die unbehandelten Pfähle in der Erde schnell vermoderten. Ein paar Mal konnte der Winzer die Stecken neu anspitzen, doch dann wurden sie zu kurz. Unbrauchbar gewordene Rebstecken verwendeten die Rebleute als Brennholz, sie hatten also einen doppelten Nutzen. Bei einer Rebfläche von etwa 6000 Hektar im 18. Jahrhundert[9] waren folglich über zehn Millionen Rebstecken jedes Jahr neu zu beschaffen. Während der größten Ausdehnung des Weinbaus im 16. Jahrhundert waren es deutlich mehr, genaue Angaben zur Rebfläche sind indessen schwierig.

In vielen deutschen Weinanbaugebieten entlang des Rheins stammten die Rebpfähle überwiegend aus Niederwaldwirtschaft. Regelmäßig schnitt man die Bäume ab, die sich durch Stockausschlag erneuerten. Die dauerhaftesten Hölzer für Rebpfähle waren Eiche, Kastanie und Robinie. Daneben kamen Haselnuss, Weide, Erle oder Birke zum Einsatz.[10] Am Bodensee verwendeten die Weinerzeuger indes das weniger dauerhafte Nadelholz, dazu stammte es von ausgewachsenen Stämmen.

Holz kommt auf dem Wasser aus dem Bregenzerwald

Mit der Besiedlung des Bregenzerwaldes seit dem Hochmittelalter ging eine intensive Rodungstätigkeit einher.[11] Bereits im 13. Jahrhundert wurden Holzverarbeitung und Holzhandel zu einem wichtigen Wirtschaftsfaktor in Vorarlberg. Rasch zog die Stadt Bregenz das Monopol für den Handel und die Verschiffung der Holzwaren an sich. 1390 stellten die Grafen Hugo XII. und Wilhelm VII. von Montfort den Bregenzern einen ersten Schutzbrief für das lukrative Holzwerk aus, 1408 bestätigte König Ruprecht dieses Privileg für das Holzwerk und den Holzhandel. Als Erzherzog Ferdinand 1590 das Vorrecht erneut bekräftigte, waren es bereits 63 Holzleute, die in Bregenz Holzwaren produzierten und vertrieben.[12] Erst 1706 verloren die Bregenzer das Monopol für den Rebsteckenhandel, an dem seit jeher auch die Nachbargemeinden teilhaben wollten.[13]

Der St. Galler Humanist und Reformator Vadian schrieb 1545 in seiner Bodenseeschrift über Bregenz, es gebe dort »[...] amm wasser hinumm vil hütten und werkstett, darinn man rebstikel, [...] on underlaß zürüst und an den gantzen Bodensee fürt, [...] und groß gut auß allem gelößt wirt.

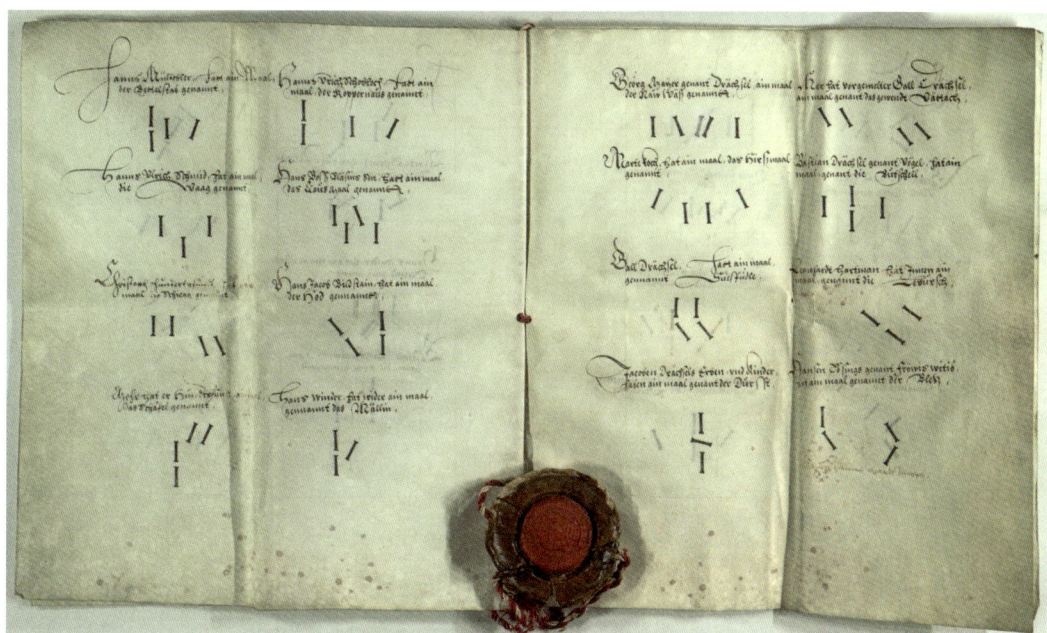

Die Bregenzer Holzleute kennzeichneten ihre Holzstämme mit eingeschlagenen Zeichen. Jedes Holzmal hatte einen Namen wie Suesfüdle, Bettelstab oder Bletz. 1590 gab es bereits 63 Holzunternehmer in Bregenz. Urkunde Erzherzog Ferdinands von 1590, Stadtarchiv Bregenz

Das holtz kompt alles auf demm wasser, die Bregantz genandt, auß dem wald den man ouch den Bregantzerwald nendt, und da der holtzwachs eewig ist, und auß allen winklen durch die bech und wasser so in die Bregentz louffend fürhar bracht wirdt, besonders aber auff demm rauchen fluss den man die Sauburß [= Subersach] nendt [...].«[14] Die Holzleute kauften das Holz in den Forsten des Bregenzerwaldes, markierten es mit eingeschlagenen Zeichen, den sogenannten Holzmälern, und ließen es am Ufer lagern. Flößer besorgten den Transport auf den Bächen. In sogenannten Wasserstuben wurde das Wasser in den Bächen aufgestaut, um genügend Wassermasse für die Trift zu sammeln. Beim Öffnen der Stuben wurden die Stämme unter gewaltigem Getöse und Gekrache die Bregenzer Ache und ihre Seitenbäche, Subersach, Rotach, Weißach und Bolgenach, hinunter geschwemmt. Der Herrschaft hatten die Holzleute die Achlöse – sie war Triftgebühr und Schirmgeld – zu bezahlen.

Bei der Mündung der Bregenzer Ache in den Bodensee wurden die Stämme wieder eingefangen, anhand der Holzmäler identifiziert und ihrem Eigentümer zugeführt. Die meisten Rebstecken wurden in den Spalthütten am See produziert. Etwa acht Schuh langes, ausgesuchtes, gerade gewachsenes Rundholz von Rottannen (Fichte) oder Fohren (Bergkiefer)[15] wurde der Länge nach zu Rebstecken gespalten und anschließend gebündelt. Die nahe bei Bregenz gelegenen Gemeinden Alberschwende, Buch und Steusberg erzeugten die Rebstecken vor Ort und transportierten sie im Winter mit dem Schlitten nach Bregenz. An den Stapelplätzen Hard und Bäumle, die man nach ihrem wichtigsten Stapelgut auch Steckenplätze nannte, begutachteten amtliche Steckenschauer die Qualität und versahen jene Steckenbündel, die der Steckenordnung entsprachen, mit einem Stempel – nur geprüfte Qualität durfte die Schiffslände verlassen.[16]

Schiffe, schwer beladen mit Rebstecken

Die Bündel wurden dann auf Segellastschiffe, sogenannte Lädinen, verladen, die bis zu 150.000 Rebstecken tragen konnten. Den Transport übernahm die Bregenzer Schifffahrtsgesellschaft, die über vier Lädinen verfügte.[17] Alle größeren Häfen am Bodensee wurden angesteuert, und weil der Bodensee »die beständigsten Winde«[18] hatte, konnten die Bregenzer regelmäßig bis Schaffhausen fahren: Die Stadt bezog im 16. Jahrhundert mehr als 400.000 Pfähle pro Jahr.[19] Abgeladen wurden sie dort am Steckenplatz, dessen Name noch heute an das wichtige Transportgut aus dem Bregenzerwald erinnert. Zwischen 1600 und 1615 erreichten die Rebsteckenexporte der Bregenzer ihren Höhepunkt. Bis zu fünf Millionen Rebstecken passierten jährlich den Zoll allein in Konstanz.[20]

Die Reichsstadt Überlingen beherbergte einen großen Steckenmarkt. Von Weihnachten bis Lichtmess kämen die Schiffe schwer beladen mit Rebstecken in der Stadt an, schilderte der Überlinger Kartograf Tibianus in seiner Bodensee-Beschreibung Ende des 16. Jahrhunderts. Die Ware würde von den Bürgern in unzählbaren Mengen gekauft und anschließend in die Weinberge verteilt.[21] 1475 erließ Überlingen eine Rebsteckenordnung. Die Stadt folgte damit einem bodenseeweiten Beschluss. In den Jahren 1470 und 1472 waren in Konstanz Vertreter aller Weinbauorte rund um den See zu einer Konferenz zusammengekommen und hatten sich auf eine für alle Städte verbindliche Rebsteckenordnung geeinigt, die dem Schutz der Käufer diente. Städtische Beamte überwachten Qualität, Länge der Stecken und Anzahl pro Bündel. Lief ein Schiff mit Rebstecken ein, mussten die Kaufwilligen warten, bis die Bündel vom Schiff geladen und der amtlichen Qualitätskontrolle unterzogen worden waren. Wo sie »ful stecken [...] oder kurz stecken under den langen« fanden, durften die Stecken nicht zum Verkauf angeboten werden und die Fuhrleute mussten sie wieder mitnehmen.[22]

Die Weinproduzenten rund um den See versuchten häufig, Kooperationen mit den Bregenzer Holzleuten einzugehen – Wein gegen Abnahme von Rebstecken. So verrechneten die Stadt Meersburg und der Ammann von Bregenz die Rebstecken mit Weinlieferungen.[23] Doch nicht immer gelang der Tauschhandel, denn während die Weinerzeuger auf die Vorarlberger Holzleute angewiesen waren, konnten diese unter den Weinen vieler

Kunden auswählen. Als das Lindauer Spital versuchte, seine Steckenlieferanten im Bregenzerwald zur Abnahme von Spitalwein zu bewegen, zögerten diese. Ein Rebsteckenlieferant aus Alberschwende beschied den Lindauern, er beziehe seinen Wein aus Konstanz, würde den Tauschhandel aber wohl erwägen, wenn der Wein aus Lindau die gleiche Qualität habe. Ein Anbieter aus Hittisau möchte den Spitalwein während des Herbstmarkts in Lindau erst probieren.[24]

Rebstecken waren zwar das wichtigste Exportgut der Vorarlberger, doch längst nicht das einzige. Kelter- und Weingeschirr aus Nadelholz fertigte »beinahe jeder Bauer auf den Bergen«.[25] Ganze Ladungen davon wurden »auf den Septembermarkt nach Konstanz gesendet, wo sie in ergiebigen Weinjahren gut bezahlt« wurden.[26] Junge Birken und Haselnusssträucher wurden zu Fassreifen verarbeitet. Zusätzlicher Holzbedarf im Weinbau ergab sich für die Zäune, die am Bodensee alle Weinberge umgaben und von den Rebleuten zum Schutz vor Diebstahl und vor Vieh zu errichten waren.[27]

Natürlich war der Holzwuchs nicht »eewig«, wie Vadian es beschrieb. Bereits im 16. Jahrhundert machten sich die Folgen des Raubbaus bemerkbar. Die vorderösterreichische Regierung begrenzte »von wegen des wuestlichen, unordenlichen, schadlichen, hochnachtailligen, verderblichen Holzabhauens, Außreutens, Schwendens und Rebsteckhenmachens«[28] für die Gemeinden in der Herrschaft Hohenegg die Menge an Rebstecken, die jeder Holzbesitzer produzieren durfte. Höchstens 4.000 Rebstecken pro Haushalt durften fortan jährlich erzeugt und verkauft werden. Den Bregenzern warf man 1603 vor, sie würden ganze Wälder »niederlegen«.[29]

Mist – Steuer, Abgabe, Handelsgut

Das andere unentbehrliche Produktionsmittel war der Dünger. Die Weinberge wurden überwiegend mit Stallmist gedüngt, der im Winter oder im Frühjahr ausgebracht wurde. Eine hohe und anhaltende Produktivität der Reben erforderte erhebliche Mengen Dünger. Im Durchschnitt rechnete man auf einen Hektar Weinberg alle drei Jahre 60.000 kg Stallmist.[30] Etwa fünf Kühe mussten gehalten werden, um den Mist für einen Hektar Weinberg zu erzeugen.

Dem Verhältnis zwischen Rebfläche, Wiese und Weide kam daher eine hohe Bedeutung zu. In den Orten, die sich auf den Weinbau spezialisiert hatten, war Mist knapp. Mist wurde zur Handelsware, für die Preise gebildet wurden.

Mit entsprechenden Regelungen stellten die Grundherren die Düngung ihrer Weinberge sicher. Eine der ältesten erhaltenen Steuerlisten ist
der Feldkircher Mistrodel, der um 1300 entstand.[31] Er verzeichnet nicht
etwa Geldbeträge, die von den Bürgern abzuführen waren, sondern die
Mistlieferungen, die jeder Hofbesitzer als Naturalabgabe für die Weingärten der Grafen von Montfort abliefern musste.

Einen ähnlichen Charakter haben Dunggerechtigkeiten, die auf Höfen mit Viehbestand lagen. Der Pächter des Hofes durfte den Mist, den sein
Vieh produzierte, nicht verkaufen, sondern musste eine festgelegte Menge
an den Grundherrn abgeben. Diese Ablieferungspflicht von Mist stellt im
rechtlichen Sinn eine Grundlast dar. Wurde der Hof verkauft, ging die
Dunggerechtigkeit auf den neuen Eigentümer über.[32]

Im Halbbau teilten sich Grundherr und Pächter Aufwand und Ertrag. Die Pächter hatten die Hälfte der Kosten für den Dünger zu tragen,
die Beschaffung konnte jedoch auf unterschiedliche Weise erfolgen. Im St.
Galler Rheintal, wo die Rebleute eigenen Viehbestand hatten, wurden sie
in den Pachtverträgen dazu verpflichtet, entsprechende Mistmengen in
ihre Weinberge zu bringen. Doch selbst hier hatte nicht jeder Lehensmann
genügend Vieh und es war üblich, dass Rebleute den erforderlichen Mist
im Umland bei anderen Bauern einkauften. Der Pachtvertrag für die Weinbauern des St. Galler Spitals, der Rebbrief von 1471, gab daher den Preis für
ein Fuder Mist vor.[33]

In Regionen mit wenig Viehbestand, in denen die Pächter den Mist
nicht selbst beschaffen konnten, stellte der Grundherr den Mist, den er

entweder zukaufte oder auf solchen Höfen einnahm, die Vieh hielten und auf die er die Lieferungspflicht gelegt hatte. Für die Weinberge der Zisterzienserinnenabtei Magdenau am Ottenberg im Kanton Thurgau lieferte das Kloster den Mist, untersagte seinen Pächtern aber unter Strafandrohung, diesen anders als für die gepachteten Rebflächen zu verwenden.[34] Offensichtlich gab es Bauern, die Nebeneinkünfte generierten, indem sie ihre Mistzuteilungen verkauften, anstatt die Weinberge damit zu düngen.

In den großen Weinbauorten und -städten, in denen viele verschiedene Weinerzeuger begütert waren, wurden die Grundherren von der Gemeinde unterstützt, da auch sie ein Interesse an der ausreichenden Düngung der Weinberge hatte. Obrigkeitliche Dungschauer überwachten die Qualität und die vertragsgemäße Verteilung in die Weingärten. Die Dungschauer waren städtische Beamte. Die Grundherren hatten sie für ihre Dienste gleichwohl zu bezahlen. In Immenstaad wurde der Dung in drei Güteklassen eingeteilt und gemäß den Bewirtschaftungsvorgaben in die Weinberge der einzelnen Eigentümer verteilt, wobei die Menge mit einem geeichten Maß kontrolliert wurde. Die Pächter des Klosters Ottobeuren in Immenstaad verfügten im 18. Jahrhundert über ausreichend eigenes Vieh oder konnten den Dung im Umland einkaufen. Sie stellten den Dung in den meisten Fällen selbst her, das Stroh dafür kauften sie auf dem Markt in Meersburg. In den jährlichen Abrechnungen wurde den Pächtern der grundherrliche Anteil für den Dung, den sie geliefert hatten, gutgeschrieben.[35]

Ein Wagen mit Rebstecken in Ravensburg. Steckenhändler verkauften die Rebstecken auf den Märkten der Städte, auf denen sich die Winzer der umliegenden Weinbauorte eindeckten.

Das Meersburger Heilig-Geist-Spital hingegen kaufte einen Großteil des benötigten Mistes für seine Rebleute zentral ein. Zwei Drittel des Geldbetrags, den das Meersburger Spital jährlich an Ausgaben für den Weinbau verbuchte, entfielen auf den Ankauf von Dünger. Wie in Immenstaad wachte über die Verteilung in die Weinberge der städtische Dungschauer. Die Kosten für den Mist wurden vom Spitalschreiber festgehalten und der Kostenanteil des Pächters wurde ihm im Herbst in Rechnung gestellt.[36] In Meersburg reichte der Mist, der lokal und in den umliegenden Dörfern zur Verfügung stand, bei weitem nicht aus, um die Weinberge ausreichend zu düngen. Das Spital verfügte daher am Schiffsanlegeplatz über eine Dunglege, wo Mist, der beispielsweise bei Bauern in Unteruhldingen eingekauft wurde, in ganzen Schiffsladungen angeliefert wurde.[37]

Weinberge waren von Zäunen umgeben, um sie vor Diebstahl und vor Vieh zu schützen. Westlicher Bodensee um 1600. Generallandesarchiv Karlsruhe

Dass Mist auch über größere Distanzen aus viehreichen Zonen wie dem Rheintal oder Vorarlberg in die Weinorte am Bodensee gebracht wurde, ist in den Quellen nur schlaglichtartig zu greifen, denn den Bauern war es ja in der Regel untersagt, Mist von ihren Gütern zu verkaufen. Die Steckenordnung der Stadt Überlingen lässt darauf schließen, dass die Schiffe, die Rebstecken geladen hatten, auch Mist mitführten. Das Stadtrecht untersagte, dass die Käufer, »mer stecken oder mist kaufen oder zu kaufen bestellen«, als sie selbst oder die Pflege, in deren Auftrag sie handeln, brauchen.[38] Die Weinbergeigentümer in Bregenz beschwerten sich 1557 über die Bauern am See, insbesondere die Hofsteiger, die statt Mist nur noch nasse Streu lieferten, weil sie den Mist Fremden verkaufen würden, die ihn über den See schafften.[39] Natürlich stand Mist nicht in Hülle und Fülle zur Verfügung. Doch während in vielen anderen Weinbauregionen im Spätmittelalter und in der frühen Neuzeit wegen des Mangels an Mist nur noch alle sieben oder, wie im Mittelrhein, nur noch alle zwölf Jahre mit Stallmist gedüngt werden konnte,[40] sorgten die Arbeitsteilung der Wirtschaftszonen am See und die Transportmöglichkeiten per Schiff dafür, dass die Rebflächen in der Bodenseeregion hinreichend gedüngt wurden.

Abhängig vom Getreideimport

Der Weinbau ernährte indirekt mehr Menschen als der Getreideanbau. So war der kleine Weinbauort Hagnau imstande, mit den Erträgen aus dem Weinbau »eine sechsfach größere Menge von Brod einzukaufen, als ihr Boden selbst zu liefern vermöchte.«[41] Es lohnte sich also, wo die Rebe gedieh, auf den Weinbau zu setzen. Umso mehr waren die Weinbauorte auf Getreideimporte angewiesen. Der Kornhandel verlief in Nord-Süd-Richtung. Oberschwaben war die Kornkammer für die Weinbauorte am See. Hauptausfuhrorte waren Überlingen, Radolfzell und Lindau, gefolgt von Meersburg, Langenargen, Uhldingen, Bregenz und Konstanz.[42] Besonders die

Schweiz war abhängig von den Getreidelieferungen aus Oberschwaben. So verfügte beispielsweise das Schweizer Rheintal wegen seiner Topografie und der Konzentration auf den Weinbau kaum über Ackerflächen, die angrenzenden Regionen betrieben Viehwirtschaft.

Wein gehörte zu den wichtigsten Transportgütern auf dem Bodensee. Was die Bevölkerung am Bodensee nicht selbst verbrauchte, wurde im Umland abgesetzt. Der Vermarktungsradius der Seeweine reichte von Vorarlberg über Zürich bis in den Schwarzwald und von Oberschwaben bis ins Allgäu und weit nach Bayern hinein. Die größten Weinmengen wurden in West-Ost-Richtung verschifft, in Lindau auf die Achse geladen und nach Schwaben und Bayern verfrachtet, wo in den großen Reichsstädten zahlreiche Käufer warteten.

150 große Lastschiffe gab es Mitte des 18. Jahrhunderts noch auf dem Bodensee.[43] Als das Lastschiff zum Lustschiff[44] wurde, verlor der Bodensee seine Funktion als Drehscheibe für sein Umland. Er rückte aus der Mitte einer gemeinsam agierenden Wirtschaftsregion und rutschte ganz an den Rand der jeweiligen Anrainerstaaten. Aus der Verkehrsfläche wurde ein Verkehrshindernis.

Felix Ackermann

Klösterliche Weinwirtschaft in der Kartause Ittingen im 18. Jahrhundert

Die Kartause Ittingen und der Wein

Das ehemalige Kartäuserkloster Ittingen im schweizerischen Kanton Thurgau liegt inmitten hervorragender Reblagen an den Südhängen, die gegen den Fluss Thur abfallen. Diese privilegierte Lage wusste das Kloster als Grundlage für eine wirtschaftliche Blüte zu nutzen, die bis zum Verlust der wirtschaftlichen Autonomie 1836 anhielt.[1]

Der Weg zum Wohlstand allerdings war dornenreich. Als der Kartäuserorden 1461 das vormalige Augustiner-Chorherrenstift Ittingen übernahm, setzte eine zähe Aufbauphase ein. Nur langsam konnte die wirtschaftliche Basis verbessert werden. Die baulichen Maßnahmen, um die Klosteranlage den Bedürfnissen der Kartäuser anzupassen, dauerten lange, insbesondere durch die Errichtung des großen Kreuzgangs mit den einzelnen Mönchszellen.

Ein herber Rückschlag war 1524 der »Ittinger Sturm«: Im Zuge der Reformationswirren wurde das Kloster überfallen, geplündert und gebrandschatzt. Die Verlustlisten, die im Anschluss daran zusammengestellt wurden, werfen zugleich ein erstes Licht auf die Weinwirtschaft:[2] Der konsumierte und weggeführte Wein wurde auf 700 Gulden geschätzt, das gestohlene Küferwerkzeug auf 20 Gulden, »Räbzüg« und »Schnydmesser« auf 60 Gulden und verbrannte Fassböden auf 30 Gulden. Andere Posten auf der Verlustliste liefern Vergleichsgrößen: Der Wert zweier Glocken wurde mit 600 Gulden beziffert, das Chorgestühl mit 300 Gulden. Das Kloster muss demnach beträchtliche Vorräte in den Kellern gehabt haben.

Der Wiederaufbau und die wirtschaftliche Erholung dauerten lange. Gegen Ende des 16. Jahrhunderts war das Kloster mit hohen Schulden belastet. Die Konsolidierung um 1600 war der Auftakt zu einem stetigen Wachstum der klösterlichen Wirtschaft.

Zahlen zum Weingeschäft im 17. und 18. Jahrhundert

Über die Entwicklung des Weingeschäftes geben Weinverkaufsbücher Auskunft, die ab 1619 überliefert sind.[3] Sie belegen eindrücklich die große und wachsende Bedeutung des Weins für die Wirtschaft der Kartause Ittingen.

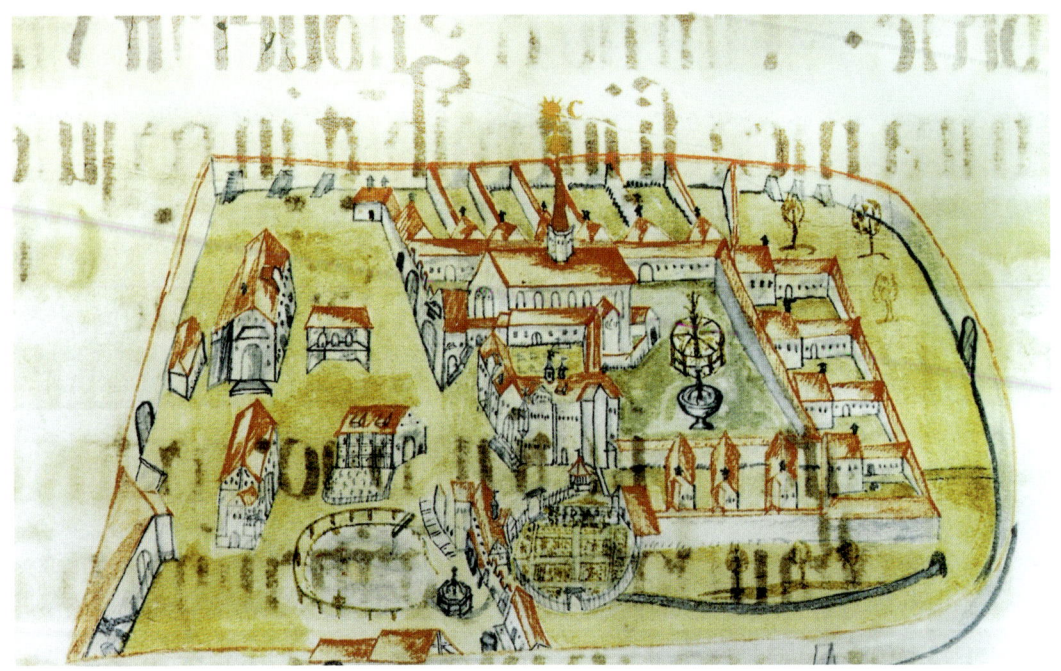

Kartause Ittingen um
1640

Für die Zeit von 1644 bis 1675 (mit einigen Lücken) ist die durchschnittliche Menge des jährlich verkauften Weins mit 86.184 Litern[4] zu berechnen. Verkäufe dieser Größenordnung waren unmöglich allein durch den Eigenanbau zu erreichen. Zusätzlich bezog die Kartause Ittingen als Zehntherr auch den »nassen Zehnten« der Erträge aus den umgebenden Rebbergen. Doch auch damit waren diese Zahlen nicht zu erlangen. Bereits im 17. Jahrhundert spielte somit der Zukauf von Traubenernten eine Rolle. Hier lag das größte Steigerungspotenzial, das im 18. Jahrhundert eine massive Ausweitung des Weingeschäfts ermöglichte. So weisen die Weinverkaufsbücher für die Jahre 1727–1796 (wiederum mit einigen Lücken) eine durchschnittliche verkaufte Menge pro Jahr von 284.802 Litern aus. Der Spitzenwert ist im Jahr 1773 zu fassen, mit dem Verkauf von 485.338 Litern.

Der Weinbau im Thurgau blühte, weil die klimatischen Bedingungen in angrenzenden Gebieten wie Schwaben im Norden oder Toggenburg im Süden teils weniger günstig waren und somit in großem Umfang exportiert werden konnte. In diesem Umfeld konnte sich die Kartause Ittingen durch Anstrengungen, die Generationen überspannten, zum großen Akteur aufschwingen. Die in den Weinverkaufsbüchern aufgelisteten Kunden reichen vom kleinen Privatkunden über Wirte bis zu Großhändlern. Oft sind nur Namen ohne Ortsangaben genannt. Bei verschiedenen Großabnehmern jedoch wird die Herkunft vermerkt. Unter diesen findet man häufig Händler aus verschiedenen Orten des Toggenburgs. Nördlich des Rheins wird quer durch das 18. Jahrhundert immer wieder Messkirch erwähnt. Dort waren verschiedene große Weinhändler aktiv.

Der auf dem Wein basierende Wohlstand der Kartause Ittingen manifestiert sich bis heute augenfällig in der opulenten Ausstattung der Klosterkirche. Diese hatte ihre heutige Gestalt in den 1760er-Jahren durch eine Künstlergruppe, bestehend aus dem Stuckateur Johann Georg Gigl, dem Bildhauer Matthias Faller und dem Maler Franz Joseph Hermann, erhalten.

Das Wissen über das Weingeschäft der Kartause Ittingen wird über die trockenen Zahlen hinaus wesentlich angereichert durch umfangreiche Texte, die ein besonders engagierter Procurator der Kartause Ittingen in den 1740er- und 1750er-Jahren verfasst hat.

Pater Procurator Josephus Wech (1702–1761)

Der Kartäusermönch Pater Josephus Wech erscheint im Spiegel der zahlreichen Spuren seiner Verwaltungstätigkeit im Klosterarchiv als bedeutende Persönlichkeit der Ittinger Kloster- und insbesondere Wirtschaftsgeschichte. Wech entstammte einer alten Konstanzer Patrizierfamilie. Sowohl der Großvater Johann Georg als auch der Vater Johann Konrad waren Bürgermeister von Konstanz. Der spätere Ittinger Mönch wurde 1702 als Franciscus Jacobus Georg Karl geboren. 1724 legte er in der Kartause Ittingen seine Profess ab und nahm den Klosternamen Josephus an. Den endgültigen Schritt in den geistlichen Stand markieren 1726 die Priesterweihe und die erste Messe in der Heimatstadt Konstanz.

Die Klosteranlage der Kartause Ittingen, im Vordergrund die »Rebhalde am Gotts-haus«

Ab 1731 taucht seine Handschrift in Verwaltungsakten des Klosters auf. 1734/1735 signiert er ein von ihm angelegtes Leibeigenenbuch und nennt dabei seine Funktion: Er ist Coadjutor, also Stellvertreter des Procurators, der für die Wirtschaft des Klosters verantwortlich ist. Procurator war damals Carolus Fanger, der seinem talentierten Stellvertreter die Verwaltungsaufgaben anscheinend weitgehend überließ. In die Mitte der 1730er-Jahre fällt die Projektierung einer umfassenden Neuvermessung der Ittinger Güter, für die Wech wohl von Beginn an verantwortlich gewesen ist. Als Fanger 1736 zum Prior gewählt wurde, rückte Wech nicht zum Procurator auf, doch seine Tätigkeit in der Administration ging bruchlos weiter. 1743 schließlich wurde er Procurator. Dieses Amt hatte er bis zu seinem Tod 1761 inne.

Der größte Weinkeller der Kartause Ittingen, heute Ausstellungsraum des Kunstmuseums Thurgau

Das »Urbarium« des Josephus Wech

In großen und kleinen, weltlichen und geistlichen Herrschaften ist im 18. Jahrhundert vielfach eine Professionalisierung der Verwaltung fassbar. Archive werden neu geordnet, Güter neu vermessen, neue Urbarien angelegt, die Rechnungsführung verbessert usw. In der Kartause Ittingen war Josephus Wech die Schlüsselfigur für diese Bestrebungen.[5] Sein wichtigstes Vermächtnis, das sogenannte Ittinger Urbar, ist auf das Jahr 1743 datiert, das Jahr, in dem er als Procurator die Verantwortung für die klösterliche Wirtschaft übernommen hatte. Die Erarbeitung der Grundlagen dafür, insbesondere die komplette Neuvermessung der Ittinger Herrschaft, hatte allerdings lange vor diesem Jahr eingesetzt.

Das Urbar umfasst in rund 40 großformatigen Bänden ein detailliertes Verzeichnis der Besitztümer, Rechte und Einkünfte des Klosters. Wech schuf damit für die komplexe und zeitweise vernachlässigte klösterliche Wirtschaft ein neues Verwaltungsinstrument. Die Güterverzeichnisse, jeweils mit Detailplan und Urkundenabschriften für einzelne Höfe und Besitzungen, bilden den Hauptteil des Werkes. Ihre Zusammenstellung muss etliche Jahre in Anspruch genommen haben. Ergänzt werden die Güterverzeichnisse durch Verwaltungshandbücher, etwa zur Ausübung des Gerichts durch das Kloster und zu Kreditgeschäften. Wech verfasste zudem Texte, mit denen er seine Verwaltungserfahrungen in verschiedenen Bereichen der Klosterwirtschaft den Nachfolgern weitergeben wollte. Unter diesen Texten sind jene zum Weingeschäft mit all seinen Facetten besonders umfangreich. Darin kommt die große Bedeutung zum Ausdruck, die Wech dem Wein als wesentliche Grundlage für den Wohlstand des Klosters beimaß.

Die Texte Wechs sind nie trocken und abstrakt, sondern direkt aus seiner langjährigen Verwaltungserfahrung geschöpft. So bezieht er sich laufend auf konkrete Erfahrungen und die Ergebnisse von Experimenten, die manchmal auch scheiterten. Vielfach verweist er auf frühere Missstände, die unter seiner Verwaltung behoben worden waren, und mahnt die Nachfolger, nicht in alte Gewohnheiten zurückzufallen. Die Adressaten seiner Texte sind – wie er eindringlich betont – einzig Priore und Procuratoren des Klosters. Sie haben damit vertraulichen Charakter; »Betriebsgeheimnisse« der Kartause sollten nicht einmal den eigenen Angestellten unter die Augen kommen.

Josephus Wech zum Ittinger Weingeschäft

Die Texte Wechs zum Weingeschäft weisen ein äußerst breites Spektrum auf, das von Überlegungen zur Rolle in der Gesamtwirtschaft bis hin zu minuziösen Detailanweisungen reicht.[6] In prägnanter Kürze charakterisiert er die Symbiose von Weingeschäft und Kreditgeschäft: »Ich aus meinem Erachten und selbst eigner villjähriger Experienz mache hierüber disen Schluss. Hat das Gottshaus auf dem Lager villen Wein, beziecht selbes aus disem täglich villes Gelt, in villem Gelt bestehet das Wachsthumb und Auflag viller Capitalien, aus villen Capitalien fliest viller Zins, und durch ville Zins kombt widerumb viller Wein ec«.[7] Kreditnehmer, welche die Zinsen nicht in bar, sondern in Form von Traubenernten entrichteten, wurden bevorzugt. Zusätzlich bemerkt Wech, dass das Kloster zur Zeit der Traubenernte eine volle Kasse haben müsse, um in guten Jahren entsprechende Ankäufe tätigen zu können.

Wiederholt äußert sich Wech zu den Investitionen in die Infrastruktur. Die größten Lagerkapazitäten befanden sich unter den Klostergebäuden. Zusätzlich verfügte die Kartause Ittingen in den 1750er-Jahren über 16 dezentrale Keller. Wech gibt Anweisungen zu ihrer optimalen Belüftung und zu Maßnahmen die Einbruchsicherheit betreffend. Für all diese Keller wurden unter der Verantwortung Wechs zahlreiche neue Fässer hergestellt, und zwar durch die eigene Klosterküferei: Auswärtigen Küfern misstraute er, weil sie minderwertiges Holz verarbeiten würden.

Zur Infrastruktur gehörten auch die Trotten, die Weinpressen. Neben einer großen Trotte im Klosterbezirk betrieb die Kartause drei weitere externe »Gottshaustrotten«. Die Errichtung einer Trotte in der Ittinger Gerichtsherrschaft war nur mit Bewilligung des Klosters möglich. Wech klagt darüber, dass das Kloster früher allzu leichtfertig Bewilligungen erteilt habe. Unter seiner Führung der Klosterwirtschaft wurden diverse private Trotten angekauft und aufgehoben: Die Traubenernten sollten im Idealfall alle in die Gottshaustrotten eingeliefert werden, wo sie durch vereidigte Trottenmeister gepresst und abgemessen wurden. Dadurch floss der »Trucklohn« in die klösterliche Kasse. Die Hauptmotivation für diese Politik allerdings war die Vermeidung von Betrug insbesondere bei der Abmessung des nassen Zehnten. Diesem Thema widmet Wech sehr umfangreiche Ermahnungen. Trottenmeister, Zehntknechte und Personal des Klosters hätten über alles zu wachen, und sogar Procurator Wech persönlich begab sich – explizit nicht nach einem festen Stundenplan – während der Weinernte auf Inspektionsrunden in die Weinberge und Trotten. Vergehen wurden mit empfindlichen Bußen und mit Konfiskationen bestraft.

In den Texten Wechs spielt die Qualität eine herausragende Rolle. Im Weingeschäft zahlten sich Anstrengungen und Investitionen ganz besonders aus, wenn in guten Jahren große Mengen lagerfähigen Weins eingekellert werden konnten, die in Mangeljahren entsprechend teurer verkauft werden konnten. Daher förderte Wech Rotweine, die »best rothe Reeben«, die wohl mit Blauburgunder identifiziert werden können. Guter, lagerfähiger Rotwein brachte zwar mengenmäßig weniger Ertrag als der zu seiner Zeit vielfach bevorzugte Weißwein, aber er erzielte im Gegenzug wesentlich höhere Erlöse beim Verkauf. Zur Förderung dieser wirtschaftlich interessanten Sorten ließ Wech eine ›Rebschule‹ anlegen. Und nicht nur beim Eigenanbau kam diese Sortenpolitik zum Tragen. Zusätzlich wurden Produzenten ermuntert, die vom Kloster bevorzugten Sorten einzulegen. Sie konnten im Gegenzug darauf zählen, ihre Ernten regelmäßig und zu einem guten Preis der Kartause verkaufen zu können, auch wenn die Witterung zu weniger guten Ernten führte.

Zudem mahnt der sonst so strenge Administrator, den getreuen Lieferanten gegenüber Nachsicht walten zu lassen, was die Schulden betrifft. Daraus entwickelte sich eine enge Symbiose zwischen dem Kloster und externen Produzenten. Die Ausweitung des Weingeschäfts um die Mitte des 18. Jahrhunderts basierte wesentlich auf der dynamischen Entwicklung der Ankaufspolitik, die darauf abzielte, die Lieferanten langfristig zu binden.

Das Verhältnis der weißen zu den roten Reben schätzt Wech für die Umgebung der Kartause auf ca. zwei Drittel zu ein Drittel. Zu den weißen Trauben bemerkt er, dass sie oft nicht zur vollen Reife gelangten und da-

Prunkfass aus der Kartause Ittingen (Inhalt ca. 45.000 Liter). Hergestellt 1759 durch den Küfermeister Franz Joseph Wanger, renoviert 1813 durch den Küfermeister Joseph Georg Engelmann. Ursprünglicher Standort im großen Keller, heute Historisches Museum Thurgau, Frauenfeld

her saure und minderwertige Weine ergäben. Doch in den seiner Aussage gemäß seltenen Jahren, in denen die weißen Trauben voll ausreiften, strebte er danach, so viel wie möglich einzukellern und dafür auch Ankäufe über den Kreis der regelmäßigen Lieferanten hinaus zu tätigen.

Hinsichtlich der Organisation der ganzen Weinwirtschaft gehen entscheidende Änderungen auf Josephus Wech zurück. So bemerkt er, dass früher, d.h. vor seiner Zeit als Verantwortlicher für die Wirtschaft, sogar Prior und Procurator des Klosters »ganz untertänig« und »nach Gnad und Willkür« des Küfermeisters leben mussten, da allein dieser die Übersicht über die Lagerbestände, die Qualitäten und die Preise hatte. Für Procurator Wech waren dies unhaltbare Zustände. So führte er eine Kellerbuchhaltung ein, die ihm jederzeit den Überblick über die Bestände ermöglichte, und er behielt sich Grundsatzentscheidungen den Verkauf betreffend persönlich vor. Grundsätzlich mahnte er an, den geringsten Wein möglichst schnell zu verkaufen; doch sollte stets der jährliche Verbrauch von ca. 24.000 Litern berücksichtigt werden, die das Kloster für die vielen festen und temporären Angestellten benötigte, für die Brot und Wein ein Besoldungsbestandteil war. Der geringe Wein behielt seinen wichtigen Stellenwert auch beim Verkauf, doch die reichsten Gewinne waren aus den lagerfähigen Rotweinen zu erzielen. Diese guten Weine wollte Wech auch bei reichen Vorräten nur zu hohen Preisen verkauft wissen, in der Erwartung, dass in schlechten Jahren die Nachfrage steige.

Mit großer Ausführlichkeit widmen sich die Texte Wechs zudem vielen Detailaspekten des Ausbaus, des Verschnitts und der Fasspflege. So finden sich Rezepte für die Herstellung von »Schwefelschnitten« mit Kräutern und Gewürzen zum »Einbrennen« und von Laugen zum Auswaschen der Fässer. Mit diesen Passagen stellte Wech unter Beweis, dass er mit sämtlichen Abläufen im Weingeschäft intim vertraut war.

Ausblick

Aus der Zeit von Procurator Wech sind leider keine Rechnungsbücher erhalten, die eine Gesamtsicht der Ittinger Wirtschaft ermöglichten. Gleichwohl belegt allein das Weinverkaufsbuch, dass Wech mit den zahlreichen Reformen unter seinem Regime durchaus sehr konkrete Erfolge erzielt hatte: In der zweiten Hälfte des 18. Jahrhunderts stiegen die Erträge aus dem Weingeschäft markant.

Erst Dokumente von 1803/1804 ermöglichen einen Einblick in die Ittinger Wirtschaft in ihrer Gesamtheit.[8] Doch obwohl zu dieser Zeit Wechs Tod mehr als vier Jahrzehnte zurücklag, dürfte sich die Struktur der Ittinger Wirtschaft seither nicht wesentlich verändert haben; jedenfalls gibt es keine Hinweise darauf. Daher ermöglichen diese Aufzeichnungen durchaus Rückschlüsse auf die Verhältnisse des 18. Jahrhunderts.

Nicht selbstverständlich ist der weiterhin gute Zustand der klösterlichen Wirtschaft, weil man damals auf Krisenjahre infolge der Revolutionskriege zurückblickte: Der hochperfektionierte Mechanismus der Ittinger Wirtschaft funktionierte ungebrochen weiter, wenngleich mit Redimensionierungen und Problemen, wie zahlreiche ausstehende Zinszahlungen und offene Weinrechnungen belegen. Die verkaufte Menge von Januar 1803 bis April 1804 belief sich auf 123.553 Liter, also deutlich unter dem erwähnten Durchschnitt des 18. Jahrhunderts.

Für den vorliegenden Zusammenhang sind jedoch weniger die Zahlen an sich interessant, sondern ihr Verhältnis untereinander. So erfahren wir für das Weinjahr 1803 erstmals, wie sich die Eingänge zusammensetzten: Der Eigenanbau erbrachte 22.167 Liter; an Lehenwein (das heißt aus gegen den halben Ertrag verpachteten Weinbergen) gingen 6.286 Liter ein; an Zehntwein 36.895 Liter; an Trottenwein (Trottengebühren in natura) 3.517 Liter; angekauft wurden 124.245 Liter.

Der Stellenwert des Weingeschäfts in der Gesamtwirtschaft zeigt sich im Überblick über die wichtigsten Bareinkünfte. Der Weinverkauf brachte 16.499 Franken ein, die Zinseingänge beliefen sich trotz hoher Ausstände auf 11.077 Franken. Alle weiteren Bareinnahmen fallen weit hinter diese beiden symbiotisch verknüpften Hauptpfeiler der Ittinger Wirtschaft zurück: Lehenszinsen 920 Franken, Schweine 290 und übriges Vieh 553 Franken, »verschiedene Produkte« 782 Franken, Getreideverkäufe (v.a. aus Zehnteingängen) 632 Franken, bar bezahlte Zehnten 359 Franken, Branntweine 320 Franken. Die Bedeutung der neben dem Weinbau betriebenen Landwirtschaft bestand vor allem in der Selbstversorgung des Klosters und der von ihm abhängigen Personen.

Christa Fritschi

Weinbau und Weinhandel in der Ostschweiz im 19. Jahrhundert

1867 erwarb der junge Landwirtschaftspionier Victor Fehr (1846–1938) die Kartause Ittingen, um sie als landwirtschaftliches Mustergut und repräsentativen Familiensitz zu nutzen. Der Sohn eines Textilkaufmannes und Bankiers aus St. Gallen und seine Nachkommen führten auch die stolze Weinbautradition des ehemaligen Klosters bei Frauenfeld im Kanton Thurgau weiter.

Das Kloster, im 12. Jahrhundert als Chorherrenstift nach der Regel des heiligen Augustinus gegründet, war 1461 bis zu seiner Auflösung 1848 im Besitz des Kartäuserordens. Seine wirtschaftliche Blüte vom 17. bis zum 19. Jahrhundert stützte sich zu einem großen Teil auf den Weinbau und vor allem auf den Weinhandel. Zu dieser Zeit gehörte die Kartause Ittingen zu den größten Weinhändlern des Bodenseeraumes. Die Französische Revolution und die darauffolgenden politischen Umwälzungen brachten aber Einschnitte in die wohl abgestimmte Wirtschaft der Mönche mit sich. Mit einem Gesetz von 1804 wurden Zehnten und Grundzinsen abgelöst. 1836 geriet das Kloster unter staatliche Verwaltung, die ihre Aufgabe aber mehr schlecht als recht erfüllte. So wurde 1855 der in Ittingen eingesetzte Verwalter wegen langjähriger Unterschlagungen zu sieben Jahren Haft verurteilt, weil er unter anderem Zahlungen für verkauften Wein in die eigene Tasche gesteckt hatte. Nicht zuletzt wegen solcher Schwierigkeiten verkaufte der Kanton Thurgau im Jahr 1856 das Kloster, das 1867 in den Besitz von Victor Fehr kam.

Über die Bewirtschaftung der Kartause Ittingen durch Victor Fehr sind im Archiv der Stiftung Kartause Ittingen diverse Unterlagen erhalten. Aufschlussreiche Einblicke in den Weinbau und Weinhandel vermitteln unter anderem die Buchhaltung (1867 bis 1885) und die Weinverkäufe (1867 bis 1879).[1]

Die Reblaus und der Falsche Mehltau

Als der 21-jährige Victor Fehr das ehemalige Kartäuserkloster 1867 erwarb, verfügte er über Grundlagenwissen aus seinem landwirtschaftlichen Studium und aus seinen Praktika auf Weingütern in Erlenbach und Teufen im Kanton Zürich. Auf seinen späteren Bildungsreisen, die ihn zum Beispiel nach Kalifornien geführt hatten, hatte er seine Kenntnisse über den Wein-

Victor Fehr begeisterte sich für die Jagd. Hier mit seinen Jagdhunden.

bau vertieft. Der Landwirtschaftspionier und Kavallerieoffizier Victor Fehr bewirtschaftete die Kartause Ittingen als landwirtschaftlichen Musterbetrieb. Dabei stellten sich im Weinbau zu dieser Zeit besondere Herausforderungen.

Bis zur Mitte des 19. Jahrhunderts wurden im Thurgau großflächig Reben angebaut. Neben Birnen- und Apfelmost war Wein das häufigste Getränk. Der Weinbau war ein Hauptzweig der Landwirtschaft und Wein war der wichtigste Ausfuhrartikel des Thurgaus. Auch an höheren Lagen und unter klimatisch ungünstigen Verhältnissen wurden großflächig Reben gepflanzt. Ab Ende der 1880er-Jahre begann jedoch die Rodung verschiedener Rebberge. So betrug die Rebfläche im Kanton Thurgau im Jahre 1884 1811 Hektar, im Jahr 1910 680 Hektar und 1930 nur noch 128 Hektar.[2] Ursachen waren Missernten, der Mangel an Arbeitskräften und die Verteuerung der Handarbeit im Zuge der Industrialisierung sowie die aufkommende Viehzucht- und Milchwirtschaft als lohnende Alternative. Der große Rückgang der Rebfläche im Kanton Thurgau stand aber vor allem im Zusammenhang mit Rebkrankheiten.

Oberst Victor Fehr (1846–1938)
Landwirtschaftspionier

Victor Fehr wuchs als Sohn eines wohlhabenden Kaufmanns und Bankiers in St. Gallen auf. Ab 1864 studierte er an der landwirtschaftlichen Akademie in Bonn und – nach dem Kauf der Kartause Ittingen 1867 – am Polytechnikum in Zürich. Er war ein Pionier der Mechanisierung und der Motorisierung der Schweizer Landwirtschaft. 1872/73 importierte er aus England die erste Mähmaschine und die erste Dampfdreschmaschine in die deutsche Schweiz. Zusätzlich übernahm er den Vertrieb für diverse landwirtschaftliche Maschinen von englischen Herstellern in der Schweiz.

Ein besonderes Anliegen war ihm die Professionalisierung und die Förderung der Schweizer Landwirtschaft. Er war Mitbegründer der Gesellschaft Schweizerischer Landwirte und des Schweizerischen Bauernverbandes. Er initiierte die Gründungen der ersten Versuchsstation für Obst-, Wein- und Gartenbau der Schweiz in Wädenswil und der landwirtschaftlichen Schule Arenenberg im Thurgau. 1932 erhielt Oberst Fehr den Ehrendoktor der ETH Zürich.

Die Kartause Ittingen
mit ihren Weinbergen
zur Zeit der Familie Fehr

Im Jahre 1868 wurde in Europa zum ersten Mal die Reblaus (lat. *Phylloxera*) gesichtet, die sich an den Wurzeln der Weinreben einnistet und die Rebstöcke zum Absterben bringt. Der Schädling breitete sich von Frankreich rasch aus. 1874 wurde er im benachbarten Kanton Zürich festgestellt. In fast allen Kantonen wurden darauf Rebbaukommissionen ernannt und alle Rebberge nach der Reblaus durchsucht. Die Phylloxera-Kommission des Kantons Thurgau meldete den ersten Reblausherd erst im Jahre 1896. Darauf breitete sich der Schädling aber rasch in den Rebbergen im ganzen Kanton aus. Reblausherde wurden mit Schwefelkohlenstoff getilgt, zur langfristigen Sicherung der Rebbestände begann man mit der Pflanzung von reblausresistenten, sogenannten »amerikanischen Unterlagen«.

Eine Pilzkrankheit, die sich ebenfalls rasch verbreitete, wurde im Thurgau zum ersten Mal im Jahre 1880 bei Neunforn festgestellt. Wie die Reblaus war auch der Falsche Mehltau mit dem Import von amerikanischen Reben eingeschleppt worden. Im Jahr 1891 wurde zur Bekämpfung dieser Pilzkrankheit von den neuen Bestimmungen des Flurgesetzes Gebrauch gemacht und im ganzen Kanton die Rebenbespritzung mit der sogenannten Bordeaux-Brühe auf Kupferbasis für obligatorisch erklärt.[3]

Ein bedeutender Schritt für den späteren Wiederaufschwung des Rebbaues im Thurgau war die erfolgreiche Zucht von Rebkreuzungen durch Hermann Müller-Thurgau ab 1882. Die Vorteile seiner (vermeintlichen) Kreuzung der Riesling- und der Sylvaner-Rebe waren ihre frühe Reife, eine hohe Ertragssicherheit und relativ geringe Ansprüche an Klima und Bodenbeschaffenheit.[4] In seinen Lebenserinnerungen hielt Victor Fehr 1934 fest, dass die neue Rebsorte »zurzeit grosse Anerkennung finde und mithelfe, den darniederliegenden Rebbau wieder zu heben«.[5]

Eisenbahn und Handelspolitik

Ein weiterer Grund für den starken Rückgang des Rebbaus im Thurgau ab der zweiten Hälfte des 19. Jahrhunderts war der Druck auf die Preise durch Importe. Im Mai 1855 erhielt der Thurgau mit der Eröffnung der Linie Winterthur–Romanshorn Anschluss an die Eisenbahn. Damit eröffneten sich neue Möglichkeiten für den Handel. Durch die Eisenbahn wurden aber nicht nur neue Absatzgebiete erschlossen, sondern vor allem auch Importe von günstigen Weinen gefördert. Die Thurgauer Bevölkerung fand an den milden, südlichen Rotweinen Gefallen und wandte sich von den eher sauren Weißweinen ab. Zudem wurden im Thurgau oft Trauben an ungünstigen Lagen angebaut, deren Qualität vor allem in schlechten Jahren litt.

Eine weitere Herausforderung für den Handel war die Zollpolitik des Bundes. In einem Referat anlässlich der Generalversammlung des Schweizerischen Landwirtschaftlichen Vereins in Liestal plädierte Victor Fehr 1880 für die Einführung von Schutzzöllen auf Wein und andere Produkte. Die Erhöhung der Einfuhrzölle auf landwirtschaftliche Produkte sei ange-

Oberst Victor Fehr mit der Automobil-Mähmaschine »Helvetia« der Firma Aebi, Burgdorf, in der Kartause Ittingen, 1915

sichts der gedrückten Lage der Landwirtschaft durch die schlechten Handels- und Zollverhältnisse und der rings um die Schweiz aufgestellten Zollschranken eine Pflicht der Selbsterhaltung. Distanzen und Transport seien im Handel keine wichtigen Faktoren mehr. Victor Fehr zeigte auf, dass die Zolltarife für Importe auf Wein in einigen Ländern massiv höher lagen als in der Schweiz. So lag zum Beispiel der Zolltarif für Weinimporte nach Deutschland, einem traditionell bedeutenden Absatzmarkt für Thurgauer Weine, fünf mal höher als für Weinimporte in die Schweiz.

Auf der Grundlage der amtlichen Weinuntersuchungen führte Victor Fehr weiter aus, dass ein Großteil der in die Schweiz eingeführten Weine (von 1875–1879 durchschnittlich ca. 1 Million Liter Wein pro Jahr) gefälscht oder gepanscht sei. Mit erhöhten Zolltarifen könne zum Beispiel die Einfuhr von »gefälschten, geringen Ungarweinen« verhindert werden. »Wiederum gerade diese billigen, geringen Qualitäten sind es aber, die unseren auch nicht immer köstlichsten Weinen Concurrenz und sie unverkäuflich machen, mithin unsere Rebgelände nach und nach entwerthen. Wobei die grosse Ungerechtigkeit nicht ausser Auge zu lassen ist, dass wir mit unseren Weinen nirgends wohin können, der Weg an allen Grenzen abgesperrt ist.«[6]

> Die Reben werden nur auf eine gute Qualität Wein hin gebaut, daher der kurze sog. Knechtenschnitt angebracht wird. Die Haupttraubensorte ist der kleine Burgunder oder Klevner.
> Geerntet werden auf 22 Jucharten zirka 300 hl mit einem Mostgewicht von 74—92 ° Oechsli, je nach Qualität. Die Trauben werden trapiert. Sämtliche Weine, in einem Gährkeller vergoren, werden mit reingezüchteter Hefe, von Wädensweil bezogen, behandelt. Vom Ertrag wird die Hälfte gewöhnlich im Herbst verkauft, die andere Hälfte eingekellert.
>
> **Karthaus Ittingen,** im August 1895.

Victor Fehr setzte in der Weinbergarbeit wie in der Kellerwirtschaft seines Musterbetriebes im Kloster Ittingen konsequent auf Qualität, um sich gegen die wachsende Konkurrenz aus dem Ausland zu behaupten.

Mehr Luft und Sonne für die Trauben

Gemäß den »Ergänzungen zum Betriebsplan der Karthaus Ittingen« von 1895 produzierte das Gut unter Victor Fehr auf 22 Jucharten Fläche (ca. 8 Hektar) rund 300 Hektoliter Wein pro Jahr. Der durchschnittliche Ertrag des Gutsbetriebs pro Hektar lag demnach bei ungefähr 37,5 Hektolitern Wein jährlich. Im Vergleich dazu lagen die Erträge zur Klosterzeit mit durchschnittlich 70 Hektolitern pro Hektar wesentlich höher.[7] Heute liegen sie in der Kartause Ittingen für den Blauburgunder bei ca. 50 Hektolitern pro Hektar.

Beim Weinbau in der Kartause Ittingen setzte Victor Fehr, wie in jedem Bereich seines landwirtschaftlichen Musterbetriebes, konsequent auf Qualität und Rentabilität. Er konzentrierte den Weinbau auf die besten Lagen, verbesserte die Kelterung und die Weinpflege. Er erweiterte in den Reben den Satz, um den Trauben mehr Luft und Sonne zu geben.[8] Im Vergleich zum früher üblichen, sehr engen Rebsatz reduzierte sich nun die aufwändige Handarbeit für die Stockpflege und die Bodenarbeit mit Karst, Grabgabel oder Spaten. Auch das Aufbringen von Pflanzenschutzmitteln war einfacher möglich.

Fehr baute vor allem die Traubensorte Blauburgunder an. Dabei war auf den hervorragenden Reblagen der Kartause – im Gegensatz zu vielen anderen Rebflächen im Thurgau – keine grundsätzliche Bereinigung der Sorten notwendig. Schon zu Klosterzeiten waren in Ittingen zu einem großen Teil Blauburgundertrauben angebaut worden. Der steile Hang unter der Kirche hatte schon immer einen der besten Rotweine der Ostschweiz hervorgebracht. Fehr begrenzte aber die Flächenerträge be-

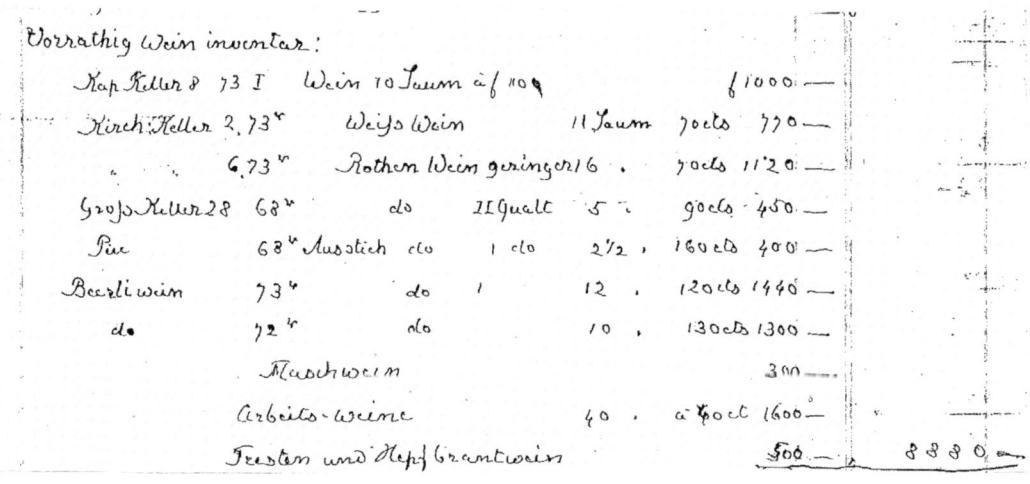

Die Erträge des Kartause Ittingen wurden bis zu 6 Jahren eingelagert; nur geringe Mengen der besseren Qualitäten wurden auf Flaschen abgefüllt.

wusst auf kleine Mengen und richtete seinen Rebbau ganz auf Spitzenqualität aus. Zudem wurde die Weinlese in der Kartause jeden Herbst so weit wie möglich hinausgeschoben, um einen möglichst hohen Zuckergehalt zu erreichen.

Der Erfolg dieser Maßnahmen lässt sich eindrücklich anhand der Buchhaltung von Victor Fehr nachvollziehen. Darin findet sich im Frühjahr meist ein Inventar des Weinlagers in mehr oder weniger detaillierter Form. Ein Vergleich der jährlichen Weininventare von 1869 bis 1878 zeigt jedes Jahr eine Steigerung der durchschnittlichen Preise. Von 1869 bis 1885 erbrachte der Wein im Durchschnitt rund ein Drittel aller Erträge des Gutsbetriebs.

Beerli, Ausstich und Arbeitswein

Gemäß Weininventar vom März 1874 lagen insgesamt 108,5 Saum bzw. 16.275 Liter Wein (sowie Branntwein) im Wert von total 8.880 Franken am Lager. Die Weine von Jahrgang 1868 bis 1873 lagen hier also bis zu 6 Jahre am Lager, wobei in anderen Jahren sehr gute Jahrgänge auch länger gelagert wurden. Die Menge wurde hier in der Einheit »Saum« erfasst, in anderen Jahren auch in Maß, Hektoliter oder Liter.[9] Das Inventar enthielt zudem Angaben dazu, in welchem Keller der Wein gelagert wurde.

Victor Fehr unterschied in seinem Rechnungsbuch Rotweine und Weißweine. Je nach Lage und Qualität wurden diese in Qualität I, II oder III unterteilt. Beim »Ausstich« handelte es sich um eine Auslese aus selektierten Trauben, beim »Beerli« wurden die abgebeerten Trauben ohne Rappen mittels Maischegärung verarbeitet. Die Entfernung der Traubenkämme war damals noch nicht wie heute Standard und galt als Qualitätsmerkmal. Daneben gab es preisgünstige Weine mit der Bezeichnung »Geringe Weine« und »Arbeitswein«. Letzterer wurde aus Pressrückständen (Trester) hergestellt und würde heute als »Ansteller« bezeichnet. Sein Name dürfte auf die Arbeiter als Hauptabnehmer zur Zeit der Industrialisierung hinweisen. Im Vergleich zum »geringen Wein« war der »Arbeitswein« von wesentlich niedrigerer Qualität. Ab der Mitte der 1870er-Jahre wurde auch die Herstellung von Branntweinen in Ittingen stark ausgebaut.

Die Preise der Weine variierten stark nach Jahrgang und Qualität. Zum Vergleich: Für sehr gute Qualitäten Rotwein berechnete Victor Fehr 1874 je nach Jahrgang pro Liter umgerechnet 80 Rappen bis 1,07 Franken. Geringer Rotwein war für 47 Rappen pro Liter erhältlich und 1 Liter Arbeitswein kostete 27 Rappen. In den 1870er- und 1880er-Jahren wurde der Wein in der Regel in größeren Gebinden, also pro Saum oder pro Hektoliter, verkauft. Kleine Mengen von guten oder sehr guten Qualitäten waren als sogenannter »Flaschwein« erhältlich. Die Preise für Rotweine lagen in den vorliegenden Quellen allgemein wesentlich höher als für Weißweine.

Qualitätsweine für Gastronomie, Weinhandel und private Haushalte

Oberst Fehr lieferte seine »Kartäuserweine« an private Haushalte, an die Gastronomie und an Weinhändler vor allem in der deutschen Schweiz. Daneben betrieb er einen eigenen Gasthof in der Kartause Ittingen. Kartäuserweine wurden auch mehrfach an Schützenfesten ausgeschenkt, so zum

Beispiel 1873 auf dem kantonalen Schützenfest in Flawil (SG) oder 1875 auf dem eidgenössischen Schützenfest in St. Gallen.

Rund die Hälfte der Weinproduktion wurde jeweils im Herbst verkauft, die andere Hälfte wurde eingekellert. Geringere Qualitäten wurden tendenziell rasch abverkauft. Regelmäßig wurden die Weine auf Weinauktionen in der Kartause Ittingen versteigert.

Die Weinverkäufe von 1867 bis 1879 wurden im sogenannten »Weinverkaufsbuch« detailliert festgehalten. Daraus geht hervor, dass zum Beispiel im Jahre 1870 rund 50 % der Weine an Ostschweizer Kunden verkauft wurden, davon gingen ca. 15 % in den Kanton Thurgau. Rund 27 % der Weine gingen in die Zentralschweiz, 6 % ins Mittelland und 12 % nach Zürich. Allerdings schwankten die Mengen und die Anteile nach Regionen von Jahr zu Jahr beträchtlich.

Die Gastronomiebetriebe befanden sich oft in Städten oder an touristisch attraktiven Orten. Dazu gehörten in den 1870er- und 1880er-Jahren renommierte Betriebe wie der Schweizerhof in Bern, der Waldstätterhof in Brunnen oder das Hotel Hecht in St. Gallen. Später kamen gemäß mündlicher Überlieferung weitere Luxushotels wie das Baur-au-Lac in Zürich, das Palace und das Suvretta House in St. Moritz hinzu.

Die Weine aus dem ehemaligen Kartäuserkloster genossen in der ersten Hälfte des 20. Jahrhunderts weit über die Region hinaus einen ausgezeichneten Ruf, die Belieferung der Luxushotels dürfte aber auch mit dem guten persönlichen Netzwerk von Oberst Victor Fehr im Zusammenhang stehen.

Schlussbemerkungen

Der Kauf der Kartause Ittingen durch Victor Fehr im Jahr 1867 fiel in eine Zeit, als der Weinbau in der Ostschweiz mit massiven Herausforderungen konfrontiert war. Die Reblaus und der Falsche Mehltau bedrohten die Erträge, die neu gebaute Eisenbahn ermöglichte Importe von billigen Weinen, Zollschranken erschwerten den Absatz ins Ausland, und die Industrialisierung führte zu einem Mangel an Arbeitskräften.

Vor diesem Hintergrund richtete Victor Fehr den Weinbau konsequent auf Spitzenqualität aus. Er konzentrierte sich auf die besten Lagen, verbesserte die Kelterung und die Weinpflege. Mit dieser Strategie erreichte er eine Weinqualität, die sogar die Spitzengastronomie überzeugte und ansehnliche Erträge generierte.

Inwieweit sich die Verhältnisse der Kartause Ittingen im 19. Jahrhundert auf den Weinbau in der Ostschweiz allgemein übertragen lassen, ist schwierig zu beurteilen. Victor Fehr setzte in seinem Musterbetrieb im Weinbau wie in jedem anderen Bereich auf Innovation und Rentabilität. Neben großer Tatkraft und unternehmerischem Talent verfügte er aufgrund seiner Herkunft über die notwendigen finanziellen Mittel, Zugang zu Wissen sowie ein wertvolles gesellschaftliches Netzwerk, was die Umsetzung seiner Ideen erleichterte.

Christine Krämer

Spätburgunder – die variantenreiche Rebsorte am See

Im Herbst 1847 versammelten sich im Überlinger Badehaussaal die führenden deutschen Weinproduzenten zu ihrer jährlichen Versammlung, die auf Anregung von Sigmund Freiherr von und zu Bodman in diesem Jahr am Bodensee stattfand.[1] Weinfachleute aus allen deutschsprachigen Anbaugebieten, darunter sechs Thurgauer und Schaffhauser, diskutierten über die aktuelle Lage des Weinbaus, über Anbaumethoden und Kellerwirtschaft. Eine eigens gebildete Weinprüfungskommission probierte und beurteilte die zahlreichen Bodenseeweine, die im Vorfeld eingesandt worden waren. Zu den herausragenden Rotweinen der Probe gehörten ein 1834er Thurgauer vom Schlossgut Bachtobel der Familie Kesselring, »ausgezeichnet durch Bouquet und Süßigkeit, wohl erhalten«[2], ein 1846er Roter Kattenhorn des fürstenbergischen Rebguts und ein 1846er Roter Meersburger der badischen Domäne. Ein wichtiger Tagesordnungspunkt bei der Versammlung am Vormittag des 1. Oktober 1847 war der Erfahrungsaustausch über den blauen Silvaner, die rote Hauptsorte am See, und die Frage, ob »dessen Anbau auch für andere deutsche Weingegenden zu empfehlen sei«.

Über den blauen Silvaner, auch als blaue Bodenseetraube bezeichnet, entbrannte an diesem Vormittag eine lebhafte Diskussion. Als Vorteile wurden die geringe Frostempfindlichkeit genannt, seine frühe Reife, dass er die Blüte gut aushalte, der Wein haltbar sei »und einen eigenthümlichen, sehr beliebten Geschmack habe, den keine andere Traube gebe«. Vor allem ging es um den Vergleich mit dem Spätburgunder, der damals Klevner hieß. Dieser besitze dieselben vorteilhaften Eigenschaften, gebe dabei aber einen dunkleren und besseren Wein ab als der blaue Silvaner. Dem setzte der Meersburger Domänenverwalter Mayr entgegen, der blaue Silvaner liefere im Vergleich zum Klevner den doppelten Ertrag, und das bei gleichen Öchslegraden. Angesichts dieses wirtschaftlichen Vorteils wurde erörtert, ob die Bodenseetraube auch für andere Weinanbauregionen geeignet sein könnte. Fachleute, die nicht vom Bodensee kamen, gaben jedoch zu bedenken, »daß der am See als roth geltende Wein anderwärts gar nicht für rothen, sondern nur für Schiller angesehen werde, und deßhalb nicht verkäuflich sein möchte.«[3]

Blauer Silvaner, auch Bodenseeburgunder oder Bodenseetraube, war die rote Hauptsorte am Bodensee. Er ist vermutlich eine Spielart der Burgunderrebe. Die Beeren sind größer als beim Klevner und sitzen lockerer.
Johann Simon Kerner: Le raisin, ses espèces et variétés, Stuttgart, 1803–1815. Württembergische Landesbibliothek

Die Bodenseetraube

Neben der weißen Sorte Elbling war der blaue Silvaner am nördlichen Ufer im 19. Jahrhundert die vorherrschende Sorte. In Musteranlagen wurde etwas Spätburgunder angebaut, doch selbst in Betrieben, die als Vorreiter galten, war der Anteil klein – in der Weinbaudomäne Meersburg machte der Burgunder 1847 selbst in den besten Lagen unter zwei Prozent aus.[4] Ist die Geschichte der roten Leitsorte am Bodensee also nicht die des Spätburgunders, sondern vielmehr die des blauen Silvaners? Beginnt die Geschichte des Spätburgunders am Bodensee womöglich erst im 20. Jahrhundert?

Für viele Weinfachleute des 19. Jahrhunderts war der blaue Silvaner eine eigenständige Rebsorte, die mit dem Burgunder nichts zu tun hatte, andere sahen in ihm eine Abart des Burgunders. Sicher war nur, dass er nicht die blaue Variante des grünen Silvaners war. Die Identität des blauen Silvaners ist genanalytisch nicht geklärt, da die Sorte am Bodensee nicht überlebt hat und somit keine Exemplare für eine DNA-Analyse zur Verfügung stehen. Vieles spricht dafür, dass die Bodenseetraube tatsächlich der Burgunderfamilie angehörte, doch war es ihre Einbürgerung in Etappen, die dazu führte, dass mehrere Varianten koexistierten und so unterschiedlich waren, dass man sie nicht mehr als Vertreter ein und derselben Sorte erkannte.

Die Burgunderrebe stammt vermutlich aus Nordostfrankreich, wo sie aus Wildreben entstanden sein dürfte. Ihr Verbreitungsgebiet glich bereits im Spätmittelalter einem Gürtel, der sich von der Loire über Lothringen, Burgund, Elsass, Jura und Schweiz bis Deutschland zog und in dessen Klima sich die Sorte wohlfühlte.[5] Sie gehört zu den ältesten Rebgattungen der Welt und ist möglicherweise über 2000 Jahre alt. Das gab ihr Zeit, sich zu verändern und Varianten auszubilden: Die Burgunderfamilie weist über 1000 Klone auf. So sind Weißburgunder, Grauburgunder und Frühburgunder lediglich Farb- und Reifezeitpunktmutationen einer Sorte und schmecken völlig unterschiedlich, obwohl sie ein und denselben genetischen Fingerabdruck haben.[6]

Der Weinbaufachmann Johann Philipp Bronner hielt den blauen Silvaner für eine eigenständige, durch jahrhundertealte Anpassung entstandene Variante des Spätburgunders. Über die Herkunft der Burgunderreben stellt er folgende Überlegung an: »Erwägt man, daß in der Gegend des Bodensees Abteien, Klöster und sonst eine Menge geistlicher Pfründen bestanden, daß die geistlichen Herren einen großen Theil des dortigen Grundbesitzes inne hatten, daß der beste Boden, der schönste Wald, die schönste Jagd, die besten Weinberge ihr Eigenthum war; daß es eine Zeit gab, wo das Beste was Küche und Keller zu leisten vermag, nur bei ihnen anzutreffen war, wo der Burgunder Wein die höchste Ehrenstelle bei der Tafel allein zu behaupten wußte, ehe der Champagner bekannt war. Erwägt man, daß diese Herren in der Glanzperiode ihres Daseins, zunächst ihrem geistlichen Berufe, auch dem Zeitgeiste huldigten, und ihn sogar zu leiten trachteten, indem sie die Kultur der Erzeugnisse des Bodens förderten, wobei der Weinstock die erste Stelle einnahm, findet man doch wohl Grund genug, daß diese Herren nicht lange säumen mochten, das Edelste seiner Zeit in ihren eigenen Bereich zu ziehen und das Gewächs anzupflanzen, das ihnen Gutes zu liefern versprach.«[7] Auf den ersten Blick scheint damit das Wesentliche zur Herkunft der Rebsorte gesagt, doch es bleiben Fragen offen: Welche Sorte wurde angebaut, bevor die Burgunderweine die Ehrenstelle auf den Fürstentafeln hatten? Wo kam der Burgunder her und wann wurde er eingeführt? Warum existierten blauer Silvaner und Burgunder parallel und wie kam es zum Synonym Klevner?

Einwanderung aus Ostfrankreich

Sicher ist, dass die Burgunderrebe aus dem heutigen Nordostfrankreich eingeführt wurde. Die politischen und kirchlichen Verbindungen zwischen der Bodenseeregion und den französischen Nachbarn – dem Elsass, dem Raum der burgundischen Pforte, Burgund und Lothringen – sind seit dem Frühmittelalter sehr eng. Ob die Burgunderrebe bereits mit der fränkischen Expansion an den Bodensee kam, bei der adlige Grundherren sie mitbrachten, ob ihre Einführung mit der großen Klostergründungswelle des 8. Jahrhunderts und den Aktivitäten der Abteien St. Gallen und Reichenau zusammenhängt oder ob sie mit den von Burgund ausgehenden Klosterreformen des Hochmittelalters einwanderte, muss offen bleiben. Aus den Quellen ist bis ins Spätmittelalter hinein nichts über die am Bodensee angebauten Rebsorten zu erfahren. Niemand hat es aufgeschrieben, galt doch die Beschäftigung mit den Rebsorten zur »niederen Arbeitswelt«, mit der sich die Schreiber von Urkunden und Rechtstexten, die den größten Teil der erhaltenen Schriftzeugnisse ausmachen, nicht auseinandersetzten, was zur Folge hatte, dass dieser Aspekt »schlicht außerhalb unseres Überlieferungshorizontes liegt«.[8] Eine Urkunde Karls des Dicken, die den Import des Spätburgunders im Jahr 884 in Bodman am Bodensee belegt, gibt es jedenfalls nicht.[9] Einiges spricht für eine Einführung von Burgunderreben durch die Reformorden im Hochmittelalter, mit deren Aufkommen eine Ausweitung des Weinbaus einherging, und man denkt in erster Linie an die stark vernetzten und international agierenden Zisterzienser, deren Filialsystem gute Voraussetzungen bot für einen Wissenstransfer zwischen den Mutterklöstern in Frankreich und den Tochterklöstern. Die viel zitierte Erwähnung von Klevner in einer Salemer Urkunde 1318 kann als Beleg allerdings nicht hinzugezogen werden, weil es sich hierbei um die Weinsorte handelt und nicht um die Rebsorte.[10]

Erste Nennung in Überlingen

Die erste Erwähnung der Burgundersorte am Bodensee stammt aus dem Jahr 1554. In Überlingen hatten Mitte des 16. Jahrhunderts viele Rebleute weiße Reben gepflanzt und stattdessen die »guten alten kläfner und ander dergleichen edel reben« gerodet, um höhere Erträge zu generieren. Die Stadt verbot daher 1554 den Anbau der weißen Rebsorten und verlangte, dass »die kläfnerreben nit gar undergetruckt und in abfall gepracht« werden, niemand durfte sie »usshauen und an derselben statt hinderrucks und one desselben seines lehenherrn vorwissen, andere, weisse reben«[11] pflanzen.

An dieser Stelle ist en passant zu klären, wie der Burgunder den Sortennamen Klevner verpasst bekam. Klevner war eigentlich eine Rotweinsorte, die über die Alpenpässe aus dem oberitalienischen Chiavenna, zu Deutsch Kleven, eingeführt wurde und seit dem 14. Jahrhundert in Schwaben sehr beliebt war.[12] Doch weder stammt der Spätburgunder aus Chiavenna, noch wurde die Handelsware Klevner aus Burgundertrauben bereitet. Vielmehr ging die Bezeichnung der oberitalienischen Handelssorte auf die Burgunderrebsorte über. Ein Grund hierfür ist in den spätmittelalterlichen Einfuhrverboten[13] für fremde Weine zu suchen. Mit diesen Bestimmungen schützte man den Absatz der heimischen Produktion. Der Konsument hingegen wollte die ausländischen Weine nicht missen und war bereit, hohe Preise dafür zu zahlen. Die Namen dieser beliebten Handelssorten gingen dann auf diejenige Rebsorte über, die quasi die heimische Kopie für das ausländische Luxusgetränk lieferte. Aus demselben Grund erhielt der Grauburgunder im Elsass den Namen Tokay und im

Der Spätburgunder hatte viele Namen. Am Bodensee war er vor allem als Klevner bekannt. Er war empfindlicher und ertragsschwächer als der blaue Silvaner, gab aber konzentriertere und dunklere Rotweine. Johann Simon Kerner: Le raisin, ses espèces et variétés, Stuttgart, 1803–1815. Württembergische Landesbibliothek

Schweizer Wallis Malvoisie, denn er lieferte hohe Mostgewichte und damit Weine, die bestenfalls an die berühmten Süßweine Tokajer und Malvasier erinnerten. Klevner ist bis heute als Synonym für den Spätburgunder am Bodensee üblich, besonders in der Schweiz.

Die Weinorte Meersburg und Überlingen waren im 16. Jahrhundert berühmt für ihre Weine aus roten Reben. Sie gaben zwar weniger Ertrag als die weißen, doch ließ sich der Rotwein leichter und teurer verkaufen und der Wein aus den roten Reben war selbst dann hochwertiger und dauerhafter, wenn er ohne längeren Schalenkontakt gepresst und als Weißwein oder Schiller ausgebaut wurde. Die Winzer jedoch bevorzugten die ertragreicheren weißen Sorten, weil der Profit aus dem Weinhandel nur dem Grundherrn zufiel. Obrigkeitliche Verordnungen zielten daher in beiden Orten darauf ab, mehr rote Reben zu pflanzen. In Meersburg argumentierte der Rat, das »Mörspurger Weingewächs« sei beliebt »weilen der Reebstall von jeher fast durchgehends aus rothen Trauben bestanden, und der Wein eben darum eine bessere Qualität erhält.« Würde man die weißen Reben, die einen »harten und ungeistigen« Wein geben, überhand nehmen lassen, »so würde der Credit des hierortigen Weins bald in Abfall kommen, der Debit sich verliehren, sofort den hierortigen Corporibus sowohl als Particularen ein auf viele Zeit und Jahre unersetzlicher Schaden zugezogen werden.«[14] Aber auch dann, wenn die Winzer rote Trauben anbauten, erzeugten sie lieber einen hellen Wein daraus. So hatten sich die Meersburger Rebleute des Klosters Rot Anfang des 18. Jahrhunderts der Anweisung, Trauben für eine Rotweinpressung auf der Maische vergären zu lassen »sehr grob und hart darwidersezt, vorgebendt, daß wann dieselben 10 bis 12 Tag in Züber zum rothen Wein stehen verbleiben, leyden sie einen Abgang an Wein«[15] – ein Problem, das von der Vergärung in offenen Zubern herrührte, wobei ein Teil des Alkohols verdunstete. Der Kellermeister des Klosters setzte sich gleichwohl durch und fortan war es »mit denen Gemeinderen ein auß-

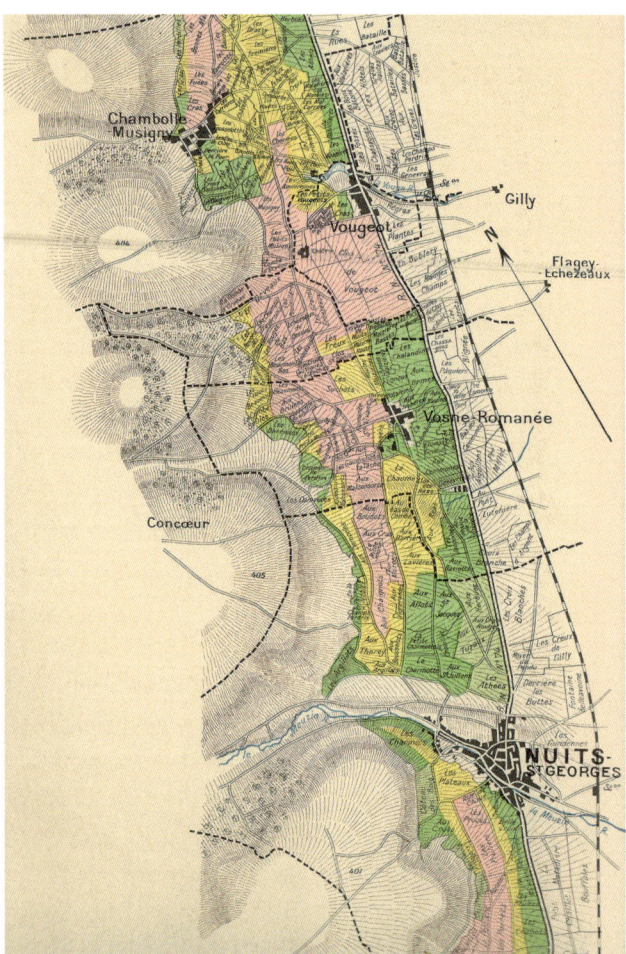

Das Burgund ist die Heimat des Spätburgunders, der hier Pinot noir heißt. Die vielen Einzellagen – climats – bringen die Vielschichtigkeit der Sorte zur Geltung. Von Lage zu Lage schmeckt der Wein anders. Die Weine aus den berühmten Lagen der Côte d'Or waren über Jahrhunderte die Vorbilder der Weinerzeuger.
L. Larmat, Les Vins de Bourgogne, Paris 1942

gemachte außtragene Sach, daß dem Bauherren allezeit frey stehe, die Wein willkührlich nach Belieben in gefällige Farben zu richten, alß e.g. weiß, schiller, roth«.[16]

In vielen Jahrhunderten Existenz in den Rebgärten um den See akklimatisierte sich die Burgunderrebe und mutierte zu einer an den Standort Bodensee angepassten Variante mit lockeren Beeren. Die Sorte wurde nicht mehr zwingend mit dem Burgund in Verbindung gebracht, sie war schlicht das rote Gewächs am Bodensee, die »ordinari Rothe«.[17] Erst im 19. Jahrhundert erschien häufiger die Bezeichnung blauer Silvaner.

Vorbild Burgund

Während in Frankreich die Burgunderweine bereits im Mittelalter zu den gesuchtesten gehörten und Petrarca behauptete, die Päpste wollten aus Avignon nicht nach Rom zurückkehren, weil sie befürchteten, dort keinen Burgunder vorzufinden, bevorzugte die feine Gesellschaft im Bodenseeraum bis ins 16. Jahrhundert noch die teuren Südweine – Malvasier, Muskateller, Reinfal und andere welsche Weine, die man zumeist aus Venedig importierte.[18] Erst im 18. Jahrhundert avancierten die Weine aus dem Burgund auch in Südwestdeutschland zu den gesuchtesten Gewächsen und wurden auf den vornehmsten Fürstentafeln serviert.[19] Er war nun »wegen seiner Lieblichkeit für Damen und Herren der König der Weine, und ein Glas echter Burgunder war das edelste, was man zu kredenzen vermochte.«[20] Der Fürstbischof von Konstanz servierte ihn bei den höchsten Feierlichkeiten. Er wurde zumeist zum Ende des Essens hin ausgeschenkt, manchmal gar erst mit dem Dessert, und oft kombiniert mit Malaga und Champagner.[21]

Mittlerweile leisteten sich auch bürgerliche Schichten edle ausländische Weine. Um sich davon abzugrenzen, suchte der Adel nach immer raffinierteren Genüssen, mit denen er seinen feinen Geschmack angemes-

160

sen zur Schau stellen konnte. Das Burgund mit seinen Lagenweinen kam dem Wunsch nach Distinktion dieser Klientel entgegen. Madame de Croonembourg – die Familie war von 1631 bis 1760 Eigentümerin des Weinguts Romanée, der heutigen Domaine de la Romanée-Conti – verkaufte 1755 eine queue Romanée, ein Fass von 456 Litern, für 1200 französische Pfund. Das war etwa das Zwanzigfache eines französischen Landweins und wurde als so exorbitant teuer empfunden, dass der Négociant[22] in Burgund daran zweifelte, ob sich für einen so überzogenen Preis noch Dummköpfe finden würden, die ihren Wein kaufen.[23] Teurer waren im 18. Jahrhundert nur die berühmten Süßweine aus Tokaj oder vom Kap. Andere Burgunder aus qualitativ ebenso hochwertigen Lagen, die wie die Romanée zu den »vins de la plus grande distinction« gehörten, waren um etwa die Hälfte zu haben – eine queue Chambertin kostete zwischen 600 und 700 Pfund, und der Abt von Cîteaux verkaufte die queue Clos de Vougeot für 600 französische Pfund, zwanzig Mal so viel wie seinerzeit ein durchschnittlicher Meersburger Rotwein. Bis heute sind die Weine der Domaine de la Romanée-Conti das Maß aller Dinge in Sachen Burgunder. Das Verhältnis der Preise ist heute freilich ein ganz anderes. Eine Flasche Romanée-Conti kostet um die zehntausend Euro, das ist nicht nur zwanzig Mal so viel wie ein Alltagswein, sondern mehr als tausend Mal so teuer.

Auch Abt Anselm II. von Salem deckte sich mit Burgunderwein ein. Beliefert wurde er von Karl Joseph Riepp, dem oberschwäbischen Orgelbauer, zu dessen herausragenden Werken neben der Orgel in Ottobeuren die des Salemer Münsters und der Kathedrale Saint Bénigne in Dijon gehören. Riepp hatte sich in Dijon niedergelassen, wo er das Geld, das er mit dem Orgelbau verdiente, in Weinberge in den besten Lagen der Côte d'Or investierte. Darüber hinaus betrieb er einen florierenden Weinhandel. 1767 bot Riepp dem Salemer Abt an, mit einer der künftigen Weinlieferungen könne er »etlich taußent planten von Reben schikhen vor ein Journall oder möer und Reben schon mit wurtzlen [...].«[24] Die Burgundermode des 18. Jahrhunderts weckte nämlich den Wunsch, »Reben aus Burgund zu beziehen, und damit Weinberge anzulegen, um aus diesen Trauben solchen Wein, der auf burgundische Art bereitet wurde, in heimischem Boden erzielen zu können.«[25] Als ein 1834er Mauracher Burgunder aus dem großherzoglich badischen Weingut in Salem bei einer Versteigerung einen sensationell hohen Preis von über 3000 Gulden pro Fuder erzielte,[26] war das wie ein Paukenschlag. Nun begannen die eigenen Burgunderweine »auf den Tafeln der Reicheren und Möchtigeren zu glänzen.«[27] Eine verbesserte Weinbergarbeit und neue Kellermethoden führten auch bei den gewöhn-

O. Z.	Kellerei	Jahrgang	Sorte	Preis des hl ℳ
			1. Rotweine.	
1	Spitalkellerei	1902	Meersburger blauer Sylvaner	55
2	Winzerverein Meersbg.	1903	„ „	60
3	Domänenkellerei		Mainauer Burgunder	—
4	Spitalkellerei		Meersburger blauer Sylvaner	70
5	Domänenkellerei		„ Burgunder	75
6	Spitalkellerei		„ Sylvaner Auslese	80
7	Domänenkellerei			—
8	Spitalkellerei		„ Auslese	—
			2. Weissweine.	
9	Spitalkellerei	1903	Meersburger Weisselbling	30
10	„		„ Weissherbst	50
11	Winzerverein Meersbg.		„	50
12	Domänenkellerei		Hagnauer Ruländer	—
13			Meersburger Weissherbst	55
14	Spitalkellerei		„ Edelgemischter	60
15	Domänenkellerei		„	60
16	Spitalkellerei		„	70
17	Winzerverein Meersbg.		„ Ruländer	70
18	Domänenkellerei		„	70
19	Spitalkellerei		„	80
20	Domänenkellerei		„ Traminer	—
21	„		„ Ruländer	—
22	„	1895	„ Traminer Flasche	2

Druckerei Marschall, Meersburg.

Probeliste der Weinprobe in Meersburg am 12. September 1904 anlässlich der Generalversammlung des Deutschen Weinbauvereins im September 1904 in Konstanz.

lichen Rotweinen aus blauem Silvaner zu einem erheblichen Qualitätsschub.

Am nördlichen Bodenseeufer blieb der blaue Silvaner bis ins 20. Jahrhundert hinein die Hauptsorte, während in den Schweizer Anbaugebieten der Spätburgunder alias Klevner bereits eine größere Rolle spielte. Die Weine von Hallau bei Schaffhausen gehörten zu den überragenden Rotweinen der Schweiz, in Schaffhausen wuchs in der Rheinhalde ein feiner Schillerwein aus Burgunder, der nach Erdbeeren duftete. Im Thurgau zählten die Weine der Karthause Ittingen[28], die Ottoberger und die Bachtobler zu den besten, und sie waren so gut, dass sie auf den Weltausstellungen reüssierten.[29] Die Burgunderweine im Rheintal bekamen hingegen einen besonders feurigen Charakter, wenn der Föhn als Traubenkocher wirkte.

Königsdisziplin Spätburgunder

Mit der Umstellung auf Pfropfreben und den Reichssortengesetzen der 1930er-Jahre verschwand der blaue Silvaner aus den Weinbergen am Bodensee und wurde von modernen Spätburgunderklonen ersetzt. Spätburgunder nimmt heute in den deutschen Anbaugebieten am Bodensee etwa die Hälfte der Rebfläche ein. In der Schweiz ist er noch bedeutender. Die Kantone Thurgau und St. Gallen haben einen Spätburgunderanteil von 62 Prozent, im Blauburgunderland Schaffhausen macht er gar 75 Prozent des Rebsatzes aus.[30]

Ein großer Spätburgunder ist vielschichtig, elegant und sinnlich wie kaum ein anderer Wein. Die Sorte ist in der Lage, die feinsten Nuancen des Terroirs einzufangen und bis ins Glas zu transportieren, doch gerade ihr subtiler Charakter verlangt dem Verkoster einiges ab. Im Anbau ist die Sorte kapriziös und fordert viel Zuwendung. Nach wie vor gilt Burgunder

162

O.-Z.	AUSSTELLER	Bezeichnung des Weines	Jahrgang	Verkaufspreis in der Kosthalle M	Verkäuflich hl M
32	Fürstl. von Salm'sche Gutsverwaltung Herrschberg bei Immenstaad	Herrschberger Roter	1908	0.80	60
33	Winzerverein Immenstaad	Roter	1907	1.00	70
34	Spital Konstanz	Meersburger Sylvaner	1908	1.10	75
35	„ „	Meersburger Burgunder	1908	1.40	110
36	Spital Markdorf	Roter	1908	0.60	42
37	Gr. Bad. Domänenamt Meersburg	Meersburger Roter	1906	1.70	*
38	„ „ „ „	„ „	1907	1.30	*
39	„ „ „ „	„ „	1908	1.30	*
40	Stadtgemeinde Meersburg	Meersburger Sylvaner	1908	1.30	*
41	Winzerverein Meersburg	Meersburger Roter	1908	1.00	70
42	Gr. Markgr. Bad. Rentamt Salem	Kirchberger Roter	1907	1.00	70
43	„ „ „ „ „	Leopoldsberger Roter	1904	1.10	75
44	„ „ „ „ „	Hagnauer Roter	1904	1.10	75
45	„ „ „ „ „	Meersburger Roter	1906	1.20	85
46	„ „ „ „ „	Maxhalder Roter	1904	1.30	100
47	Fürstl. Rentamt Wolfegg	Meersburger Roter	1895	2.50	**

* vorerst noch nicht verkäuflich.   ** n l   verkäuflich.

Landwirtschaftl.

GAUAUSSTELLUNG
zu Meersburg
am 2. bis 4. Oktober 1909.

Weinverzeichnis
für die Kosthalle.

Preis der Liste 10 Pfg.

Probeliste der Landwirtschaftlichen Gauausstellung 1909 in Meersburg

für den Weintrinker wie für den Winzer gleichermaßen als Königsdisziplin. Aber heute sehen die Erzeuger hochwertiger Spätburgunder am Bodensee ihre Lebensaufgabe nicht mehr darin, sich an den Vorbildern im Burgund zu orientieren. Es geht vielmehr darum, den Geschmack des Terroirs am Bodensee möglichst unverfälscht auf die Flasche zu bringen.[31]

Thomas Knubben

Müller-Thurgau – der weiße Seewein

Hermann Müller-Thurgau (1850–1927) kreuzte ab 1882 die nach ihm benannte Rebsorte. Er selbst nannte sie immer nur Riesling × Silvaner.

Was der Spätburgunder für die Rotweine ist, das ist der Müller-Thurgau für die Weißen – der typische Seewein. Die Geschichte der beiden den Weinbau im Bodenseeraum dominierenden Rebsorten ist indes grundverschieden verlaufen. Kann sich der Spätburgunder auf eine jahrhundertelange Tradition des Anbaus berufen, der auf gesättigter Erfahrung und stufenweiser Weiterentwicklung seitens der Winzer basierte,[1] so stellt der Müller-Thurgau ein Resultat strategisch angelegter moderner Wissenschaft als Antwort auf Herausforderungen des Weinbaus im 19. und 20. Jahrhundert dar.

Als der Biologe Hermann Müller-Thurgau 1882 an der Königlich Preußischen Lehranstalt für Obst- und Weinbau in Geisenheim im Rheingau daran ging, gezielt und mit innovativer Methode eine neue Rebsorte zu züchten, stand es um den Weinbau in Deutschland denkbar schlecht. Die Reblauskrise war auf ihrem Höhepunkt und zusätzlich hatte sich die Peronospora (Falscher Mehltau) als neue Pflanzenkrankheit verbreitet. Sie war 1863 erstmals an Reben in Südfrankreich entdeckt worden und vier Jahre später auch bereits in Geisenheim aufgetaucht.[2] Zudem war der Weinmarkt durch den Eisenbahnverkehr wie auch durch die Eingliederung von Elsass-Lothringen in das Deutsche Reich und den Abbau der entsprechenden Zollschranken mächtig in Bewegung und die Weinpreise waren vielerorts unter Druck geraten. Im Bodenseeraum kamen regionale Probleme hinzu. 1879 und 1880 hatte es schlechte Ernten gegeben, welche die Winzer an den Rand der Armut brachten. Als 1881 ein ertragreicher Jahrgang folgte, erging es ihnen aber auch nicht besser, da sie nun von den Weinaufkäufern gegeneinander ausgespielt wurden und die Preise ins Bodenlose sanken.[3]

Die Antwort auf all diese Herausforderungen musste auf verschiedenen Ebenen gefunden werden. Gegen die Marktmacht der Weinhändler konnte der Zusammenschluss der Winzer in Genossenschaften helfen,[4] gegen die neue Konkurrenz aus anderen Weinregionen musste ein aktives Marketing entwickelt werden und gegen die Rebenkrankheiten und die Witterungsanfälligkeit mancher Rebsorten konnte rebenzüchterisch vorgegangen werden.

Geburtshaus Müller-Thurgaus in Tägerwilen bei Kreuzlingen. Der große Pflanzenphysiologe und Rebenzüchter machte seine ersten Weinbauerfahrungen im elterlichen Rebberg.

Müller-Thurgau – Pionier der wissenschaftlichen Rebenzüchtung

Hermann Müller, der 1850 in Tägerwilen im Kanton Thurgau am Schweizer Ufer des Bodensees geboren wurde und sich, als er nach Deutschland kam, seinen Beinamen zugelegt hatte, wurde in der modernen deutschen Rebenzüchtung zum Pionier. Die ersten Erfahrungen mit dem Weinbau hatte ihm der elterliche Rebberg verschafft. Der Zugang zur wissenschaftlichen Beschäftigung gelang ihm freilich erst nach einem Umweg über die Ausbildung zum Lehrer und einer Weiterbildung zum Fachlehrer für Naturwissenschaften am Polytechnikum in Zürich, der späteren Eidgenössischen Technischen Hochschule. Entscheidend für sein weiteres Wirken wurde schließlich sein Studium in Würzburg bei dem damals bedeutendsten Pflanzenphysiologen Julius Sachs, der ihn 1874 auch promovierte. Als er zwei Jahre danach bereits als Leiter des Instituts für Pflanzenphysiologie nach Geisenheim berufen wurde, war er gerade mal 25 Jahre alt und entwickelte alsbald ein ganzes Spektrum von Initiativen zum Verständnis pflanzenphysiologischer Zusammenhänge und zur Verbesserung des Wein- und Obstanbaus.

Hermann Müller-Thurgau war ein durch und durch wissenschaftlich denkender Mensch. So sehr seine Arbeit anwendungsorientiert, mithin auf den praktischen Nutzen ausgerichtet war, so sehr musste sie doch den Standards wissenschaftlicher Methodik genügen. Als er daher in den frühen 1880er-Jahren seine Züchtungsversuche aufnahm, machte er sich zuerst einmal darüber Gedanken, welche Ziele er mit seiner Unternehmung erreichen wollte und welche methodischen Probleme er auf dem Weg dorthin zu lösen hatte. Und da Wissenschaft letztlich nicht im stillen

Müller-Thurgau kündigte seine Kreuzungsversuche 1882 in der Zeitschrift »Der Weinbau« in dem Artikel »Ueber Bastardirung von Rebensorten« an.

Kämmerlein stattfinden kann, sondern den öffentlichen Diskurs braucht, um sich in der kritischen Auseinandersetzung zu bewähren, gab er seine Überlegungen frühzeitig kund. Daher liegt für die zugleich erste wie langfristig erfolgreichste moderne Rebenzüchtung gleichsam ein Gründungsdokument vor.

Ankündigung des Züchtungsversuchs

Am 24. Juni 1882 veröffentlichte Müller-Thurgau in der Zeitschrift »Der Weinbau«, dem Organ des Deutschen Weinbau-Vereins, seine Vision: »Wie werthvoll wäre es, könnte man die Vortheile zweier Trauben verbinden, unter Ausschluß der Schattenseiten? Wie wichtig könnte z.B. für manche Weinbaugegenden eine Traubensorte werden, die mit den köstlichen Eigenschaften der Rieslingtraube die sicherere und frühere Reifezeit des Sylvaners vereinigte!«[5] Die Erzeugung einer solchen Rebsorte könne man aber nur auf dem »Wege der Kreuzung« erhoffen.

In den Geisenheimer Gewächshäusern wurden die aus der Kreuzung gewonnenen Samen ausgesät und gezogen.

Müller-Thurgaus Hoffnungen gingen freilich noch weiter: Auch der Reblausplage meinte er durch »Reben-Bastardirung«, so seine zeittypische Bezeichnung, Herr werden zu können. Die zu diesem Zeitpunkt bereits im Kampf gegen die Reblaus getestete und letztlich erfolgreiche Propfmethode – das Aufpflanzen der klassischen europäischen Rebsorten auf widerstandsfähige amerikanische Unterlagsstöcke – lehnte er zwar nicht grundsätzlich ab, befürchtete aber zu hohe Kosten, die den Weinbau in manchen Regionen ruinieren könnten. Durch die Kreuzung »zwischen unseren Rebensorten einerseits und widerstandsfähigen Sorten andererseits« könne es hingegen gelingen, neue Rebsorten zu finden, die »mit der Widerstandsfähigkeit gegen die Phylloxera, die Production genießbarer, einen guten Wein liefernder Trauben vereinigen.«[6]

Die Frage war allerdings, wie eine solch zielorientierte Kreuzung von unterschiedlichen Rebsorten überhaupt geordnet bewerkstelligt werden könnte. Hierfür eine sichere und gute Methode zu entwickeln, stellte die erste Aufgabe dar. Zufällige Kreuzungen, wie sie regelmäßig in der Natur vorkamen, schloss er von vornherein aus, da im Ergebnis nie klar war, »was man vor sich« hatte. Doch auch die bisherige Herangehensweise bei künstlichen Kreuzungen war für ihn keinesfalls befriedigend. Sie bestand darin, dass bei zwei gleichzeitig blühenden Sorten der Blütenstaub der einen Sorte »ohne Weiteres über die Blüthen der anderen Sorte ausgestreut und alsdann die aus den Samen hervorgehenden Keimpflanzen kurzweg als Bastarde betrachtet wurden.« Eine, so Müller-Thurgau, »wahrhaftig [...] recht einfache Methode«.[7] Bei dieser Vorgehensweise war nämlich keineswegs gesichert, dass sich die Rebe nicht schön längst selbst befruchtet hatte oder dass ganz andere Pollen als die gewünschten zum Zuge kamen.

Müller-Thurgau entwickelte daher eine eigene Methode. Sie bestand im Kern darin, eine Anzahl ausgewählter Blütenknospen rechtzeitig vor der Blüte zu isolieren und die Blumenkronen sowie Staubfäden sorgfältig zu entfernen, um so eine Selbstbefruchtung zu vermeiden. Als Vorsorge gegen eine ungewollte Fremdbestäubung stülpte er zusätzlich einen würfelförmigen Kasten aus Holz oder Karton über die Pflanze, der auf einer Seite geöffnet werden konnte. Um eine Austrocknung der Narben zu verhindern, sorgte er zusätzlich für die erforderliche Wasserversorgung. Zur gewünschten und geordneten Bestäubung musste dann nur noch der Blütenstaub der abgebenden Rebe mit einem Pinsel sorgfältig aufgefangen und auf die im Kasten isolierte empfangende Blütenknospe mehrfach übertragen werden. Nach 14 Tagen wurde die Prozedur beendet. Hatte die Befruchtung stattgefunden, konnten aus den Traubenkernen neue Sämlinge gezogen und auf ihre Eigenschaften hin untersucht werden. Bis daraus schließlich eine neue Rebsorte entstand und für den Anbau zugelassen wurde, vergingen freilich mehrere Jahrzehnte. Zunächst kam es vor allem darauf an, die richtigen Eltern zu finden.

Riesling × Silvaner?

Müller-Thurgau hatte für seinen Kreuzungsversuch zwei Rebsorten in den Blick genommen, deren Eigenschaften ihm von seinen bisherigen Wirkungsorten bestens bekannt waren – den Riesling als hochgeschätzte Traube des Rheingaus und den Silvaner als vorherrschende Sorte Mainfrankens rund um Würzburg. Der Riesling, den er als Mutterpflanze ausgewählt hatte, wuchs vor seiner Tür, den grünen Silvaner, der den Samen bereitstellen sollte, ließ er hingegen aus Würzburg aus einem Bestand von Züchtungen, die er dort selbst angelegt hatte, kommen. Den Transport vertraute er seinem Freund Heinrich Wilhelm Dahlen, Generalsekretär des deutschen Weinbauvereins, an. Dahlen wohnte seinerzeit in Geisenheim und hatte, so Müller-Thurgau im Rückblick nach vierzig Jahren, »die Güte, gestützt auf meinen Situationsplan die Steckhölzer zu schneiden und sorgfältig etikettiert und verpackt hierher zu senden.«[8]

Die Frage nach der Herkunft der Vaterrebe, ihrer Auswahl und ihrem Transport, ist deshalb so wichtig, weil sich später immer wieder die Frage erhob, ob Müller-Thurgau bei seiner Kreuzung tatsächlich wie beabsichtigt Riesling und Silvaner zusammenbrachte, deren positive Eigenschaften er zu kombinieren trachtete, oder ob ihm dabei nicht ein Irrtum, wenn auch ein produktiver, unterlaufen ist.

Die Befruchtungen der unter ihren Holzkästen isolierten Rieslingblüten mit fremdem Blütenstaub gelangen jedenfalls und die daraus erwachsenen Sämlinge wurden über acht Jahre hinweg in Geisenheim der Vorprüfung unterzogen. Die weitere Züchtung fand jedoch zunächst nicht mehr in Deutschland statt, sondern wurde in die Schweiz verlagert, nachdem Hermann Müller-Thurgau 1891 den Auftrag erhielt, in Wädenswil bei Zürich eine neue Versuchs- und Lehranstalt für Wein-und Obstbau aufzubauen. Gleich nach seiner Ankunft dort ließ er sich 150 Setzlinge der Neuzüchtung aus Geisenheim übersenden, von denen 1894 wiederum 73 Sorten ausgepflanzt wurden. Die Zucht-Nr. 58 war es schließlich, die von Müller-Thurgau und seinen Mitarbeitern für die weitere Vermehrung ausgewählt wurde und fortan mit der Bezeichnung Riesling × Silvaner 1 als Urstamm der neuen Rebsorte für alle Weiterentwicklungen diente.

Von der ersten Kreuzung bis zur Auswahl der Stammrebe waren bereits zwölf Jahre vergangen. Bis zum Aufbau einer Versuchsanlage mit 894 Propfreben auf sieben verschiedenen Unterlagen gingen noch einmal zwölf Jahre ins Land. Erst ab 1908 wurde die neue Rebsorte als Vermehrungsgut in die Schweiz und ins Ausland abgegeben, so dass sie ihren Siegeszug durch die Welt antreten konnte.

In Deutschland begann ihre Karriere 1913, als der bayrische Landesinspektor für Weinbau August Dern, ein früherer Mitarbeiter Müller-Thurgaus in Geisenheim, 100 Blindreben, also einjährige Triebstücke der Neuzüchtung, einführte. Dern war es auch, der zu Ehren des Züchters die Sortenbezeichnung Müller-Thurgau schuf, die sich in Deutschland durchsetzte, während in der Schweiz bis in die jüngste Zeit die ursprüngliche Kennzeichnung Riesling × Silvaner gebräuchlich blieb.

Erste Müller-Thurgau-Pflanzungen am Bodensee

Der Erste Weltkrieg unterbrach zunächst alle Initiativen und Modernisierungsbemühungen in der deutschen Gesellschaft. Sie verbreiteten sich in den 1920er-Jahren umso massiver. Dazu gehörten auch die Anstrengungen, im Weinbau mit Hilfe neuer Rebsorten eine solide wirtschaftliche Basis zu finden. Der Müller-Thurgau mit seinem Versprechen, sicheren Ertrag mit ansprechender Qualität zu verbinden, bot dafür die besten Aussichten. Er wurde durch weitere Neuzüchtungen der Staatlichen Lehr- und Versuchsanstalt für Wein- und Obstbau in Weinsberg, aus denen 1929 der

Kerner und 1955 der Dornfelder als sehr erfolgreiche Rebsorten hervorgingen, ergänzt.[9]

Wie alle Neuerungen, so geriet auch der Müller-Thurgau als erste auf wissenschaftlicher Basis entstandene Rebsorte in den ewigen und unvermeidbaren Streit zwischen Traditionalisten, die unbedingt am alten Herkommen festhalten, und Modernisten, die ebenso unbedingt Neues wagen wollten. Am Bodensee spielte sich dieser Streit fast schon paradigmatisch auf Schloss Kirchberg, der zu Salem gehörigen Besitzung der Markgrafen von Baden, ab.[10] Hier war im Jahr 1925 Johann Baptist Röhrenbach (1869–1956), Abkomme einer eingesessenen Immenstaader Winzerfamilie, als Verwalter tätig. Er hatte den Müller-Thurgau durch einen Schulfreund, der in Zürich lebte, kennengelernt und sich mehrfach auch persönlich bei Besuchen in den Versuchsparzellen, die auf Schloss Arenenberg am Untersee angelegt worden waren, von dessen Qualitäten überzeugen können. Seine Vorgesetzten im Rentamt Salem zeigten sich einer Neuerung gegenüber aber verschlossen. Sie untersagten ihm mehrfach, die Neuzüchtung auf den markgräflichen Besitzungen anzupflanzen, was Röhrenbach sichtlich erboste: »Ich habe schon gewusst, dass Herren dumm sein können«, ließ er die Vorgesetzten wissen, »dass sie aber so dumm sind, habe ich bisher nicht gewusst.«[11] Seiner Sache gewiss setzte sich Röhrenbach über das Verbot hinweg, beschaffte sich auf Schloss Arenenberg in einer abenteuerlichen nächtlichen Aktion 400 Müller-Thurgau-Propfreben und pflanzte sie heimlich auf Schloss Kirchberg an. Die Sache flog natürlich auf und vertiefte den Konflikt. Entfernen wollte man die neuen Reben nicht mehr. Der Ausbau des Weines sollte aber im Mostkeller erfolgen und ausgeschenkt werden dufte er nur in der Gaststätte vor Ort.

Andernorts erfolgte die Einführung weniger spektakulär. In den 1920er-Jahren wurde die neue Sorte in allen deutschen Weinbaugebieten in Versuchsanlagen getestet. In Gaienhofen am Untersee gibt es bis heute einen Rebgarten von rund 10 Ar, der in den frühen 1920er-Jahren mit Müller-Thurgau bepflanzt wurde und noch immer trägt. Bis vor wenigen Jahren wurde er von seinen drei hochbetagten Besitzerinnen, den Geschwister Marquart, selbst betrieben. Sie spritzten die Reben noch von Hand und bauten den Wein im eigenen Keller aus. Dieser Weinberg ist heute nicht nur als frühes Zeugnis für den Einzug des Müller-Thurgaus am Bodensee wertvoll, sondern auch, weil sich hier sehr alte Klone erhalten haben, die nun wieder vermehrt werden.[12]

Für Meersburg liegen die ersten Belege für den Anbau des Müller-Thurgau aus den frühen 1930er-Jahren vor. In einem Schreiben vom 27. April 1932 an das Weininstitut Freiburg beschwerte sich der Winzerverein, dass für »300 Müller-Thurgau-Wurzelreben« jeweils »40 Pf[ennig]. abzügl[ich]. 10 Pf[ennig] Staatszuschuß berechnet wurden.« Der Preis erschien den Meersburger Winzern schon deswegen zu hoch, weil sie gleichzeitig 1.400 Stöcke von »der hiesigen staatl. Veredelungsanstalt«, also dem Staatsweingut, bezogen hatten, dafür aber nur 20 Pfennig hatten bezahlen müssen. Eine Preisermäßigung müsse also möglich sein, » da es sich ja in beiden Fällen um eine staatl. Stelle als Abgeber handelt.«[13] Das Schreiben zeigt, wie sich die staatlichen Stellen als Züchter und Lieferanten der Rebstöcke wie als Zuschussgeber für die Verbreitung des Müller-Thurgaus einsetzten. Gleichwohl wurde er beim Meersburger Winzerverein wohl lange Zeit nicht separat ausgebaut, sondern als Mengenbringer unter die anderen Gewächse gemischt. Der erste sortenreine »Meersburger Riesling-Sylvaner« ist für den Jahrgang 1940 sicher belegt.[14]

Der Erfolgszug des Müller-Thurgaus

Die große Karriere des Müller-Thurgaus begann auch erst nach dem Zweiten Weltkrieg. 1954 belegte er noch vergleichsweise magere 4.860 Hektar der Rebfläche in Deutschland und lag damit deutlich hinter den führenden Weißweinsorten Silvaner und Riesling, deren Qualitäten er ja vereinen und damit letztlich übertreffen sollte.

	Müller-Thurgau	Riesling	Silvaner
1954	4.860	15.546	22.404
1964	14.115	17.083	18.781
1979	25.028	18.862	10.209
1989	24.688	21.266	7.879
1999	20.672	22.355	6.859
2009	13.632	22.637	5.213
2014	12.761	23.440	5.031

Sortenentwicklung im
Deutschen Weinbau
in Hektar 1954-2014[15]

In den folgenden Jahren und Jahrzehnten verkehrten sich die Verhältnisse jedoch mehrfach. Müller-Thurgau und Riesling gewannen zunehmend an Boden, während die Bedeutung des Silvaners mehr und mehr zurückging. Heute ist der Silvaner als regionale Rebsorte weitgehend auf Franken und Rheinland-Pfalz beschränkt. Dem Müller-Thurgau hingegen gelang es, sich bis 1979 zu der am weitesten verbreiteten Rebsorte in Deutschland zu entwickeln. Dazu hatten insbesondere seine weinbaulichen Vorteile und seine unkomplizierte Süffigkeit beigetragen, die dem eher mengen- denn qualitätsorientierten Paradigma der Zeit entsprachen und die dazu führten, dass er ab 1970 in allen deutschen Weinbaugebieten als empfohlene Sorte klassifiziert wurde. International konnte sich der Müller-Thurgau insbesondere in Ungarn, Österreich, der damaligen Tschechoslowakei und Neuseeland durchsetzen.

Der Triumph, den er gerade rechtzeitig zum 100-jährigen Jubiläum seiner Kreuzung im Jahr 1982 feiern konnte, markierte zugleich aber auch den Umkehrpunkt. Die immer stärker aufkommende globale Konkurrenz und die mittlerweile trotz regelmäßiger konjunktureller Krisen etablierte Wohlstandsgesellschaft mit ihren sich immer weiter ausdifferenzierenden Lebens- und Konsumstilen verlangten ein nachhaltiges Umdenken – weg von der Mengen- und hin zur Qualitätsorientierung. Und hier konnte der Riesling als deutlich charaktervollere und variantenreichere Rebsorte punkten. Zudem war er als spezifischer Beitrag Deutschlands zur Weinkultur international anerkannt. Bereits bei den Weltausstellungen in Philadelphia 1876 und Chicago 1893 hatten sich die Winzer aus dem Rheingau und von der Mosel mit ihren Rieslingweinen besonders empfohlen, den Markt in Übersee erfolgreich erschlossen und sich einen bleibenden Namen gemacht. Daran ließ sich auch hundert Jahre später noch anknüpfen.[15]

Während der Müller-Thurgau in Deutschland in den letzten 30 Jahren gegenüber dem Riesling an Bedeutung verlor, konnte er sich in vielen Ländern der Welt sehr gut halten. Heute belegt er mit einer Anbaufläche von rund 23.000 Hektar weltweit den 18. Rang unter den weißen Rebsorten; der Riesling nimmt mit etwas mehr als der doppelten Fläche Platz 7 ein.[17]

Am Bodensee spielt der Müller-Thurgau als typischer Seewein noch immer eine besondere Rolle. Zwar hat sich die Varietät der Rebsorten auch hier gewandelt – zu den hergebrachten alten Sorten sind die neuen globalen Leitreben Chardonnay, Grauburgunder und Sauvignon Blanc hinzugekommen. Das Zugpferd bildet aber noch immer der Müller-Thurgau. Er belegt unter den Weißweinen mehr als die Hälfte der Anbaufläche.[18] Seine Anforderungen an Klima, Standort und Unterlagen entsprechen nicht nur den regionalen Bedingungen, auch seine geschmacklichen Potenziale gelingt es am Bodensee besonders erfolgreich auszureizen: »Nirgendwo gedeihen zartere, feinfruchtigere Weine dieser Rebsorte wie unter den speziellen klimatischen und geologischen Voraussetzungen der Bodenseeregion«, werben zu Recht die Winzer vom See.[19]

Ein produktiver Irrtum

Hermann Müller-Thurgau war es mit seiner bedachten und sorgfältigen wissenschaftlichen Vorgehensweise offenbar gelungen, eine Rebsorte zu kreieren, die genau seinen Zielvorstellungen entsprach, nämlich die »köstlichen Eigenschaften« des Rieslings mit der sicheren und frühen Reifezeit des Silvaners zu vereinigen. Ein Problem dabei war allerdings, dass es keinem nach ihm möglich war, diese Kreuzung zu wiederholen. Deshalb kamen immer wieder Zweifel auf, ob Müller-Thurgau tatsächlich die angegebenen Rebsorten zusammengebracht hatte, oder ob statt des Silvaners nicht eine andere Vaterrebe im Spiel war. Die Bedenken wurden ernst, als 1957 in einem genetisch-züchterischen Vergleich der Rebsorten Riesling, Silvaner und Müller-Thurgau nachgewiesen wurde, dass im Müller-Thurgau kein Silvaner-Erbgut vorhanden sei.[20] Anlässlich des 100-jährigen Jubiläums der Kreuzung 1982 wurde diese Feststellung noch als Affront angesehen und wortreich zurückgewiesen: »Wo kommen wir denn hin, wenn wir bei neuen Kreuzungen [...] nachweisen wollten, daß einer der eingekreuzten [...] Typen nicht seinen Beitrag zum Erbgut der Neuzucht geleistet hätte? Wir sollten daher endgültig die Debatte über die Elternschaft der Sorte Müller-Thurgau beenden. Es bleibt uns nach 100 Jahren nichts übrig, als die Angaben über die Eltern zu akzeptieren.«[21]

So leicht ließen sich die Bedenken jedoch nicht vom Tisch wischen und mit der Verbesserung der Analysemethoden, insbesondere durch gendiagnostische Untersuchungen, ließen sich schließlich die wahren Eltern bestimmen. Als Mutterrebe war immer der Riesling gewiss und seit der Jahrtausendwende ist erwiesen, dass es sich beim Vater um die Rebsorte Madeleine Royale handelt.[22] Diese wiederum ist, so die neuesten Analyseergebnisse, eine Kreuzung von Pinot und Trollinger.[23] Hermann Müller-Thurgau hatte sich also doch geirrt. Sein wissenschaftliches Vorgehen hatte gleichwohl Erfolg. Mit dem Müller-Thurgau ist die bis heute erfolgreichste Rebenneuzüchtung gelungen. Sie hat gerade am Bodensee ihre Bestimmung gefunden. Und seit ihre wahre Herkunft bekannt ist, wird sie auch in der Schweiz nach ihrem Urheber Hermann Müller aus Tägerwilen im Thurgau benannt.

Robert Jütte

Rausch des Menschen, Ruhm Gottes

Im Alten Ägypten schenkte man der Trunkenheit lange keine besondere Aufmerksamkeit. Erst in späterer Zeit warnte man vor den unerfreulichen Folgen übermäßigen Alkoholgenusses. Im Gegensatz zum Bier, das sich auch die Ärmeren leisten konnten, wurde Wein zunächst nur von einer kleinen Oberschicht getrunken.[1] Vor allem an den Festen – bei der Neujahrsfeier oder beim Fest der Trunkenheit, das beim Eintreffen der Nilüberschwemmung gefeiert wurde – durfte Wein nicht fehlen. Der griechische Geschichtsschreiber Herodot (Historien II, 60) berichtet, dass am Neujahrsfest in der im unteren Nildelta gelegenen altägyptischen Stadt Bubastis mehr Wein getrunken wurde als sonst im ganzen Jahr. Auch das in einem unterägyptischen Dialekt verfasste »Harfnerlied« zeugt von diesem orgiastischen Weinkonsum: »Der Harfner spricht zu den Festteilnehmern so: ›Ich kann nicht hungrig singen, nicht die Harfe halten zum Gesang, wenn ich nicht satt vom Wein bin‹. Er lässt das Volk bitten, auf dass es ruft: ›Singe‹. Nachdem er mit Wein versorgt wurde, hebt der Harfner zum Gesange und jeder sieht im Rausch, dass die Harfe steht auf dem Kopf. Und dreht er die Harfe in seiner Hand, so singt er von ›Frauenschand‹ (Anstößiges Verhalten).«[2] Selbst Frauen nahm man gelegentliche Trunkenheit nicht übel. In einer Grabinschrift aus der Zeit der 18. Dynastie fordert eine der figürlich dargestellten Frauen einen Diener auf: »Gib mir 18 Krug Wein, ich möchte mich betrinken, mein Innerstes ist (trocken wie Stroh).«[3] Grabmalereien aus dem Alten Ägypten zeigen sogar Frauen, die sich nach einem Weingelage übergeben und von aufmerksamen Dienerinnen Hilfe erfahren (Abb. Seite 178). Moralisierende Texte sind dagegen eher selten und meist jüngeren Datums. In der ägyptischen Weisheitsliteratur, so beispielsweise in den »Lehren des Ani« (18./19. Dynastie), werden die Folgen des Rausches (in diesem Fall von Bier) drastisch geschildert. Im Papyrus Insinger (um 300 v. Chr.) findet sich die Mahnung: »Wer zu viel Wein trinkt, geht mit einem Rausch ins Bett«.[4]

Im mesopotamischen Raum war Trunkenheit gleichfalls nicht negativ konnotiert. Das hängt nicht zuletzt mit der Vorstellung von Wein im Übermaß trinkenden Gottheiten zusammen. Der ugaritische Gott El beispielsweise galt als besonders trinkfreudig. Eine mythologische Erzählung schildert, wie dieser ein Bankett für mehrere seiner Götterkollegen

A servant called to support her mistress.   *Thebes.*

Ägyptische Grabinschrift
aus der 19. Dynastie
nach John Gardner
Wilkinson,1942.

veranstaltet: »Die Götter essen und trinken, sie trinken Wein bis zur Sättigung, Traubenmost bis zur Trunkenheit.«[5] Ein Wein- oder Bierrausch erregte also keinen Anstoß – im Gegenteil: Die im Kult realisierte Trunkenheit war ein Zeichen der Machtdemonstration.

Im Unterschied zur Umwelt des Alten Testaments, in der die Trunkenheit von Göttern überwiegend im positiven Licht erscheint, hat Jahwe, der Gott der Bibel, es nicht nötig, seine Göttlichkeit durch exzessiven Weingenuss unter Beweis zu stellen: »Denn der HERR wird seinem Volk Recht schaffen, und über seine Knechte wird er sich erbarmen. Denn er wird sehen, dass ihre Macht dahin ist und es aus ist mit ihnen ganz und gar. Und er wird sagen: Wo sind ihre Götter, ihr Fels, auf den sie trauten, die das Fett ihrer Schlachtopfer essen sollten und trinken den Wein ihrer Trankopfer? Lasst sie aufstehen und euch helfen und euch schützen! Sehet nun, dass ich's allein bin.« (5. Mose 32,36–39). Anders dagegen die Oberschicht: Könige und die Priester werden in der hebräischen Bibel dafür scharf kritisiert, dass sie sich dem Weingenuss im Übermaß hingeben. Getadelt werden nicht nur heidnische Herrscher wie Xerxes (Esther 1,10) oder Belschazzar (Daniel 5), sondern auch die eigenen Könige. So erhält der Regent Lemuel von seiner Mutter den Rat: »Nicht den Königen, Lemuel, ziemt es, Wein zu trinken, nicht den Königen, noch den Fürsten starkes Getränk! Sie könnten beim Trinken des Rechts vergessen und verdrehen die Sache aller elenden Leute. Gebt starkes Getränk denen, die am Umkommen sind, und Wein den betrübten Seelen, dass sie trinken und ihres Elends vergessen und ihres Unglücks nicht mehr gedenken« (Sprüche 31,4–7). Nur an einer Stelle in der Bibel wird die Weintrunkenheit des Herrschers positiv assoziiert (1. Mose 49,10–12). Über die religiöse Führungsschicht des Landes heißt es kritisch: »Aber auch diese sind vom Wein toll geworden und taumeln von starkem Getränk. Priester und Propheten sind toll von starkem Getränk, sind vom Wein verwirrt. Sie taumeln von starkem Getränk, sie sind toll beim Weissagen und wanken beim Rechtsprechen« (Jesaja 28,7). Hintergrund ist eine Sozialkritik, die daran Anstoß nimmt, dass sich die Mächtigen und Wohlhabenden auf Kosten anderer ihren Vergnügungen hingeben. Nur einer Gruppe gestand man übermäßigen Alkoholkonsum zu: den ärmeren Bevölkerungsschichten. Ihnen sollte das berauschende Getränk Trost spenden und ihre Lage erträglicher

Betrunkener Noah
Historienbibel, um 1450,
Thurgauer Kantons-
bibliothek

gestalten. Die oben zitierte Stelle aus Sprüche 31,6–7 verweist außerdem darauf, dass im Unterschied zu Ägypten und Mesopotamien der Wein im Alten Israel kein Prestigeobjekt, sondern ein Alltagsgetränk war.

Die Suchtproblematik war unter den Israeliten bereits durchaus bekannt, wie die folgende Bibelstelle belegt: »Wo man lange beim Wein sitzt und kommt, auszusaufen, was eingeschenkt ist. Sieh den Wein nicht an, wie er so rot ist und im Glase so schön steht: Er geht glatt ein, aber danach beißt er wie eine Schlange und sticht wie eine Otter. Da werden deine Augen seltsame Dinge sehen, und dein Herz wird Verkehrtes reden, und du wirst sein wie einer, der auf hoher See sich schlafen legt, und wie einer, der oben im Mastkorb liegt« (Sprüche 23,30–34). Auch an anderen Stellen in der Bibel finden sich Beispiele für die negativen Auswirkungen des Weinkonsums (Enthemmung, Bewegungs- und Wahrnehmungsstörungen, Bewusstlosigkeit, Erbrechen). Das gilt auch für den Talmud, das jüdische Gesetzeswerk, in dem die 613 Gebote und Verbote detailliert ausgelegt werden. Ein Beispiel ist die unterschiedliche Interpretation von Noahs Weinrausch.[6] Bis heute bekannt ist außerdem der rabbinische Spruch: »nichnas jajin, jotze sod« (»Geht der Wein hinein, so kommt das Geheimnis heraus«, babylonischer Talmud, Sanhedrin 38a).[7] Dieser Merksatz wird von jüdischen Exegeten zum einen dazu genutzt, um den Weinkonsum zu rechtfertigen, indem der Rausch gleichsam als wichtiges und sinnvolles Hilfsmittel betrachtet wird, um die versteckten Wahrheiten dem Menschen zu entlocken. Zum anderen lässt sich nachweisen, wie die gleiche Aussage Verwendung findet, um zu beweisen, dass gerade der Weinkonsum dem Menschen schadet und er keinen Wein zu sich nehmen sollte.

Griechisch-römische Trinkgelage

Der griechische Dionysoskult spiegelt ebenfalls die Ambivalenz des Weingenusses wider: Freudenbringer einerseits und Rauscherfahrung mit ihren negativen Begleiterscheinungen andererseits. Bereits Homer schilderte die Folgen des Weinrausches bei Gelagen. Der Dichter Athenaios von Naukratis (3. Jh. n. Chr.) führte in seinem Gedicht über ein Gelehrtengastmal die unterschiedlichen Stadien der Trunkenheit auf. Am Anfang steht

Der trunkene Dionysos auf einem Weinfass beherrscht den Festsaal von Schloss Tettnang.

noch der Genuss: »Ich bin soweit, daß der Wein seine wohligste / Wirkung erreicht hat: nüchtern bin ich nicht mehr, / allzu betrunken noch nicht.«[8] Am Schluss fällt der Zecher durch sein kindisches Benehmen unangenehm auf. Platon und Xenophon schildern Symposien, bei denen zum Teil Trinkzwang herrschte und der Leiter (Symposiarch) das Mischungsverhältnis von Wein und Wasser sowie die Trinkmenge bestimmte. So soll Sokrates bei einem Gastmahl, nachdem er schon den ganzen Abend gebechert hatte, noch eine Schale mit mehr als zwei Litern Wein in einem Zug ausgetrunken haben. Der Rausch, den man sich durch »geregeltes« Trinken bei einem Gastmahl holte, galt bei den Griechen allerdings nicht als ehrenrührig, dagegen das ungezügelte, exzesshafte Trinken der Barbaren (Skythen, Germanen).[9]

In lateinischen Quellen wird uns die römische Oberschicht überwiegend als maßvoll geschildert. Zu den Politikern, deren Nüchternheit oder doch recht moderaten Weinkonsum man lobend hervorhob, zählt neben Cato dem Älteren Julius Caesar. Aber es fehlt gleichwohl nicht an Beispielen, die von Trunksucht bekannter Persönlichkeiten der römischen Geschichte zeugen, unter ihnen Sulla und Antonius. Selbst Seneca wird als notorischer Trinker bezeichnet.[10] Dass die Trunkenheit im Alten Rom als Problem galt, belegen prohibitive Maßnahmen. So war den Frauen das Weintrinken offiziell verboten. Den (politischen) Gefahren des kollektiven Rausches von Männern versuchte man durch einen berühmten Senatsbeschluss (»de Bacchanalibus«) aus dem Jahr 186 v. Chr. vorzubeugen. Dennoch zeigt sich im Römischen Reich ebenfalls eine relativ hohe Toleranz gegenüber übermäßigem Weingenuss, wenngleich nicht ganz so stark ausgeprägt wie in Griechenland.

Die Vorstellung von der Verwandlung von Wein in das Blut des Erlösers führte dazu, dass im Christentum der Genuss von Wein nicht abgelehnt wurde, wie z. B. bei den Manichäern.[11] Doch die Wertschätzung bedeutete nicht, die Gefahr der Trunkenheit zu verkennen: »Hütet euch aber, dass eure Herzen nicht beschwert werden mit Fressen und Saufen und mit täglichen Sorgen und dieser Tag nicht plötzlich über euch komme wie ein Fallstrick« (Lukas 21,34). Zu den tadelnswerten Werken des Fleisches zählte der Apostel Paulus: »Neid, Saufen, Fressen und dergleichen« (Galater 5,21). In die gleiche Kerbe schlug der Apostel Petrus, der von den zum Christentum Bekehrten forderte, heidnische Bräuche, darunter auch Besäufnisse, abzulegen: »Denn es ist genug, dass ihr die vergangene Zeit zugebracht habt nach heidnischem Willen, als ihr ein Leben führtet in Ausschweifung, Begierden, Trunkenheit, Fresserei, Sauferei und gräulichem Götzendienst« (1. Petrus 4,3). Die Kirchenväter hielten den Wein für eine Gabe Gottes, warnten aber gleichfalls vor dem Laster der Trunkenheit. Sie sahen darin eine schwere Sünde. Damit hatte das Christentum mit den heidnisch-antiken Vorstellungen des gemeinsamen Betrinkens bei Festen und Gastmählern gebrochen.

Zwei Trinkkulturen

In der Zeit der Völkerwanderung trafen zwei Trinkkulturen aufeinander, die nordische, die von Bier und Met geprägt war, und die mediterrane, in der der Weinkonsum vorherrschte. Das Problem der Trunkenheit stellte

sich in beiden. Ein Rätselgedicht aus der Merowingerzeit spricht von der Macht des Weines über den Menschen, indem er diesen in einen Rausch versetze. Ein Gesetz, das der merowingische König Childebert I. (511–558) erließ, versuchte, die Trunkenheit während der Festtage zu verhindern, indem es Strafen für Zuwiderhandeln androhte. Doch war ein solches obrigkeitliches Einschreiten eher die Ausnahme. Anders dagegen sah es in der kirchlichen Gesetzgebung aus. Ein generelles Trunkenheitsverbot für Geistliche wurde bereits auf den Konzilien in Vannes (461–491) und Tours (461) verkündet. Der heilige Pirmin (um 670–753), der sich um 726 im Kloster Mittelzell auf der Reichenau aufhielt, mahnte die Mönche: »Keiner zwinge den andern oder bitte jemanden un-

Mönche überführen den Leichnam des heiligen Otmar nach St. Gallen. Der Sturm konnte dem Boot nichts anhaben und das Fässchen mit Wein wurde nie leer. Sankt Galler Codex, ca. 1450

gestüm, mehr zu trinken als nötig. Denn der Herr sagt durch den Propheten: Wehe, die ihr früh aufsteht, euch dem Rausch zu ergeben und bis zum Abend zu trinken, daß ihr vom Wein glüht.«[12] Das Frankfurter Konzil von 794 verbot den Klerikern den Tavernenbesuch. Zahlreiche weitere Bestimmungen dieser Art in den mittelalterlichen Sammlungen des Kirchenrechts bezeugen, dass die kirchliche Obrigkeit dieses Problem ernstnahm, gleichwohl wurde in der Praxis offensichtlich häufig dagegen verstoßen.

»Der Kampf um des Priesters Rausch«[13] blieb nicht auf das Mittelalter beschränkt, sondern hat übrigens bis heute im Kirchenrecht überdauert.

Auch die frühneuzeitlichen Traktate, welche die Trunkenheit als Laster anprangerten, sind trotz Reformation stark durch die katholische Sündenlehre geprägt. Der lutherische Theologe Sebastian Franck (1499–ca. 1543) brachte das zum Rausch führende Trinken in seiner Schrift »Von dem greüwlichen laster der trunckenheyt« (1531) mit der Völlerei und damit einer Sünde des Fleisches in Verbindung. Der »Saufteufel« war ein beliebtes Motiv der Trinkliteratur jener Zeit. Dieser verführte die Menschen zum gewohnheitsmäßigen Trinken. Der Satan bediente sich des Alkohols nicht zuletzt, um Frauen zur Hexerei zu verleiten. So fragte man die der Zauberei verdächtigten Frauen, ob sie sich beim Hexensabbat auch betrunken hätten.[14]

Die Trunkenheit von Frauen wurde in traditionellen Gesellschaften als besonders verwerflich angesehen. In den »Intelligenz-Blättern« der Reichsstadt Lindau erschien 1785 ein Beitrag eines nicht namentlich genannten Autors, in dem an erster Stelle unter den sechs Dingen, die sich angeblich nicht für eine Frau geziemen, genannt wird: »Wein zu trinken, und eingemachte oder andere berauschende Sachen zu genießen.«[15] Doch die Realität sah anders aus, wie wir beispielsweise aus den Akten des Regensburger St.-Katharinenspitals wissen, wo für das 18. Jahrhundert mehrere Fälle von sturzbetrunkenen Pfründnerinnen dokumentiert sind, die auf chronischen Alkoholmissbrauch hindeuten.[16]

Mäßigkeitsbewegungen

Weltliche Herrscher machten es sich seit dem 16. Jahrhundert zur Aufgabe, ihre Untertanen im Sinne der christlichen Lehre zur Mäßigkeit im Wein- und Bierkonsum anzuhalten. Graf Johannes Werner von Zimmern (1480–1548) hatte in der oberschwäbischen Stadt Meßkirch notorischen Trinkern das Zechen in den Wirtshäusern verboten. Die Zimmerische Chronik nennt das Motiv, nämlich Verschwendungssucht: »Doch sein im etliche angezaigt, die unangesehen seiner trewen warnung, das ir ganz überflissig und gefärlich vertrunken und verthon haben, denen hat er den win in der stat Messkirch zu trinken an ain straf verpoten.«[17] In Hessen ging der Landesherr sogar noch einen Schritt weiter: Im Jahre 1600 gründete der Landgraf Moritz von Hessen (1572–1632) einen Mäßigkeitsverein. Die adeligen Mitglieder des Temperenzordens wurden verpflichtet, sich zwei Jahre lang nicht zu betrinken und zudem nicht mehr als sieben (!) Ordensbecher Wein zu den beiden täglichen Mahlzeiten zu sich zu nehmen.[18]

Darstellung der Trunkenheit aus Arnaldus de Villanova: De conservanda bona valetudine, 1551

Bereits 1524 hatte Pfalzgraf Ludwig V. (1478–1544) in Heidelberg eine »Brüderschaft der Enthaltsamkeit« gegründet, der zahlreiche Fürsten und Bischöfe angehörten. Alle sollten sich verpflichten, sich des Zutrinkens und damit übermäßigen Alkoholkonsums zu enthalten. Diesen und anderen Vorläufern der Temperenzbewegung des 19. Jahrhunderts war aber nur eine kurze Dauer beschieden.[19]

Etwas effektiver und breitenwirksamer waren Versuche seitens der Obrigkeit, durch »Sperrstunden« den übermäßigen Alkoholkonsum in Weinstuben einzuschränken. Dazu bediente man sich in Süd- und Südwestdeutschland der sogenannten Weinglocke. In den meisten deutschen Städten war der Getränkeausschank nach 21 Uhr bzw. 22 Uhr nicht mehr erlaubt.[20] In Augsburg legte man 1541 die Sperrstunde sogar noch um mehrerer Stunden vor (15 Uhr); allerdings gab man diese Regelung bereits 1553 wieder auf.[21] Den bürgerlichen »Zapfenstreich« läutete die Abendglocke mit dem entsprechenden Namen ein. Glocken mit diesem Namen lassen sich in Oberschwaben und im Bodenseeraum, z. B. in Konstanz (1455), Winterthur (1470) und Ulm (15. Jahrhundert) nachweisen. In einzelnen Schweizer Gemeinden bestand darüber hinaus die Möglichkeit, für einzelne Personen den Weinkonsum gänzlich zu verbieten. Das Appenzeller Gericht beispielsweise konnte als Ehrenstrafe für kleinere Delikte ein Weinverbot verhängen, das von der Kanzel verlesen und von den Betroffenen als entehrend empfunden wurde.[22]

Als der aus Konstanz stammende Patrizier Konrad Grünemberg (vor 1442–1494) im Jahr 1486 eine Pilgerfahrt ins Heilige Land unternahm, kommentierte er – wie viele andere Wallfahrer, die erstmals mit Muslimen in Kontakt kamen – das im Islam herrschende Weinverbot. Dieses führte er darauf zurück, dass die Leute in einem so heißen Landstrich starke Weine nicht vertrügen.[23] Die religiöse Begründung war ihm, aber auch anderen Zeitgenossen offenbar nicht bekannt. In der Frühzeit des Islam wurde der Weingenuss noch nicht grundsätzlich verurteilt.[24] Der Koran verbot zunächst ein Übermaß an berauschenden Getränken: So warnt Sure 4,43 vor dem Betrunkensein beim Gebet. Doch eine andere Stelle im Koran diente schließlich zur Rechtfertigung einer rigiden Haltung. Nach Sure 5,90–91 sind »Wein, Glücksspiel, Opfersteine und Lospfeile [...] ein Greuel und des Satans Werk!«, denn, so lautet die Begründung, »der Satan will durch Wein und Glücksspiel nur Feindschaft und Hass zwischen euch aufkommen lassen und euch so vom Gedenken Gottes und vom Gebet ab-

Folgende Seiten:

In seiner Bauernkriegschronik von 1525 stellt der Weißenauer Abt Jacob Murer die das Kloster plündernden Bauern als maßlose Trunkenbolde dar. Fürstl. Waldburg-Zeilsches Gesamtarchiv, Schloss Zeil

frid

halten.« Zwar hat sich eine Minderheit der muslimischen Theologen für die Auffassung ausgesprochen, dass nur ein Übermaß an Wein verboten sei, durchgesetzt hat sich jedoch die Meinung, dass der Genuss von Wein für Muslime generell verboten ist.

Branntweinpest

In Deutschland, aber auch in anderen europäischen Ländern wurde die Trunksucht im 18. Jahrhundert zu einem Massenphänomen, das mit der sogenannten »Branntweinpest« zusammenhing.[25] Damals setzte sich der billige Schnaps (zunächst aus Korn, später auch aus Kartoffeln gebrannt) als alkoholisches Getränk, insbesondere bei Handwerkern, Soldaten und Arbeitern durch. So forderte beispielsweise der französische Divisionsgeneral Jean Victor Tharreau (1767–1812) im Jahr 1796 von der Stadt Konstanz 6000 Maß Branntwein und nannte diese Menge lediglich einen »elenden Schluck«[26]. Branntwein war damals nicht nur unter napoleonischen Truppen sehr beliebt. Das belegen unter anderem die sogenannten »Branntwein«-Edikte, die von der Obrigkeit bereits gegen Ende des 18. Jahrhunderts erlassen wurden, um das Betrinken mit diesem stark alkoholhaltigen Getränk einzuschränken – allerdings ohne nachhaltigen Erfolg, wie Statistiken zeigen.

Alsbald nahm sich auch die neue Mäßigkeitsbewegung dieses Themas an. Es entstanden – vor allem in Norddeutschland – Vereine, die den Branntweinmissbrauch zu bekämpfen versuchten. Zudem wurden im 19. Jahrhundert die ersten Trinkerasyle gegründet. Diese Bewegung scheiterte, weil sie die politischen, sozialen und ökonomischen Gründe für den Branntweinkonsum der Unterschichten (Mittel gegen Hunger, Minderwertigkeitsgefühle, Perspektivlosigkeit) außer Acht ließ.[27]

Auch im Bodenseeraum (besonders auf Schweizer Territorium[28]) wuchs im 19. Jahrhundert die Zahl der Branntweinhersteller stetig an. So überrascht es nicht, dass das Thema Missbrauch insbesondere von den dort praktizierenden Ärzten diskutiert wurde. 1838 hielt der Schwenninger Amtsarzt Carl Heinrich Rösch (1807–1866) vor dem Verein Badischer Medizinalbeamter in Konstanz einen Vortrag über die Folgen dieser Änderung des Konsumverhaltens in einer Weintrinkergegend: »Wenn man betrachtet, wie leicht zu beweisen, dass der Branntwein jederzeit schädlich, dass er ein Gift, dass die Erheiterung durch denselben immer nur sehr vorübergehend ist, und sich durch nachfolgende Verdriesslichkeit und Abspannung, wenn es auch sonst Nichts wäre, jedenfalls reichlich bezahlt, ferner, dass der arme Tagelöhner jetzt bei uns überall Bier oder Most (Obstwein) haben kann, um den Durst zu löschen, und sich zugleich aufzurichten, zu erheitern und zu neuer Arbeit zu stärken, und dass ihn diese Getränke, wenn er sie mässig geniesst, nicht zu theuer zu stehen kommen; wenn man diess betrachtet und überlegt, so sieht man nicht ein, warum der Arbeiter noch immer Branntwein haben muss, warum dieses scharfe, giftige Getränk nicht gänzlich aus der Diät auch des Aermsten verbannt werden soll. Ja, ich spreche es aus, wenn eine Hauptquelle des da und dort mächtig um sich greifenden physischen und psychischen Verderbens des Volks verstopft, wenn Armuth und Verbrechen vermindert, wenn der Friede in so viele Familien zurückgeführt und in ihnen erhalten, wenn das Wohl ganzer Gemeinden, Bezirke, Staaten berücksichtigt, wenn insbesondere das Vermögen und die Kraft des deutschen Volkes, dem anzugehören wir stolz sind, vermehrt werden soll, so muss der Branntwein abgeschafft werden.«[29]

Nur wenige Jahre später nahm sich sogar die Politik dieses Problems an. Auf der Stände-Versammlung des Großherzogtums Baden im Jahr 1842 wurde unter anderem folgender Vorschlag unterbreitet: »Es sey ferner wohl zu beachten, wie sehr der Genuß des Branntweins in unserem Lande, besonders in den Gebirgsgegenden, überhand nehme; das beste Mittel dagegen wäre ein herabgesetzter Preis des Weines, wodurch die arbeitende Classe ihr Bedürfniß auf eine die Gesundheit weniger benachtheiligende Weise befriedigen könne. Diese Preisherabsetzung könne aber nur durch Abschaffung des Wirthmonopoles, durch das Gestatten des freien Verzapfens selbst erzeugter Weine erreicht werden. Die Petenten stellen ferner die allerdings sonderbar klingende Behauptung auf, daß wohlfeiler Preis des Weines nicht die Trunkenheit, wohl aber die Nüchternheit befördere, da der Mensch gewöhnlich Das, was er leicht und wohlfeil haben könne, auch weniger leidenschaftlich verlange.«[30] Diese Petition, die auf eine Senkung des Weinpreises zur Bekämpfung eines größeren Übels abzielte, fand aber offenbar keine Mehrheit.

Die Trunksucht blieb weiterhin ein Problem, auch in Meersburg, wie ein Beschluss des Stadtrats aus dem Jahr 1873 belegt, wonach sogar ein Polizeidiener wegen zunehmender Trunksucht und ungeschickten Verhaltens seines Amtes enthoben werden musste.[31] Selbst unter Klerikern war im 19. Jahrhundert in der Erzdiözese Freiburg, zu der Meersburg bis heute gehört, die Trunksucht stark verbreitet. In den Jahren 1820 bis 1914 machten die Verurteilungen wegen Alkoholmissbrauchs 9,1 Prozent aller verhandelten Disziplinarfälle aus.[32] Unter ihnen war ein Vikar mit Namen Johann Georg Geißler, der bereits 1825 im Priesterseminar in Meersburg den Vorgesetzten wegen seiner Alkoholexzesse aufgefallen war.

Andreas Schmauder

Trinkstubengesellschaften in den Bodensee-Städten

Die Bürger und Bewohner der Bodenseestädte des Spätmittelalters und der frühen Neuzeit (ca. 14.–18. Jahrhundert) gehörten verschiedenen sozialen und politischen Gesellschaften und Korporationen an, in die sie hineingeboren wurden oder denen sie formell beitraten. Den äußeren Rahmen bildeten die bürgerliche Gemeinde und die kirchliche Gemeinde.

Darunter rangierten wiederum verschiedene Gemeinschaften und Genossenschaften, die – und dies ist das entscheidende Merkmal – politische, aber auch gesellschaftliche, kommunikative und gewerbliche Zwecke verfolgten: In den Reichsstädten am Bodensee wie in Konstanz (bis 1548), St. Gallen (bis 1648), Lindau, Ravensburg, Buchhorn (heute Friedrichshafen) und Überlingen waren dies vor allem die Zünfte und die Patriziergesellschaften (Patrizier, einflussreiche Führungsschicht in den Städten, auch als Stadtadel bezeichnet); in den landesherrlichen und später eidgenössischen Städten und Städtchen am Bodensee wie in Meersburg, Bregenz, Rorschach und Stein am Rhein, die von der Geschichtswissenschaft häufig auch als Ein-Zunft- oder Zwei-Zunft-Städte bezeichnet werden, waren es die Stubengesellschaften, die sich tendenziell mit Bürgergemeinde, Zunft und Führungsschicht deckten. Die politischen Zünfte, Patrizier- und Stubengesellschaften bildeten alle Trinkstubengesellschaften aus, die abgeschlossene, auf Dauer bestehende Korporationen waren, autonom über den Zugang zu ihnen und über ihre Statuten und Ordnungen entschieden. Die unter dem Begriff Trinkstubengesellschaften zusammengefassten Korporationen (Zünfte, Patrizier- und Stubengesellschaften) waren »die zeitgemäßen Formen genossenschaftlicher Partizipation an der Macht«.[1] Es handelt sich bei einer Trinkstubengesellschaft also um etwas völlig anderes als das, was der Begriff »Trinkstubengesellschaft« heute ausdrücken könnte: eben nicht um eine Gruppe fröhlich zechender Menschen in der Stube eines Gasthauses.

Daneben bestanden religiöse oder soziale Bruderschaften, die häufig eng an die Zünfte, Patrizier- und Stubengesellschaften gebunden waren und nicht selten von denselben errichtet wurden. Von den verschiedenen Gemeinschaften und Genossenschaften waren die Armen in den Städten ausgeschlossen. Die Basis der spätmittelalterlich-frühneuzeitlichen Gesellschaft machten Familie, Haus und Verwandtschaft aus, sie waren die Keimzelle des sozialen Ganzen.[2]

Trinkstuben – »Schauplätze des Lebens«[3]

Die Trinkstuben in den spätmittelalterlichen und frühneuzeitlichen Städten hat der Züricher Wissenschaftler Bernd Roeck als »Schauplätze des Lebens« charakterisiert, innerhalb der Städte waren sie die wichtigsten sozialen Bausteine der Gesamtkorporation Stadt. Sie waren sozialer Ort ersten Ranges für die patrizischen Führungsschichten, die politischen Zünfte und in den kleineren sogenannten Ein- bzw. Zwei-Zunft-Städten für städtische Führungsgruppen aus Handel, Handwerk und Ackerbürgertum.

Die Trinkstuben waren Orte der Geselligkeit, der Kommunikation zu familiären, gewerblichen und allgemeinen Themen und der politischen Meinungsbildung. Der Historiker Gerhard Fouquet hat die Funktion von Trinkstuben neben ihren geselligen Ausprägungen folgendermaßen beschrieben: »Der Besuch von Trinkstuben bedeutete eine Investition in soziale, politische und wirtschaftliche Informationen. Damit stellten Trinkstuben für die sozialen Gruppen, die mit ihnen verbunden waren, vom sozialen Phänotyp her so etwas dar wie der fürstliche Hof für den Adel«.[4] Konflikte untereinander waren in den Stuben ebenso typisch wie Koalitionenbildung. Von stärker korporativ bestimmten Trinkstuben im 13. Jahrhundert entwickelten sie sich bis zum 18. Jahrhundert zu Gesellschaften mit stadtherrlich-obrigkeitlicher Einmischung. Insbesondere die Patriziergesellschaften waren durch die Aufnahme des benachbarten Adels, die Bewirtung von Gästen und ihre kulturellen Veranstaltungen zentral für die Verbindungen von Stadt und Land sowie den kulturellen Anspruch einer Stadt.[5]

Binnenleben

Obwohl im Detail alle Trinkstubengesellschaften der Bodensee-Städte ihre eigene Ausprägung hatten, die in Statuten und Ordnungen geregelt war, hat Jörg Rogge vier zentrale Aspekte ausfindig gemacht, die das Binnenleben der Gesellschaften treffend zum Ausdruck bringen:[6]

1. Die Trinkstubengesellschaften verfügten alle über die Kompetenz der Selbstregierung, eine eigene Disziplinargerichtsbarkeit und die Organisation des gemeinsamen Lebens und Feierns auf den Trinkstuben. Auch waren die Wahl des Stubenvorstandes, zumeist Pfleger genannt, ebenso wie der Umfang und die Form der Beteiligung der Mitglieder, die

als »Stubengesellen« oder »Gesellen« bezeichnet wurden, am Betrieb der Stube Sache der Gesellschaft. So war ein jeder »Geselle« verpflichtet, für ein oder mehrere Tage Wirt zu sein, also die Stubengesellen mit Wein und Essen zu verpflegen. Auch hatte der Wirt die Aufsicht über die Stubenknechte, welche die Gesellen und ihre Gäste zu bewirten und die Stube in Ordnung zu halten hatten. In den kleinen Stubengesellschaften übernahmen die Gesellen selbst das Bedienen ihrer Mitgesellen. Das gemeinsame Speisen und Trinken war für die Gruppenbildung von großer Bedeutung.

2. Auch waren die Stubengesellen zu einem freundlichen und friedlichen Umgang untereinander verpflichtet. Auch wenn in keiner Stube Konflikte ausblieben, bestand der Anspruch, bestimmte Verhaltensnormen nicht zu unterschreiten, zumal wenn Gäste – insbesondere Frauen bei patrizischen Tanzveranstaltungen – anwesend waren. »Dazu gehörte vor allem, die anderen Gesellen nicht durch Lärm zu belästigen, nicht zu fluchen und Gott nicht zu lästern, Stubengenossen nicht zu beleidigen oder mit Waffen anzugreifen, keine Feinde von Gesellen, keine Prostituierten oder Fremden mit auf die Stube zu bringen«[7] und natürlich die Statuten und Ordnungen und die darin für Zuwiderhandlungen vorgesehenen Bußen anzuerkennen. Gerade auch beim Tanz sollte ein züchtiges »tugendhaftes« Verhalten gegenüber den Frauen an den Tag gelegt werden. Mehrheitlich seit dem 16. Jahrhundert nimmt die Anzahl an Stubenordnungen sprunghaft zu. Diese zielten jetzt nicht mehr nur gegen Tätlichkeiten und Provokationen, gegen Gotteslästerung und Maßlosigkeit beim Spiel. Die Stubenordnungen enthielten nun auch Sätze, die sich auf das »gute Benehmen« der Gesellen im weiteren Sinne bezogen. Die ganzen Verbote, um das Leben auf den Stuben zu kontrollieren und Fehlverhalten zu ahnden, kann man dabei nur zum Teil als Reaktion auf eine im Verlauf des 15. Jahrhunderts eingetretene Verwilderung der Sitten bezeichnen. Die Stubenordnungen machen vielmehr einen grundlegenden Wandel des gesellschaftlichen Verhaltens deutlich, hin »zu einer immer differenzierteren Kontrolle der Affekte und letztendlich zur Ausbildung moderner Verhaltensstandards. Vor diesem Hintergrund erweisen sich die Stubenordnungen geradezu als Spiegel sich wandelnder sozialer Wertvorstellungen und Verhaltensmaßstäbe einer Gesellschaft, die langsam dazu überging, vorbildliches Verhalten nicht mehr mit ›Höfischheit‹, sondern mit Höflichkeit zu umschreiben«. Wer auf den Stuben verkehrte, hatte nun bewusst auf ein gepflegtes Äußeres, ein ansprechendes Benehmen bei Tisch und die dezente Zurückhaltung natürlicher Bedürfnisse zu achten. Den

Trinkstubengesellschaften kam innerhalb der Städte Vorbildcharakter für eine Weiterentwicklung von Verhaltensstandards zu. [8]

3. Alle Trinkstubengesellschaften verfügten über Aufnahmevoraussetzungen, die Instrumente zur Zuteilung von gesellschaftlicher Anerkennung und Ehre waren. Die Gesellen entschieden über die Aufnahme, solange diese nicht durch Geburt oder Einheirat gesichert war.

4. Die Gesellen verpflichteten sich mit der Anerkennung der Statuten nicht nur auf einen friedlich-freundlichen Umgang miteinander und auf ein bestimmtes soziales Verhalten. Sie regelten auch ihr Verhältnis gegenüber anderen Gruppen in der Stadt und gegenüber der städtischen Obrigkeit.

Die Gesellschaftshäuser und ihre Stuben

Ort der Begegnung für die Trinkstubengesellschaften in den größeren Städten waren Gebäude, die den Zünften, Patriziern oder Stubengesellschaften selbst gehörten, während sie in den kleineren Städten zumeist in einem Gasthaus ein dauerhaftes Bleiberecht genossen. Die Zunft oder die Gastwirtschaft gab der Trinkstubengesellschaft häufig auch den Namen. In den Reichsstädten wurden repräsentative Gebäude in zentraler Lage gewählt, in den kleineren landesherrlichen Städten die bedeutendsten Gasthäuser mit Tavernengerechtigkeit. Diese Räume waren die zentralen Orte der Selbstdarstellung, durch sie wurde die Präsenz der Gesellschaft in der Stadt verkörpert; durch ihre Lage und ihre Beschaffenheit dienten sie der Darstellung von gesellschaftlicher Differenz und Exklusivität, aber auch der Inszenierung von Rang und Ehre. Mit den Häusern wurden die Voraussetzungen für die Mitgliedschaft im Stadtraum sichtbar gemacht. Ein eigenes Haus bzw. eine dauerhafte Stube trug in besonderer Weise zur Förderung und Stärkung des Gemeinschaftsbewusstseins der Trinkstubenmitglieder bei.

Die Häuser der Gesellschaften und Zünfte waren so beschaffen, dass das Erdgeschoss in der Regel eine große Halle für Lager- und Abstellzwecke beherbergte. Im ersten Obergeschoss befand sich die Beletage mit der repräsentativen Trinkstube, die je nach Größe der Gesellschaft 20 bis 100 Personen aufnehmen konnte. Die Stube musste für festliche Essen ebenso geeignet sein wie insbesondere die Häuser der Patriziergesellschaften auch für Tanzveranstaltungen. Im Erdgeschoss oder im ersten Obergeschoss befand sich eine Küche, welche auf eine Vielzahl von Essensteilnehmern – auch von Gästen von außerhalb – ausgerichtet war. Neben ihren funktionalen und repräsentativen Rahmenbedingungen hatte die

Ursprünglich in der Zunftstube befindliche Meistertafel der Ravensburger Rebleutezunft mit namentlicher Nennung jedes Meisters und Darstellung seines Handwerkszeichens, 18. Jahrhundert. Museum Humpis-Quartier Ravensburg

Trinkstube auch die Ansprüche der Mitglieder nach Macht, Erinnerungskultur und kultureller Bedeutung für die Stadt zu erfüllen. In den Trinkstuben ergänzten die Mitglieder durch gemalte Tafeln mit den Wappen der patrizischen Mitglieder oder den Handwerkszeichen der Zunftmeister die kirchliche Praxis der Erinnerungskultur. Außerdem dienten die Stuben der Aufbewahrung der Mitgliederlisten der Gesellschaft, der Statuten und Ordnungen in einer Gesellschaftstruhe oder -lade.

Die Häuser mit ihren Trinkstuben und/oder Tanzsälen waren Orte der Kommunikation bei Wein und Speisen, der Repräsentation, der Totenmemoria und des Feierns. Von den Häusern aus wurden der Anspruch und der Habitus der jeweiligen Gesellschaft in den Stadtraum verbreitet. Zusammenfassend lässt sich sagen, dass die Trinkstuben zentrale Orte in dem Wettbewerb um gesellschaftliches Ansehen, um Macht, Prestige und Ehre und die kulturelle Dominanz in der Stadtgesellschaft waren. [9]

Herausragende Einzelbeispiele im Bodenseeraum

In den Reichs- und Landstädten am Bodensee existierten eine Vielzahl von Trinkstubengesellschaften der patrizischen Führungsschicht (Stadtadel), der politischen Zünfte und der Stubengesellschaften der kleineren Städte. Im Folgenden sollen einige herausragende Bespiele vorgestellt werden, die durch ihre bis heute erhaltenen Gesellschaftshäuser für die Städte prägende steinerne Zeugnisse hinterlassen haben, die gut erforscht sind oder die wie die Meersburger Hunderteiner bis zum heutigen Tage bestehen.

Trinkstuben der Patrizier (Stadtadel)

In den größeren Reichsstädten am Bodensee, in Konstanz (bis 1548 Reichsstadt), Überlingen, Ravensburg, Lindau und St. Gallen (bis 1648 Reichsstadt) bestand eine politische Führungsschicht, ein Patriziat (auch Stadtadel genannt), dem eine politisch-soziale Ehre anhaftete, die sich am adligen Ehrbegriff orientierte. Seine objektive Standesehre war exklusiv und kennzeichnete das Patriziat im Unterschied und in der Abgrenzung zu den anderen Schichten in der Stadt. Im Erwerbsleben hatte der einzelne Patrizier an der spezifischen Berufsehre des Kaufmanns teil und/oder war Großgrundbesitzer. Der mit dem Großhandel oder Grundbesitz erworbene Reichtum, das Alter, Herkommen und Konnubium wiederum waren Voraussetzung für eine adäquate Lebensführung, Amtsrepräsentation (Bürgermeister und Ratsherren) und Sozialstiftungen. Die Blütezeit des Patriziats am Bodensee war die Zeit des Bestehens der Großen Ravensburger Handelsgesellschaft (um 1406–1530), an der neben den führenden Humpis aus Ravensburg zu Spitzenzeiten 40–50 Patrizierfamilien aus den oben genannten fünf Reichsstädten am Bodensee beteiligt waren.

Zum Selbstverständnis der wirtschaftlich und politisch erfolgreichen Oberschicht der Bodensee-Reichsstädte gehörte eine adelige bzw. adelsähnliche Lebensführung mit entsprechenden Konventionen. Dies ging einher mit qualifiziertem Konsum und Besitz. Die Handel treibende Oberschicht beanspruchte für sich die besten Wohnlagen innerhalb der Reichsstädte; analog dem Adel führten die Familien Wappen und verfügten über eigene Grablegen.

Im wohl ältesten Renaissance-Bau nördlich der Alpen befand sich die Trinkstubengesellschaft der Konstanzer Patriziergesellschaft »Zur Katz«.

Zum Selbstverständnis patrizischen Lebens in den Bodenseestädten gehörten insbesondere exklusive Trinkstubengesellschaften, die eine gesellschaftliche Distanzierung zu den Zünften ermöglichten. In Konstanz bestand die 1424 neue konstituierte Geschlechter-Gesellschaft zur »Katz«,[10] in Überlingen die im 15. Jahrhundert entstandene Gesellschaft zum »Löwen«, in Lindau gab es seit 1358 die Gesellschaft zum »Sünfzen« (lebt in der Lindauer Sünfzen Gesellschaft e.V. fort),[11] in Ravensburg seit um 1380 die adelig-patrizische Gesellschaft zum Esel und in St. Gallen die wohl im 15. Jahrhundert errichtete Gesellschaft der »Notensteiner« (oder Nothveststein); letztere lebt bis zum heutigen Tag im Club Nothveststein weiter.[12] Nicht-patrizische Kaufleute waren in Ravensburg in der Trinkstubengesellschaft

Gesellschaftshaus der Patriziergesellschaft »Zum Sünfzen« in Lindau, heute Restaurant.

zum »Ballen« organisiert. [13] Führenden Familien des Spätmittelalters gehörten den Geschlechtergesellschaften an: in Konstanz die Muntprat, in Überlingen die Reichlin, in Lindau die Kröll, in Ravensburg die Humpis und in St. Gallen die Watt. Markante Zeugnisse im Stadtbild sind die eigenen Gesellschaftshäuser an prominentestem Platz in Münster-, Marktplatz- bzw. Rathausnähe. Beim ehemaligen Gesellschaftshaus Zum Sünfzen in Lindau (heute Gasthaus zum Sünfzen, Maximilianstraße 1) und dem Haus der Gesellschaft »Zur Katz« in Konstanz (Katzstraße 3) handelt es sich architektonisch um zwei herausragende Beispiele. Das Haus der neuen Katz-Gesellschaft aus Rorschacher Sandstein, der italienischen Vorbildern nachempfunden ist, gilt als ältester Renaissance-Bau nördlich der Alpen und ist noch heute eines der prachtvollsten Gebäude in der Konstanzer Altstadt. Hinter verschlossenen Türen wurde gegessen und getrunken und die Geselligkeit gepflegt. Hier spielte sich das patrizische Gesellschaftsleben ab. Höhepunkte dieses Lebens waren Tanzveranstaltungen und Turniere. Neben Patriziern war lediglich benachbarten Rittern, Grafen und dem Landadel eine Mitgliedschaft möglich. Der adelig-patrizischen Gesellschaft Zum Esel in Ravensburg gehörten im 15. Jahrhundert rund 65 Mitgliedern an.

Trinkstuben der Zünfte

Die Zunft war ein genossenschaftlich organisierter Zusammenschluss von Handwerkern eines Berufs oder Gewerbes in der Stadt. Jeder Handwerker musste ihr angehören, wenn er in der Stadt seinen Beruf ausüben wollte. Da die Zünfte in allen Bodensee-Städten am Stadtregiment beteiligt waren, verfolgten sie auch politische Interessen, bildeten zentrale Foren der politischen Meinungsbildung. Insofern war die Zunft die umfassende Organisation des politischen, wirtschaftlichen und gesellschaftlich-sozialen Lebens von Handwerkern. Jede Zunft bildete eine Trinkstubengesellschaft aus. Mittelpunkt des zünftischen Lebens waren die Zunfthäuser mit den Trinkstuben, dort versammelten sich die Mitglieder mindestens einmal vierteljährlich um die Zunftlade. Die Meister und die von ihnen jährlich gewählten Vorgesetzten bildeten die Zunft, waren deren vollberechtigte Mitglieder und nahmen an der Zunftversammlung teil. In der Zunftlade wurden die zentralen Dokumente der Zunft wie Statuten, Ordnungen, Rechnungen oder Aufnahmebücher, der Geldvorrat sowie andere Zunftkleinodien aufbewahrt. Bei der Zunftversammlung wurde die bedeutende Lade von zwei brennenden Kerzen umrahmt. Die Zunftversammlung der Meister traf wichtige Entscheidungen in Zunft- und Gewerbeangelegenheiten, entschied über Neuaufnahmen, wählte die Zunftvorgesetzten und bildete das Gericht in Streitfragen. [14]

An die Versammlung schloss sich eine Sitz- oder Bruderzeche an, bei der es einen bescheidenen Trunk gab, Singen, Rauchen und Pfeifen allerdings untersagt war. Bei Gedenk- und Festveranstaltungen waren alle Stubengenossen geladen und es wurde ordentlich gefeiert.

Neben den genannten Funktionen nahmen die Zünfte häufig über Bruderschaften, die auf Initiative der Zünfte ins Leben gerufen worden waren, auch religiöse, gesellige und soziale Aufgaben wahr. Bruderschaft bedeutete vor allem das Ausrichten eines würdigen Begräbnisses, Totengedächtnis, soziale Unterstützung und Geselligkeit.

In den sechs Reichsstädten um den Bodensee bestanden in Konstanz zuletzt zehn Zünfte, vier große (Metzger, Bäcker, Schmiede und Rebleute) und sechs kleine (Kaufleute, Schuhmacher, Fischer, Schneider, Merzler und Schiffsleute), [15] in St. Gallen sechs Zünfte (Weber, Schmiede, Schneider, Schuhmacher, Pister und Metzger), [16] in Überlingen sieben Zünfte (Rebleute, Schneider, Schuster, Küfer, Gerber, Bäcker und Metzger), in Buchhorn vier Zünfte (Schmiede, Rebleute, Bäcker und Metzger), [17] in Lindau acht Zünfte (Schneider, Schuster, Schmiede, Binder, Bäcker, Metzger, Rebleute und Fischer) und in Ravensburg ebenfalls acht Zünfte. Alle Zünfte verfügten über Zunfthäuser mit Trinkstuben. Die mit Datierung 1469 versehene Zunftstube der Ravensburger Rebleute ist noch original erhalten und vermittelt eine Vorstellung von der Größe und dem repräsentativem Selbstverständnis der zünftischen Trinkstubengesellschaft. Im

Zunftstube der Ravens-
burger Rebleutezunft.

18. Jahrhundert schlossen sich die katholischen Angehörigen der Ravensburger Zünfte zu Bruderschaften zusammen. [18]

Die Gesellschaft der 101 Bürger von Meersburg

Zahlreiche der landesherrlichen und später eidgenössischen Städte und
Städtchen am Bodensee wie Meersburg, Rorschach und Stein am Rhein
waren Zwei-Zunft-Städte. Sie verfügten über Stubengesellschaften, denen
innerhalb der Städte eine zentrale Bedeutung zukam. Ihnen gehörten die
vermögenden Kaufleute und Führungsschichten ebenso an wie das Handwerk, sie repräsentierten im Grunde genommen die Bürgergemeinde. In
Meersburg und Stein am Rhein bestehen diese Gesellschaften bis zum
heutigen Tag. Zwei-Zunft-Städte am Bodensee waren Meersburg (bis um
1605 Gesellschaft im Bären und Traube), Rorschach (St. Constantius-
Zunft, St. Johanni Zunft mit gemeinsamer Trinkstube im »güldenen Löwen«) [19] und Stein am Rhein (Rose und Kleeblatt). [20] In Bregenz und Radolfzell kam es nicht zur Ausbildung klassischer Zünfte, hier schlossen
sich die Handwerker in Bruderschaften zusammen, die auch Trinkstuben
ausbildeten, wie in Bregenz die 1462 gestiftete Bruderschaft der Krämer
und Schneider [21] und in Radolfzell die Bruderschaften der Schuhmacher
und Gerber (vor 1476) und der Rebleute (vor 1535). [22]

Bereits vor 1452 bestanden in Meersburg in den traditionsreichen
Gaststätten Bären und Traube Trinkstubengesellschaften. Ein nach Aus-
wahlverfahren oder durch Erbe festgelegter Kreis an männlichen Bürgern
aller Berufsgruppen diskutierte dort politische, berufliche und gesellschaftliche Anliegen der Stadt und pflegte die Geselligkeit. Die beiden
Trinkstubengesellschaften waren zentrale Kommunikationsorte der
Stadtgesellschaft, in denen außerhalb des Rats bürgerliche Mitbestim-

»Bußbär« und »Apfelbär« der Gesellschaft der 101 ehrbaren Männer zu Meersburg. Bei Verstößen gegen die Stubenordnung hatten die Gesellen Geld in den Apfel zu stecken. Vineum Bodensee Meersburg

mung formuliert wurde. Im Emanzipationsbestreben der Stadt gegenüber ihrem bischöflichen Stadtherrn kam den beiden Gesellschaften große Bedeutung zu. Nach den Bürgerrechtskämpfen der Meersburger gegen den Bischof wurden sie ab 1461 immer wieder verboten bzw. reglementiert. Stubenordnungen regelten den Aufbau und die Zusammensetzung der Gesellschaft mit Oberpfleger und Unterpfleger und ausschließlich männlichen Bürgern, die nur durch Vererbung oder Einkauf Mitglied werden konnten. Die Gesellen hatten den Anweisungen des Oberpflegers Folge zu leisten. In den Gaststätten Bären und Traube versammelten sich die Mitglieder der Gesellschaft unter Ausschluss der Öffentlichkeit um die Gesellschaftstruhe, die alle wichtigen Dokumente der Gesellschaft enthielt. Bei Vergehen gegen die Stubenordnungen wurden die Bußgelder in einen Apfel gedrückt, der auf eine hölzerne Skulptur, einen Bären, aufgesteckt wurde.

Im Jahre 1510 gestattete Bischof Hugo von Hohenlandenberg der Gesellschaft im Bären, eine religiöse Bruderschaft in Meersburg zu gründen, die St.-Annabruderschaft. Zu den politischen Anliegen kamen nun sozialkaritative Ziele hinzu. Die Bruderschaft kümmerte sich um soziale Belange ihrer Mitglieder bei Krankheit und Arbeitsunfähigkeit, um ein würdiges Begräbnis und das Totengedächtnis. Nach der Zusammenlegung der beiden Gesellschaften im Bären und in der Traube um 1605, nannte sich die gemeinsame Gesellschaft ab 1831 die Gesellschaft der Hundertein Ehrenbaren Bürger von Meersburg, die bis zum heutigen Tag besteht und in der vor 1914 auch die St.-Annabruderschaft aufgegangen ist. Damit gehören die 101er zu den ältesten ununterbrochen wirkenden Bürgergesellschaften Deutschlands.

Die drei wichtigsten Termine im Jahreslauf der Gesellschaft sind der Jahrtag für den großzügigen Stifter Kaspar Miller, die Abrechnung am 27. Dezember (Johannes Evangelist) mit Wahlen und der Neujahrstrunk. Beim Neujahrstrunk in der Neujahrsnacht, der früher im Gasthaus Bären unter Ausschluss der Öffentlichkeit stattfand und heute im Rathaus stattfindet, gab bzw. gibt es Ansprachen des Oberpflegers, des Ehrenvorsitzenden (jeweiliger Bürgermeister von Meersburg) und eines Geistlichen. Alle Gesellen wünschen einander ein gutes neues Jahr. Dann wird der mit Wein gefüllte, silberne, vergoldete Kelch oder Pokal der Gesellschaft (um 1660) allen 101ern gereicht. Die Reichung des Kelchs übernehmen der Oberpfleger und der Oberirtner (als Beistand des Oberpflegers). [23]

Mse iulio· auenere abstinere·
7 sanguine n minuere· nec potio
ne adsoluendu· absinthiu 7 apiu bibe·

Mse AVGVSTO· maluas n man
ducare· qr te ft amare· 7 colera nu
gra nutrunt· absinthiu 7 puleiu bibe·

Mense septebri lac caprinu aut
anul nuclinu nuclinu cu pane in fu
so manducare pp sanguine adduclan
du· t calculu tepandu· 7 pulmone
curandu· Gingiber & grano masticu bibe q cal·

Mse OCTOBRI· racemos 7 mustu faciat
usitare· pp solutione· 7 corporis sa
nitate· porru comede· sanguine mi
nuere· solutioe face· gingibru 7 cina

M se noueb abalneo momu accipe
abstinere· sanguine n minuere· spicas
Cio se deceb caulef 7 gingib bibe
n manducare· sanguine minuere
potione adsoluendu accipe· uena
capitanea incide· genas uentosas iponere·
cap purgare· cinamomu 7 reuponticu bibe·

Mense apli uena mediana i brachio·
in se septeb uena latana· in se noueb
uena kephalica i· acapite· in se febr
uena depollice·

Robert Jütte

Heilmittel Wein

Bereits in den antiken Hochkulturen war Wein ein wichtiges Arzneimittel, und zwar zumeist in Form des Medizinalweins. Die molekularbiologische Untersuchung einer Amphore, die im südägyptischen Gebel Adda entdeckt wurde und vermutlich aus dem sechsten vorchristlichen Jahrhundert stammt, belegt, dass dem aus Trauben hergestellten Wein unter anderem Melisse, Koriander, Minze und Salbei sowie Pinienharz beigefügt wurden.[1] Solche Mixturen sind uns ebenfalls schriftlich überliefert. Allein der Papyrus Ebers (ca. 16. Jh. v. Chr.) enthält zahlreiche Rezepte mit Wein (z. B. Nr. 327, 329, 334, 335), die gegen Schwächezustände helfen sollten. Mit Kräutern vermischte Weine wurden im Alten Ägypten nicht nur innerlich, sondern auch äußerlich angewendet: »Ein anderes [Heilmittel] für das Gesundmachen des Afters, wenn er krank ist: Rückenmark des Rindes 1, getrocknetes *swg* vom Öl 1, Bodensatz vom Wein, machen zu einem Zäpfchen für Mann oder Frau« (Papyrus Ebers Nr. 162).[2]

In der altindischen Medizin war Wein gleichfalls ein häufig verwendetes Heilmittel.[3] Wein in geringen Mengen galt nach ayurvedischer Auffassung als das beste Medikament, wenn er ordnungsgemäß genommen werde, andernfalls richte er Schaden an.[4] Zu den Medizinalweinen gehört der ayurvedische Traubenwein Drakshasava, der neben Weintrauben Gewürze wie Kardamom, Pfeffer sowie Zimt enthält und als herzstärkend, schlaffördernd, appetit- und verdauungsanregend angesehen wird.

In dem ältesten Zeugnis der Traditionellen Chinesischen Medizin, dem »Klassiker des Gelben Kaisers zur Inneren Medizin«, wird die Herstellung von Wein zu medizinischen Zwecken geschildert. Auch hier handelt es sich in der Regel um Medizinalweine, die vor allem der Gesundheitserhaltung dienen: »In sehr alten Zeiten verwendeten die Menschen diese Kräuterweine und Extrakte, um Krankheiten vorzubeugen. Da sie in Einklang mit der Natur lebten, waren sie stark, wussten um die Geheimnisse der Gesunderhaltung und erkrankten nur sehr selten. Es bestand also nur selten Anlass, sie zu verwenden.«[5] In einem neueren Standardwerk der chinesischen Pharmakologie sind unter den dort aufgeführten 87 Rezepturen 19 (= 18 %) auf Weinbasis.[6] Eine Besonderheit der chinesischen Medizin ist, dass Teile von Tieren in Wein eingelegt und dann als Medikament verwendet werden.[7]

Dass Wein als Heilmittel in der griechisch-römischen Medizin eine große Rolle spielte, überrascht angesichts des Dionysos- beziehungsweise Bacchuskults nicht. Aus den Schriften, die dem berühmten griechischen Arzt Hippokrates (460–370 v. Chr.) zugeschrieben werden, sind uns zahlreiche Rezepte, die Wein enthalten, überliefert. Ein Rezept gegen Nervosität lautet beispielsweise: »Ruhelosigkeit, Gähnen, Frösteln wird gehoben durch einen Trunk aus Wein und Wasser aus gleichen Teilen gemischt.«[8] Besonders empfohlen wird Wein zur Reinigung von Wunden. Hippokrates war es auch, der dem Wein besondere Qualitäten (nämlich trocken und heiß) zuordnete. Diese Eigenschaften stehen im Einklang mit der Viersäftelehre, die fast zwei Jahrtausende die westliche Medizin prägte. Kranken empfahl er, den Wein nur mit Wasser verdünnt zu trinken.[9]

Der griechische Leibarzt Ciceros, Asklepiades (124–40 v. Chr.), setzte die Nützlichkeit des Weins als Heilmittel mit der »Macht der Götter gleich«.[10] Auch hat dieser eine Schrift über den Wein verfasst, auf die antike Autoren immer wieder Bezug nahmen.[11] Weil Asklepiades seinen Kranken häufig Wein verordnete, erhielt er übrigens den Namen »Der Weingeber«. Das Arzneibuch des Dioskurides (49–90) enthält zahlreiche Rezepte mit Wein. Der griechische Arzt, der in den Diensten der römischen Kaiser Claudius und Nero stand, war der Überzeugung: »Der Wein erwärmt, befördert die Verdauung, reinigt und führt ab.«[12] Seine Arzneimittellehre in fünf Büchern galt bis in die frühe Neuzeit als Standardwerk und wurde immer wieder überarbeitet.

Der nach Hippokrates berühmteste Arzt der griechisch-römischen Antike war Galen (131–201). Maßvoll mit Wasser gemischter Wein bringt seiner Ansicht nach Schlaf und wirkt befeuchtend und kühlend.[13] Wie Hippokrates wandte Galen Wein vor allem äußerlich an, z.B. bei Entzündungen, Wunden und Verbrennungen.

Wein und Gesundheit im Judentum und Islam

Der Talmud, das grundlegende Werk der jüdischen Religion aus dem 5. bis 6. Jahrhundert, beschreibt gleichfalls die gesundheitsfördernden Kräfte des Weins. So wird dort alter Wein als »dem Leib zuträglich«[14] bezeichnet. Nach dem Aderlass solle man den Wein möglichst unvermischt trinken, lautet der Rat Rabbi Ben Achijas.[15] Jüdische Ärzte, die von der griechisch-römischen Medizin geprägt waren, empfahlen Wein gegen eine Vielzahl von Krankheiten. Maimonides (1135–1204), der zugleich ein bekannter jüdischer Rechtsgelehrter war, pries in seiner Ratgeberschrift für den Nachfolger des Sultan Saladin die Nützlichkeit des Weines für die menschliche

Gesundheit. Er betonte dabei mit Blick auf das islamische Weinverbot den Unterschied zwischen »den Geboten der Religion und den Verordnungen der Ärzte.«[16] Über die gesundheitserhaltene Eigenschaft des Weins äußerte er sich sehr positiv: »Die Nutzanwendungen des Weines sind ziemlich zahlreich, soweit er in angebrachtem Maße genossen wird.«[17]

Auch die arabischen Mediziner des Mittelalters hoben die gesundheitsfördernde Wirkung des Weines hervor, vor allem Avicenna (980–1037), der wie Maimonides mit dem griechisch-römischen Arzneischatz ebenfalls bestens vertraut war. In einer seiner Schriften berichtet er über seine eigenen positiven Erfahrungen mit Wein als Aufputschmittel: »Wenn mich der Schlaf übermannen wollte oder ich eine Schwäche verspürte, wandte ich mich einem Becher Wein zu, um wieder zu Kräften zu kommen. Dann kehrte ich zu meiner Lektüre zurück.«[18] In seinem im Mittelalter immer wieder zitierten Hauptwerk, »Kanon der Medizin« (Al-Qānūn fī al-ṭibb), heißt es über eine der vielen Sorten Weine, die in der arabischen Heilkunde bekannt waren: »Der wohlriechende Wein befördert die Verdauung der Speisen, ist der Blase und den Nieren nützlich, treibt Urin und den Monatfluß, besänftigt, hält den Leib an und unterdrückt die Feuchtigkeiten.«[19] Weinsorten und ihre Wirkung auf die Gesundheit beschreibt das Werk »Taqwīm eṣ-ṣiḥḥa« (Tafeln der Gesundheit),

Darstellung der Trunkenheit (ebrietas) aus dem Codex Vindobonensis, um 1300, Österreichische Nationalbibliothek Wien

das im 11. Jahrhundert von dem Arzt Ibn Butlan (gest. um 1064) verfasst wurde und von dessen lateinischer Übersetzung unter dem Titel »Tacuinum Sanitatis« mehrere Bilderhandschriften existieren.[20]

Nicht nur von islamischen Ärzten, auch von Rechtsgelehrten kam die Forderung, dass für Kranke das Verbot berauschender Getränke nicht gelten sollte. Der sunnitische Theologe Fachr ad-Dīn ar-Rāzī (1149–1209) erlaubte die Behandlung mit Wein und anderen Alkoholika, weil dabei nur eine kleine Menge konsumiert werde, die nicht berausche. Der hanafitische Gelehrte as-Sarachsi (gestorben 1090) sah in der Vermischung des Weines (»chamr«) mit Medikamenten kein Problem, wenn die alkoholischen Bestandteile in der Mischung nicht überwogen.[21]

Wein in der mittelalterlichen Medizin

Christliche Ärzte stehen ebenfalls in der Tradition der durch arabische und jüdische Übersetzer ins lateinische Abendland vermittelten griechischen Medizin. Die mittelalterliche Klostermedizin repräsentiert die Äbtissin Hildegard von Bingen (1098–1179). In ihrem Werk über die Ursachen und Behandlung von Krankheiten (»Causae et curae«) liefert sie Indikationen, bei denen sich der Wein als nützlich erwiesen habe. Am bekanntesten ist ihr Merksatz: »Der Wein heilt und erfreut den Menschen mit seiner wohltuenden Wärme und großen Kraft.«[22] Auch der Rat, Wein nur verdünnt mit Wasser zu trinken, erinnert an die hippokratische Medizin: »Deshalb soll ein Mensch, der edlen, starken Wein trinken will, ihn mit Wasser mischen, damit seine Kraft und Wärme etwas geschwächt und gemildert wird. Auch den Wein, den man den Hunsrücker nennt, soll er mit Wasser mischen, bis das Wasser seinen herben, sauren Geschmack mildert und lieblich macht.«[23] Ähnliches hätte die Heilige vermutlich auch über den Bodenseewein geschrieben, wenn sie diesen gekannt hätte. Noch im 19. Jahrhundert urteilte nämlich ein Reisender über die in Meersburg und Umgebung angebauten Weine: »Kann sich der Seewein auch nicht mit dem eigentlichen Rheinwein messen, so ist er doch in guten Jahrgängen, ein schätzbarer Wein, etwas herb, aber sehr gesund.«[24]

Im »Liber de vinis«, einem Buch über den Wein, das der spanische Arzt Arnaldus de Villanova (1235–1311) verfasst hat, zählt dieser zahlreiche Arzneiweine auf, darunter einen, der mit Gold versetzt ist. Über die gesundheitsfördernde Wirkung heißt es in der Einleitung zur frühneuhochdeutschen Übersetzung: »Der wein stercket nit allein die natürliche hitz | sonder er macht auch lauter vnd klar das trüeb geblüet | vnd den zugang des gantzes leibs.«[25] In seiner Schrift zur Diätetik (»De conservanda bona valetudine«) findet sich die bereits von griechischen Ärzten vertretene Auffassung,[26] dass es gesundheitsförderlich sei, sich einmal im Monat zu betrinken, da der damit verbundene Schweißausbruch den Körper reinige und die Lebensgeister beflügele. Darüber hinaus tradiert Arnaldus das bekannte lateinische Sprichwort, dass der Wein die Milch der Alten (»vinum lac senum«) sei.[27]

Nicht nur mit dem Weinbau, sondern auch mit der Herstellung von Weinen befasst sich das populäre »Pelzbuch« Gottfrieds von Franken aus der Mitte des 14. Jahrhunderts.[28] Der zweite Teil, das »Weinbuch«, enthält zahlreiche Hinweise zur Weinlese und Qualitätsverbesserung sowie Rezepte zur Herstellung von Essig, Würz- und Medizinalweinen. Abschriften dieses mittelalterlichen Bestsellers sind nicht zuletzt in Klöstern des

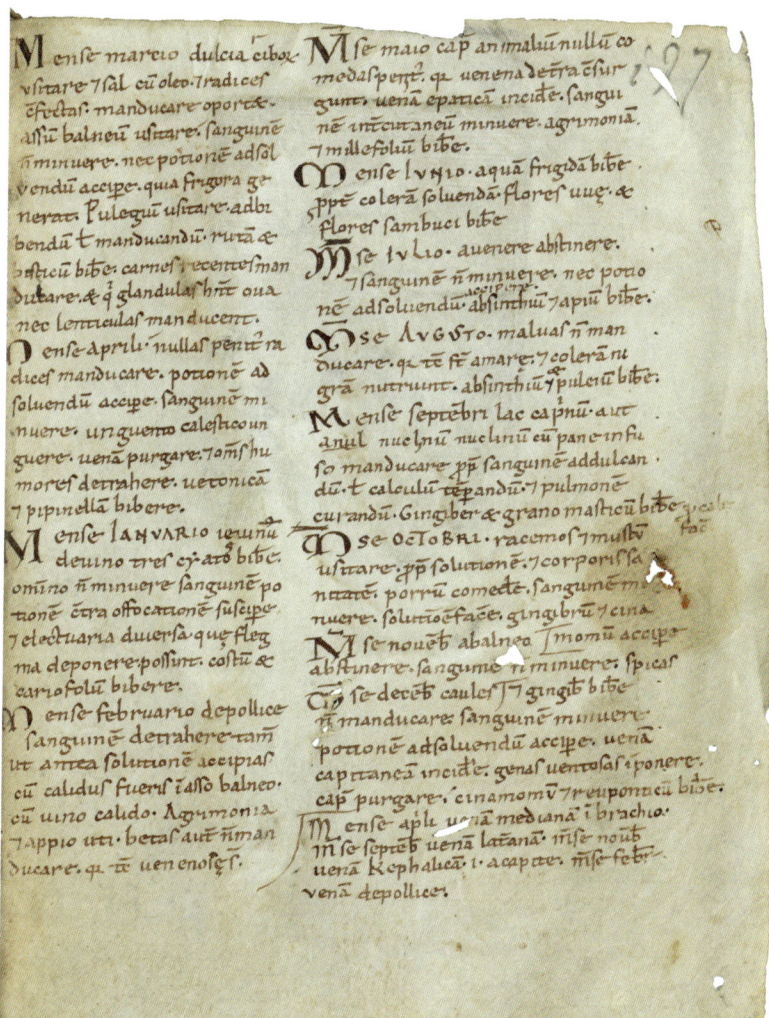

Diätetische Ratschläge für die jeweiligen Monate im Sankt Galler Cod. 292: für Februar wird neben einem Aderlass das Trinken warmen Weines empfohlen. Stiftsbibliothek St. Gallen

Bodenseeraums überliefert. In der Württembergischen Landesbibliothek befindet sich heute eine Sammelhandschrift aus dem Kloster Weingarten (HB I 91), in der neben dem bereits erwähnten Weintraktat von Arnaldus de Villanova gleichfalls der Text des Pelzbuchs enthalten ist.[29]

Die therapeutische Wirkung des Weins wird im Mittelalter vor allem durch die sogenannten »Monatsdiätetiken« popularisiert und didaktisch vermittelt. Beispiele finden sich auch in St. Galler Handschriften. In einem Kodex aus dem 10. Jahrhundert (Cod. Sangall 292) stehen diätetische Ratschläge für die jeweiligen Monate. Für Februar wird neben einem Aderlass das Trinken warmen Weines (»cum vino calido«) empfohlen.[30] Eine medizinische Sammelhandschrift der Österreichischen Nationalbibliothek aus dem 12. Jahrhundert enthält ebenfalls nach Kalendermonaten geordnete Diätvorschriften. Zu Juni lesen wir dort: »Im Monat Juni trink

nüchtern jeden Tag morgens einen Kelch von kalten Wassers und ver-
mischten weißen Weines, um die Galle [einer der vier Körpersäfte nach der
antiken Medizin, Anm. d. Verf.] zu unterdrücken.«[31] In einem anderen
spätmittelalterlichen medizinischen Text, »Meister Alexanders Monatsregeln«, rät der Autor dazu, im Oktober roten und weißen Most zu trinken:
»Denn so nym raten möst vnd / weyzzen, den trinkch, wann er lö/set dem
siechen vnd macht in ge/sünd vnd haylet auch den leib.«[32]

Das Arzneibuch, das der in Würzburg tätige Chirurg Ortolf von
Baierland gegen Ende des 13. Jahrhunderts verfasste, gehört mit über
80 vollständig überlieferten Handschriften zu den populärsten deutschsprachigen Texten des Mittelalters. Es enthält zahlreiche Rezepte gegen
die verschiedensten Krankheiten, unter ihnen auch solche, die mit
Wein zubereitet werden. Sogar schwangeren Frauen wird geraten, »guten
Wein« zu trinken, um den »Widerwillen« (im Original: »vngelust«) zu
vertreiben.[33]

Ein spätmittelalterlicher Gesundheitsratgeber, der keine erkennba-
re Gliederung nach Betreffen hat, bringt das Argument, dass derjenige,
der Wein genieße, etwas Gutes für Körper und Geist tue: »Ihr Weintrinker
merkt auf, welche Kraft der Wein geben kann: Ist er wohlschmeckend und
gut, verjüngt der das alte Herz, ist er aber übel (arg) und unschmackhaft
(widerlich), so macht er das junge Herz alt.«[34] Eher grenzwertig ist aus
hcutiger Sicht dagegen der folgende Ratschlag: »Wer des Nachts mit gutem
Wein seinen Kragen (lat. Kehle) überlädt, der trinke am (nächsten) Morgen
wieder, so wird er gesund und alt.«[35]

Neuzeitliche Weintherapien

Noch in der Frühen Neuzeit ist die volksprachliche medizinische Literatur
voller Empfehlungen, mit Wein in unterschiedlichster Form Krankheit zu
bekämpfen und den Körper gesund zu erhalten. In einem Arzneibuch des
Stadtarztes von Arnstadt, Johannes Wittich (1537–1596), heißt es über die
gesundheitsfördernde Wirkung des Weines: »Nichts besser ist, die Natur
zu krefftigen, denn guter, natürlicher Wein, der an der Substanz subtil
und lauter, an der Farbe schön, an Geruch und Geschmack lieblich, an der
Zeit nicht jung oder sehr alt sey, auch er zu einer gesunden Zeit gewachsen
ist. Solcher Wein, ziemlich getruncken, bringet Lust zum Essen, besser
die Dawung [Verdauung, Anm. d. Verf.], stercket den Magen und alle
Kreffte.«[36]

Ein Loblied auf den Wein stimmt – wie so mancher Barockschrift-
steller – Hans Jakob Christoffel von Grimmelshausen (um 1622–1676) in

seinem Schelmenroman »Satyrischer Pilgram« an: »So tauget der Wein nicht allein, die Gesunde zu erhalten / die Matte zu kräfftigen [...], sondern macht auch die betrübte frölich, schwermütige leichtsinnig [...].«[37]

Doch wie sah es in der frühneuzeitlichen Praxis aus? Hat man Kranken wirklich Wein verabreicht? Aus dem 16. und 17. Jahrhundert sind uns Spitalrechnungen überliefert, die eindeutig belegen, dass selbst den armen Kranken Wein zur Stärkung oder zu Heilzwecken gereicht wurde. Zu ihnen gehört beispielsweise ein verwundeter Mann, der 1594/95 im Jülicher »Gasthaus« über einen Monat lang täglich 1,53 Pinten [ca. 0,6 Liter] Wein erhielt.[38] Im Berner Inselspital, in dem schon früh nicht ungefährliche Operationen vorgenommen und Geschlechtskranke therapiert wurden, richtete sich die tägliche Weinportion nach der Schwere der Krankheit: »Wein hatte jeder Kranke, 1 Vierteli [ca. 0,4 Liter]. Denen in der Schneidstube, so lange sie in der Gefahr sind, des Tags 3 Vierteli; denen in der Schmierstube täglich 1$^{1/2}$ Vierteli.«[39] Eine recht ungewöhnliche Therapie mit Wein ist uns aus Ulmer Chroniken überliefert. Danach behandelte ein fahrender Heilmittelhändler um die Mitte des 16. Jahrhunderts das Ohrleiden eines Patienten mit Wein: Dem Kranken, der dabei liegen musste, wurde die Flüssigkeit in beide Ohren getropft, und zwar zwei Stunden lang abwechselnd über einen Zeitraum von neun Tagen.[40]

Im 18. Jahrhundert ist die Weintherapie mehrfach Gegenstand medizinischer Dissertationen. So promovierte Gottlieb Andreas Burmester 1797 in Göttingen über das Thema »De usu vini medico«.[41] In Erfurt verglich ungefähr zur selben Zeit ein Doktorand die therapeutischen Eigenschaften des Weines mit denen des Opiums.[42] In einer Bibliografie zur Geschichte der Nahrungsmittelkunde aus dem Jahr 1811 werden außerdem noch 14 weitere medizinische Arbeiten zur Heilwirkung des Weines erwähnt.[43] Noch größer (insgesamt 53) ist die dort angeführte Zahl der Schriften von Ärzten, welche die diätetischen Qualitäten des Weins beschreiben. So verteidigte z. B. Johann Baptist Davinus 1720 an der Universität in Modena seine Dissertation über die wohltuende Wirkung erhitzten Weines.[44] Doch auch die Schädlichkeit übermäßigen Weingenusses wurde von den Ärzten in dieser Zeit gelegentlich thematisiert. In der bereits erwähnten Bibliografie finden sich fünf einschlägige Titel, darunter die Dissertation des Quedlinburger Kaufmannsohnes Daniel Dieter Jacobi aus dem Jahre 1740.[45]

Zu den bekanntesten Propagandisten der Weinkur im 18. Jahrhundert gehört der Hallenser Medizinprofessor Friedrich Hoffmann (1660–1742), der Leibarzt zweier preußischer Könige war. Als Erfinder der »Hoff-

Titelblatt der Weinkur-Schrift Friedrich Hoffmanns, 1718

manns-Tropfen« ist er heute noch bekannt. Die Kur, für die er Rheingauer Wein, nur leicht mit Wasser gemischt, am geeignetsten hielt, sollte sich über mehrere Wochen erstrecken.[46] Das Quantum betrug anfangs zwei Kannen (1,8 Liter) täglich und wurde dann langsam auf vier Kannen (3,7 Liter) gesteigert.

Einen Höhepunkt erreicht die »Oinotherapie« jedoch erst im 19. Jahrhundert. Das ist auf die einflussreiche medizinische Lehre des schottischen Arztes John Brown (1735–1788) zurückzuführen. In dessen »Reizlehre« kam dem Wein eine zentrale Rolle als Therapiemittel zu.[47] Einer von Browns Anhängern, der Berliner Professor Ernst Horn (1774–1848), stellte in seinem 1803 erschienenen »Handbuch der praktischen Arzneimittellehre« sogar die Behauptung auf, dass der Wein das »wirksamste Arzneimittel«[48] sei. Nicht ganz so weit ging einer der bekanntesten Ärzte jener Zeit, Christoph Wilhelm Hufeland (1762–1836), in seinem bis heute immer wieder aufgelegten Bestseller »Makrobiotik«: »Wein ist das größte Stärkungs- und Belebungsmittel und kann daher [...] am schnellsten die Kräfte heben. Doch ist die Anwendung in Krankheiten immer etwas mißlich, und darf nicht ohne des Arztes Bestimmung gemacht werden.«[49] Der Leibarzt Goethes warnte also vor den Gefahren der Selbstmedikation mit Wein. Gleichzeitig mahnte er den mäßigenden Gebrauch an: »Der Wein erfreut des Menschen Herz, aber er ist keineswegs eine Notwendigkeit zum langen Leben; denn diejenigen sind am ältesten geworden, die ihn nicht tranken. Ja er kann, als ein reizendes, die Lebensconsumtion beschleunigendes, Mittel, das Leben sehr verkürzen, wenn er zu häufig und in zu großer Menge getrunken wird. Wenn er daher nicht schaden und ein Freund des Lebens werden soll, so muß man ihn nicht täglich, und nie im Uebermaaß trinken, je jünger man ist, desto weniger, je älter, desto mehr. Am besten, wenn man den Wein als Würze des Lebens betrachtet und benutzt, und ihn nur auf die Tage der Freude und Erholung, auf die Belebung eines freundschaftlichen Zirkels verspart.«[50]

Besonders bemerkenswert sind die medizinischen Experimente des Weinsberger Arztes und Dichters Justinus Kerner (1786–1862). Nach ihm ist bekanntlich sogar eine Traubensorte benannt. Er stellte mit einer als

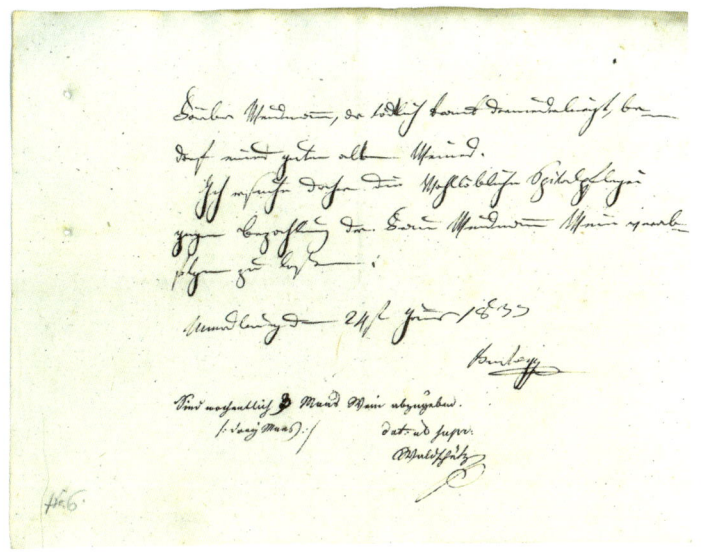

Stadtarzt Tscheppe verordnet 1833 einem schwer kranken Patienten einen »guten alten Wein« aus der Spitalpflege Meersburg.

Seherin von Prevorst bekannt gewordenen Somnambule Versuche an. Kerner gab ihr unter anderem unterschiedliche Weinsorten zu verkosten. Dabei stellte er folgende Wirkungen fest: »Der Traminer und Velteliner erregten ihr Hitze, der Ruländer Spannen, der Rothelben [Roter Elbing], Weißelben [Weißer Elbing] und rothe Muskateller, Betäubung im Kopf. – Den Salvener erklärte sie gesund für die Brust, der Affenthaler verursachte ihr Wärme, der Traminer Bangigkeit auf der Brust, der rothe Gutedel Herzklopfen und heftige Blutbewegung. – Wärme im Unterleib brachten ihr der Klevner und Velteliner, besonders Wärme im Magen der Drollinger hervor. – Das Gefühl von Kälte durch alle Glieder erregten ihr der Riesling und der Salvener [Silvaner], jedoch beide auf eine verschiedene Weise; beim Riesling ergriff zugleich die Nerven eine Art Starrheit, und sie erklärte ihn für nervenstärkend, während es der Salvener nicht sey. – Der Drollinger, Klevner und Affenthaler zogen ihr Wasser in den Mund. Von allen Traubensorten aber konnte sie nur Eine, den Drollinger, essen. – Der Ruländer brachte ihr Schmerzen in den Augen und Nebel vor denselben hervor, und der Roth- und Weißelben erregten Mattigkeit in all ihren Gliedern, ja sie entschlief bei denselben plötzlich.«[51] Insbesondere die Wahrnehmung einer bestimmten Rebsorte durch diese offenbar höchst sensible Frau interessierte Kerner, so dass er einige Jahre später (1846) auf dem Weinbaukongress in Heilbronn ein Referat über die »Wirkung des Rieslings auf das Nervensystem« hielt.

1816 veröffentlichte Eduard Leopold Löbel (1779–1819) eine ausführliche Darstellung der Therapiemöglichkeiten mit Wein bei schweren Krankheiten. Über seine Erfahrung bei Fällen von Keuchhusten schrieb er: »Die Erfahrungen haben uns gelehrt, dass keine Weinsorte im Keuchhusten so treffliche Wirkung thut, als die sogenannten Liqueur-Weine. Man muss in dieser oft lebensgefährlichen Kinderkrankheit, von dem Lünel bis zur Tokayer Essenz, diese Weine mit Vorsicht anwenden, und häufig heilten wir in den letzten Stadien diese hartnäckige Krankheit bloss mit Tokayer Essenz, Tokayer Landweinen, oder mit alten Madeira-Wein.«[52]

Wie verbreitet die Weintherapie im 19. Jahrhundert bei schweren Krankheiten war, zeigt nicht zuletzt ein Blick in das Nachrichtenblatt der württembergischen Ärzte. Dort wird Wein unter anderem gegen »Faulfieber«, Ruhr und Typhus empfohlen. Auch die Pioniere der naturwissenschaftlichen Medizin und Ernährungswissenschaft im 19. Jahrhundert (Justus von Liebig, Louis Pasteur und Max von Pettenkofer) äußerten sich positiv über den Wein als Therapeutikum.[53] In einem Standardwerk der Medizin, einem Handwörterbuch für Ärzte, an dem renommierte Wissenschaftler mitgearbeitet haben, wird 1901 die Rolle des Weins in der Medizin wie folgt skizziert: »Wegen seiner erregenden Wirkung wird der Wein sowohl als diätetisches Mittel, als in größeren Gaben auch als Analepticum bei Schwächezuständen in acuten und chronischen Krankheiten mit Erfolg verwendet.«[54]

Wein auf Krankenschein

Selbst über die Verordnung von Wein auf Krankenschein dachte man damals nach. Am 21. Mai 1892 wandte sich die Ortskrankenkasse Heidelberg an den Schwetzinger Hofapotheker Durand mit der Anfrage, für die »Abgabe von Weiß- und Rothwein an unsere erkrankten Kassenmitglieder« ein entsprechendes Depot anzulegen.[55] Anfang des 20. Jahrhunderts zählte in der Tat Wein noch zu den Arzneimitteln, die auf Krankenschein verordnet werden konnten.[56] Es dürfte sich dabei in den meisten Fällen um Medizinalweine gehandelt haben. Diese werden in den Arzneibüchern – sowohl in Deutschland als auch in Frankreich – noch bis Mitte des 20. Jahrhunderts erwähnt, wenngleich viele Sorten (z. B. Absinthwein) schon früh aus dem offiziellen Arzneischatz verschwanden.[57] Unter den Ärzten, die ihren Patienten Wein verschrieben, waren einige im Nebenberuf Winzer, so Ferdinand von Heuss (1848–1924), der in Bodenheim bei Mainz ein Weingut besaß. Über eine seiner bemerkenswerten Heilungen mit Wein berichtete er in einer Veröffentlichung aus dem Jahre 1906. Eine Bodenheimer Winzersgattin, die so stark an einer »septischen Gebärmutterentzündung« erkrankt war, dass seine ärztlichen Kollegen sie schon aufgegeben hatten, behandelte er über sechs Wochen hinweg mit 120 Flaschen von seinem Weingut. Die große Menge kam dadurch zustande, dass die Familie strikte Anweisung hatte, der Patientin »alle paar Minuten das Glas«[58] zu füllen und an ihre Lippen zu führen. Zum Einsatz kamen Weine verschiedener Jahrgänge. Die schwerkranke Frau bekam angeblich davon keinen Rausch, ja sie überlebte sogar diese radikale Weinkur und genas wieder, wenn wir den Angaben ihres behandelnden Arztes Glauben schenken dürfen.

Bis auf Likörwein kann man heute Wein nicht mehr in der Apotheke kaufen, zudem wird er längst nicht mehr auf Krankenschein verschrieben. Aber in Medizinerkreisen wird weiterhin auf die gesundheitsfördernde Wirkung von Wein (insbesondere Rotwein) hingewiesen. Das gilt aber nur, wenn dieser in Maßen genossen wird. Dabei liegt der Fokus auf einem der Inhaltsstoffe, nämlich dem Resveratrol.[59] Wie aktuelle Studien belegen, soll Rotwein das Herzinfarktrisiko senken, das gute HDL-Cholesterin (high density lipoprotein) ansteigen lassen, Herzarterien weiten, zu fettreichem Essen getrunken die Fettverbrennung beschleunigen, den Stoffwechsel von Diabetikern verbessern, vor Parodontose oder gar vor Krebs schützen. Allerdings sind diese Studienergebnisse durchaus umstritten, weil es schwierig ist, positive Wirkungen, wie die Senkung des Infarktrisikos oder den Schutz vor Krebs, allein auf den Weingenuss zurückzuführen. Bekanntlich spielen dabei zahlreiche Faktoren der Lebensführung, wie Bewegung oder gesunde Ernährung, eine Rolle. Außerdem ist zu beachten, dass viele der älteren Studien nicht zuletzt aus Frankreich kommen, wo sie von den Winzerverbänden teilweise finanziell gefördert und gern als Verkaufsargument benutzt wurden und noch werden.[60]

Und was sagen heute die Krankenkassen zur Weinkur?: »Ein Glas Rotwein kann also wohl bei der Erhaltung der Gesundheit vorbeugend helfen, aber nur bei ausgesprochen moderatem Konsum und in Verbindung mit einer gesundheitsbewussten Lebensweise. Die positiven Wirkungen des Alkohols muss man gegen seine schädigenden Folgen als Zellgift abwägen. Keinesfalls kann Wein als ideales Vorbeuge-Medikament betrachtet werden, zumal die Deutsche Gesellschaft für Ernährung (DGE) grundsätzlich vor täglichem Alkoholkonsum warnt. Als gesundheitlich verträglich gelten lediglich der Verzehr von etwa 10 Gramm Alkohol bei Frauen (etwa einem Glas Wein) und 20 Gramm bei Männern, und das möglichst nicht regelmäßig. Mindestens zwei Tage in der Woche sollten alkoholfrei sein.«[61]

Christine Krämer

Weingeschmack im Wandel

Die älteste Weinempfehlung vom Bodensee schlägt für den Genuss im Sommer einen hellen Weißwein oder Rosé vor, »rosenlecht«, nicht schwer, im Winter hingegen lasse sich besser ein Glas kräftiger Rotwein trinken. »Und ist er lieblich und wohlschmeckend, so ist er deinem Magen angenehm. [...] Ist dein Magen aber zu kalt, so trink frühmorgens ein bißchen Südwein, das hilft!«[1] Die Empfehlung entstand um das Jahr 1400 in Konstanz, geschrieben hat sie Heinrich Wittenwiler für sein komisch-didaktisches Epos »Der Ring«. Der Weintipp könnte so oder so ähnlich noch heute gelten, wäre da nicht die Aufforderung, frühmorgens Südwein zu trinken.

Malvasier, ein süßes Luxusgetränk am Bodensee

Der berühmteste Südwein war damals der süße Malvasier. Im Spätmittelalter war Malvasier der Inbegriff edlen und teuren Weins. Er ist benannt nach der griechischen Hafenstadt Monemvasia, italienisch Malvasia, im Südosten der Peleponnes. Die Stadt war der Umschlagplatz für Süßweine aus dem südlichen Mittelmeerraum, die demnach unter dem Namen Malvasier subsummiert wurden. Vor allem die Venezianer nutzten den Hafenstandort Monemvasia, den sie zeitweise beherrschten, um ihre Weine aus dem venezianischen Kreta zu verschiffen. Venezianische Kaufleute waren die bedeutendsten Lieferanten für Malvasier, den sie in ganz Europa verkauften. Malvasier aus Kreta, im Mittelalter als Candia bekannt, wurde meist aus Muskatellertrauben gemacht und galt als der Beste.

In kaum einem Pilgerbericht bleibt er unerwähnt. Der St. Galler Kaufmann Ulrich Leman berichtete Ende des 15. Jahrhunderts von Candia, dort wachse »der Maluesier, der win; des wachst so fil darinn, daz man in fürt in alli ort der cristenhait, och gen Rodes vnd Tschipre vnd in Flander, gen der sonnannidergang bis gen der sonnanvffgang.«[2] Dem Konstanzer Patrizier Konrad Grünemberg fällt auf seiner Pilgerreise ins Heilige Land der ausgedehnte Weinbau Kretas auf, es wachse dort »der malfosiger« wie nirgends sonstwo.[3]

Die Mittelmeeranwohner pflegten ihr Brot in den süßen Wein zu tauchen, eine Tradition, die in der toskanischen Kombination von Cantuccini mit Vin Santo bis heute fortlebt. Besonders in Kreta, von wo man den Malvasier bezog, sei es üblich, »daß man daselbst das gröste Brod im Malvasier eingenetzt isset«.[4] Den Pilgern wurde der morgendliche Genuss von Malvasier zum Schutz vor Seekrankheit geradezu ans Herz gelegt, was sicher nicht ohne Nutzen war für die venezianischen Kaufleute, die ein feines Geschäft damit trieben.[5] Die Mode wurde schnell übernommen und in adligen Kreisen begann man auch diesseits der Alpen, morgens Brot, Brezeln oder das Hörnchen in Malvasier zu tunken.[6]

Weil er rar und teuer war, galt Malvasier als würdiges Geschenk für die höchsten Fürsten. Als König Sigismund an Weihnachten 1415 mit seiner Frau per Schiff von Überlingen über den See nach Konstanz zum Konzil gekommen war, empfing man die beiden mit Malvasier, so berichtet Ulrich Richental, der Konzils-Chronist: »[der König und sein Hofstaat] kerten von den schiffen in die ratstuben und wärmten sich wol ain stund. Do schankten die von Costentz inen zwai vergulti tucher und vil malmasy, den sy und all ir diener truncken, e sy zu der mess gingen.«[7]

Die gehobenen sozialen Schichten erweiterten im Spätmittelalter durch Reisen ihren Geschmackshorizont. Der Weingeschmack wandelte sich – die neuen Ansprüche der Weintrinker schlugen sich zunächst im Weinangebot auf den hiesigen Märkten nieder,[8] in der Folge aber auch im Geschmack der Weine, die für diese Konsumenten produziert wurden, so dass sich die Konsumtendenzen auch auf die heimische Weinproduktion auswirkten.

Die Konzilsteilnehmer, ein durchaus verwöhntes, weitgereistes, kosmopolites Publikum, konnten Malvasier neben anderen edlen Südweinen in den Weingeschäften von Konstanz kaufen. Er kostete dort zehnmal so viel wie Wein vom Bodensee.[9] Kostbaren »muscatell«, wie der Süßwein aus Kreta ebenfalls genannt wurde, importierte die Konstanzer Handelsfirma der Gebrüder Grimmel im Spätmittelalter fässerweise aus Venedig und vertrieb den exquisiten Wein in der Bodenseeregion.[10]

Muskatellerreben im Kloster Weingarten – die Sehnsucht nach dem Süden

Der römische Gelehrte und ausgewiesene Weinkenner Andrea Bacci besuchte Ende des 16. Jahrhunderts die Bodenseeregion, um Eindrücke für sein geplantes Monumentalwerk über die Weinkultur aller bekannten Länder zu sammeln. Ihn beeindruckten nicht nur die ausgedehnten Weinflächen am Bodensee. Als er das Kloster Weingarten besuchte, fand er dort etwas ganz Besonderes vor: In einem angenehmen Lustgarten, nach italienischem Vorbild angelegt, sehe man Reben gepflanzt, die aus Italien stammten, Muskateller, Trebulaner und auch die kretische Traube, Sorten, »aus denen sie einen wunderbaren Wein machen, und die Weine liefern sie an den kaiserlichen Hof.«[11]

Südlich der Alpen fanden Reisende eine üppige Weinkultur vor, die den Wunsch schürte, ähnliche Gewächse auch nördlich der Alpen zu erzeugen.
Luca Forte (Neapel, ca. 1610–1670): Stilleben mit Trauben und anderen Früchten, ca. 1630,
Getty Museum,
New York

Doch der Weingartener Muskateller war nur ein süßer Tropfen in den Weinfluten des Bodensees. Während der Muskateller nach seiner Einbürgerung im Spätmittelalter in anderen Regionen wie in Württemberg, der Pfalz oder dem Elsass eine dauerhafte Heimat fand und den Rebsatz fortan bereicherte, etablierte er sich am See nicht. Hier blieb es im Wesentlichen bei den Hauptsorten Elbling und Bodenseeburgunder, was nicht zuletzt der am Bodensee üblichen Verjüngungsmethode der Weinberge geschuldet ist: Anstatt abgängige Rebstöcke durch junge Rebpflänzchen zu ersetzen, sorgten die Rebleute für eine permanente Verjüngung der Rebanlagen durch sogenannte Absenker. In Gruben, die der Winzer in einem bestimmten Turnus zwischen den Reben aushob, legte er Ruten der alten Weinstöcke nieder und bedeckte sie mit Erde. Wenn sie angewachsen waren und austrieben, trennte er sie ab. Dadurch blieben die Rebsorten über Jahrhunderte dieselben, nur ihr Anteil am Rebsatz veränderte sich. Erst im 19. Jahrhundert experimentierte man rege mit den unterschiedlichsten Rebsorten.

Der Wein aus dem gräflichen Stollengarten zwischen Sipplingen und Überlingen, den Froben Christoph von Zimmern den Gästen bei seiner Hochzeit mit Kunigunde von Eberstein 1544 ausschenkte, dürfte eine Ausnahme gewesen sein. Gut möglich, dass er aus dem hochreifen Jahrtausendjahrgang 1540 stammte, der besonders starke und konzentrierte Weine hervorbrachte. Der Wein sei »selbigs jar wol gerathen« und nicht ohne Stolz über das eigene Gewächs berichtete Zimmern, er sei »allen gesten so anmuetig und angenem, das menigclichen nur denselbigen trinken wolt für allen Reinfal, Malvasier oder ander starke welsche wein.«[12] Die edlen Südweine waren das Nonplusultra, waren Leitbild für Erzeuger und Konsumenten, und dass selbst die edleren Kreszenzen unter den heimischen Gewächsen nur selten an diese großen Weine heranreichten, das war für die Zeitgenossen eine Selbstverständlichkeit. Taten sie es ausnahmsweise doch, war dies in besonderem Maß erwähnenswert.

Wie aber schmeckte nun der gewöhnliche Seewein? Der italienische Humanist Benedetto da Piglio, der mit Kardinal Stefaneschi von Bologna zum Konzil nach Konstanz gereist war, erachtete die Konstanzer Weine als dem Falerner überlegen.[13] Ganz anders fiel das Urteil bei Oswald von Wolkenstein aus, der ein großer Liebhaber feiner Weine war. Auf Reisen war der Dichter stets darauf bedacht, sein Glas nur mit hochwertigen Gewächsen zu füllen, und so mag er, als er in Konstanz im Gefolge König Sigismunds dem Konzil beiwohnte, vielleicht das lokale Angebot an feinen Importweinen in Anspruch genommen haben. Als er in Überlingen in eine Gastwirtschaft einkehrte, setzte man ihm indes einen Wein aus heimischer Produktion vor, der ihm herb wie »slehen tranck« vorkam, ein Gesöff, das so räs und beißend war, dass es ihm die Stimme verschlug und ihn von Tramin träumen ließ und vom guten Wein seiner Heimat.[14] Am Wein schieden sich also die Geister. Geschmack ist eben nicht nur eine Frage der Weinqualität an sich, er ist eine individuelle Empfindung, die von der Urteilsfähigkeit des Weintrinkers abhängt, vor allem aber geknüpft ist an die geschmacklichen Präferenzen des Trinkenden, seinen kulturellen Horizont, seinen sozialen Hintergrund und nicht zuletzt an den Anlass und die Stimmung.

Mit dem lieben Gott Prozess führen

Doch nicht nur verwöhnte Weinkenner mit feinem Weingaumen verschmähten den Seewein. Die Konventualen geistlicher Einrichtungen, die Weinberge am Bodensee bewirtschafteten, beanstandeten häufig den Trunk, den man ihnen zuteilte. So beschwerte sich beispielsweise die Nonne Monika Hafner (1699–1771) über die Qualität des Weins, der dem Konvent im Kloster Inzigkofen, das unter anderem Rebbesitz in Meersburg hatte, gereicht wurde: »Was den Trunk anbelangt, haben wir das ganze Jahr einen sauren Wein [...]. Der Wein soll doch die Leibeskräfte erhalten, aber man ist sehr karg in Speis und Trank gegen den Konvent.«[15] Die Reichenauer Mönche waren ebenfalls nicht mit dem Wein zufrieden, der auf den Tisch kam. Kloster Reichenau stand unter der Verwaltung des Konstanzer Fürstbischofs. Die Deputatsweine wurden dem Kloster von der Hofkellerei zugeteilt und die Klosterbrüder hatten Anrecht auf 18 Eimer Wein pro Jahr, knapp 2 Liter täglich, die Patres auf 24 Eimer Wein jährlich, was einer Tagesration von 2,5 Litern entsprach. Der Konvent bemängelte 1741 gegenüber Fürstbischof Damian Hugo von Schönborn die schlechte Qualität des 1740er Deputatsweins. Man hatte ihnen offensichtlich kein eigenes Reichenauer Gewächs zugestanden, sondern sie mit minderwertigem Zehntwein anderer Provenienz abgespeist. Sie monierten, dass »der dißjährig erwachsene weder hell noch lauter ist, oder ins künfftig werden wird, mithin sich in solcher übel-bestellten Qualität befindet, daß derselbe ohne unumgänglichen Verlust der Gesundheit, niemahl zum rechten

Genuß dienen kan«; sie baten den Bischof, sie »mit einem anderen der Güte nach vollkommenen Getränck aus hiesiger Beambtung« versehen zu lassen. Damian Hugo von Schönborn antwortete dem Konvent, man werde ihm auch in Zukunft das Wein-Deputat wie bisher gebräuchlich verabreichen lassen, nämlich »den jenigen Wein euch zu geben, wie ihn der liebe Gott vorm Jahr hat wachsen lassen, den Wir und alle andere Menschen so von ihm haben annehmen müssen, wie Er ihn gegeben hat, da Er uns ja diesen, er seye, wie er wolle, nicht schuldig gewesen ist, wann ihr euch also damit nicht befriedigen wollet, so müsset ihr mit dem lieben Gott Process führen, der ihn anderster nicht geben hat.«[16]

Im harten Urteil der Konventualen, die in dem bescheidenen Tischwein den äußeren Ausdruck einer als ungerecht empfundenen Zurücksetzung sahen, mag Sozialneid mitschwingen. Dennoch war es eine anerkannte Meinung, dass der Seewein unter den deutschen Landweinen eher am unteren Ende der Skala rangierte, was sich auch im günstigen Preis widerspiegelte.

Der Seewein ist wahrlich kein Luxusartikel

Als 1819 die Ständeversammlung des Königreichs Bayern, wohin ja der größte Teil der Seeweine exportiert wurde, über das Mautgesetz verhandelte und auf ausländische Weine höhere Einfuhrzölle erhoben werden sollten, warb ein Abgeordneter dafür, nur die edlen ausländischen Weine einer höheren Abgabe zu unterwerfen. Er hielt es für angebracht, dass »der saure, erbarmungswürdige Seewein« so niedrig wie möglich besteuert werde, denn dieser Seewein sei »wahrlich kein Luxus-Artikel«.[17] Das Gros der Seeweine wurde aus einem gemischten Satz aus überwiegend Elbling mit mehr oder weniger Burgundertrauben erzeugt. Weil der Elbling selten ausreifte, waren die Weine dünn, leicht und säurebetont.[18] Reisende, die es sich leisten konnten, zogen in den Gasthäusern am See daher vielfach importierte Weine vor, Markgräfler oder Veltliner. Von den Wirten der besseren Gasthäuser wurde »der Wein vom nahen Bodensee offenherzig als nicht besonders empfohlen.«[19]

Selbst über seine diätätische Wirkung waren sich die Gelehrten nicht einig. Viele schrieben dem erfrischenden Seewein eine gesundheitsfördernde Wirkung zu.[20] Der berühmte Facharzt für Trinkkuren Joseph Wiel ließ hingegen kein gutes Haar an ihm und schrieb 1886, es sei »possierlich, wenn die Verehrer des Seeweines denselben immer noch als das gesündeste Getränk taxieren, obgleich sie bereits Leibbinden tragen, nie ohne Magnesia-Pfeffermünz-Zeltchen ausgehen und jedes Jahr ein Paar Monate an der

Der Hagnauer Genre-
maler Reinhard
Sebastian Zimmermann
(1815–1893) hielt in
seinen Gemälden
vielfach Weinszenen
und Weinproben fest.
Im 19. Jahrhundert
setzte sich die verfein-
erte Weinkultur bis
in die bürgerlichen
Schichten durch.
Reinhard Sebastian
Zimmermann:
Ein guter Tropfen,
Fröhliche Wirtshausrunde

Gicht darnieder liegen. Der Seewein ist überhaupt ein ganz eigenthümli-
cher Kamerad; neben seinem grossen Gehalt an Säure hat er doch auch
ziemlich viel Alkohol. Demgemäß ist auch seine Wirkung eine ganz besondere. Oben (im Kopfe) brennt der Alkohol, in der Mitte (im Magen) die Säure.
Darob sind alle weiter unten gelegenen Organe so erbost, daß sie ihren
Dienst versagen; namentlich happerts am Pedal. Die Heiterkeit, welche
sonst immer der Wein verursacht, ist hier immer gemischt mit einer gereiz-
ten Unzufriedenheit, offenbar hervorgerufen von der Säure im Magen.«[21]

Das 19. Jahrhundert war dann die Zeit der Weinverbesserung. Enga-
gierte Betriebe vermochten es nun, das natürliche Potenzial der guten Lagen am See durch sorgfältigere Weinbergarbeit, edle Rebsorten und inno-
vative Kellermethoden besser auszuschöpfen. Nicht alle Weine am See
wurden besser, viele waren nach wie vor »wegen verfehlter Behandlungsweise des Rebstocks nicht zu rühmen, da der Winzer aus pecuniären
Gründen dahin trachtet, nicht guten, wohl aber vielen Wein zu erzielen.«
Doch die Region machte Fortschritte, und wer die Weine trinke, »welche
um Arbon, bei Meersburg, Bodmann etc. oder im Wannenthale bei Lindau
gekeltert werden, wird ziemlichen Respekt vor dem Bodensee und seinen
Reben bekommen«.[22]

Das bemerkte auch Joseph Freiherr von Laßberg, der die Meersburg
gekauft hatte, und er schrieb an seinen Freund Ludwig Uhland: »Der Wein,
welcher seit einigen Jaren da aus Traminer Trauben gezogen wird, gehört
gewiß unter die vorzüglichsten Weine Schwabens.«[23] Regelmäßig wiesen
die Meersburger Traminer, gemessen an den damaligen Durchschnittswei-
nen, ungewöhnliche hohe Alkoholgrade von 14 Volumenprozent und mehr
auf und so erstaunt es nicht, dass Laßbergs Ehefrau Jenny von Droste-Hülshoff ihrer Schwester Annette in einem Brief verriet, Laßberg habe sich mit
Wein so sehr den Magen verdorben, dass er sich erbrechen musste.[24]

In der deutschen Weinfachszene, die den Bodensee sonst links liegen ließ, wurden die Erfolge der Domäne in Meersburg anerkennend regis-

triert, und 1925 hieß es: »Die Weine der badischen Staatsdomäne liefern selbst in mittleren und geringen Jahren einen milden, nicht sauern, in besseren Jahrgängen einen süssen, vollmundigen Wein, der mitunter so alkoholreich wird, dass er einen südweinartigen Charakter annimmt.«[25]

Die Marke Meersburger

Der Meersburger galt allerdings schon seit Jahrhunderten als einer der besten Weine am See. Die günstig gelegenen Hänge und ein höherer Anteil an roten Reben verliehen ihm einen besonders kräftigen Geschmack. Den bekam Peter Villenbach, hoher Beamter am Hofgericht in Rottweil, vor allem aber ein sinnenfroher Lebemann, deutlich zu spüren, als er sich mit dem Konstanzer Domherr Gottfried Christoph von Zimmern (1524–1570) zum abendlichen Trunk zusammenfand. »Nun het aber der doctor den starken Merspurger so wol versucht, das er kain verstandt mehr und anfieng zu sawledern [sauledern = wüste Sprüche machen], und unfletig zu sein«, was den Domherrn so ärgerte, dass er »in eim zorn ein zinin fleschen erwüscht; die schlueg er dem doctor an kopf, das im das bluet abher rann.« Der Augsburger Samuel Dilbaum (1530–1618) verewigte den Meersburger 1584 in seinem Wein-Büchlein, einer Art Weinführer aller bekannten Weinsorten der damaligen Zeit: »Die Sehewein send vnmilt vnd sawr/ Jr acht kein Burger noch kein Bawr/Wo Er ein andern trincken kan/So sticht Er disen lang nit an/Doch schwöbet der Meerspurger ob/Den anderen mit seinem Lob.«[26]

Mit der Säkularisation war das kleine Landstädtchen Meersburg zwar in die politische Bedeutungslosigkeit verfallen, die Reputation seines Rotweins blieb indes dank des aufkommenden Tourismus bestehen. So bürgt der englische Reiseschriftsteller G.C. Swayne 1866 »for the excellence of the Meersburger, which grows near a romatic town at the other side of the Ueberlingen. The Meersburger has somewhat the quality of very mild sherry, with a little more of vinous flavour«.[27] Die Reiseführer der damaligen Zeit waren sich einig: »Meersburger ist der beste Seewein, Felchen der beste Fisch des Bodensees«.[28] Meersburger war infolgedessen so ziemlich der einzige Flaschenwein vom nördlichen Bodenseeufer, der im 19. Jahrhundert auf den Weinkarten der besseren Gasthäuser zu finden war.[29] Irgendwie verband man mit dem Meersburger ein besonderes Lebensgefühl, das an die Romantik der Stadt geknüpft war, und so schrieb die bayerische Prinzessin Maria del Pinar 1934 gemeinsam mit dem irischen Autor Desmond Chapman-Huston nicht nur einen Reiseführer über Bayern, sondern auch eine Liebeserklärung an Meersburg und an den

Meersburger Wein: »Meersburg is somnolent, full of a somewhat faded beauty, careless of tourists and refreshingly quiet after the comparative bustle of large and busy Constance. [...] Hotel Seehof afforded a good opportunity of observing the night-life of Meersburg; and lake fish and some excellent Meersburger wine engendered inward satisfaction and the righteous feeling of being at peace with all the world.«[30]

Meersburger war mittlerweile geradezu zu einem Markenartikel geworden, der es wert war, kopiert zu werden. Einem Fall von Markenfälschung kam der Vorstand des Meersburger Winzervereins Anfang des 20. Jahrhunderts auf die Schliche. 1909, als mit dem neuen Weingesetz erstmals ein gewisser Schutz für Herkunftsbezeichnungen gegeben war, nahm der Vorstand Fritz Benz mit der Königlich-Württembergischen Schifffahrts-Inspektion in Friedrichshafen Kontakt auf. Diese führte im Schiffsrestaurant einen Meersburger auf ihrer Weinkarte, der aber ganz offensichtlich nicht aus Meersburg stammte. Die Marke Meersburger war beliebt und bekannt, der Weintrinker jener Zeit verband damit offensichtlich einen Wein von höherer Qualität. Ein Weinhändler hatte daher augenscheinlich den Markennamen Meersburger usurpiert, um Geschäfte damit zu machen. Der Winzerverein beanstandete den Markenklau, untersagte mit Hinweis auf das neue Weingesetz von 1909 dem Schifffahrtsbetrieb die weitere Nutzung des Namens Meersburger und verlangte eine Berichtigung der Weinkarte.

Die Königlich-Württembergische Schifffahrts-Inspektion antwortete, man habe »die in Rede stehende Firma [...] veranlasst, die Bezeichnung dieses Weines als ‚Meersburger‘ künftig wegfallen zu lassen«. Im selben Zug wollte der Winzerverein natürlich mit seinem eigenen Gewächs, dem echten Meersburger, ins Geschäft kommen, doch die Direktion gab abschlägigen Bescheid. Im März 1910 musste sich Fritz Benz in derselben Angelegenheit wieder an die Schifffahrtsgesellschaft wenden, da Kontrollen ergeben hatten, dass im Restaurant der Ausflugsdampfer noch immer Meersburger angepriesen wurde, der keiner war. Man bedauere sehr, so das Antwortschreiben, dass »s. Zt. im Juni vorigen Jahres zwar die Etiketten der Weinflaschen geändert, eine Änderung der Weinkarte aber versehentlich unterblieben sei«.[31]

Bodenständigkeit als geschmackliche Identität

Die Weintrends gingen an der Bodenseeregion nicht spurlos vorbei, doch in gewisser Hinsicht erwies sich die Region als träge. Weder waren unter dem Einfluss der Champagnermode Sektfabriken entstanden wie am

Rhein oder in Württemberg, noch hatte man im 18. Jahrhundert in Anleh-
nung an die gesuchten Süßweine aus Tokaj oder vom Kap mit der Herstellung von Auslesen aus edelfaulen Trauben experimentiert, auch ein un-
übersichtliches Sammelsurium an Rebsorten aus aller Herren Länder, wie
sie in Württemberg im Laufe der Jahrhunderte Eingang fanden, gab es am
Bodensee nicht. Die Weine bewahrten stets eine gewisse Bodenständigkeit
im besten Sinne. Für Weine der gehobenen Qualität konzentrierten sich
die Erzeuger – abgesehen von wenigen, durchaus gelungenen Ausnahmen
wie Riesling, Traminer oder Ruländer – auf das, was man seit jeher be-
herrschte: solide Weine aus der Burgundertraube, und vielleicht ist gerade
das ein Pfund, mit dem sich wuchern lässt.

Liest man die Fachliteratur und die maßgeblichen länderübergreifen-
den Weinführer internationalen Formats des 19. Jahrhunderts wie die preis-
gekrönte Topografie aller Anbaugebiete der Welt von André Jullien, die in
mehrere Sprachen übersetzt wurde, oder das Weinbuch des Agrarwissen-
schaftlers Wilhelm von Hamm, stellt sich das Bodenseegebiet, wenn auch
nicht als einheitliche, so doch als eine Weinregion dar, die hie und da mit
herausragenden Gewächsen begabt war, die internationalen und gehobenen Ansprüchen durchaus standhalten konnten. In Baden lieferten Meersburg, Bodman, Hegne, Reichenau, Überlingen, Konstanz und Radolfzell
guten Wein, und sein Geschmack, insbesondere der des roten, erinnere an
die südlichen Weine. Die St. Galler Rotweine vom Buchberg und die Schaffhauser würden für die besten der deutschen Schweiz gelten. Die Spitzenweine aus den markgräflichen Weinbergen in Maurach erregten in der Fach-
welt viel Aufsehen und die Bachtobler und Ittinger Weine aus dem Thurgau
schafften es durch die strengen Verkostungsinstanzen bei der Vorauswahl
für die Präsentation der Schweizer Weine auf den Weltausstellungen.[32]

Seit mit dem Müller-Thurgau in den 1920er-Jahren eine attraktive
Rebsorte hinzukam, die den Bedürfnissen der Winzer nach einer ertragsstarken, unkomplizierten Rebsorte gerecht wurde und beim Konsumenten wegen ihres aromatischen, milden Geschmacks schnell Anklang fand,
steht am Bodensee eine Palette an Weinen zur Verfügung, für die man
gern die Empfehlung ausspricht, die Wittenwiler schon 1400 gab: Klare
Weißweine oder leichten Weißherbst für den Sommer, kräftige Rotweine
für den Winter!

Thomas Knubben

Globale Weinwelt und regionale Weinkultur

Würde man die gesamte Jahresproduktion von Wein aus der ganzen Welt in Dreiviertelliter-Flaschen abfüllen und diese aneinanderreihen, dann könnte man 14 Mal die Strecke bis zum Mond und zurück damit ausmessen. Ließe man die gleiche Menge in den Bodensee fließen, so würde sich der Wasserspiegel um gerade mal 5 Zentimeter erhöhen.[1] Gleichsam ein Tropfen im Schwäbischen Meer. Je nachdem, welchen Maßstab man anlegt, entstehen andere Eindrücke und andere Einschätzungen. Dies bedenkend, kann man das Spiel weitertreiben: Jährlich werden dem Bodensee zur Versorgung von 320 Städten und Gemeinden mit rund vier Millionen Einwohnern 125 Millionen Kubikmeter Wasser entnommen.[2] Das entspricht in etwa der fünffachen Menge der Jahresproduktion an Wein. Wasser ist das Lebensmittel schlechthin des Bodenseeraumes: Ohne Wasser keine Besiedelung, keine Landwirtschaft, keinen Obstbau, keinen Tourismus und erst recht keinen Seewein. Stellt man die Jahresproduktion von Bodenseewein ins Verhältnis zur Herstellung weltweit, kommt man auf einen Anteil von 0,4 Promille.[3] Der Seewein ist so gesehen ein kleines Nischenprodukt, ein Tröpfchen unter den guten Tropfen. Und doch steht die regionale Weinkultur seit den ersten Pflanzungen durch die Römer bis in die unmittelbare Gegenwart mal mehr und mal weniger, gegenwärtig eher mehr, in einem permanenten Austauschverhältnis mit der ganzen Welt.

Anbauflächen und Ertragsmengen im Weinbau am Bodensee

Anbauregion	Weinbaufläche	Durchschnittsertrag pro Hektar[4]	Ertragsmenge pro Jahr (geschätzt)
Badischer Bodensee	607 ha	85 hl	50.000 hl
Württembergischer Bodensee	20 ha	85 hl	1.700 hl
Bayrischer Bodensee	57 ha	85 hl	5.00o hl
Vorarlberg	20 ha	85 hl	1.700 hl
Liechtenstein	20 ha	85 hl	1.700 hl
Kanton St. Gallen	211 ha	50 hl	10.500 hl
Kanton Thurgau	259 ha	50 hl	13.000 hl
Kanton Schaffhausen	483 ha	50 hl	24.000 hl
Summe	1.677 ha		107.100 hl

»Der Weltweinmarkt ist seit Jahren von der Globalisierung geprägt.«[5]

Bereits der Gang durch einen beliebigen Supermarkt rund um den See macht die Sachlage augenfällig: Lange Reihen von Weinregalen allerorten mit einer Auswahl von hundert oder mehr Weinen und einer Preisspanne von kaum mehr als einem bis selten über zehn Euro oder Franken. Weine aus den traditionellen europäischen Anbaugebieten stehen einträchtig neben Angeboten aus Australien, Chile, Kalifornien und Südafrika. Dabei handelt es sich keineswegs nur um exotische Dreingaben, sondern um eine massive und nachhaltige Durchdringung des hiesigen Weinmarktes, die sich in ihrer Durchschlagskraft schon daran ablesen lässt, dass die Mehrzahl der Regale bereits mit ihnen gefüllt ist. Das hat aus deutscher Sicht mehrere Gründe, die sich auf den ersten Blick scheinbar widersprechen. Der eine besteht darin, dass der Weinkonsum in Deutschland nur knapp zur Hälfte aus heimischem Anbau gestillt werden könnte, der andere liegt im Preiswettbewerb, der mittlerweile bei allen Produkten auf globaler Ebene ausgetragen wird.[6] Bei einem Gesamtkonsum von aktuell rund 21 Millionen Hektolitern pro Jahr und einem Eigenanbau von 9,3 Millionen Hektolitern, von denen wiederum mehr als 1 Million Hektoliter in den Export gehen, ergibt sich ein Importbedarf von 13 Millionen Hektolitern. Der Schaumwein ist damit noch gar nicht eingerechnet.[7] Dies macht Deutschland zum größten Weinimporteur der Welt und spiegelt sich in den Weinregalen nicht nur der Supermärkte und Discounter, die rund drei Viertel des Weinhandels in Deutschland dominieren, sondern auch des gehobenen Fachhandels wider.[8] Das Weinhaus Georg Hack in Meersburg, um einen der größten Weinfachhändler am See mit ausgezeichnetem und weltumspannendem Sortiment herauszugreifen, führt mehr als 700 Weine im ständigen Angebot, immerhin 126 davon stammen vom Bodensee. Die Verteilung der verkauften Mengen auf die Herkunftsländer illustriert die komplexe Marktlage: Etwa 20 Prozent entfallen auf das nördliche Bodenseeufer, 30 Prozent mit steigender Tendenz auf die anderen deutschen Weinbaugebiete, 45 Prozent auf Italien, Spanien, Frankreich und Österreich sowie die restlichen 5 Prozent auf die außereuropäischen Anbaugebiete.[9]

Die Globalisierung der Weinkultur ist also im Alltag längst angekommen. Ihre vordringlichen Regulationsmechanismen sind freilich die Produktionskosten und der Preis. Und wie bei allen Gütern im globalen Wirtschaftskreislauf tut sich hier auch beim Wein eine entscheidende Lücke auf. Der durchschnittliche Preis, der in Deutschland für einen Liter

Wein bezahlt wird, beträgt gerade mal 2,89 €, für deutschen Wein wird mit 3,11 € nur wenig mehr ausgegeben.[10] Die Preise, die von den Winzergenossenschaften am See und den lokalen Produzenten für ihre günstigsten Angebote verlangt werden und angesichts der Produktionsverhältnisse auch verlangt werden müssen, liegen nirgendwo unter 6 €.[11] Diese Differenz muss begründet sein. Hierin liegt die Herausforderung, hierin liegt auch die Chance.

Etappen der Globalisierung im Weinbau

Der Weinbau in Europa unterlag von Anfang an dem Prozess der Globalisierung. Er kann geradezu als Paradebeispiel der Globalisierung angesehen werden und lässt sich ohne deren Mechanismen kaum begreifen. Sieht man einmal vom Sonderfall Chinas ab, so ist die Verbreitung des Weinbaus als ein über mehrere Jahrtausende sich hinziehender Prozess zu verstehen, der im Vorderen Orient seinen Anfang nahm und sich allmählich über die ganze Welt ausdehnte. Dabei lassen sich mehrere Etappen unterscheiden.

Erste Hinweise auf Weinbau finden sich in Eurasien ca. 7000 v. Chr. und in Mesopotamien in der Region des heutigen Iran um 6000 v. Chr. Von dort breitete er sich um 3000 v. Chr. nach Phönizien und bis nach Ägypten aus und gelangte über Kreta bis 2000 v. Chr. auf das griechische Festland.

Die Ausbreitung des Weinbaus in der Antike

bis 300 n. Chr.
Mit den Römern breitet sich der Weinbau die Rhône entlang und über Nordfrankreich bis auf die britischen Inseln aus.

ca. 500 v. Chr.
Spanien und Südfrankreich werden vom Weinbau erfasst.

ca. 1000 v. Chr.
Der Weinbau erreicht Italien und das nördliche Afrika.

bis 2000 v. Chr.
Über Kreta gelangt der Weinbau auf das griechische Festland.

ca. 7000 v. Chr.
Erste Hinweise auf systematischen Weinbau in Eurasien und Mesopotamien, der Region des heutigen Iran.

ca. 3000 v. Chr.
Von Mesopotamien dehnt sich der Weinbau nach Phönizien – die heutigen Gebiete von Israel, Libanon und Syrien - bis nach Ägypten aus.

Im folgenden Jahrtausend erreichte er Italien und über Sizilien das nördliche Afrika. Mit der Kolonialisierung der Rhône-Mündung und der Gründung Marseilles durch die Griechen schaffte der Weinbau um 500 v. Chr. den Sprung nach Südfrankreich und Spanien, das zugleich von den Erfahrungen in Nordafrika profitierte. Mit der Ausdehnung des Römischen Reiches breitete er sich entlang der Rhône aus und erreichte bis ca. 50 n. Chr. auch Bordeaux. Über das Rheinland und Nordfrankreich gelangte er bis 300 n. Chr. schließlich auch auf die britischen Inseln und hatte Europa damit bis an seinen äußeren Westen erobert.[12] Die Anfänge des Weinbaus am Bodensee sind, wie Pollenanalysen nahelegen, im 2. und 3. Jahrhundert n. Chr. im Kontext dieser römischen Expansion in der Spätphase der römischen Besiedelung des Alpenvorlandes zu verorten.[13]

Können Mittel- und Westeuropa, indem sie sowohl das Rebmaterial wie die Weinbautechnik von den römischen Kolonisten übernahmen, über lange Zeit als die passiven Profiteure in diesem Globalisierungsprozess gelten, so wechselten sie mit der ›Entdeckung‹ der Neuen Welt um 1500 die Rolle und wurden zu den beherrschenden Akteuren bei der weiteren Verbreitung des Weinbaus in der ganzen Welt mit heute insgesamt 101 Wein produzierenden Ländern.

Auch bei diesem sich über ein halbes Jahrtausend hinziehenden Prozess, der größtenteils an die Kolonisierung der verschiedenen Erdteile insbesondere durch Spanien, Holland und England gebunden ist, lassen sich verschiedene Etappen unterscheiden: frühe Ansätze im 16. und 17. Jahrhundert durch spanische Konquistadoren in Mexiko, Chile und Argentinien, neue Impulse im späten 18. und frühen 19. Jahrhundert in Kalifornien durch spanische Missionare und an der ostamerikanischen Küste durch europäische Kolonisten. Parallel dazu im 17. Jahrhundert die Einführung des Weinbaus in Südafrika durch holländische Gouverneure und um 1800 in Australien durch englische Siedler, insbesondere deportierte Sträflinge. Um 1900 schließlich der Beginn des Weinbaus in Neuseeland durch Immigranten aus Dalmatien, womit bis auf China die wichtigsten Weinbauländer von heute erfasst sind (vgl. Tabelle Seite 230). In China liegt eine Sonderentwicklung vor, da es hier mehrere voneinander unabhängige Ansätze der Weinproduktion gab, die immer wieder unterbrochen wurden – von den ältesten Nachweisen für Weinbereitung um 7000 v. Chr. über regen Austausch entlang der Seidenstraße um die Zeitenwende und erste schriftliche Nachweise um 700 n. Chr. bis hin zur Einführung europäischer Reben im 19. Jahrhundert und den neuesten umfassenden Anstrengungen im Zuge der Wirtschaftsreformen seit 1992.

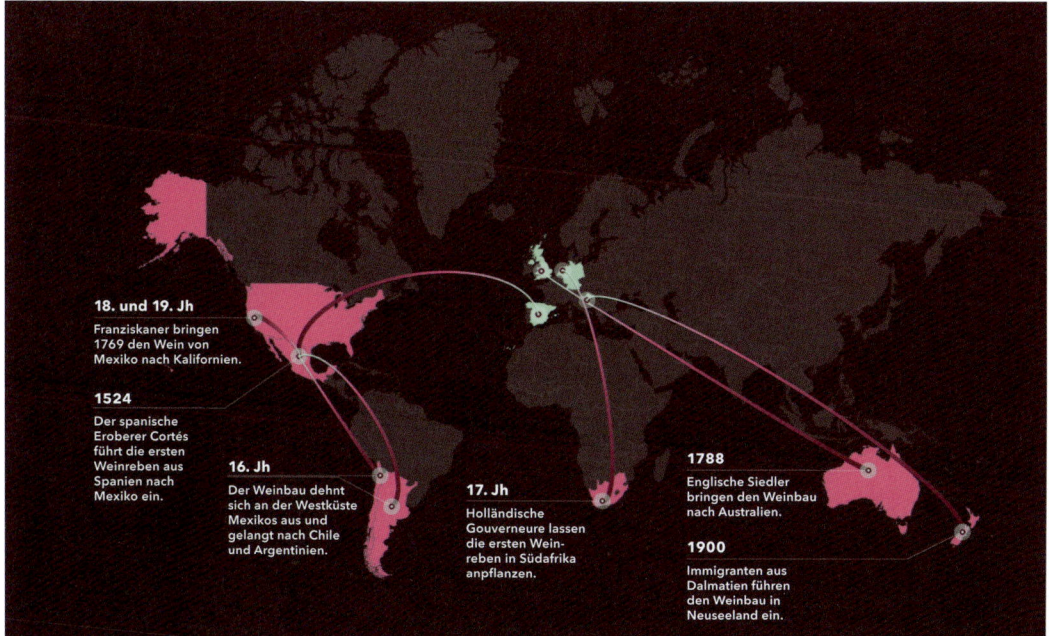

18. und 19. Jh
Franziskaner bringen
1769 den Wein von
Mexiko nach Kali-
fornien.

1524
Der spanische
Eroberer Cortés
führt die ersten
Weinreben aus
Spanien nach
Mexiko ein.

16. Jh
Der Weinbau dehnt
sich an der Westküste
Mexikos aus und
gelangt nach Chile
und Argentinien.

17. Jh
Holländische
Gouverneure lassen
die ersten Wein-
reben in Südafrika
anpflanzen.

1788
Englische Siedler
bringen den Weinbau
nach Australien.

1900
Immigranten aus
Dalmatien führen
den Weinbau in
Neuseeland ein.

Die Ausbreitung des
Weinbaus in der Neuzeit

Die Weinkultur im Bodenseeraum liegt gleichsam in der Mitte und auch ein wenig im Windschatten dieses Prozesses. Denn im globalen Vergleich wird ihre frühe Verankerung klar erkennbar. Der Weinbau ist hier nicht als eine neuzeitliche Adaptation zivilisatorischer Entwicklung wie in anderen Ländern und Kontinenten anzusehen, sondern stellt ein konstitutives Element der ökonomischen, gesellschaftlichen und politischen Entwicklung seit dem frühen Mittelalter dar. Auf der anderen Seite war er an der Dynamik des globalen Expansionsprozesses kaum aktiv beteiligt, kann sich dessen Folgen im 19. Jahrhundert – vornehmlich durch die Konkurrenz mit anderen Weinregionen sowie durch den Import von Rebschädlingen und Rebkrankheiten – und verstärkt seit Ende des 20. Jahrhunderts aber auch nicht entziehen.

Dimensionen der Globalisierung

Die Geschichte der Globalisierung im Weinbau, ihrer Ursachen und ihrer Wirkungen hat strukturell betrachtet drei zentrale Dimensionen. Sie berührt erstens klimatische Veränderungen, zweitens ökonomische Prozesse und drittens kulturelle Entwicklungen.

Die klimatischen Veränderungen zeichnen sich beispielsweise in der Ausdehnung des Weinbaus in geografische Zonen und Höhen ab, die zuvor für den Weinanbau als gänzlich ungeeignet galten. So wurde etwa Dänemark, das als Weinerzeuger zuvor nicht bekannt war, im Jahr 2000 als offizieller Weinproduzent von der EU anerkannt und England jüngst

	Rebfläche in Hektar		Anteil Spätburgunder		Anteil Müller-Thurgau		Anteil anderer Rebsorten	
	1995	2015	1995	2015	1995	2015	1995	2015
Badischer Bodensee	492	607	42 %	41 %	40 %	27 %	18 %	32 %
Württemb. Bodensee	14	20	42 %	42 %	39 %	32 %	19 %	26 %
Bayrischer Bodensee	22	57	25 %	21 %	54 %	25 %	21 %	46 %
St. Gallen	216	210	64 %	62 %	12 %	12 %	24 %	26 %
Thurgau	272	259	66 %	54 %	30 %	23 %	4 %	23 %
Schaffhausen	500	483	79 %	66 %	19 %	10 %	2 %	24 %
Summe (gewichtet nach Rebflächen)	1.516	1.636	61 %	52 %	27 %	19 %	12 %	29 %

Rebflächenentwicklung und Rebsortenspiegel in den deutschen und Schweizer Bodenseeweinbaugebieten

als aufsteigender Sektproduzent entdeckt.[14] Auch der Weinbau am Bodensee profitiert von der Klimaerwärmung, wenn auch in bescheidenem Ausmaß. Vergleicht man die Weinjahrgänge von 1969 bis 2014 in Deutschland, so kann man einen qualitativen Sprung um 1992 ausmachen. Davor schwankten die Beurteilungen um einen in Schulnoten ausgedrückten Mittelwert von 2,5 und nur die Jahrgänge 1971, 1975, 1976 und 1990 wurden als sehr gut eingestuft. Danach gab es nur noch gute und sehr gute Jahrgänge und der Mittelwert steigerte sich auf 1,6.[15] Diese Beurteilungen gelten im Großen und Ganzen auch für den Bodensee.

Der Weinbau am Bodensee mit seiner Charakteristik der eher ungewöhnlichen Höhenlage ist bekanntlich der spezifischen Klimasituation in der Region mit dem See als Wärmeregulator geschuldet. Dieses Merkmal geht im Zuge der globalen Klimaerwärmung allerdings allmählich verloren, denn in verschiedenen Weinanbaugebieten ist die Tendenz erkennbar, weit höhere Lagen mit zum Teil über 1.000 Meter ü. NN, wie in Spanien geplant, für den Weinbau zu erschließen, um so den Folgen der Erderwärmung auszuweichen.

Ein Moment der Globalisierung im Weinbau, bei dem sich klimatische, ökonomische und kulturelle Aspekte durchdringen, ist die Diversifikation der Rebsorten. Sie zeigt sich am Bodensee in zwei entgegengesetzten Richtungen, gleichsam in Form einer Doppelstrategie: in dem Bemühen der Bewahrung eigener regionaler Anbautraditionen einerseits und in der Angleichung der Rebsortimente an globale Standards andererseits. Die traditionellen Rebsorten Spätburgunder und Müller-Thurgau haben ihre vorherrschende Stellung zwar bewahrt, mussten in den vergangenen zwanzig Jahren aber Anteile abgeben. So fiel der Umfang der Bestockung mit Spätburgunder seit 1995 von 61 Prozent auf 52 Prozent und mit Müller-Thurgau von 27 Prozent auf 19 Prozent der Rebfläche. Umgekehrt nahmen neue, pilzresistente Kreuzungen wie Johanniter oder Regent sowie international besonders bekannte und wertgeschätzte Rebsorten wie Chardonnay, Sauvignon Blanc, Cabernet oder Merlot zunehmend mehr Raum ein. Ihr Anteil wuchs von 12 Prozent auf 29 Prozent und unterstrich den Anspruch der Weingüter auf internationale Begegnung auf Augenhöhe.

Ökonomische Dimensionen der Globalisierung

Das breite Sortiment an Weinen aus vielen Regionen der Welt, das der deutsche Weinhandel für die Konsumenten bereithält, verbildlicht die ökonomische Dimension der Globalisierung. Sie bedeutet zunächst, dass die Menge des über Grenzen hinweg gehandelten Weines ständig zunimmt. Mittlerweile beträgt der Exportanteil beim Wein 38 Prozent der weltweiten Produktion bzw. 43 Prozent des weltweiten Konsums.[16] Fast jede zweite Flasche Wein wird heute also nicht in dem Land getrunken, in dem sie hergestellt wurde. Teilweise überschreitet der Wein auch mehrfach die Grenzen, da er von aktiven Weinhändlern zuerst importiert und dann wieder exportiert wird. So erklärt sich beispielsweise, dass Deutschland jährlich rund 4 Millionen Hektoliter Wein exportiert, davon aber nur etwa ein Drittel aus deutschem Anbau stammt.[17]

Diese Dynamik ist bedingt durch einen tiefgreifenden Wandel auf der Seite der Produktion wie auf der Seite des Konsums. Die traditionell großen Weinnationen wie Frankreich, Italien und Spanien werden bedrängt von neuen aufstrebenden Weinländern (vgl. Tabelle Seite 230). Die USA haben Frankreich als weltweit bedeutendsten Weinkonsumenten bereits abgelöst und es wird aller Voraussicht nach nicht mehr lange dauern, bis China – derzeit auf Platz 4 in der Welt – diese Rolle übernimmt.

Noch stärker ist die Dynamik auf der Produktionsseite. Die europäischen Weinerzeuger haben in den vergangenen 25 Jahren deutlich an Gewicht verloren. Die Rebflächen und damit auch die Produktionsmengen sind seit 1990 unter dem Druck der Konkurrenz massiv zurückgegangen: in Frankreich um 15 Prozent, in Italien um 32 Prozent und in Spanien um 33 Prozent. Die führenden Weinländer außerhalb Europas haben umgekehrt ihre Rebflächen erweitert – die USA um 41 Prozent, Chile um 76 Prozent, Australien um 158 Prozent und Neuseeland gar um über 500 Prozent.[18] China hat Italien und Frankreich mittlerweile, was die Weinbauflä-

	Weinproduktion 2014 in Mio hl. (gerundet)	Weinexport 2014 in Mio hl. (gerundet)	Entwicklung Weinexport 1997-2012 in Prozent	Rebfläche 2014 in tausend ha	Weinkonsum pro Einw. und Jahr 2014 in Liter	Weinkonsum insgesamt 2014 in Mio.hl
Frankreich	47	14	-5	791	43	28
Italien	45	20	+ 69	690	33	20
Spanien	42	22	+ 147	1.022	21	10
USA	22	4	+ 96	419	10	32
Argentinien	15	3	+203	226	23	10
Australien	12	7	+322	154	25	5
Südafrika	11	4	+277	132	7	4
China	11	0,2*	-21	796	1	16
Chile	11	9	+246	211	17	3
Deutschland	9	4	+ 78	102	25	20
Neuseeland	3	2*	+1.266	38	21	0,9
Österreich	2	0,4*	+117	45	31	3
Schweiz	1*	0,02*	+7	15	40	3

* Daten von 2012

Eckdaten der bedeutendsten Weinländer im Vergleich[20]

che angeht, sogar überholt und nur noch Spanien vor sich, was man im europäischen Weinmarkt bisher nicht spürt, da die chinesischen Weine fast ausschließlich der Eigenversorgung dienen.[19]

Zum Globalisierungsphänomen wird diese Dynamik durch das notwendige Bemühen aller Erzeugerländer, ausreichend Abnehmer für ihre Weine zu finden – und dies vor dem Hintergrund, dass der weltweite Weinkonsum stagniert, in Europa sogar seit längerem zurückgeht und die Höhe der Transportkosten im Weinhandel keine bedeutende Rolle spielt. Indem die Weinkunden jederzeit und überall zwischen einer praktisch unbegrenzten Zahl von Weinen aller Qualitäten, Stilistiken und Preise auswählen können, stehen grundsätzlich alle Angebote in Konkurrenz zu allen anderen und der Weltmarkt Wein wird Wirklichkeit für alle Produzenten und Konsumenten.

Wie aber kann in diesem Kontext ein kleines Weinbaugebiet wie die Bodenseeregion mit vielen eher kleinen Produzenten, dazuhin aufgesplittet in vier Staaten und acht Weinbauadministrationen, bestehen? Die erste Antwort darauf ergibt sich aus der Größe selbst. Angesichts der zwar leicht wachsenden, insgesamt aber doch überschaubaren Gesamtanbaufläche rund um den See mit knapp 1.700 Hektar, einer Bevölkerungszahl in den angrenzenden Kreisen und Kantonen von knapp 2 Millionen Einwohnern sowie einem touristischen Aufkommen von 19 Millionen Übernachtungen pro Jahr hat bereits der regionale Markt eine hinreichende Aufnahmekapazität und macht die Weinbauregion Bodensee gleichsam zu einem endemischen Gebiet.[21] Einen zweiten Hinweis gibt die Weinmarktanalyse für Deutschland. Sie ermittelt nicht nur die Durchschnittspreise und Hauptverkaufswege im Weinhandel, sondern zeigt auch Einkaufstrends auf. Demnach hat der klassische Lebensmittelhandel (unter 5.000 m²) sein Sortiment an regionalen und höherwertigen Weinen insbesondere aus den deutschen Weinbaugebieten in den letzten Jahren stetig ausgebaut.[22] Also letztlich nicht über den Preis, sondern nur über die Qualität und die regionale Verankerung können Weinerzeuger jenseits der Massenproduktion in wirtschaftlich hochentwickelten Ländern wie Deutschland, Österreich und der Schweiz bestehen. Dies ist daher auch der Weg, den eine neue, oftmals international ausgebildete Generation von Winzern in Deutschland, Österreich und der Schweiz gegangen ist.[23] Sie hat in diesen Ländern in den vergangenen zwei Jahrzehnten einen ungeheuren Aufschwung bewirkt, der auch im Bodenseeraum gut erkennbar ist.[24] Die Klimaentwicklung mag ihnen dabei entgegengekommen sein und der ökonomische Druck im Zuge der Globalisierung ließ ihnen kaum eine andere Wahl, ermöglicht aber wurde er nur durch eine dritte, parallel sich vollziehende Entwicklung – die kulturelle Neubestimmung des Weines.

Ästhetische Dimension der Globalisierung

Im Herbst 2010 wurde im San Francisco Museum of Modern Art eine Ausstellung unter dem Titel »How Wine Became Modern« eröffnet. Sie befasste sich mit dem Verhältnis von Wein und Design seit 1976. Der Untersuchungsbeginn war treffsicher gewählt, denn er hatte eine hohe symbolische Bedeutung. Im Mai 1976 war in Paris eine große Weinprobe über die Bühne gegangen, die als Judgement of Paris Geschichte schrieb. Der Weinhändler und Kritiker Steven Spurrier hatte dazu neun herausragende Vertreter der französischen Weinkultur – Eigentümer von großen Châteaus, Sommeliers berühmter Restaurants und renommierte Vertreter von Weininstituten – eingeladen, zehn Chardonnay-Weine und zehn Cabernet Sauvignon von den besten Weingütern Frankreichs und der USA blind zu verkosten. Das Ergebnis veränderte die Weinwelt, denn nicht die favorisierten Franzosen, die von den Verkostern teilweise gar nicht erkannt wurden, sondern die Gewächse aus den Vereinigten Staaten errangen die Höchstnoten.[25] Damit öffnete sich für die Weine der Neuen Welt ein großes Tor in den europäischen Weinmarkt und für den Weinbau in Frankreich wurde es notwendig, sein Selbstverständnis und den Stand seiner Entwicklung zu hinterfragen.

Folgende Seiten:

Der Fotograf Johann Willsberger hat die Gärung berühmter Rotweine aus ganz Europa in Bildern eingefangen.
Im Uhrzeigersinn:
Romanée-Conti, Burgund / Allegrini, Veneto / Maye, Wallis / Château Margaux, Bordeaux / Bruno Giacosa, Piemont / Vega Sicilia, Ribera del Duero

Dass die Ausstellung nicht in einem Naturkunde- oder Landwirtschaftsmuseum, sondern in einem der renommiertesten Kunstmuseen der Welt, das sich gemeinhin der modernen Kunst und dem Design widmet, stattfand, ist bezeichnend. Es signalisiert die Veränderung, welche die Weinkultur in ihrer Bedeutung vollzogen hat, und bezeichnet den Kontext, in dem der Wein seit etwa vierzig Jahren zu verorten ist. Der Wein hat sich in dieser Zeit von einem traditionell geschätzten Lebens- und Genussmittel zu einem weltweit kommunizierten Lifestyleprodukt entwickelt. Als solchem kommt dem Wein nicht mehr nur die Aufgabe zu, möglichst gut zu schmecken, bekömmlich zu sein und die Weintrinker als stille Genießer oder in Gesellschaft zu erfreuen. Wie viele andere Dinge in der modernen Gesellschaft wurde Wein zugleich und zunehmend Ausdruck eines besonderen Lebensstils, Symbol für das eigene Selbstverständnis und Instrument der Distinktion. Dafür bedurfte es allerdings eines komplexen Zeichensystems, das den sinnlichen Genuss abstrahierte, ihn jenseits der immer nur momenthaften Verkostung verfügbar und kommunizierbar machte. Dies gelang durch immer differenziertere Formen der Verpackung, Präsentation, Darreichung und Einbettung des Weines in unterschiedliche Erlebniskontexte. Tendenzen der Konvergenz, etwa in der weltweiten Verwendung der Bordeaux-Flasche, gingen dabei einher mit Bemühungen um Spezifikation und Distinktion, wie sie sich in artifiziellen Namensgebungen, innovativen Etikettengestaltungen[26] und in der außergewöhnlichen Architektur von Weingütern[27] artikulierten. Sinnvoll und wirksam wurden diese Bemühungen aber nur, wenn sie über Weinbücher, Weinzeitschriften, Weinmessen, Wettbewerbe und Rankings auch kommuniziert wurden. Der von verschiedenen Seiten angefeuerte Diskurs über Wein wurde so zum Vehikel einer neuen Weinkultur, die sich stets neue Nahrung sucht und so allmählich in jeden Winkel der Welt, in dem Wein angebaut wird, vordringt und längst auch am Bodensee angekommen ist.

Weinmuseen neuen Typs

Seiner selbst bewusst und anschaulich wird dieser Prozess spätestens dann, wenn er wie im San Francisco Museum of Modern Art zum Gegenstand einer Ausstellung wird oder gar Ausgangspunkt für Weinmuseen neuen Typs wird. Diese Häuser setzen sich von bisher geläufigen Erscheinungsformen der Museen, die sich dem Weinbau widmen, gewollt ab. Das beginnt schon damit, dass sie sich oftmals nicht mehr Museum nennen und schon gar nicht als Museen daherkommen wollen.

Weinwelt weltweit:
Flaschen aus 101
weinproduzierenden
Ländern der Welt im
Vineum Bodensee
Meersburg

Weinmuseen alten Typs – das waren Weinbaumuseen, die entstanden, als die Mechanisierung im Weinberg Einzug hielt und die schweren alten Holz - und Eisengeräte durch leichtere Materialien und effektivere Maschinen ersetzt wurden. Plötzlich hatte man einen Haufen von Gerätschaften versammelt, mit denen man nichts mehr anzufangen wusste. Und weil diese Geräte über lange Zeit brav ihren Dienst geleistet hatten, man sie daher irgendwie auch lieb gewonnen hatte und es nicht übers Herz brachte, sie schnurstracks wegzuwerfen, aber auch nicht recht wusste, wohin damit, gründete man hie und da ein Weinbaumuseum. Das war sehr honorig und löste das Problem zumindest für einige Zeit. Mittlerweile ist aus den alten Gerätschaften vielfach altes Gerümpel geworden, der Weinbau und die Weinkultur haben sich markant weiterentwickelt, neue Herausforderung und Herangehensweisen taten sich in der Weinwirtschaft auf und die Fragen, die in einem Weinmuseum verhandelt werden mussten, wurden völlig andere.

Vor diesem Hintergrund sind in letzter Zeit in wichtigen Weinbauregionen Europas neue Häuser zur Geschichte und zur Gegenwart des Weines entstanden: die Loisium WeinErlebnisWelt in Langenlois in Österreich, das WiMu – Wine Museum in Barolo im Piemont, das Museo Vivanco della Cultura de Vino in Briones in La Rioja, die Cité du Vin in Bordeaux und das Vineum Bodensee in Meersburg. All diesen und weiteren Weinmuseen neuen Typs, die derzeit etwa in Südtirol und in der Schweiz geplant werden, ist manches gemeinsam: Sie verstehen sich allesamt nicht als herkömmliche Ausstellungshäuser, sondern als Erlebniswelten rund um den Wein mit all seinen sinnlichen Komponenten; sie verbinden die Geschichte des Weines mit der Weinwelt von heute, die Erfahrung von Landschaft und Natur mit dem Nachdenken über die Kultur des Weines und ihre herrschenden Codes. Und sie gerieren sich nicht als bloße Lokalmatadore, sondern stellen ihr Wirken in einen größeren globalen, letztlich universellen Zusammenhang. Die Welt ist daher nicht nur zum Dorf geworden, das Dorf wurde so auch zum Gastgeber der ganzen Welt.

Grossh. Domä

M

1904 er

Uli Braun

Wein und Design

Der phonetischen Nähe von Wein und Design entspricht auch eine inhaltliche. Wein ist nicht nur ein Naturprodukt, sondern auch etwas Gemachtes, Geformtes. Im Produkt Wein sind seine historischen, kulturellen, technologischen und wirtschaftlichen Zusammenhänge, deren Tendenzen und Entwicklungen ablesbar. Die äußere Erscheinung reflektiert dies in Form und Ausstattung der Flasche, insbesondere in der Gestaltung des Etiketts.

Im Begriff Etikett »steckt« der Zettel, das englische Ticket, entlehnt aus dem altfranzösischen »estiquet«, dem wiederum die germanische Silbe »stik« zugrunde liegt: etwas Festgestecktes, der Sticker.[1] Auch die Etikette – ehemals schriftlich fixierte Verhaltens- oder Benimmregeln – leiten sich vom Zettel ab. Sie finden sich heute, unter veränderten Konventionen und in moderner Form, zum Teil im Begriff des »Lifestyles« wieder. Ebenso wandelt sich das Kulturgut Wein in den letzten Jahrzehnten sukzessive zu einem Lifestyle-Produkt und fordert daher auch eine zeitgenössische Betrachtung: Wein, begriffen in seiner ästhetischen Dimension in Design und Architektur – vom Etikett über die Vermarktung bis hin zur architektonischen Gestaltung der Produktions- und Verkaufsstätten.

Die Gesamterscheinung einer Weinflasche, ihre Ausstattung, wird maßgeblich vom Etikett bestimmt. Das Etikett dient jedoch nicht nur der inhaltlichen Identifizierung, sondern auch der visuellen Differenzierung und Wiedererkennung. Wie fast kein anderes Medium einer eng begrenzten Produktgattung ist das Weinetikett Spielfeld gestalterischer Auseinandersetzung und Experimente. Dabei beeinflussen die formalen gestalterischen Elemente wahrnehmungspsychologisch sowohl die Kaufentscheidung als auch die Geschmackswahrnehmung.

Im Folgenden werden anhand beispielhafter Etiketten gestalterische Entwicklungen und Auseinandersetzungen der letzten 200 Jahre aufgezeigt, wobei immer wieder Bezug zu Weingütern aus dem Bodenseeraum genommen wird.

Etikett – historische Entwicklungen
»Ehemals waren die Weinsorten noch nicht so mannigfach, um sie nach Namen und Jahrgängen zu unterscheiden. Man trank direkt vom Fass ge-

zapft aus Steinkrügen. Jetzt, wo die feinen Weine bloß in Flaschen verschickt werden, braucht man ebenso viel Etiketten als es Weinsorten, Lagen, Gärten und Jahrgänge gibt«.[2] In der Monatszeitschrift »Noah oder Deutschlands Weinbau, Weinhandel und Weingenuß, mit Anklängen aus allen Weinländern der Welt« definiert Carl Ludwig Hellrung 1846 die grundsätzliche Notwendigkeit und den steigenden Bedarf von Etiketten: Abfüllen auf Flaschen, Export von qualitativ hochwertigen Weinen und die Differenzierung der Sorten, Lagen, Produzenten und Jahrgänge.

Hellrung, der als Verfasser mehrerer Schriften zum »Besten sowohl des Weinhandels als der edlen Weintrinker« und als Herausgeber eines Atlanten der Weinländer in Europa beim weintrinkenden Publikum eine gewisse Bekanntheit genoss, wies 1840 auf eine weitere »Funktion« hin: den Missbrauch von Etiketten, den Etikettenschwindel. »Selbst die Weinwirthe sammeln für ihren Bedarf schöne Etiquetten, man darf nur befehlen, von welchem Hause der Champagner sein soll, und er ist der Etiquette nach serviert.«[3] Lord Byron griff diese Praxis bereits 1824 in seinen satirischen Gedichten Don Juan auf: »Sie weichen ab wie Weine, die nichts werth / Sind und doch stolze Flaschenzettel tragen.«[4]

Das Etikett auf der Weinflasche aus dem Meersburger Rebgut der Fürsten zu Waldburg-Wolfegg zeigt beispielhaft eine sehr frühe Form der Etikettengestaltung, auch wenn der handschriftlich beigefügte Jahrgang 1865 auf die zweite Hälfte des 19. Jahrhunderts verweist. Die im Buchdruckverfahren vorgedruckte Lagen- oder Ortsbezeichnung »Meersburger« ist in englischer Schreibschrift ausgeführt, diente sicherlich der Etikettierung vieler Jahrgänge und war vermutlich kein für den Weinhandel produzierter »Flaschenzettel«.

Die Erfindung der Lithografie durch Alois Sennefelder um 1797 und insbesondere deren Weiterentwicklung zur Chromolithografie durch Godefroy Engelmann 1837 ermöglichte es, drucktechnisch qualitativ hochwertige mehrfarbige Etiketten in höherer Auflage herzustellen.

Der steigende Absatz von Flaschenweinen führte gleichzeitig zu einer verstärkten Nachfrage nach individuellem gestalterischem »Aufputz«. Waren die ersten Drucke noch einfach und reduziert, entwickelten sich schnell komplexe Ornamente in Form von verschlungenen Bändern, Rocaillen, Rollwerk, Akanthus und floralen Flächengestaltungen.

Die neue Drucktechnik verführte aber auch zu einer Produktion von bunten Bildern und stereotypen Motiven. Etiketten wurden oft als Vorlagen für Musterkollektionen produziert und zeigten das ganze Spektrum des handwerklichen Könnens des jeweiligen Lithografen, aber auch das

Weinflasche aus dem Fürstlich zu Waldburg-Wolfeggschen Rebgut zu Meersburg, Etikett von 1865

besondere Potenzial des Druckverfahrens: detaillierte, »buntfreudige« Illustrationen, in der Motivwahl oft in historisierenden, romantisierenden, weinseligen Klischees verhaftet. »Da lächelten uns süsse Mädchenaugen unter dem Weinglas an und Trinkszenen von unbeschreiblicher Mannigfaltigkeit machten sich breit und der hochmütig behandelten Schrift das Leben schwer. Mönche und Winzerinnen, Biedermeiers und Landsknechte, Zwerge, Putten, Faschingsmasken aller Art, Vater Rhein und Tochter Mosel, die ganze Butzenscheibenpoesie ...«.[5]

Bereits 1874 beklagte Wilhelm Hamm in seinem »Weinbuch – Der Keller und die Behandlung der Weine« die Praxis der visuellen Überfrachtung von Flaschenetiketten: »Neuerdings suchen sowohl Producenten als Weinhändler den Flaschenweinen durch eleganten Aufputz, namentlich recht reiche Etiketten, einen besonderen Aufputz, ein lockendes Aeußeres zu verleihen. Die Speculation ist jedoch nicht immer richtig, denn der Käufer oder Konsument denkt häufig, zumal wenn er Kenner ist, daß auf solche Weise die Flagge die Waare decken solle, und daß die Etikette des Weines nicht zu dessen Gehalt beiträgt. Mit Recht verschmähen daher die Franzosen – wenigstens zum größeren Theil – dieses Anlockungsmittel;

ihre besten Weine, die großen Gewächse des Medoc, des Hermitage, der Cote d'or führen nur ganz bescheidene, ja sogar dürftige Etiketten auf den Flaschen. Dagegen wird man häufig finden, daß Weingegenden, deren Product sich allgemeiner Anerkennung nicht erfreut, diese durch prunkvolle Ausstattung erzwingen oder mindestens glauben machen wollen.«[6]

Paul Ferdinand Schmidt, Kunsthistoriker und Publizist, der unter anderem für Tageszeitungen wie die *Frankfurter Zeitung* schrieb, aber auch in Zeitschriften wie *Cicerone*, *Die Horen* oder die *Weltbühne* veröffentlichte, urteilte in einem Artikel von 1913 über die zweite Hälfte des 19. Jahrhunderts: »Es kam schliesslich so weit, dass die Etikette ein richtiges Landschaftsbild wurde, das die Schrift wie

Jugendstiletikett aus
Meersburg, 1904

Etikett von Peter
Behrens, 1913:
»dogmatische Strenge
und karge männliche
Enthaltsamkeit«

einen Titel dazu an die Ränder drängte; oder dass eine verwaschene Landschaft mit Bowlen-Stillleben, Loreleyen, Winzerinnen u. dgl. einen haarsträubenden Ehebund einging, so dass jedes wie ein Stück Hausrat über oder neben oder vor das andre gesetzt, dabei jedoch mit möglichster Naturtreue behandelt wurde.«[7]

Jugendstil und Expressionismus

Die siebte internationale Kunstausstellung 1897 in München setzte neue ästhetische Impulse und begründete den deutschen Jugendstil. Allumfassend beeinflusste er Malerei, Architektur, Kunstgewerbe und Typografie, schuf Künstlerkolonien, Kunstgewerbeschulen und -museen sowie Werkstätten für Kunst im Handwerk. Auch die Etikettengestaltung blieb davon nicht unberührt, bediente doch die Orientierung an Vorbildern aus der Natur mit ihren »Kunstformen« nahezu perfekt die formal-gestalterischen wie inhaltlichen Anforderungen an Weinetiketten: die visuelle Repräsentation eines durch Handwerk transformierten Naturprodukts zum »Kulturgut«.

Die Großherzoglich-Badische Domänenkellerei Meersburg – Deutschlands erste Weinbaudomäne und Vorläufer des Meersburger Staatsweinguts – griff gleich zur Jahrhundertwende den »modernen Stil« auf und etikettierte ihre Weine in neuem Gewand. Die floralen Stilmittel wurden jedoch sehr sparsam eingesetzt: Weinlaub und Rebe sind als einfache Illustration realisiert, nur in der Typografie und in der Fassung der Stadtansicht von Meersburg lassen sich Anklänge an den Jugendstil erkennen.

Das Druckgewerbe war bei der Verbreitung dieses Zeitstils insbesondere durch die Buchkunstbewegung maßgebend. Führend bei Entwurf und Druck von Weinetiketten war die Offizin Wilhelm Gerstung in Offenbach, die sich schon 1899 unter der Leitung von Rudolf Gerstung den modernen Bewegungen anschloss. Herausragende Buchkünstler, allen voran den Grafiker und Typografen Rudolf Koch, konnte Gerstung als Etikettengestalter gewinnen. Aber auch Persönlichkeiten wie den Architekten

240

Peter Behrens, der in seiner Funktion als künstlerischer Beirat der Allgemeinen Elektricität-Gesellschaft (AEG) das erste umfassende Erscheinungsbild eines Unternehmens entwickelte: vom Markenzeichen über die Gestaltung der Produkte bis hin zur Architektur der Verwaltungsgebäude und Produktionsstätten.

In einer Beilage zur Zeitschrift Das Plakat von 1913 werden 16 beispielhafte Etiketten der Grafischen Kunstdruckerei Wilhelm Gerstung in Form von eingeklebten Originaldrucken vorgestellt, darunter Entwürfe von Peter Behrens, Johann Vincenz Cissarz, Paul Haustein, Rudolf Koch und Friedrich Wilhelm Kleukens – allesamt herausragende Künstlerpersönlichkeiten ihrer Zeit.

Der Begleitartikel Moderne Weinetiketten von Paul Ferdinand Schmidt positioniert sich deutlich gegen die Banalisierung und billige kunstgewerbliche Massenproduktion des Jugendstils: »Der ›Jugendstil‹, jene böse Industrialisierung der van de Velde-Eckmannschen Linie, brachte zwar ein neues Element in die ornamentale Rahmung und dämpfte ihre plastische Ungebärdigkeit stark. Allein die künstlerische Entwicklung begann erst in dem Augenblick, da die ersten ›Darmstätter‹ die Sache in die Hand bekamen. Die Etiketten von Christiansen und Paul Bürck bestehen noch heute die Probe: sie legen ein rühmliches Zeugnis ab von dem jugendfrohen Eifer, der durch Stil gebändigten Phantasie und der Erkenntnis jener Zeit (um 1901), dass Buchdrucksachen nicht mit Naturalismus, sondern als Flächenkunst zu behandeln sind.«[8]

Das Musteretikett von Peter Behrens beurteilt Schmidt äußerst wohlwollend und pathetisch: »Mit einer fast dogmatischen Strenge beweisen es die Etiketten von Peter Behrens, die bei einer kargen männlichen Enthaltsamkeit in der Farbe das geometrische Prinzip mit Konsequenz und einem ganz sicheren tektonischen Gefühl verfolgen. Auch im Kleinsten verleugnet sich nicht der Architekt in Behrens.«[9]

Eine weitere bedeutende Kunstrichtung des beginnenden 20. Jahrhunderts war der Expressionismus, der sich jedoch aufgrund seiner formalen Radikalität und expressiven Emotionalität weniger für die Gestaltung von Weinetiketten eignete und daher nur selten vorzufinden ist. Eine Besonderheit – Expressionismus fast schon in Reinform – ist daher das um 1920 entworfene Etikett des Markgräfler Weinguts A. Neymeyer. Schon die extrem spitze, schwarze, dreieckige Grundform unterstützt seinen expressiven Charakter, gesteigert durch das gezackte goldfarbene Linienband und nochmals verstärkt durch eine weitere, parallel laufende, gezackte Binnenlinie. Grundform und Linienbänder umfassen eine wieder-

um gezackte Fläche, die in Bild- und Textteil gegliedert ist. Die grün abgesetzte Basisfläche enthält Sorten-, Gebiets- und Qualitätsangaben sowie den Namen und Ort des Weinguts. Der darüberstehende Bildteil ist von besonderer expressiver Kraft: Vor dem Hintergrund einer aufgehenden goldenen Sonne mit gleißendem Strahlenkranz steht der abstrahierte Torso einer menschlichen Figur mit markanter schwarzer Kopfbedeckung. Es handelt sich hierbei um die piktografisch reduzierte Darstellung einer Flügelhaube, der Kopfbedeckung der Markgräfler Frauentracht.

Entwicklungen zwischen Mitte der 1920er-Jahre und 1947

In den 1930er-Jahren waren konservative Stilrichtungen und Strömungen auf den Weinetiketten vorherrschend. Viele Weingüter versuchten sich durch pseudo-heraldische Embleme wie Fantasiewappen mit Schildern, Schildhaltern, Helmen und allerlei Zierrat in eine historische Linie oder Tradition zu stellen. Parallel rückte die Entwicklung und Positionierung von eigenständigen Marken mehr und mehr in den Vordergrund. Die Zeitschrift Gebrauchsgrafik – International Advertising Art vom April 1933 beschreibt diese Tendenz: »Denn auch in der Weinproduktion zeigt sich eine immer stärkere Neigung zur Propagierung ihrer Erzeugnisse als Markenartikel.«[10]

Anhand der noch erhaltenen Etiketten des Staatsweinguts Meerburg lassen sich die gestalterischen Entwicklungen, Umsetzungen eines »Markenstils« und Brüche zwischen 1923 und 1947 veranschaulichen.

Das Etikett von 1923 etabliert eine Reihe visueller Elemente, die das Erscheinungsbild des Staatsweinguts über 70 Jahre prägten: die gelbe – später goldene – Randbegrenzung, eine zweite feinere Rahmung, die weiße Grundfläche, der mittelachsige Aufbau aller Bild- und Textelemente sowie die hierarchische Platzierung des badischen Wappens als Markenzeichen.

Ab 1938 wurde auch das Etikett der staatlichen Weinbaudomäne Meersburg der grafischen Gleichschaltung aller deutschen Staatsweingüter unterworfen. Als Vorlage dienten u.a. die Etiketten des Staatsweinguts Kloster Eberbach, die den preußischen Adler schon um 1900 auf der Kapsel

Weinetiketten
des Staatsweinguts
Meersburg

am Flaschenkopf führten und ab 1921 prominent auf dem Etikett platzierten. Einige Etiketten der Staatsweingüter sowie der staatlichen Versuchs- und Forschungsanstalten trugen während des Nationalsozialismus das Wappen Preußens in der Form von 1933: den Adler mit Hakenkreuz im Brustbild, in seinen Fängen Schwert und Blitze – alles überspannt mit dem Wahlspruch »Gott mit uns«.

Großen Einfluss auf die Gestaltung hatten in den 1940er-Jahren die Sparmaßnahmen für den Papier- und Pappebedarf, die von der Reichsstelle für Papier- und Verpackungswesen verordnet wurden. Mitte 1942 wurde der Rohstoff Papier von »kriegswichtig« auf »kriegsentscheidend« hochgestuft.[11] Als Folge dieser Reglementierungen finden sich unter den Meersburger Etiketten vermehrt kleinformatige und einfarbige, rein typografische Ausführungen, gedruckt im Bleisatz, meist auf minderwertigem Papier.

Auch die ersten Nachkriegsetiketten waren aufgrund des Papiermangels noch auf die Größe von Flaschenzetteln reduziert. Für einige Weine des Jahrgangs 1946 wurde jedoch ein völlig neues Etikett entworfen, das offensichtlich versucht, jegliche Ähnlichkeiten zu seinen Vorgängern zu vermeiden. Als zentrales Gestaltungselement dient eine fotografische Abbildung des Alten Schlosses von Meersburg ohne staatliche oder hoheitliche Zeichen wie Adler oder Wappen. Nur drei Jahre war dieses Motiv in Verwendung, bereits beim Jahrgang 1947 knüpfte man mit einer zweiten parallelen Serie wieder an das Erscheinungsbild von 1923 an: Das badische Wappen und der gelbe Rahmen bildeten erneut die prägenden Komponenten. Dieser visuelle Auftritt, von kleineren Änderungen, Anpassungen und Varianten (vornehmlich im Bereich der Typografie) abgesehen, wurde bis 1999 beibehalten.

Nachkriegszeit bis 1990er-Jahre

Die grafische Gestaltung der Etiketten orientierte sich bis in die 1990er-Jahre meist an nationalen Stereotypen. Auf deutschen Weinetiketten fanden sich neben den heraldischen und pseudoheraldischen Elementen häufig Bildmotive wie Weinberge, Ortsansichten, Weingärtner, Rebstock, Traube oder Weinlaub. Gebrochene Schriften wie Fraktur, Rotunda oder Rundgotisch wurden bevorzugt verwendet. Kelter- und Kellereineubauten und Aktualisierungen der Weingesetzgebung und des Bezeichnungsrechts waren oft die einzigen Anlässe, über die Neugestaltung oder ein »Redesign« der Etiketten nachzudenken. Horst Dippel kritisierte in seinem Weinlexikon das offensichtlich »mangelnde ästhetische Empfin-

Weinetikett der VEG
(Volkseigenes Gut)
Weinbau Naumburg/
Saale, DDR

den«[12] bei der Gestaltung deutscher Weinetiketten. Auch die Etiketten der DDR waren stilistisch von ähnlicher Schlichtheit und konservativer Kleinbürgerlichkeit. In den Verkauf gelangten diese Flaschen selten, Weintrinker mussten mit Erzeugnissen aus Ungarn, Rumänien oder Bulgarien vorliebnehmen.

Zu Beginn der 1990er-Jahre zeichnete sich jedoch nicht nur in Ostdeutschland ein deutlicher Wandel ab. Zunehmend wurde »das Produkt Wein [...] heutiger, moderner, unangestaubter. Vor sieben Jahren war das nicht so. Noch triumphierte das Ausland mit dato nicht gesehenen Ausstattungen«, schrieb Olaf Leu, Typograf und Grafik-Designer, 1994 im Magazin Getränke-Gastronomie.[13] Das Weingut der Familie Gross – Schloss Rheinburg bei Gailingen, Bereich Bodensee – kann als Vorreiter dieser Bewegung gelten: »kühl, klar, unverwechselbar, ein wohltuender Kontrast zu den verwappten und verschnörkelten Aufklebern vieler deutscher Flaschen.«[14]

Neue Impulse im Etikettendesign

Otl Aicher, einer der bedeutendsten und prägendsten Gestalterpersönlichkeiten im Deutschland der Nachkriegszeit, bekannt durch seine Erscheinungsbilder für Unternehmen wie Braun, Lufthansa oder den visuellen Auftritt der Olympischen Spiele 1972, entwarf 1983 für das neu gegründete Obst- und Weingut Schloss Rheinburg Etiketten, Geschäftsausstattung, Anzeigen, Beschilderung und Fahrzeugbeschriftungen. Aicher gestaltete den gesamten Gutsauftritt in der ihm eigenen reduzierten Formensprache und konsistenten Programmatik: eine Schriftfamilie in zwei Schriftschnitten – hier die Univers 45 und 65, die er auch für die Spiele 72 in München verwendete –, maximal drei unterschiedliche Schriftgrößen, eine Auszeichnungsfarbe, viel Weißraum und eine reduzierte feine Liniengrafik für die Darstellung des Schlosses und der Weinberge bzw. der Spalierobstanlagen für die Obstbrände.

Etikett für das Weingut Schloss Rheinburg von Otl Aicher, um 1984

Die modern-funktionalistisch gestalteten Etiketten von Schloss Rheinburg waren eine erfrischende Ausnahme unter all den vielen traditionsbehafteten und rückständigen Entwürfen der 1970er- und 1980er-Jahre. Bereits 1986 wurde ein Wein des ersten Jahrgangs, der 83er Spätburgunder Spätlese, in die Vinothek der Lufthansa First Class aufgenommen und im passenden »Dresscode« weltweit ausgeschenkt. Heinz-Gert Woschek, Weinsachverständiger, Journalist und Herausgeber mehrerer Weinzeitschriften, fand nicht nur Bemerkenswertes über den Wein, sondern auch über das Etikett: »Ein Novum unter den deutschen Weinen stellt ihr Etikett dar, das von dem auch für das Lufthansa-Design zuständigen Otl Aicher gestaltet wurde und auf graphisch ausgefallene Weise das Erzeugnis eines ungewöhnlichen Wein-Engagements präsentiert.«[15] Seit 2003 wird das Weingut vom Markgrafen von Baden bewirtschaftet, das die Aicher-Etiketten noch bis 2006 verwendete, »allerdings durch die markgräflichen Insignien ziemlich beeinträchtigt«.[16]

Entscheidende Impulse für innovatives Design bei der Flaschenausstattung und Architektur setzten Ende der 1990er-Jahre Weingüter aus Österreich. Betriebe in der Steiermark, dem Weinviertel und dem Burgenland entstaubten das allzu weinselige Heurigen- und Buschenschankimage gründlich. Der Rotwein »red« vom Weingut Heinrich provozierte mit radikaler Aufmachung.

Im Jahr 1998 brachte das renommierte burgenländische Weingut Heinrich die erste Abfüllung des Jahrgangs 1997 mit der Bezeichnung »red« auf den Markt. Ein leuchtend rotes Etikett im Hochformat mit der feinen, anthroposophisch anmutenden Wortmarke »Heinrich« in schwarz und »red« in großer, fetter, weißer Groteskschrift über die ganze Breite des Formats gespannt.

Dem voraus ging ein Entwurf mit der Bezeichnung »Simply Red«, diese Benennung wurde jedoch aus Urheberrechtsgründen untersagt. Ein – wie sich herausstellte – Glücksfall für die Prägnanz des Etiketts: War beim Erstentwurf noch eine visuelle Gleichwertigkeit von Weingut, Bezeichnung und Abfüllangaben gegeben, schuf die Einschränkung auf »red« nun die Marke. Reduziert, radikal und einprägsam: »Heinrich – red«. Ein Entwurf, der auf ein junges, urbanes, design-affines Publikum zielte und dem Zeitgeist der Neunziger entsprach.

Neue Architektur und unkonventionelles Design aus Österreich zeigte sich bald auch in anderen europäischen Ländern wie Portugal, Spanien und Frankreich. So entwickelte die Wiener Agentur Alessandri Design das Gestaltungskonzept für die Etiketten der Comic Edition des portugiesischen Weinguts Niepoort. ›Fabelhaft‹ war 2002 der erste Wein dieser Serie und zeigte auf der Flasche zwölf Szenen aus ›Hans Huckebein,

»red« – Weingut Gernot und Heike Heinrich, Gols, Burgenland

der Unglücksrabe‹ von Wilhelm Busch. Das Etikett ist einem Briefmarken-
block nachempfunden und teilt durch eine perforationsartige Bedru-
ckung die Papierfläche in 15 Bild- und Textfelder. Zentrales Element ist die
fein gesetzte Typografie, die durch die Wahl von Schriftschnitten, Größen
und Positionierung ein spannendes, spielerisch zwischen Tradition und
Moderne changierendes Erscheinungsbild erzeugt. Seitdem wurden über
45 individuelle Serien für die jeweiligen Zielmärkte des Douro-Weins wie
Portugal, Brasilien, Belgien, England, Spanien oder Deutschland entwickelt: Jedes Land erhält sein eigenes Etikett mit eigenem Namen, illustriert von Künstlern und Gestaltern der jeweiligen Länder. Trotz aller Indi-
vidualität und Originalität erzielt das Rahmenkonzept von Cordula Alessandri ein Höchstmaß an Identität und Wiedererkennbarkeit. Alessandri
Design ist mittlerweile eine der international innovativsten Agenturen
im Bereich der Markenentwicklung von Weingütern.

Neues – auch vom Bodensee

»In Deutschland gibt es eine junge und wilde Generation von Winzern, die
Wein in eine Form von Rock'n'Roll verwandeln«, diagnostizierte der briti-
sche Weinkritiker Stuart Pigott 2006 in seiner Publikation ›Wilder Wein‹.
Gruppierungen von Nachwuchswinzern wie ›Fünf Freunde‹, ›Frank & Frei‹,
›Message in a bottle‹, ›ConneXion«, ›Junges Schwaben‹, ›Moseljünger‹ oder

›Wine Changes‹ waren maßgeblich am Imagewandel des deutschen Weines beteiligt.[17]

Gut ausgebildete und im besten Sinne erfahrene, durch Auslandsaufenthalte bereicherte und weitblickende Winzerinnen und Winzer prägen nicht nur die Qualität des Produkts, sondern zeigen sich auch aufgeschlossen gegenüber neuen Wegen in Vermarktung und Präsentation. Die Etablierung eines modernen, eigenständigen visuellen Auftritts ist hierbei von entscheidender Bedeutung. Auch im Bodenseeraum sind diese Tendenzen sichtbar.

Das Weingut Michael Broger am Ottoberg im Schweizer Thurgau war 2003 eines der ersten, das mit einer spektakulären Ausstattungsserie das neugegründete Weingut einführte. Die von der Grafikerin Melanie Brunner entworfenen Etiketten überraschen durch ihre sensible Farbigkeit, rhythmische Flächengliederung und fein eingebundene Typografie. Die Kombinationen der unterschiedlichen Farbfelder visualisieren die Aromastruktur der einzelnen Weinsorten – sie übersetzen die Primär-, Sekundär- und Tertiäraromen der Weine in subjektive individuelle Farbspektren. 2004 wurden die Etiketten von Michael Broger mit dem internationalen Designpreis »Red Dot« für hohe Designqualität ausgezeichnet.

»No1, No2, No3, No4, CT, MT, WR, SB, PG, VM«. Das sich in direkter Nachbarschaft befindliche traditionsreiche Weingut Bachtobel setzt auf radikal visuelle, aber auch sprachliche Reduktion auf dem Frontetikett: Die Bezeichnungen der einzelnen Weine sind als große gestanzte Kürzel in Schablonenschrift ausgeführt. Der haptische und sichtbare Wechsel von matter Papierfläche und glatter glänzender Glasfläche bei den Ausstanzungen erzeugen ein einzigartiges Erscheinungsbild – auf Verschlusskappen wird konsequenterweise verzichtet.

Für Theresa Deufel von gleichnamigen Weingut in Lindau war eine der wichtigsten Entscheidungen bei der Übernahme des Weingutes im Jahr 2009 die »Neugestaltung der Etiketten. Ich will ganzheitlich arbeiten, mich selbst mit meinem Wein identifizieren und auch mit ihm identifiziert werden. Man fühlt sich nicht als Winzer, wenn der eigene Name nicht draufsteht.«[18] Die Schauseiten ihrer Etiketten sind sehr puristisch und

Flaschenausstattungen der Weingüter Broger und Bachtobel am Ottoberg, Theresa Deufel bei Lindau und Weingut Kress in Überlingen.

mit viel Weißraum gestaltet: nur Name, Logo, Jahrgang und zwei feine Trennlinien gliedern das Etikett.

Etwas verspielter zeigt sich das Hagnauer Weingut von Thomas und Kristin Kress: Die Kombination von konstanten und variablen grafischen und typografischen Elementen geben jedem der Kress-Weine seit 2013 einen individuellen gestalterischen Charakter. Feine Farben in Kombination mit Grautönen, heraldische Elemente aus dem Wappen des Spitals zum Heiligen Geist Überlingen, Figuren aus dem internationalen Winkeralphabet der Seefahrt, weitere grafische Elemente, Schriftfragmente und spezielle Druckveredlungen erzeugen ein abwechslungsreiches und trotzdem durchgängiges Gesamtkonzept, entwickelt von der Überlinger Agentur Jäger & Jäger. »In unserem neuen Erscheinungsbild kommt all das zum Tragen, was uns und unseren Wein auszeichnet.«

2011 übernahmen die Brüder Sebastian und Maximilian Schmidt den elterlichen Weinbaubetrieb im bayerischen Wasserburg am Bodensee. Der vollzogene Wandel zeigt sich nicht nur im Spektrum der Weine und in deren Ausstattung, dem Etikett und der hellblauen Flaschenkapsel mit weißblauem bayerischem Wappenzeichen sondern vor allem in der Architektur des 2013 erstellten Neubaus. Inspiriert durch die Neue Vorarlberger Bauschule, einer seit den 1980er-Jahren innovativen und international vielbeachteten Baukunstbewegung, wurden die Bregenzer Architekten Elmar Ludescher und Philip Lutz beauftragt, das neue Weingut auf einer

Skulpturaler Holzbau der Bregenzer Architekten Elmar Ludescher und Philip Lutz für das Weingut Schmidt in Wasserburg

Hügelkuppe über Hattnau mit Blick auf den Bodensee und die Alpen zu planen. Es entstand ein Produktions-, Lager- und Verkaufsgebäude mit Gastronomiebetrieb, das sich archetypisch an einem traditionellen Scheunenbau orientiert, diesen aber sowohl funktional als auch ästhetisch überzeugend modern interpretiert. Eine skulpturale Holzarchitektur, deren feine Lamellenverkleidung der Außenfassade als Lichtfilter und Sonnenschutz dient und im Inneren von den sägerauen Holzwänden im Gastronomiebereich über die Möblierung bis in die kleinsten Details sorgfältig durchgestaltet und ausgeführt ist. 2014 wurde das Gebäude mit dem »North American Wood Design Award« und 2015 mit dem Vorarlberger Holzbaupreis ausgezeichnet.

Etikett und Etikette

Heute zeigt sich das Corporate Design des Weins national wie international – neben allem Traditionellen – äußerst kreativ und vielfältig: verspielt, humorvoll, mutig, radikal, reduziert, provokant, verstörend. Das Etikett ist nicht mehr nur Inhaltsangabe und Visitenkarte des Winzers oder des Weines, es dokumentiert den Zeitgeist und zugleich auch die gestalterische Positionierung des Designers innerhalb seiner Profession.

Und mit den Etiketten veränderte sich auch die Etikette: »Gravitätische Rotweinauskennerei für einen Zivilisationsvorsprung zu halten, das ist zum Zeichen größtmöglicher Borniertheit geworden. Kleinbürgerehrgeiz.«[19], so Thomas Rüther in der Frankfurter Allgemeinen Sonntagszeitung. Dem pflichtet auch Thorsten Junker, Sommelier des Jahres 2015,

bei: »Insgesamt scheint es mir aber, dass die Zeit vorbei ist, in der mit großem Ernst Weinkennerschaft zelebriert wurde.«[20]

Die formale Wandlung von Etikett und Flasche zeigt sich auch in der
veränderten »Haltung« bei Genuss, Konsum und Kauf: »Formbewusstsein
bei informeller Haltung«.[21] So führt die Suchmaske des Online-Wein-
händlers »Geile Weine« u.a. folgende Auswahlkriterien auf: »Feierabend /
Einfach so«, »Abhängen mit Freunden«, »Gemütlich und kreativ«, »Ent-
spann doch mal«, »Erstes Date«. Heute, im Zeitalter des Internets geht es
»darum, dem 35-jährigen Akademiker klarzumachen: Dieser Wein passt
zu deinem Lifestyle.«[22]

Ein »mangelndes ästhetisches Empfinden«, das Horst Dippel vor
zwanzig Jahren noch beklagt hat, lässt sich aktuell nicht mehr diagnosti-
zieren. Eine hochwertige, lustvolle, gestalterische Mannigfaltigkeit zeigt
sich heute auf vielen Etiketten und Flaschenausstattungen – auch am
Bodensee.

Ursula Heinzelmann

Dynamik der privaten Weingüter

Der Bodensee, das Meer in der Mitte Europas, ist von einem Meer von Reben umgeben, welche die Gemeinsamkeiten und Unterschiede seiner Ufer schmeckbar machen. In die Flasche und ins Glas bringen sie eine immer größere Zahl von Produzenten: Im 21. Jahrhundert floriert der Weinbau am Bodensee, auf dem eine ganze Flotte unterwegs ist, von kleinen Optis bis zu großen Dampfern.

Vor allem auf der badischen Seeseite war diese Flotte in der Vergangenheit neben den staatlichen, städtischen oder adligen Großbetrieben in Genossenschaften organisiert. Der 1881 vom Pfarrer Hansjakob gegründete Hagnauer Winzerverein ist die älteste Winzergenossenschaft Badens, die Meersburger zogen drei Jahre später nach, und die Reichenauer, mit 17 Hektar heute die kleinste selbstständige Winzergenossenschaft Badens, entschlossen sich 1896, die wirtschaftliche Lage der Winzer durch einen Zusammenschluss zu verbessern. In Verbindung mit dem zuverlässigen touristischen Absatzmarkt führte diese Entwicklung allerdings eher zu zuverlässiger Versorgung statt Spitzenqualität, und sie tat wenig für die Bekanntheit über den See hinaus. Doch seit der Jahrtausendwende hat sich dies geändert. Wie in anderen Gebieten ist auch hier verstärkt eine neue, gut ausgebildete Generation am Wirken, die Traditionen behutsam neu interpretiert. Ihnen ist klar, dass man über den Seerand hinausblicken und ihn gleichzeitig als Mittelpunkt begreifen muss. Die Winzergenossenschaften spielen immer noch eine wichtige Rolle, vor allem im Angebot der bodenständigen lokalen Gastronomie, aber den Ton in Sachen Qualität geben selbstständige, selbst denkende Weingüter an.

Die Sprache des Seeweins

Während sich Vorarlberg seit dem EU-Beitritt Österreichs deutlich stärker zum See orientiert, erschweren dies die Landesgrenze und der Handelsverkehr im Fall der Schweiz weiterhin ganz beträchtlich. Doch in seinem Wesen setzt sich der Seewein über diese Äußerlichkeiten hinweg und spricht eine überraschend einheitliche Sprache. Die ist, so direkt am Fuße der Alpen, von einer einzigartigen und außergewöhnlich günstigen Kombination aus Bergluft und -licht, südlicher Sonne und leicht steinigen Böden mit ausreichend bis reichlichen Niederschlägen geprägt. Die Reben wachsen zwischen 400 und 560 Meter über dem Meeresspiegel am selben Breitengrad wie im Burgund, auf den kiesig-schottrigen Ablagerungen eiszeitlicher Endmoränen. Diese liegen wiederum auf einem weichen Sandsteinfels, der sogenannten Süßwassermolasse – und das alles wird verbunden durch den See selbst, dessen enorme Wassermasse für klimatische Ausgeglichenheit sorgt.

Mit neuen roten Sorten wie Dornfelder, Regent, Cabernet Mitos oder dem neu-alten Maréchal Foch sind auch am See dunklere, mächtigere Weine möglich. Doch prädestiniert sind dessen Gestade für den »leichten« Blau- bzw. Spätburgunder und den Müller-Thurgau, den See-Weißwein, schlechthin. Dennoch geben Weiß- und Grauburgunder ganz besonders die Herbststimmung am See wider, wenn die Sonne sich morgens beharrlich durch den Nebel arbeitet. Auf der Schweizer Seite wird Pinot Gris typischerweise mit biologischem Säureabbau und in Barriquefässern ausgebaut und kann ausgesprochen muskulös wirken. Die helle Version des roten Burgunders, ob nun Federweißer, Weißherbst, Rosé oder Blanc de Noirs genannt, ist hingegen ganz fruchtig und leicht wie die Baumblüte im Frühling. In den letzten Jahren gibt es eine Tendenz zu Auxerrois (den hier manche wegen seiner kleinen, hochfarbigen Beeren auch gelben Burgunder nennen) und Chardonnay, außerdem etwas Sauvignon Blanc sowie zunehmend Riesling.

Von Lindau bis Wasserburg

Ebenfalls eine wichtige Entwicklung sind vor allem am niederschlagsreichen nordöstlichen Ufer von Nonnenhorn bis Lindau pilzwiderstandsfähige Sorten, sogenannte Piwis, wie Solaris, Johanniter, Muscaris, Souvignier Gris, Cabertin, Pinotin und Regent. Durch die klimatische Herausforderung ist diese Gegend seit langem von viel winzerischer Eigeninitiative geprägt. 1975 hatten die Lindauer Hannes Deufel und Ludwig Haug, beide aus hier typischen landwirtschaftlichen Mischbetrieben mit Schwerpunkt Obstbau, die damals sehr verwegene Idee, erstmals seit dem 19. Jahrhundert in Schachen und am Ringoldsberg wieder Wein anzubauen: so entstand die Lindauer Spitalhalde. Die beiden Quereinsteiger erarbeiteten sich das notwendige Know-how während des Aufbaus ihrer Betriebe. Setz-

Teresa Deufel, Lindau

ten sie anfangs ganz auf die Klassiker Müller-Thurgau und Spätburgunder, hat die nächste Generation nicht nur eine grundsolide Ausbildung – *Teresa Deufel* hat beim Winzerhof Stein in Würzburg gelernt, in Veitshöchheim studiert und dann bei Claus Preisinger im Burgenland gearbeitet, bevor sie das elterliche Weingut übernahm – sondern auch den Mut, zusätzlich auf die Piwi-Newcomer zu setzen. Spontan vergoren sind die Deufel-Weine stets charaktervoll und stoffig, bekennen sich aber gleichzeitig zu all dem saftigen Grün dieser Landschaft und widerspiegeln die Höhenluft mit wunderbar beschwingter Frucht. Cousin *Claudius Haug* vom gleichnamigen Weingut in Schönau sowie Ulrike Schaugg vom *Weingut Rebhof* und Johannes Haug, der zusammen mit Benjamin Lanz als *Lanz.Wein* fungiert (beide in Nonnenhorn), sind ihre Hauptmitstreiter in Sachen Piwi. Besonders Johanniter und Solaris zeigen hier beeindruckendes Potenzial, unter anderem auch als Sekt.

In Nonnenhorn hatte Schauggs Vater Ulrich Höscheler mit Unterstützung von Wilhelm Röhrenbach (dessen Sohn Matthias heute in Immenstaad fünf Hektar bewirtschaftet) 1969 wieder neue Reben gepflanzt, nachdem der verheerende Frost im Frühjahr 1956 den Weinbau in dieser Gegend quasi vernichtet hatte. Dieser unternehmerische Pioniergeist ist bis heute spür-

Josef Gierer, Weingut Rebhof, Nonnenhorn

bar. Der Problematik neuer Pflanzrechte zum Trotz hat sich die Anbaufläche am bayerischen Bodensee seit 2000 von 24 Hektar auf heute 58 Hektar mehr als verdoppelt. Die Dynamik ist auch deutlich sichtbar: Der Umbau einer Scheune zur Vinothek bei Lanz.Wein ist mit dem Architekturpreis Wein ausgezeichnet worden und der Neubau bei *Josef Gierer* vom Weingut Rebhof, beinahe direkt gegenüber steht ihm in nichts nach. Die Gierer-Weine wirken nahezu schwerelos dank langer Reifezeit der Trauben am Stock und relativ kühler Vergärung der Moste. Zu drei Vierteln entstehen auf den über sechs Hektar Weißweine, mit einer klaren Tendenz zu Grauburgunder und Riesling. Der Klimawandel wirke sich mit früherem Austrieb und weniger Spätfrösten eindeutig positiv aus, so dass beim Müller-Thurgau »das Ende der Fahnenstange« erreicht sei, sagt Gierer. Beim Rotwein hingegen sei noch deutlich Entwicklungspotenzial – konsequenterweise hat Gierer einerseits Cabernet Cortis gepflanzt und andererseits seinen Sohn zum fränkischen Spätburgunder-Star Fürst in die Lehre geschickt.

Am auffälligsten ist die Veränderung jedoch beim *Weingut Schmidt* in Wasserburg. Eugen und Margret Schmidt haben ihr neues Weingut von einem Vorarlberger Architekten im modernen Bregenzerwald-Stil entwerfen lassen. Seit 2014 schwebt es wie ein elegantes hölzernes Raumschiff über der Hattnau, mit direktem Blick auf den Säntis und die umliegenden Alpengipfel. 1982 trafen sich Nahe-Winzersohn und Wasserburgerin auf der Weinbauschule, beide bald vereint in der hartnäckigen Überzeugung, dass in Wasserburg Qualitätsweinbau möglich und sinnvoll sei. Heute stehen acht Hektar im Ertrag, sämtlich mit klassischen Sorten, zehn sollen es werden, und längst führen die Söhne Sebastian und Maximilian das junge Unternehmen. Die Weine entsprechen dem erzählerischen Etikett, sie sind von viel detailreicher Handarbeit in Weinberg und Keller geprägt, unaufdringlich und doch sehr präsent, dicht und lang. Die Gründungsschwierigkeiten, die bis zur Verhandlung im Bayerischen Landtag für die Genehmigung zum Versuchsanbau reichten, haben die Schmidtsche Beharrlichkeit nur noch verstärkt, und der Erfolg gibt ihnen Recht: wenn die Weine im Mai in den Verkauf kommen, ist der größte Teil davon längst zugeteilt und vergeben.

Sebastian Schmidt,
Weingut Schmidt,
Wasserburg

Hagnau und Überlingen

Nicht bis vors Gericht, aber doch ebenso von Entschlossenheit geprägt ist die Entstehungsgeschichte des Weinguts von *Thomas und Kristin Kress* in Hagnau. Sie haben bereits zweimal einen großen Schritt gewagt: Zuerst traten sie 2001 aus dem Hagnauer Winzerverein aus, um ihre Trauben selbst zu Wein auszubauen und so das Resultat der eigenen Arbeit im Weinberg auch unverfälscht auf die Zunge zu bekommen. Das sorgte nicht gerade für Begeisterung unter ihren Nachbarn, deren historische Verbundenheit zur Genossenschaft tiefe Wurzeln hat. Das Hagnauer Wein-Portfolio gewann jedoch auf alle Fälle durch die feine Eleganz der Kress-Weine, die sich vom Müller-Thurgau über Weiß- und Grauburgunder, ausgesprochen blütenduftigen Auxerrois bis hin zu stoffigem Spätburgunder zieht. Die beiden bauten den Betrieb zielstrebig auf und aus. Als ihre Kinder Viola und Johannes ebenfalls Interesse am Wein zeigten, erkannten sie eine neue Chance und übernahmen 2013 mit Hilfe eines Investors die Flächen des Überlinger Spitalweinguts zum Heiligen Geist, 18 Kilometer westlich von Hagnau. Jetzt umfasst der Betrieb gut 32 Hektar, die umfangreiche Kollektion an Weinen wurde neu strukturiert und die Ausstattung von Grund auf neu gestaltet. Die Basisweine von Riesling über Müller-Thurgau und Gewürztraminer sowie die Burgundersorten in Weiß und Rot entstehen als Verschnitte beider Standorte, den etwas kompakteren, lehmigen Böden in Hagnau und den leichteren, sandhaltigen in Überlingen. Die Spitzenweine hingegen wachsen auf den Sandsteinfelsen in Goldbach nach Sipplingen hin.

Im Klettgau

Ganz andere Böden, nämlich von Kalkstein durchsetzter Lehm und lediglich 2,5 Hektar, aber nicht weniger zielgerichtet bewirtschaftet *Markus Ruch*. Der 40-Jährige hat auf dem Umweg einer kaufmännischen Lehre und der Tätigkeit als Bankangestellter durch ein Weinbaupraktikum zu seiner

Markus Ruch, Neunkirch

Bestimmung als Winzer gefunden. Es folgten zwei Schuljahre in Wädenswil, dann zehn Wanderjahre im In- und Ausland, zuletzt im Burgund, während derer ihn der Pinot Noir und die möglichst naturnahe Methodik immer mehr faszinierten. Der gebürtige Weinfelder siedelte sich schließlich wegen der Kalkböden, den für die Deutschschweiz relativ geringen Niederschlägen und dem seltenen Föhn ganz gezielt im Klettgau an. Ein Teil einer ehemaligen Zehntscheune in Neunkirch dient als einfacher Keller und multifunktionaler Arbeitsraum. Erster Jahrgang war 2007. Mittlerweile hat Ruch etwas Müller-Thurgau, teils in der Amphore ausgebaut, und eine kleine Menge Riesling sowie drei sehr unterschiedliche Lagen-Pinots aus Hallau und Gächlingen zu bieten. Es sind fordernde, spannungsreiche Weine. Er nutzt Burgunder-Piècen, erklärt diese aber als »nicht optimal«, nicht zuletzt weil er nicht das Burgund nachahmen, sondern den Charakter des Klettgau zum Vorschein bringen möchte.

Daran arbeiten *Ruedi und Beatrice Baumann* im unweit gelegenen Oberhallau ebenfalls und schon deutlich länger, nämlich seit 1978. Die Eltern hatten noch einen Mischbetrieb inklusive Obstbau, während Ruedi Baumann sagt, er sei zwar immer sehr vielseitig interessiert gewesen, habe sich dann aber für die Winzerlaufbahn entschieden. Das Famillienweingut bewirtschaftet heute acht Hektar. Feinkräuterfruchtiger Müller-

Thurgau aus alten Reben wird in dem geräumigen, modernen ebenerdigen Keller in Edelstahl ausgebaut, während Chardonnay und Pinot Gris in ihrer Struktur grundsätzlich von dem Einfluss kleiner, teilweise neuer Eichenfässer unterstützt werden, um den Effekt der lehmigen, vom Ton schweren Böden auszubalancieren. Pinot Noir wird zu zwei Dritteln in Burgunder-Piècen und ansonsten in 600-Liter-Fässern ausgebaut. Das Ergebnis sind muskulöse Weine, die viel Zeit brauchen – und auffälligerweise sämtlich in Schlegelflaschen auf den Markt kommen, wie überhaupt rund um den See alle möglichen Flaschenformen anzutreffen sind und diesbezüglich keinerlei Einigkeit zu bestehen scheint. Ebenfalls überraschend und am See selten ist hier in manchen Jahrgängen ein ungeheuer konzentrierter Strohwein, der als Trockenbeere vermarktet wird und in der Rebsortenkomposition variiert, aber mit großartiger Komplexität überzeugt. Die Baumanns bestätigen, dass der Austausch rund um den See intensiver sein sollte.

Im südlichen, deutschen Teil des Klettgaus forschen *Susanne und Berthold Clauss* an den vinologischen Möglichkeiten. Bei ihnen lässt sich ein spannender Vergleich anstellen: Das 1994 aus dem württembergischen Esslingen übersiedelte Winzerpaar bewirtschaftet neben den sieben Hektar in Erzingen, wo die Böden deutlich schwerer, lehmig und von versteinerten Tintenfischschulpen, sogenannten Belemniten, durchsetzt sind, auch neun Hektar rund um ihr 2003 bezogenes Anwesen in Lottstecken-Nack südlich von Schaffhausen, gegenüber der Mündung der Thur in den Rhein. Der Müller-Thurgau ›Wildfang‹ unter dem Belemnit-Etikett wirkt kräftiger als sein feinwürziges Nacker Pendant. Der Erzinger Spät- und Frühburgunder und der Belemnit-Blanc de Noir sind deutlich kompakter als die entsprechenden, eher zartgliedrigen Weine aus den Nacker Reben. Clauss betont diesen Unterschied noch durch kräftigen Holzeinsatz bei den Klettgauer Rotweinen, die daher viel Flaschenreife brauchen. Ein echter Star ist hier der fruchtbetonte und doch ganz trockene, selbstversektete Pinot Rosé Brut, der wie eine stilistische Klammer zwischen dem Klettgau und Nack wirkt.

Auf der Höri

Während sich Familie Clauss (wo die nächste Generation wie in so vielen anderen genannten Betrieben bereits an die Kellertür klopft) längst über die Schweizer Grenze hinweg ganz gezielt einen Kunden- und Kollegenkreis aufgebaut hat, steht *Hans Rebholz* in Liggeringen bei Radolfzell noch eher am Anfang. Der Bodanrück, die Halbinsel am westlichen Ende des

Sees, wird zwar immer wieder gern in Verbindung mit historisch keinesfalls sicher belegten mittelalterlichen Anfängen des Spätburgunders in Deutschland genannt. Doch neuzeitlich tat sich bis vor kurzem zwischen Gailingen am Hochrhein und den Lagen am Hohentwiel nicht besonders viel. Rebholz begann 2002, nachdem er erst für den Markgrafen in Salem und dann lange für ein großes Schweizer Unternehmen tätig war, am Bohlinger Galgenberg verwilderte Parzellen mit Weiß-, Grau- und Spätburgunder neu anzulegen. Er baute den kleinen Hof seiner Eltern zum Weingut um und forschte gleichzeitig weiter nach vergessenen Rebparzellen. In Bohlingen bringt das Tuffgestein des alten Vulkanschlots in Verbindung mit der südlichen Ausrichtung und einer beträchtlichen Hangneigung rauchige, säurefrische Weine hervor; in Gaienhofen stieß Rebholz auf alte Müller-Thurgau-Reben aus den 1920er-Jahren. Allmählich verschafft sich der Bodanrück im Glas Gehör.

Meersburg und Stetten

Robert und Manfred Aufricht in Meersburg-Stetten sind Pioniere der ersten Stunde in der neueren Winzergeschichte des Sees. Selbst in den Anfängen als kleiner Familienbetrieb hatten sie bereits mehr als nur die Touristen im Blickfeld. Heute bewirtschaften sie 39 Hektar Weinberge, die zu einem großen Teil rund um den Aussiedlerhof aus dem Landschaftsschutzgebiet

Manfred Aufricht,
Meersburg-Stetten

direkt am Seeufer bis auf 500 Meter aufsteigen. Manfred Aufricht sagt, durch die deutlich wahrzunehmende klimatische Veränderung sei die Qualität verlässlicher geworden, und gleichzeitig würde Bodenseewein insgesamt international mehr Aufmerksamkeit erhalten, auch als Teil der Cool-Climate-Wein-Bewegung. Die beiden Brüder haben nicht nur eine breite Auswahl von Rebsorten im Anbau, sie kreieren daraus auch immer wieder neue Weine. Hier gibt es leichtfüßigen Muskateller, duftige Scheurebe (die einzige am See), lang gärenden Riesling und sogar Lemberger. Müller-Thurgau aus einer 50 Jahre alten Parzelle zeigt, wie die Blüten- und Kräuteraromen jüngerer Anlagen mit zunehmendem Rebalter an eleganter Würze gewinnen, und nicht nur der Chardonnay macht Bekanntschaft mit mehr oder weniger neuem Holz. Der Spitzen-Grauburgunder der Aufrichts, in der hauseigenen Klassifizierung mit drei

Lilien gekennzeichnet, wirkt durch den Ausbau in zum Teil neuen 800-Liter-Fässern so barock wie die Klosterkirche Birnau, die unweit nördlich von hier über dem See thront, aber doch auch genauso majestätisch in sich ruhend, mit einer feinen Säure, die ihn zum Essenswein macht und in Richtung Elsass und Kaiserstuhl verweist.

Die Verbindung mit dem restlichen Baden ist naturgemäß am ausgeprägtesten beim *Markgraf von Baden*, dessen Weinberge nicht nur am Bodensee liegen, mit Sitz im ehemaligen Zisterzienserkloster Salem (und

Bernhard Prinz
von Baden,
Weingut Markgraf von
Baden, Salem

hier stattliche 110 Hektar umfassen), sondern auch in Durbach auf Schloss Staufenberg. Der Markgraf hat außerdem vor über zehn Jahren die Weinberge des vormaligen Weinguts Schloss Rheinburg in Gailingen übernommen, die an den Hängen des Rauhenbergs, zwischen Schaffhausen und dem Ausfluss des Rheins aus dem Untersee in Stein liegen. Von angeschwemmtem Sand und Kies geprägt, erwärmen sie sich leicht und eignen sich besonders für Burgundersorten. Der Auxerrois etwa duftet nach weißen Blüten und Walnüssen, wirkt leichtfüßig und unbeschwert. Gegenstück zu diesen südlich »warmen« Weinen sind die Weine aus den Lagen direkt am See. Der säureschlanke, charaktervolle Riesling aus der Meersburger Großes-Gewächs-Lage Chorherrnhalde (der Markgraf ist der einzige VDP-Betrieb am Bodensee) belegt zusammen mit dem fruchtfrischen Birnauer Sauvignon Blanc wie in vielen anderen Betrieben, dass sich am See in den letzten 25 Jahren enorm viel getan hat.

Maßgeblich daran beteiligt war und ist auch das *Staatsweingut Meersburg*. Seinen Ursprung hat der Betrieb den Konstanzer Fürstbischöfen zu verdanken, die im 13. Jahrhundert übers Wasser »aussiedelten«. 1802 wurde er nach der Säkularisation des Konstanzer Hochstifts zur großherzoglichen Domänenkellerei – die älteste Weinbaudomäne Deutschlands – und schließlich Staatsweingut. Unter der Leitung von Dr. Jürgen Dietrich reicht das über 60 Hektar große Lagen-Portfolio von den Meersburger »Klassikern« über Gailingen bis zum Hohentwiel. Der Vulkankegel des Hohentwiels ist das wild-romantische westliche »bergige Gegenstück« zu den Röthner Hängen in Vorarlberg. Auf den fruchtbaren, hitzigen Basaltböden ziehen sich die höchsten Weinberge Deutschlands bis auf 560 Meter Höhe. Die 6,5 Hektar große Lage Olgaberg am Hohentwiel befindet sich im

Jürgen Dietrich,
Staatsweingut Meersburg

Alleinbesitz des Staatsweinguts. Weißburgunder, Spätburgunder, Sauvignon Blanc und seit kurzem auch Riesling sind hier von tiefer, komplexer Mineralität geprägt, die mit ihrer Würze einen deutlichen Gegensatz zu den »üblichen« Seeweinen darstellt. Obgleich sie im Alkohol keinesfalls auffallend niedrig liegen, bestechen die Weine durch besondere Eleganz und Leichtigkeit, was sicher auch an dem beeindruckend feuchten und temperaturstabilen Keller des Staatsweinguts liegt, der zum Teil in den ehemaligen Stadtgraben hineingebaut ist.

Die *Spitalkellerei Konstanz* kann mit einem ähnlich kühlen Keller aufwarten, ist aber mit 18 Hektar deutlich kleiner. Der bedeutendste Besitz liegt, inklusive der elf Hektar großen Alleinbesitzlage Haltnau, auf der anderen Seeseite in Meersburg. Hubert Böttcher und Stefan Düringer haben den vormals städtischen, auf das 13. Jahrhundert zurückgehenden Betrieb 2002 gepachtet, und seit diesem Neubeginn entstehen hier kräftige, saftige Weine, außerdem sind neue Rebsorten wie Chasselas, Schwarzriesling und Sauvignon Blanc, im Anbau. Die Rotweine reichen von elegantem Spätburgunder bis zur dunkelstoffigen Imperia Cuvée aus Regent, Cabernet Mitos und Spätburgunder.

Nicht ganz so alt, aber von einer Aura der Zeitlosigkeit umgeben, ist das Schweizer *Schlossgut Bachtobel* in Ottoberg; das vielleicht eleganteste Weinschiff auf dem Bodensee. 1784 hat die Familie Kesselring das am Hang des Ottenbergs inmitten von Weinbergen, Wiesen und Wald gelegene Anwesen gekauft, dessen Geschichte weit ins Mittelalter zurückreicht. Bis 2007 war Hans-Ulrich Kesselring verantwortlich für die Erhaltung der für das Thurgau charakteristischen rot-weißen Fachwerkbauten, die Gewölbekeller, zwei alte Torkel-Baumkeltern aus den Jahren 1584 und 1729, das museal anmutende, im Directoire-Stil eingerichtete Wohnhaus und die Weine. Nach seinem plötzlichen Tod übernahm Neffe Johannes Meier dies alles in achter Generation und renovierte behutsam. Beim Wein überließ er es seiner Kellermeisterin Ines Rebentrost, zur eigenen Linie zu finden. Das ist gelungen. Es wurde etwas Chardonnay gepflanzt, um zukünftig Schaumwein zu machen, aber ansonsten ist das Sortiment das gleiche wie gehabt: glasklarer, ausgesprochen eleganter Müller-Thurgau, sehr kräuterwürziger, präziser Sauvignon Blanc, eher stiller, von etwas Holz und Säureabbau geprägter Pinot Gris und Riesling, bei dem generell ein Hauch von Restsüße mit der Säure spielen darf.

Johannes Meier,
Weingut Bachtobel,
Ottoberg

»Seewein ist Säure«, sagt Meier. In den 1990ern habe man insgesamt am See viel auf Power gesetzt, um Stärke zu beweisen, aber jetzt ginge es längst wieder um Eleganz und Frische. Auf drei Vierteln der insgesamt sechs Hektar um das Anwesen gelegenen Rebflächen wächst Pinot Noir. Einstiegswein ist der ›Nummer Eins‹, im Edelstahl ausgebaut und von Frucht und herber Säure geprägt. Der ›Nummer Zwei‹ erzählt bereits eine spannende, aber wie im Hause allgemein üblich gänzlich unaufdringliche Geschichte, wirkt ganz transparent und freut sich nach dem Ausbau in 800-Liter-Fässern über Flaschenreife. Das gilt auch für die ›Nummer Drei‹, das vielschichtige, kraftvolle und doch diskrete Aushängeschild des Betriebes. Seit 2009 wird er wieder über zwölf Stunden auf dem historischen großen Torkel gepresst, einer Baumpresse, von denen es rund um den See noch eine ganze Reihe gibt. Die allermeisten dienen nur noch dekorativen Zwecken – ihn zu nutzen sei aber die beste Instandhaltung, sagt Meier: Es muss sich verändern, was beim Alten bleiben will.

Direkt unterhalb von Bachtobel liegt das knapp drei Hektar kleine Weingut von *Michael Broger*. Er hat acht Jahre lang im Schlossgut gearbeitet, wollte aber immer selbst Wein machen. Auch er hat längst zu einem ganz eigenen Stil gefunden. Er arbeitet so weit wie möglich biodynamisch, die Weine werden grundsätzlich erst kurz vor der Füllung geschwefelt. Rauchig-kerniger Müller-Thurgau, reschig trinkiger Blauburgunder aus Weinfelden, vom Ottenberg (stoffiger) und dem Schnellberg (mit markiger, dunkler Frucht), zitrus-aromatischer Weißherbst als Saftabzug davon und seit 2013 auch eine winzige Menge Riesling entstehen in einem baulich beeindruckenden Keller, einer gelungenen Kombination von sehr altem Gemäuer, gestampftem Erdboden und ultramodernem Sichtbeton,

Michael Broger,
Weingut Bachtobel,
Ottoberg

während rund um das alte Bauernhaus Schafe grasen und Hühner scharren. Die Etiketten sind ganz auf der modernen Seite, mit Farbbalken, welche die Weinaromen in verschiedenen Entwicklungsstadien reflektieren.

Und schließlich gehört (neben vielen hier nicht genannten, aber deshalb nicht weniger spannenden Produzenten) zur Bodensee-Weinflotte auch ein Betrieb, der schon beinahe auf dem Rhein segelt: *Franz und Judith Nachbaur* bewirtschaften seit 1978 gut zwei Hektar in Röthis in Vorarlberg. Seit 2015 hat Sohn Michael die Verantwortung übernommen. Die Nachbaurs gehören zu den wenigen am See, die keinen Müller-Thurgau anbauen. Durch die hohen Niederschlagsmengen von 1100 bis 1200 Millimeter sei die Sorte hier ganz besonders anfällig für Peronospora, was in Zusammenhang mit der konsequenten Entscheidung für eine biologische Be-

Michael Nachbaur,
Röthis

wirtschaftungsweise problematisch sei. Stattdessen steht in den besten Lagen, die zwischen 540 und 560 Meter hoch liegen, Riesling – hier als Rheinriesling bezeichnet – der sich mit Säure und feiner, reifer Frucht sofort als Bergwein outet. Auch Chardonnay, Weiß- und Grauburgunder vereinen südliche Kraft mit kühlem Selbstbewusstsein. Bei allen Weinen kommt seit Anbeginn im 600 Jahre alten Gewölbekeller unter dem eher unscheinbaren Haus mitten im Ort eine kleine Packpresse zum Einsatz. Beim Röthner Blauburgunder macht sich diese schonende Verarbeitung vielleicht am deutlichsten bemerkbar: Mit großer Selbstverständlichkeit verbindet er leicht rauchige Kräuterwürze mit reifen Sauerkirschnoten, verweist einerseits schon deutlich auf die Weine der Bündner Herrschaft, wirkt andererseits auch frischer, transparenter und diskreter.

An- und eingebunden in diese Landschaft und ihre Kultur und sich seiner Eigenheiten doch ganz bewusst: die Weinflotte des Bodensee-Meeres wird immer vielfältiger.

Weingüter und Winzergenossenschaften am Bodensee

zusammengestellt von Franziska Götz

Dieses Verzeichnis führt alle Weingüter und Winzergenossenschaften rund um den Bodensee auf, die über eine E-Mail-Adresse oder einen Internetauftritt verfügen.

Baden

Reblandhof Weingut Siebenhaller
Kupferbergstraße 2
D-88090 Immenstaad
www.reblandhof.de
info@reblandhof.de

Spitalkellerei Konstanz
Brückengasse 12–16
D-78462 Konstanz
www.spitalkellerei-konstanz.de
info@spitalkellerei-konstanz.de

Staatsweingut Meersburg
Seminarstraße 6
D-88709 Meersburg
www.staatsweingut-meersburg.de
info@staatsweingut-meersburg.de

Weinbau Krause
Daisendorfer Straße 43
D-88709 Meersburg
www.weingut-krause.com
weingut.krause@t-online.de

Weinbau Seekristall
Lehrenweg 27
D-88709 Meersburg
www.seekristall.com
info@seekristall.com

Weingut Aufricht
Höhenweg 8
D-88709 Stetten
www.aufricht.de
info@aufricht.de

Weingut Bernhard
Ortsstraße 20
D-88718 Daisendorf
www.landhaus-bernhard.de
landhaus.bernhard@t-online.de

Weingut Burgunderhof
Am Sonnenbühl 70
D-88709 Hagnau
www.burgunderhof.de
burgunderhof@t-online.de

Weingut Clauß
Obere Dorfstraße 21
D-79807 Lottstetten-Nack
www.weingutclauss.de
info@weingutclauss.de

Weingut Dilger
Buchbergstraße 1 A
D-88697 Bermatingen
www.weingut-dilger.de
weingut.dilger@t-online.de

Weingut Engelhof
Engelhof 1
D-79801 Hohentengen
www.engelhof.de
engelhof@t-online.de

Weingut Geiger
Baitenhauserstraße 3 B
D-88709 Meersburg
www.weingut-geiger.de
info@weingut-geiger.de

Weingut Gräfl.v.Bodmansche Obstbau GbR
Schlossstraße 11
D-78351 Bodman-Ludwigshafen
www.bodman.de
info@bodman.de

Weingut Gromann, Christian
Gartenstraße 23
D-79771 Klettgau
www.weinbau-gromann.de
info@weingut-gromann.de

Weingut Krause
Daisendorfer Straße 43
D-88709 Meersburg
www.weingut-krause.com
weingut.krause@t-online.de

Weingut Kress
Mühlbachstraße 115
D-88662 Überlingen
www.weingut-kress.de
info@weingut-kress.de

Weingut Lorenz und Corina Keller
Steinbuck 36
D-79771 Klettgau-Erzingen
www.weingut-lck.de
info@weingut-lck.de

Weingut Markgraf von Baden
Schloss Salem
D-88682 Salem
www.markgraf-von-baden.de
weingut@markgraf-von-baden.de

Weingut Rebholz
Bergstraße 1
D-78315 Radolfzell
www.rebholz-wein.de
hans.rebholz@t-online.de

Weingut Röhrenbach
Wolfgangweg 18
D-88090 Immenstaad
www.roehrenbach.de
pension-roehrenbach@t-online.de

Weingut Vollmayer
Elisabethenberg 1
D-78247 Hilzingen
www.vollmayer-weingut.de
weingut-vollmayer@online.de

Weingut Zolg
Winkelhof 2
D-78262 Gailingen
www.zolg.de
info@zolg.de

Winzergenossenschaft Erzingen eG
Degernauerstraße 57
D-79771 Klettgau-Erzingen
www.winzergenossenschaft-
erzingen.de
mail@winzergenossenschaft-
erzingen.de

Winzerverein Hagnau e.G.
Strandbadstraße 7
D-88709 Hagnau
www.hagnauer.de
info@hagnauer.de

Winzerverein Meersburg e.G.
Kronenstraße 19
D-88709 Meersburg
www.winzerverein-meersburg.de
info@winzerverein-meersburg.de

Winzerverein Reichenau e.G.
Münsterplatz 4
D-78479 Reichenau
www.winzerverein-reichenau.de
info@winzerverein-reichenau.de

Württemberg

**Landgasthof und Winzerhof »Zur
frohen Aussicht«, Simone Günthör**
Kümmertsweiler 1
D- 88079 Kressbronn
www.froheaussicht.de
kontakt@froheaussicht.de

**Ortsverwaltung Taldorf,
Stadt Ravensburg**
Markdorfer Str. 21
D- 88213 Ravensburg-Bavendorf
www.ravensburg.de/rv/buergerser-
vice-verwaltung/ortschaft-taldorf/
diana.aberle@ravensburg.de

Stiftung Liebenau
Siggenweilerstr. 11
D- 88074 Meckenbeuren
www.liebenauer-landleben.de
karl.herzog@liebenauer-
landleben.de

Weinbau Rottmar
Am Dorfbach 14
D-88079 Kressbronn am Bodensee
www.weinbau-rottmar.de
info@weinbau-rottmar.de

Weinkellerei Steinhauser
Raiffeisenstraße 23
D-88079 Kressbronn am Bodensee
www.weinkellerei-steinhauser.com
mail@weinkellerei-steinhauser.de

Bayern

Hornstein am See
Conrad-Forster-Straße 50
D-88149 Nonnenhorn
www.landhaus-hornstein.de
info@hornstein-am-see.de

Lanz.Wein
Sonnenbichlstr.8
D-88149 Nonnenhorn
www.lanzwein.de
info@lanzwein.de

Weinbau Reinhard Marte
Sonnenbichlstr. 14
D-88149 Nonnenhorn
www.weingut-marte.de
info@weingut-marte.de

Weinbau Wendelin Hornstein
Uferstaße 14
D-88149 Nonnenhorn
www.gaestehaus-hornstein.de
info@gaestehaus-hornstein.de

Weingut Haug
Kellereiweg 19
D-88131 Lindau
www.weingut-haug.de
wein@weingut-haug.de

Weingut Peter Hornstein
Sonnenbichlstraße 5
D-88149 Nonnenhorn
www.peter-hornstein.de
info@peter-hornstein.de

Weingut Rebhof
Conrad-Forster-Straße 23 & 25
D-88134 Nonnenhorn
www.rebhof-am-see.de
rebhof-weine@t-online.de

Weingut Schmidt am Bodensee
Hattnau 62
D-88142 Wasserburg
www.schmidt-am-bodensee.de
weingut@schmidt-am-bodensee.de

Weingut Teresa Deufel
Schachener Straße 213
D-88131 Lindau-Schachen
www.teresadeufel.de
info@teresadeufel.de

Wein-und Obstbau Brög
Kellereiweg 30
D-88131 Lindau
www.broeg-schoenau.de
info@broeg-schoenau.de

Winzergemeinschaft J. Fürst
Mauthaustraße 1
D-88149 Nonnenhorn
www.fürst-weine.de
fuerst-weine@t-online.de

Winzerhof Gierer
Sonnenbichlstraße 31
D-88149 Nonnenhorn
www.winzerhof-gierer.de
info@winzerhof-gierer.de

Vorarlberg

Walgau Winzer
Mühleweg 108
AT-6822 Düns
www.walgau-winzer.com
dietmar_gohm@hotmail.com

Weingut Nachbaur
Zehentstraße 4
AT-6832 Röthis
www.weingut-nachbaur.at
info@weingut-nachbaur.at

Weingut Fulterer
Naflastraße 3
AT-6800 Feldkirch-Altenstadt
www.schaefle.cc
info@schaefle.cc

Weingut Möth
Am Brand 4
AT-6900 Bregenz
www.moeth.at
info@moeth.at

Liechtenstein

Harry Zech Weinbau Cantina
Vorarlbergerstraße 5
LI-9486 Schaanwald
www.hz-weinbau.li
info@hz-weinbau.li

**Hofkellerei des
Fürsten von Liechtenstein**
Feldstraße 4
LI-9490 Vaduz
www.hofkellerei.li
office@hofkellerei.li

Weinbau Hoop
LI-9492 Eschen
www.weinbauhoop.li
info@weinbauhoop.li

Weingut Castellum
Gastelun 16
LI-9492 Eschen
www.castellum.li
fragen2000@weine.li

St. Galler Rheintal

Bio Weinbau Geiger
Tobelmüli 926
CH-9425 Thal
www.bioweingeiger.ch
info@bioweingeiger.ch

Burgweine Enk
Burg
CH-9450 Lüchingen
www.burgweine-enk.com
burg.luechingen@hotmail.com

Gschwend Weinbau & Brennerei
Hub 12
CH-9463 Oberriet
www.huberbergler.ch

Nüesch Weine
Hauptstrasse 71
CH-9436 Balgach
www.nuesch-weine.ch
contact@nuesch-weine.ch

Ochsentorkel Weinbau AG
Dorfstrasse 7
CH-9425 Thal
www.ochsentorkel.ch
info@ochsentorkel.ch

Ortsbürgergemeinde Altstätten
Marktgasse 14
CH-9450 Altstätten
www.altstaetten.ch
sinz@sinz.ch

Reb- und Weingut Maienhalde
Obereggerstrasse
CH-9442 Berneck
www.maienhalde.ch
weingut@maienhalde.ch

Rebgut Sonnegg
Weinbergstrasse 20a
CH-9436 Balgach
www.sonnegg.ch
info@sonnegg.ch

Schlosskellerei Kessler
Schloss Weinberg
CH-9430 St. Margrethen
www.schloss-weinberg.ch
info@schloss-weinberg.ch

Weinbau Ortsgemeinde Montlingen
Kriessernstrasse 29
CH-9462 Montlingen
www.og-montlingen.oberriet.ch
loher.eschenhof@bluewin.ch

Weinbau Tobler
Kreienhalde 1
CH-9425 Thal
www.weinbau-tobler.ch
weinbau.tobler@bluewin.ch

Weinbaugenossenschaft Berneck
Rathausplatz 7
CH-9442 Berneck
www.wein-berneck.ch
wgb@wein-berneck.ch

Weingut am Huberberg
Hub 11
CH-9463 Oberriet
contact@am-huberberg.ch

Weingut am Steinig Tisch
Dorfstrasse 17
CH-9425 Thal
www.rutishauser-weingut.ch
info@rutishauser-weingut.ch

Weingut Fürstlich Weine
Gräflibühlstrasse 9 A
CH-9445 Rebstein
www.wein-fuerst.ch
wein@wein-fuerst.ch

Weingut Hansjörg Graf
Tobel
CH-9445 Rebstein
hansjoerg-graf@gmx.ch

Weingut Herzog
Bützelstrasse 27
CH-9425 Thal
https://weingutherzog.ch
info@weingutherzog.ch

Weingut Loher
Kindergartenstrasse 1
CH-9463 Oberriet
www.gartenbau-loher.ch
paul.loher@freesurf.ch

Weingut Paul Hungerbühler-Manser
Gässeli 7
CH-9437 Marbach
www.wein-balgach.ch
paul-hungerbuehler@gmx.ch

Weingut Schmid Wetli AG
Tramstrasse 23
CH-9442 Berneck
www.schmidwetli.ch
susanne@schmidwetli.ch

Weingut Stegeler AG
Blumenstrasse 4
CH-9442 Berneck
www.stegeler.ch
wein@stegeler.ch

Weingut Tobias Schmid & Sohn
Hinterburgstrasse 24
CH-9442 Berneck
www.tobiasschmid.ch
weingut@tobiasschmid.ch

Weingut Weber
Moosstrasse 12 A
CH-9463 Oberriet
www.weberwein.ch
gabriela.weber@sags-per-mail.de

Weinkellerei Haubensak
Rorschacherstrasse 22
CH-9450 Altstätten
www.haubensak-weine.ch
info@haubensak-weine.ch

Thurgau

BB Wein Niederneunforn
Rüegerholzstrasse 54
CH-8500 Frauenfeld
www.bb-wein.ch
info@bb-wein.ch

Bildungs- und Beratungszentrum Arenenberg
Arenenberg 1
CH-8268 Salenstein
www.arenenberg.ch
info@arenenberg.ch

Brunemoeschter Wy
Salensteinerstrasse 18
CH-8272 Ermatingen
www.buurebeizli.ch
roes.seger@bluewin.ch

Büchi Hofgut
Boltshausen 12
CH-8561 Ottoberg
www.buechihofgut.ch
post@buechihofgut.ch

Engel Gutsbetrieb AG
Schaffhauserstrasse 22
CH-8524 Uesslingen
www.engelwy.ch
frei@engelwy.ch

F. Badertscher Rebbau
Schalmenbuck
CH-8532 Weiningen
ah.badiwein@bluewin.ch

Familie Hans Gurtner
Langenrainstrasse 9
CH-8583 Götighofen
gurtwein@bluewin.ch

Familie Jakob Meier
Herbigstrasse 42
CH-8267 Berlingen
www.meier-wein.ch
info@meier-wein.at

Fischbacher Weine
Gasse 4
CH-8555 Müllheim
www.fischbacher-weine.ch
info@fischbacher-weine.ch

Forster Weinbau
Thurbergstrasse 20
CH-8570 Weinfelden
www.forster-weinbau.ch
mail@forster-weinbau.ch

Franz Gregus, Weinbau
Neugasse 15
CH-8267 Berlingen
shop.gregus.ch
shop@gregus.ch

Füllemann Wein
Bergstrasse 8
CH-8267 Berlingen
www.fuellemann-wein.ch
info@fuellemann-wein.ch

Gasthof »Zum Schiff«
Seestrasse 3
CH-8265 Mammern
www.schiff-mammern.ch
info@schiff-mammern.ch

Günter Hartmann
Hauptstrasse 17 B
CH-8526 Oberneunforn
guenter.hartmann@bluewin.ch

Haag Weinbau
Zehntenstrasse 6
CH-8536 Hüttwilen
www.urs-haag.ch
info@urs-haag.ch

Weingut Bosch
Boltshausen 7
CH-8561 Ottoberg
www.weingut-bosch.ch
info@weingut-bosch.ch

Hirschi Weiningen,
Fredi und Mathias Hirschi
Geissel 18
CH-8532 Weiningen
www.hirschi-weiningen.ch
geisselstuebli@hirschi-weiningen.ch

Horber-Weine AG
Hintergasse 43
CH-8253 Diessenhofen
www.horber-weine.ch
horber-weine@bluewin.ch

Kägi Keller
Im Bichler
CH-8525 Niederneunforn
r.a.kaegi@bluewin.ch

Krucker Weine
Rebweg 21
CH-8525 Niederneunforn
www.krucker-weine.ch
info@krucker-weine.ch

Lampert & Co. Weinbau u. Kellerei
Im Tal
CH-8266 Steckborn
www.lampert-wein.ch
info@lampert-wein.ch

Lenz Engelwurz AG
Schulstrasse 9
CH-8524 Uesslingen-Buch
www.biolenz.ch
guido.lenz@biolenz.ch

Lerchhof Ermatingen
Lerchhof
CH-8272 Ermatingen
www.lerchhof-ermatingen.ch
pluer.conrad@gmail.com

Michael Broger Weinbau
Schnellberg 1
CH-8561 Ottoberg
www.broger-weinbau.ch
kontakt@broger-weinbau.ch

Morgensonne
Dorfstrasse 38
CH-8525 Wilen bei Neunforn
morgensonne.tg@bluewin.ch

Rebgut Jäger
Haldenhof
CH-8536 Hüttwilen
www.rebgut-jaeger.ch
rebgut-jaeger@bluewin.ch

Rebgut Steig Lommis
Fabrikstrasse 9
CH-9556 Affeltrangen
weinbauhirsiger@bluewin.ch

Rebgut Sunnehalde
Thurbergstrasse 10
CH-8570 Weinfelden
www.sunnehalde.ch
rebgut@sunnehalde.ch

Rutishauser Weinkellereien AG
Dorfstrasse 40
CH-8596 Scherzingen
www.rutishauser.com
m.balmer@rutishauser.com

Salathé Weinbau
Oberes Steimürli 7
CH-8536 Hüttwilen
charles-salathe@bluewin.ch

Schloss & Gut Sonnenberg AG
Postfach 25
CH-9507 Stettfurt
www.schloss-sonnenberg.ch
m.glausersieg@bluewin.ch

Schloss Herdern
CH-8535 Herdern
www.schlossherdern.ch
info@schlossherdern.ch

Schlossgut Bachtobel
Bachtobelstrasse 76
CH-8570 Weinfelden
www.bachtobel.ch
info@bachtobel.ch

Schmidweine
Im Chloster 10
CH-8255 Schlattingen
www.schmidweine.ch
info@schmidweine.ch

Seehalde Besenbeiz
Seehalde
CH-8536 Hüttwilen
www.besenbeiz-seehalde.ch
info@besenbeiz-seehalde.ch

Staatsdomäne Rebbau Kalchrain
Kalchrain
CH-8536 Hüttwilen
www.kalchrain.tg.ch
beat.thommen@bluewin.ch

Stadler Weine
Hauptstrasse 9
CH-8273 Triboltingen
www.stadlerweine.probe.ch
stadlerweine@probe.ch

Stift Höfli
Im Berg
CH-8537 Nussbaumen
www.stift-hoefli.ch
landwirtschaft@stift-hoefli.ch

Stiftung Kartause Ittingen
Warth
CH-8532 Warth
www.kartause.ch
info@kartause.ch

Team Grab
Im Winkel 2
CH-8450 Andelfingen
www.team-grab.ch
info@team-grab.ch

Türmliwy
Thalackerstrasse 5
CH-8586 Buchackern
www.tuermliwy.ch
daniel-loepfe@bluewin.ch

VOLG Weinkellereien AG
Feldstrasse 16/18
CH-8400 Winterthur
www.volgweine.ch
hermann.steitz@volgweine.ch

Wägeli Weinbau »Zum Rappen«
Unterdorf 11
CH-8524 Uesslingen-Buch
www.lebenstrunk.ch
waegeli@lebenstrunk.ch

Wasserschloss Hagenwil
Schloss-Wein
Schloss-Strasse 1
CH-8580 Hagenwil bei Amriswil
www.schloss-hagenwil.ch
info@schloss-hagenwil.ch

Weinbau Germann
Bahnhofstrasse 9
CH-8560 Märstetten
www.trauben-weinspezialitaeten.ch
info@trauben-weinspezialitaeten.ch

Weinbau Grüninger
Schiffgasse 7
CH-8272 Ermatingen
www.chretzerwy.ch
kurt.grueninger@bluewin.ch

Weinbau Hagen
Seestrasse 10
CH-8525 Wilen bei Neunforn
hagen-wilen@bluewin.ch

Weinbau Jöhr
Bachtobel 55
CH-8570 Weinfelden, Schweiz
harry.j@gmx.ch

Weinbau Maier vom Iselisberg
Iselisberg 7
CH-8524 Uesslingen-Buch
www.soeinkaese.ch
info@soeinkaese.ch

Weinbau Markus Held
Boltshausen 9
CH-8561 Ottoberg
www.markus-held-weinbau.ch
kontakt@markus-held-weinbau.ch

Weinbau Minder
Obergasse 1
CH-8524 Uesslingen-Buch
www.beaundfredyweine.ch
fredy-minder@bluewin.ch

Weinbau Polich
Neustrasse 10
CH-8273 Triboltingen
polich@bluewin.ch

Weinbau Traber
Obergasse 13
CH-8524 Uesslingen-Buch
www.iselisberger-weine.ch
weine@iselisberger-weine.ch

Weinbau Wolfer
Bachtobel 51
CH-8570 Weinfelden
www.landwirtschaft-bachtobel.ch
info@landwirtschaft-bachtobel.ch

Weinbau zum Weinberg
Egg 2
CH-8580 Amriswil, Schweiz
www.weinberg-amriswil.ch
zumweinberg@bluewin.ch

Weingut Burkhart
Hagholzstrasse 5
CH-8570 Weinfelden
www.weingut-burkhart.ch
info@weingut-burkhart.ch

Weingut Familie Hausammann
Iselisbergstrasse 40
CH-8524 Uesslingen
www.iselisberger.ch
hausammann@iselisberger.ch

Weingut Lenz
Iselisberg 23
CH-8524 Uesslingen
www.weingut-lenz.ch
info@weingut-lenz.ch

Weingut Saxer
Bruppachstrasse 2
CH-8413 Neftenbach
www.nadinesaxer.ch
ns@nadinesaxer.ch

Weingut Saxer AG
Stammheimerstrasse 9
CH-8537 Nussbaumen
www.saxer-weine.ch
info@saxer-weine.ch

Weingut Wolfer
Bründlerbergstrasse 15
CH-8570 Weinfelden
www.wolferwein.ch
info@wolferwein.ch

Windler-Trüb Weine
Dorfstrasse 5
CH-8255 Schlattingen
jakob.windler@shinternet.ch

Zahnd erlesene Weine
Wilerstrasse 39
CH-8514 Amlikon
www.zahnd-weine.ch
info@zahnd-weine.ch

Schaffhausen

Aagne Familie Gysel
Atlingerstrasse 27
CH-8215 Hallau
www.aagne.ch
info@aagne.ch

Bergwy Wilchingen
Wilchingerberg 1
CH-8217 Wilchingen
www.bergwy.ch
verkauf@bergwy.ch

Deuber Weinbau
Dorfstrasse 58
CH-8218 Osterfingen
www.deuber-weine.ch
info@deuber-weine.ch

Domaine Bösch
Atlingerstrasse 5
CH-8215 Hallau
www.domaine-boesch.ch
info@domaine-boesch.ch

Erwin Gasser AG Weinkellerei
Leebenstrasse 28
CH-8215 Hallau
www.gasserweine.ch
gassererwin@bluewin.ch

Gianini Weinbau
Hohlengasse 11
CH-8215 Hallau
www.gianini-weinbau.ch
gianini-weinbau@shinternet.ch

GVS Weinkellerei
Gennersbrunnerstrasse 61
CH-8207 Schaffhausen
www.gvs-weine.ch
weine@gvs-weine.ch

Hablützel Weinbau & Mosterei
Hauptstrasse 91
CH-8217 Wilchingen
www.weinbau-mosterei.ch
weinbau-mosterei@bluewin.ch

Hans Schlatter Weinbau
und Kellerei AG
Schöneckstrasse 20 PF
CH-8215 Hallau
www.weinbau-schlatter.ch
info@weinbau-schlatter.ch

Hedinger Weingut & Kellerei
Hauptstrasse 46
CH-8217 Wilchingen
www.hedinger.ch
sunneberg.kellerei@hedinger.ch

HWG Weine
Hauptstrasse 74
CH-8217 Wilchingen
www.hwg-weine.ch
gysel@bluewin.ch

Klemenz Weine
Hinterdorfstrasse 14
CH-8216 Oberhallau
www.klemenz-weine.ch
hm.klemenz@gmx.ch

Landi und Winzergenossenschaft Hallau/Oberhallau
Grüntalstrasse 7
CH-8215 Hallau
www.landi-hallau.ch
waelti@landi-hallau.ch

Leibacher's Weine
Hauptstrasse 16
CH-8261 Hemishofen
rhein-wein@bluewin.ch

Lindenhof, Familie Simmler
Lindenhof 166
CH-8454 Buchberg
https://besenbeiz.wordpress.com/
info@lindenhof-sh.ch

Rebgut & Weinkellerei Hirschen
Dorfstrasse 52
CH-8218 Osterfingen
www.richli-hirschen.ch
paul_richli@bluewin.ch

Rebgut der Stadt Schaffhausen
CH-8200 Schaffhausen
www.stadt-schaffhausen.ch
gruen.schaffhausen@stsh.ch

Rebgut zum Weingärtlihof, Albert Fehr
Weingärtlihof 54
CH- 8243 Altdorf
www.rebgut.ch
info@rebgut.ch

Regli Weine
Selmattenstrasse 30
CH-8215 Hallau
www.regliweine.ch
info@regliweine.ch

Rimuss- und Weinkellerei Rahm AG
Dickistrasse 1
CH-8215 Hallau
www.weinkellerei-rahm.ch
info@kellerei-rahm.ch

Rötiberg Kellerei
Hauptstrasse 34
CH-8217 Wilchingen
www.roetiberg.ch
mail@roetiberg.ch

Rüedi – Fasstastische Ferien
Im Zinggen 1
CH-8219 Trasadingen
www.rueedi-ferien.ch
info@rueedi-ferien.ch

Sigrist Weine
Murkathof 8
CH-8454 Buchberg
www.sigrist-weine.ch
info@sigrist-weine.ch

VOLG Weinkellereien AG, Rebstation Hallau
Bergstrasse 32
CH- 8215 Hallau
www.volgweine.ch/rebstation-hallau/
tuffsteinkeller@shinternet.ch

Wein Stamm
Aeckerlistrasse 20
CH-8240 Thayngen
www.weinstamm.ch
info@weinstamm.ch

Weinbau Markus Ruch
Mühlengasse 24
CH-8213 Neunkirch
www.weinbauruch.ch
info@weinbauruch.ch

Weinbau zum Haumesser
Hauptstrasse 17
CH-8217 Wilchingen
www.gysel-haumesser.ch
gysel.haumesser@bluewin.ch

Weinbaugenossenschaft Löhningen
Hauptstrasse 16
CH-8224 Löhningen
www.trotte.ch
mail@trotte.ch

Weine Zum Sonnengut
Undergass 5
CH-8219 Trasadingen
www.sonnengut-weine.ch
info@sonnengut-weine.ch

Weingut Atlingen
Oberhallauerstrasse 15
CH-8215 Hallau
www.atlingen.ch
mail@atlingen.ch

Weingut Bad Osterfingen
Zollstrasse 17
CH-8218 Osterfingen
www.badosterfingen.ch
info@badosterfingen.ch

Weingut Baumann
Dorfstrasse 23
CH-8216 Oberhallau
www.baumannweingut.ch
mail@baumannweingut.ch

Weingut Beugger
Dorfstrasse 6
CH-8216 Oberhallau
martinbeugger@hotmail.com

Weingut Florin
Fronhof 26
CH-8260 Stein am Rhein
www.weingutflorin.ch
info@weingutflorin.ch

Weingut Lindenhof AG
Dorfstrasse 19
CH-8218 Osterfingen
www.weingut-lindenhof.ch
lindenhof@bluewin.ch

Weingut Stoll
Dorfstrasse 28
CH-8218 Osterfingen
www.weingut-stoll.ch
weingut.stoll@bluewin.ch

Weingut Waldmeier, Fasshotel Trasadingen
Gässli 63
CH-8219 Trasadingen
www.fasshotel.ch
waldmeier@fasshotel.ch

WeinKeller.sh
Vorstadt 64
CH-8200 Schaffhausen
www.weinkeller.sh
info@weinkeller.sh

WINUP, Wein und Sein, Familie Wäckerlin
Mühlenstrasse 9
CH-8225 Siblingen
www.waeckerlin.com
winup@waeckerlin.com

Winzerkeller Strasser
Dorfstrasse 75
CH-8248 Laufen-Uhwiesen
www.wein.ch
info@wein.ch

Anmerkungen

Seewein Seite 9-21

1 Vgl. Montaigne: Tagebuch, S. 34-64; alle Zitate daraus.

2 Vgl. die beiden Beiträge von Andreas Schmauder in diesem Band.

3 Vgl. den Beitrag von Christine Krämer: Drehscheibe Bodensee in diesem Band.

4 Vgl. den Beitrag von Christine Krämer: Herren des Weines in diesem Band. Zu einer besonderen Hochform wurde die Kombination von Eigenanbau, Kreditvergabe und Weinhandel im 18. Jahrhundert in der Kartause Ittingen gebracht. Wie dieses Verfahren funktionierte, erläutert Felix Ackermann: Klösterliche Weinwirtschaft in diesem Band.

5 Vgl. den Beitrag von Christine Krämer: Gute Ernten, schlechte Ernten in diesem Band.

6 Vgl. den Beitrag von Manfred Rösch: Weinbau im Spiegel der Rebpollen in diesem Band.

7 Vgl. den Beitrag von Werner Rösener: Klöster als Urheber in diesem Band.

8 Vgl. die beiden Beiträge von Robert Jütte in diesem Band.

9 Vgl. neuerdings Alber/Vogt: Württembergische Weingeschichten.

10 Vgl. zu Scheffel: Losse: Ein Herrenhaus, und zu Droste-Hülshoff: Schwarzbauer. Das Städtchen, S. 133f. Die Motivationen der beiden Rebgutbesitzer waren freilich gänzlich verschieden. Strebte Scheffel mit seinem Erwerb und dem Ausbau zu einem Schlösschen den repräsentativen Ausdruck seiner gerade erfolgten Nobilitierung an, so ging es Droste tatsächlich um ein Stück wirtschaftlicher Unabhängigkeit von ihrer Familie.

11 Vgl. dazu den Beitrag von Christine Krämer: Weingeschmack mit den Nachweisen und weiteren Belegen in diesem Band.

12 Vgl. den Beitrag von Thomas Knubben: Globale Weinwelt in diesem Band.

13 Eigene Erhebung auf der Basis der Weinkarteien der Kantone Schaffhausen, Thurgau, Sankt Gallen, der Landwirtschaftskammer Vorarlberg, des Staatlichen Weinbauinstituts Freiburg, der Staatliche Lehr- und Versuchsanstalt für Wein- und Obstbau Weinsberg sowie der Bayerischen Landesanstalt für Wein und Gartenbau in Veitshöchheim.

Der Bodensee aus der Vogelperspektive Seite 23-31

1 Vgl. den Beitrag von Christine Krämer: Drehscheibe Bodensee in diesem Band.

2 Vgl. Borst: Bodensee – Geschichte eines Wortes.

3 Keller: Alpen – Rhein – Bodensee.

4 Verändert nach Keller: Die geologische Geschichte des Bodensees.

5 Verändert nach Keller: Die geologische Geschichte des Bodensees.

6 Vgl. Keller: Die geologische Geschichte des Bodensees.

Die Besonderheiten des Bodenseeklimas Seite 33-39

1 Vgl. Weller: Vermindert der Bodensee die Frostgefahr.

2 Vgl. Internationale Bodenseekonferenz: Wetter und Klima, S. 17.

3 Vgl. Internationale Bodenseekonferenz: Wetter und Klima, S. 23.

4 Vgl. Weller: Vermindert der Bodensee die Frostgefahr.

5 Vgl. Schwab u.a.: Klimafibel.

Das Terroir – Vielfalt aus Gesteinen, Böden und Klima Seite 41-49

1 Vgl. den Beitrag von Andreas Schwab: Der Bodensee aus der Vogelperspektive in diesem Band.

2 Datengrundlage: verschiedene geologische Karten der Anrainerstaaten.

3 Johnson/Robinson: Der Weinatlas, S. 22-23.

4 Weinatlas Baden-Württemberg.

5 Vgl. den Beitrag von Andreas Schwab: Der Bodensee aus der Vogelperspektive in diesem Band.

6 Weinatlas Baden-Württemberg.

7 Vgl. den Beitrag von Andreas Schwab: Bodenseeklima in diesem Band.

8 Vgl. den Beitrag von Andreas Schwab: Die Besonderheiten des Bodenseeklimas in diesem Band.

Weinbau am Bodensee im Spiegel der Rebpollen Seite 51-59

1 Hegi: Flora Mitteleuropa, Bd. V,1, S. 363-426.

2 Zohary/Spiegel-Roy: fruit-growing, S. 319-327.

3 Hegi: Flora Mitteleuropa, S. 368.

4 Beug: Pollenbestimmung, S. 328.

5 Vgl. aber Lang: Quartäre Vegetationsgeschichte, S. 357.

6 Sebald u.a.: Farn- und Blütenpflanzen, S. 127; Haeupler/Schönfelder: Farn- und Blütenpflanzen, S. 325.

7 Hegi: Flora Mitteleuropa, S. 368f; Burga/Perret: Vegetation, S. 593–595.

8 Rösch: Herrenwieser See, S. 48.

9 Rösch: Pollenanalysis, S. 184–186.

10 Hegi: Flora Mitteleuropa S. 369f; Bertsch: Kulturpflanzen, S. 122–150.

11 Stückzahlen, zeitlinear; Pollensumme 1000 terrestrische Pollen (Landpollen) je Probe.

12 Für die Übernahme grafischer Arbeiten danke ich Dr. Jutta Lechterbeck und Tanja Märkle, M.A.

13 Rösch: Durchenbergried; Lechterbeck: Steißlinger See; Rösch/Lechterbeck: Litzelsee; Wick/Rösch: Kulturlandschaft.

14 Zohary/Hopf: Domestication, S. 136–145.

15 Rösch: Wein, S. 404; Weeber: Weinkultur, S. 1–188.

16 Küster: Mitteleuropa, S. 183f.

17 König: Pflanzenfunde Mittelmosel S. 107–116.

18 Stika: Römerzeitliche Pflanzenreste, S. 105–107.

19 Die relativ spärlichen römischen Pollenfunde sind möglichweise mit Domitians Weinbauverbot in den Nordprovinzen zu erklären, das erst von Probus im späten 3. Jahrhundert n. Chr. aufgehoben wurde, als der Bodensee bereits Teil der Reichsgrenze war, vgl. Klemm, Handbuch der germanischen Alterthumskunde.

20 Rösch: New aspects, S. 225–238.

21 Dargestellt sind Pollenkörner je Jahrhundert.
Datenbasis: 644 Rebenpollen aus acht Pollenprofilen mit 3482 Horizonten; gesamte erfasste Pollensumme etwa fünf Millionen Körner.

22 Balzer: Hohenasperg, S. 227f.

23 Stika: Biernachweise, S. 113–121.

24 Rösch: Alkoholische Getränke, S. 307–313.

25 Wick: Weinbau im Wallis, S. 58–59.

26 Lang: Quartäre Vegetationsgeschichte, S. 246.

27 Z.B. keltische Schnabelkanne vom Glauberg (Rösch: Evaluation, S. 109), keltischer Bronzekessel von Altheim, Speckhau (Rösch: Pflanzenreste), Pollenprofile Litzelsee und Mindelsee, jeweils 3. Jahrhundert v. Chr. (unpublizierte Daten).

28 Kurz: Heuneburg, S. 187.

29 Fischer/Rösch: Lehmgefache, S. 92–96.

30 Rösch: Pflanzenreste aus alamannischen Siedlungen, S. 328f.

31 Abel: Geschichte, S. 112–156.

32 Hirscher: Böhringen, S. 103–104, S. 219–220.

33 Ebenda, S. 73.

Die Klöster als Urheber des Weinbaus Seite 61–71

1 Vgl. Bassermann-Jordan: Geschichte des Weinbaus; Müller: Geschichte des badischen Weinbaus; Hahn: Die deutschen Weinanbaugebiete; Volk: Weinbau und Weinabsatz; Matheus: Weinproduktion und Weinkonsum.

2 Vgl. Weichle: Weinbau am Überlinger See; Spahr: Geschichte des Weinbaus im Bodenseeraum.

3 Vgl. Rösener: Grundherrschaft, S. 215–236; Beyerle: Kultur der Abtei Reichenau; Maurer: Abtei Reichenau.

4 Vgl. Schulte: Urkunde Walafrid Strabos, S. 345–553.

5 Vgl. Rösener: Grundherrschaft, S. 174–214; Bikel: Wirtschaftsverhältnisse des Klosters St. Gallen.

6 Vgl. Rösener: Grundherrschaft, S. 179: Karte der Besitzungen der Abtei St. Gallen um 920.

7 Vgl. ebenda, S. 197f.

8 Vgl. Schib: Schaffhausen; Schudel: Grundbesitz des Klosters Allerheiligen; Rösener: Grundherrschaft, S. 275–299.

9 Vgl. Rösener: Grundherrschaft, S. 290f.

10 Ebenda, S. 291.

11 Vgl. Maurer: Konstanz als ottonischer Bischofssitz; Feger: Geschichte des Bodenseeraumes 2, S. 42–57; Rösener: Grundherrschaft, S. 237–249.

12 Vgl. Feger: Urbar des Bistums Konstanz.

13 Vgl. Beyerle: Grundherrschaft und Hoheitsrechte.

14 Vgl. Staiger: Salem; Rösener: Reichsabtei Salem; Rösener/Rückert: Salem.

15 Vgl. Karte der Salemer Besitzungen bei Rösener: Reichsabtei Salem.

16 Vgl. Rösener: Reichsabtei Salem, S. 142.

17 Vgl. ebenda, S. 144f.

18 Vgl. ebenda, S. 145.

19 Vgl. Staiger: Salem, S. 228–234.

20 Vgl. Rösener: Reichsabtei Salem, S. 147.

21 Vgl. Ammann: Kloster Salem, S. 371–404.

22 Vgl. ebenda, S. 376.

23 Vgl. Rösener: Reichsabtei Salem, S. 130–140.

24 Vgl. Ammann: Kloster Salem, S. 380.

25 Vgl. Hahn: Die deutschen Weinbaugebiete.

Weinbau und Stadtkultur – die Ausbreitung der Reblandschaft Seite 73–81

1 Vgl. Staatliche Archivverwaltung Baden-Württemberg: Das Land Baden-Württemberg, Bd. 7, S. 620.

2 Vgl. Zeller: Lindau, S. 249.

3   Vgl. Staatliche Archivverwaltung Baden-Württemberg: Das Land Baden-Württemberg, Bd. 6, S. 766.

4   Vgl. Fischer: Meersburg, S. 58.

5   Maier: Heimatbuch Friedrichshafen, S. 98f.

6   Vgl. Bilgeri: Bregenz, S. 134f.

7   Vgl. Fischer: Meersburg, S. 68.

8   Vgl. Zeller: Lindau, S. 167f.

9   Vgl. Fischer: Meersburg, S. 60; Haller: Seewein, S. 60-63.

10   Vgl. Zeller: Lindau, S. 168.

11   Vgl. Dreher: Reichsstadt Ravensburg, S. 496-498.

12   Vgl. Fischer: Meersburg, S. 58.

13   Vgl. ebenda, S. 60/61.

14   Vgl. Eitel: Zunftherrschaft; Beitrag Schmauder: Trinkstubengesellschaften in diesem Band.

15   Vgl. Marcolla: Weinbau, S. 96.

16   Vgl. Spahr: Wein, S. 12f.

17   Vgl. ebenda, S. 24.

18   Vgl. ebenda, S. 18.

19   Vgl. Stolz: Überlingen, S. 30f.; Zeller: Lindau, S. 249, Fn. 24.

20   Vgl. Bilgeri: Bregenz, S. 136.

21   Vgl. Fischer: Meersburg, S. 67f.

22   Vgl. ebenda, S. 60-64.

23   Vgl. Haller: Seewein, S. 31.

24   Vgl. Bilgeri: Bregenz, S. 136.

25   Vgl. ebenda, S. 200-208.

26   Vgl. Spahr: Wein, S. 25-27; Bilgeri: Bregenz, S. 137.

27   Vgl. Spahr: Wein, S. 26f.

28   Vgl. Fischer: Meersburg, S. 186-194.

29   Vgl. Spahr: Wein, S. 27-30; Dreher: Reichsstadt Ravensburg, S. 499-501; Marcolla: Weinbau, S. 98-106.

30   Vgl. Haller: Seewein, S. 139; Fischer: Meersburg, S. 206f.

31   Vgl. Stingl: Noch 15 Torkel.

Gute Ernten, schlechte Ernten Seite 83-91

1   Johnson: Weingeschichte, S. 284.

2   Neukommsche Chronik und Schnellsche Chronik im Stadtarchiv Lindau, zit. nach Burmeister: Der heiße Sommer, S. 74.

3   Pfister: Weinmosterträge, S. 478f.

4   Vgl. Dziersk: Verbreitung des badischen Weinbaus, S. 196. Im Kanton Schaffhausen wurden die Rebflächen in der ersten Hälfte des 16. Jahrhunderts noch bedeutend ausgeweitet, vgl. Pfister: Weinmosterträge, S. 479; Zeller: Spital Lindau, S. 170; Pupikofer: Geschichte des Thurgaus, Bd. 2, S. 140.

5   Chronik des Pfarrers Josua Maaler, S. 166.

6   Vgl. Behringer: Kleine Eiszeit und Frühe Neuzeit; Pfister: Klimageschichte der Schweiz 1525-1860; Brázdil u.a.: Historical Climatology.

7   Müller: Chronik Reutlinger, S. 221.

8   Pfister: Weinmosterträge, S. 479.

9   Niederstätter: Vorarlberg 1523 bis 1861, S. 77; Bilgeri: Bregenz, S. 225.

10   Chronik des Pfarrers Josua Maaler, S. 166.

11   Schäfer: Überlingen, S. 63.

12   Ein Fuder fasste 1152 Liter und entsprach 30 Eimern, ein Eimer hatte rund 38,4 Liter.

13   Semler: Tagebuch Pflummern, Bd. 1, S. 105, 107f, 115-121.

14   Möllenberg: Überlingen im Dreißigjährigen Krieg, S. 37.

15   Semler: Tagebuch Pflummern, Bd. 2, S. 193.

16   Weech: Bürster, S. 90-93.

17   Semler: Tagebuch Pflummern, Bd. 2, S. 304.

18   Möllenberg: Überlingen im Dreißigjährigen Krieg, S. 31.

19   Diese und die folgenden Zahlen beruhen auf den Quellenauswertungen bei Möllenberg: Überlingen im Dreißigjährigen Krieg sowie Schäfer: Überlingen.

20   Zwinger: Theatrum Botanicum, S. 10.

21   Gercken: Reisen durch Schwaben, I. Teil, S. 294.

22   Vgl. Dziersk: Verbreitung des badischen Weinbaus, S. 219; Vogt: Weinbau in Wolfurt, S. 4 sowie allgemein Deutsch: Zinzendorf.

23   Vgl. Beiträge Felix Ackermann: Klösterliche Weinwirtschaft; Christine Krämer: Herren des Weines in diesem Band.

24   Rudolf: Fruchtkasten Weingarten, S. 40.

25   HStAS, B 505, B7: Notata Rdmi Nicolai aus dessen Schreibkalender 1762/1774, zit. nach Kasper: Schussenrieder Höfe, S. 51.

26   Sartori: Geistliche Wahlstaaten, S. 172.

Umbrüche und Aufbrüche im 19. Jahrhundert Seite 95-107

1   Dziersk: Verbreitung des badischen Weinbaues, S. 224-226.

2   Vgl. Eitel: Geschichte Oberschwabens, Bd. 2, S. 96.

3   Dziersk: Verbreitung des badischen Weinbaues, S. 227.

4   StAM, o. Signatur, Teil-Exzerpt Chronik von Joseph Waldschütz, S. 36.

5   StAM, Bü 3.

6   Hofer: Notizen über die Reichenau, S. 182-184.

7   Vgl. Behringer: Tambora und das Jahr ohne Sommer.

8   Vgl. Eitel: Geschichte Oberschwabens, Bd. 1, S. 67.

9   Vgl. ebenda, S. 208-212.

10   Hofer: Notizen über die Reichenau, S. 182-184.

11   Austria: Zeitung für Handel und Gewerbe, öffentliche Bauten und Verkehrsmittel, No. 196, 21. August 1851, S. 1415f.

12   Pupikofer: Thurgau, S. 91.

13 Bodenius: Volkskrankheiten, S. 576–578.

14 Eitel: Geschichte Oberschwabens, Bd. 1, S. 138.

15 Eingabe der Winzervereine Meersburg und Hagnau an die Hohe 1. Kammer der Landstände, 1894, Archiv des Winzervereins Meersburg.

16 Vgl. Rösch: Vicari, S. 309; Verhandlungen des bad. landw. Vereins 5/1828, S. 15; Heunisch: Baden, S. 338.

17 StAM, Akten XVI/1928.

18 Hailer: Das Weingut Markgraf von Baden, S. 245.

19 Landwirtschaftliches Wochenblatt des Großherzogtums Baden 4. Jg., 1836, Nr. 5, S. 37f.

20 Landwirtschaftliches Wochenblatt des Großherzogtums Baden 4. Jg., 1836, Nr. 5, S. 38.

21 Landwirtschaftliches Wochenblatt des Großherzogtums Baden, 11. Jg., 1843, Nr. 1, S. 1.

22 Zum Gesamtprozess der Bauernbefreiung vgl. Eitel: Geschichte Oberschwabens, Bd. 1, S. 108–118.

23 Vgl. Haus der Geschichte Baden-Württemberg: Reinen Wein, S. 43–47; Blümcke: Hagnau am Bodensee, S. 551–561.

24 Ill: 125 Jahre Winzerverein Hagnau, S. 34.

25 Vgl. Götz: Geschichte der badischen Winzergenossenschaften, S. 19.

26 Hansjakob: In der Residenz, S. 467.

27 Brugger: Handbuch, S. 166–169.

28 Müller: Rebschädlinge, S. 127.

Herren des Weines – Arbeiter im Weinberg Seite 109–121

1 StAM, Bü 3.

2 Vgl. Maurus: Fürstbischöflicher Erlass, S. 46–51.

3 Die folgenden Ausführungen beruhen, so weit nicht anders angegeben, auf den Auswertungen des Meersburger Rebstallurbars, StAM, Bü 2, sowie des Roter Urbars, StAM, Bü 3, Bü 250 sowie Bü 258. Für die Bereitstellung von Archivalien aus dem GLA Karlsruhe danke ich Frau Brigitte Rieger-Benkel.

4 Der Berechnung wird eine Quadratrute mit 9,23 qm zugrunde gelegt und 400 QR für einen Juchart gerechnet. Dies ergibt sich u.a. aus GLAK H Meersburg 8 Bild 1: Reben des Domstifts mit der Chorherrenhalde aus dem Jahr 1706, die hier einen Gehalt von 1980 Quadratschuh (7 Juchart, 188 QR, 39 QS) hat, berechnet auf folgender Grundlage: 1 Juchart = 256 Quadratruten oder 34.864 Quadratschuh, wobei eine Rute 12 Schuh lang ist, sowie im Vergleich die anders bemessene Rute in der Flurkarte von Heber, wo im Jahr 1700 dasselbe Flurstück 2775 Quadratruten ausmacht. Vgl. außerdem GLAK H Meersburg 12 Bild 1, wo 1 Juchart = 256 QR = 25.600 QS; Sieglerschmidt: Maße, Gewichte und Währungen, S. 89; Bader: Manngrab und Hofstatt.

5 MGH, Necrologia Germaniae 1, Liber anniversariorum Ecclesiae Maioris Constantiensis, S. 292.

6 Oechsle: Finanzgeschichte Meersburg, S. 26f; Schürle: Hospital Konstanz, S. 126.

7 Kurrus: Tunsel, S. 310-313.

8 StAM, Bü 2; Schmid: Totenbücher sowie Kastner: Meersburgs Bevölkerung vor 150 Jahren, S. 126–143.

9 Vgl. Oechsle: Finanzgeschichte Meersburg, S. 88; Merk: Grundstücksübertragung, S. 93–112.

10 StAM, Bü 3.

11 Oechsle: Finanzgeschichte Meersburg, S. 88.

12 HStAS, B 486, Bü. 1770.

13 StAM, Bü 3; Kastner: Neues Schloss, S. 66f.

14 StAM, Akten VII.1/645.

15 HStAS, B 487, Bd. 163, Weinrechnung Meersburg 1790.

16 GLAK 82/893, Kellersturz der Hofkellerei von 1776.

17 Zückert: soziale Grundlagen der Barockkultur, S. 120; Rudolf: Fruchtkasten, S. 30.

18 StAM, Akten VII.1/957.

19 GLAK 229/66001, Bauvorschriften für die Reben des Domkapitels; StAM, Bü 3; StAM, Akten VII.1/957, 975 und 979; Kastner: Kloster Rot.

20 StAM, Bü 3.

21 Stadelhofer: Münsterlingen, S. 38; StAM, Akten VII.1/968.

22 StAM, Bü 3.

23 Aspelmeier: Hospitäler, S. 67–71.

24 Humpert: Haltnau, S. 68f.

25 Kasper: Schussenrieder Höfe, S. 51.

26 Badisches Centralblatt Für Staats- und Gemeinde-Interessen, Nr. 43 vom 23. Oktober 1858, S. 344.

27 Oechsle: Finanzgeschichte Meersburgs.

Drehscheibe Bodensee. Regionaler Austausch und Ressourcenmanagement Seite 123–133

1 StiBSG, Cod. Sang. 609, p. 224–228.

2 Niederstätter: Raum ohne Grenzen, S. 259–261.

3 Sonderegger: Spezialisierung, S. 155.

4 Vgl. Bohi: practische Anleitung, S. 8f.

5 Vgl. ebenda, S. 9; Gok, Weinbau am Bodensee, S. 48–51; bis zu 12 Schuh hohe Rebstecken am Bodensee werden genannt bei Bronner, Rothweine, S. 129.

6 Brun: Tagebuch, S. 36.

7 Versammlung Weinproduzenten Überlingen 1847, S. 33.

8   Vgl. Bohi: practische Anleitung, S. 110.

9   Vgl. Gok: Weinbau am Bodensee, S. 37.

10 Vgl. Konold/Breuer: Holzbedarf und Holzverbrauch, S. 178f und S. 186–188.

11 Vgl. Welti: Vorarlberg, S. 74, Niederstätter: Aspekte des Landesausbaus, S. 52 und S. 55 sowie allgemein Bilgeri: Besiedlung des Bregenzerwaldes.

12 StaAB, U 7 vom 1. Februar 1390; U 22 vom 28. März 1408 sowie U 5601 vom 16. Februar 1590 und U 672 vom 16. Februar 1590.

13 VLA, U 6088, Urkunde vom 26. Mai 1706, Wien; Kaiser Josef I. gewährt den Hofriedern das Recht, ihre Stecken am Steckenplatz in Hard zu verkaufen.

14 Rüsch: Vadian, S. 130.

15 Vgl. Merkle: Aus den Papieren Weizeneggers, S. 289; zu den Holzsorten vgl. Bohi: practische Anleitung, S. 9.

16 Vgl. Helbok: Gebrauch der Stadt Bregenz, S. 10 und S. 52f, Staffler: Tirol und Vorarlberg, S. 419–421.

17 Vgl. Burmeister: Vom Lastschiff zum Lustschiff, S. 86; Deutsch: Zinzendorf, S. 179.

18 Vgl. Deutsch: Zinzendorf, S. 181.

19 Vgl. Steinemann: Zoll im Schaffhauser Wirtschaftsleben, S. 119.

20 Vgl. Eitel: Konstanzer Handel, S. 559.

21 Baier: Schinbains Beschreibung der Stadt Überlingen, S. 475.

22 Geier: Stadtrecht Überlingen, S. 152f.

23 StAM, A 962.

24 Auer: Lindauer Seewein, S. 19.

25 Merkle: Aus den Papieren Weizeneggers, S. 290.

26 Ebenda, S. 290.

27 Vgl. bspw. Sonderegger: Rebbrief, S. 46.

28 VLA, U 5850 vom 13. Oktober 1599, Bregenz.

29 Bilgeri: Bregenz, S. 210–222, zit. nach Niederstätter: Vorarlberg 1523–1861, S. 80.

30 Nobbe: Landw. Versuchs-Stationen, S. 266.

31 Winkler: Mistrodel, S. 137–143.

32 Vgl. bspw. StAM, Bü 3, Kloster Rot erwirbt vom Hochstift ein Haus samt der dazugehörigen Dunggerechtigkeit.

33 Vgl. Sonderegger: Rebbrief 1471.

34 Vgl. Sonderegger: Ottenberg, S. 92.

35 Vgl. Reinhardt: Weingüter Ottobeuren, S. 151f.

36 Vgl. Aspelmeier: Hospitäler, S. 64f.

37 Vgl. StAM, Bü. 1593, fol. 66, hier zit. nach Aspelmeier: Hospitäler, S. 65.

38 Geier: Stadtrecht Überlingen, S. 318.

39 Vgl. Spahr: Geschichte des Weinbaus im Bodenseeraum, S. 201.

40 Vgl. Volk: Weinbau und Weinabsatz, S. 116.

41 Versammlung Weinproduzenten Überlingen 1847, S. 24

42 Zum Getreidehandel vgl. allgemein Göttmann: Getreidemarkt am Bodensee; Sonderegger: Politik, Kommunikation und Wirtschaft über den See sowie Sonderegger: Landwirtschaftliche Spezialisierung.

43 Deutsch: Zinzendorf, S. 188.

44 Burmeister: Vom Lastschiff zum Lustschiff.

Klösterliche Weinwirtschaft in der Kartause Ittingen im 18. Jahrhundert
Seite 135–143

1   Vgl. Früh: Ittingen, S. 101–139.

2   StATG 7'42'38, S. 64–76.

3   Weinverkäufe 1619–1713 (StATG 7'42'82); Weinverkäufe 1712–1775 (StATG 7'42'83); Weinverkäufe 1776–1798 (StATG 7.42'546).
    In den ersten beiden Bänden sind die Verkäufe eines Jahres nicht immer addiert, und zudem sind die Daten der Abschlüsse nicht immer einheitlich. Für die folgenden Zahlenangaben wurden allein die addierten Zahlen verwendet.

4   Die Maßeinheiten des Ittinger Weingeschäfts: 1 Fuder = 30 Eimer/1 Saum = 4 Eimer/1 Eimer = 32 Maß/1 Frauenfelder Eimer »lauter« = 40,168237 Liter/1 Frauenfelder Maß = 1,255257 Liter. 1 Gulden = 15 Batzen/1 Batzen = 4 Kreuzer.

5   Vgl. Dittmann, u.a.: Ittingen zur Zeit des P. Procurator Josephus Wech. Zu den Texten zum Wein siehe insbesondere S. 91 ff.

6   Die Texte Wechs zur Weinwirtschaft sind in drei verschiedene Bände eingestreut. Im mit »Monita Specialia« betitelten Band (StATG 7'42'522) finden sich die allgemeinen Überlegungen.
    Der Urbarband zu den Eigengütern der Kartause Ittingen (StATG 7'42'501) enthält Weisungen zum eigenen Rebbau und zur Sortenpflege.
    Dem ersten Band der Zehnturbarien (StATG 7'42'64) sind sehr umfangreiche Texte rund um den Einzug der Zehnten und zum Weg der Trauben vom Rebberg bis zum Fass vorangestellt, die schließlich in ausführliche Weisungen zur Lagerhaltung und zum Verkauf münden. Das Ittinger Museum wird diese Texte in Form einer kommentierten Edition im Herbst 2016 herausgeben.

7   Ebenda.

8   Die folgenden Bemerkungen stützen sich auf folgende Dokumente: Ein »Inventarium« (StATG 7'42'107) und eine »Rechnung« (StATG 7'42'110), beide angelegt im April 1804.

Weinbau und Weinhandel in der Ostschweiz im 19. Jahrhundert Seite 145–153

1 Archiv Stiftung Kartause Ittingen, V. Fehr 5–6.

2 Pfaffhauser/Brauchli: 150 Jahre Thurgauischer Landwirtschaftlicher Kantonalverband, S. 65.

3 Ebenda, S. 65–67.

4 Gentechnische Untersuchungen ergaben 1999, dass es sich bei dieser Rebkreuzung tatsächlich um eine Kreuzung der Sorten »Riesling« und »Madeleine Royale« handelt. Darauf wurde in der Schweiz der in Deutschland und Österreich bereits gebräuchliche Name »Müller-Thurgau« übernommen. Vgl. den Beitrag von Thomas Knubben: Müller-Thurgau in diesem Band.

5 Fehr: Lebenserinnerungen, S. 5.

6 Fehr: Der Schweizerische Zolltarif, S. 298.

7 Schlegel: Weinbau, S. 82.

8 Fehr: Lebenserinnerungen, S. 12.

9 Schweizerische Maße gemäß Bundesgesetz vom 16. 6. 1836: 1 Saum = 4 Eimer = 100 Mass = 150 Liter.

Spätburgunder – die variantenreiche Rebsorte am See
Seite 155–163

1 Versammlung Weinproduzenten Überlingen 1847, S. 1.

2 Ebenda, S. 243.

3 Ebenda, S. 28f.

4 Ebenda, S. 247.

5 Krämer: Rebsorten in Württemberg, S. 89–94.

6 Robinson/Harding/Vouillamoz: Wine Grapes, S. 805f.

7 Bronner: Bereitung der Rothweine, S. 132.

8 Staab: Weinwirtschaft im frühen Mittelalter, S. 52.

9 Die Sage hält sich hartnäckig, vgl. bspw. Spahr: Geschichte des Weinbaus im Bodenseeraum, S. 202 sowie die Darstellung in der Bodman-Monografie von 1985, Berner: Dorf und Gemeinde, S. 428, die sich u.a. auf Hoffmann: Die Burgunder, S. 179, bezieht. Hoffmann beruft sich auf Dornfeld: Geschichte des Weinbaus, S. 15, wo erwähnt wird, es sei »geschichtlich erwiesen, daß [...] die fränkischen Könige [...] sich [...] am Bodensee aufgehalten haben, wie denn namentlich unter dem letztern König (884) der Weingarten zu Bodmann angelegt worden sein soll«. Dornfeld verweist auf Gok: Über den Weinbau am Bodensee, S. 35, wo es heißt, »Der leztgedachte Kaiser namentlich soll den Weingarten bei Bodmann [...] gepflanzt haben.« Gok wiederum schöpft bei Schwab: Bodensee, S. 353, der ausführt: »Der Weingarten bei Bodmann [...], heißt noch der Königsgarten; Carl der Dicke soll ihn gepflanzt haben, und man nennt den Wein im Schlosse zu Bodmann den Königswein«. In Bodman urkundet Karl III. nur 881 (RI I n. 1624); 884 (RI I n. 1681) urkundet er auf der Reichenau, in keiner der beiden Urkunden wird Weinbau erwähnt. Eine weitere in der Bodenseeregion ausgestellte Urkunde gibt es nur für 885 in St. Gallen (RI I n. 1695), sie ist evtl. auf 884 zu datieren, betrifft aber weder Bodman noch Weinbau. Drei Urkunden für Bodman aus dem Jahr 887 (RI I n. 1746, 1747, 1748) sind Reichenauer Fälschungen aus dem 10. bzw. 12. Jahrhundert, auch hier gibt es keine Hinweise auf Weinbau. Weinbau im Königsgarten ist erst 1309 belegt, vgl. Götz: Bodman, S. 52, in derselben Bodman-Monografie. Vermutlich stellten die Autoren des 19. Jahrhunderts einen unmittelbaren Zusammenhang zwischen dem Namen Königsweingarten und der Anlage unter Karl III. her, und eine andere Sorte als Burgunder erschien im Zeitgeist des 19. Jahrhunderts undenkbar.

10 Weech: Urkundenbuch der Cisterzienserabtei Salem, Bd. 3, Nr. 1198a (25.5.1318), S. 258: [...] vinum Clavenne, qui vulgo Clavener dicitur [...].

11 Geier: Stadtrecht Überlingen, S. 437, Verordnung vom 16. November 1554.

12 Schnyder: Bündner Alpenpässe, Bd. 1, S. 59; Sprandel: Malvasia bis Kötzschenbroda, S. 59.

13 Zu Einfuhrverboten vgl. bspw. Sprandel: Malvasia bis Kötzschenbroda, S. 62 und S. 147; Schäfer: Wirtschafts- und Finanzgeschichte Überlingen, S. 61; Frey: Finanzgeschichte Zürich, S. 103.

14 StAM, A VII.1/ 957: Auszug aus dem Ratsprotokoll von 1776, die Erneuerung einer älteren Rebbauordnung betreffend.

15 StAM, Bd. 3, fol. 80v/81r.

16 Ebenda.

17 Sorg: Rebbau Schaffhausen, zit. nach Aeberhard: Traubensorten, S. 68.

18 Zimmerische Chronik, Bd. 3, S. 307: »Reinfal, Malvasier oder ander starke welsche wein« waren die beliebtesten Sorten; Göttmann/Nutz: Firma Grimmel Konstanz, S. 58, 97, 138, 142: Import von »muscatell« aus Venedig.

19 Engelsing: Die Welt im Topf, S. 65, Burgunder bei Festen der Freiherren von und zu Bodman; Kuhn-Rehfus: Kloster Wald, S. 302, Burgunder wird beim Besuch hoher Fürsten serviert, für Gäste Markgräfler Wein und alltäglich Seewein.

20 Bronner: Bereitung der Rothweine, S. 129.

21 Besuch des Abts von St. Gallen Beda Angehrn in der Meersburger Residenz im Oktober 1778: StiASG, Rubr. 13, Fasz. 33a Nr. 1566-a: Beschreibung von Seiner Hochfürstlichen Gnaden von St. Gallen nacher

Mörspurg gemachten Reise und gegebenen Visite; StiASG, Rubr. 13, Fasz. 33a Nr. 1566: Nota des Tractaments. Für den Hinweis danke ich Frau Brigitte Rieger-Benkel.

22 Bezeichnung für Weinhändler im Burgund.

23 HStAS, A 21, Bü. 475: Ankauf von Burgunderwein für den Herzog von Württemberg, Korrespondenz mit Burgunder Weinhändlern, Schreiben des Négociant Chanoine Leblanc aus Beaune von 1755: »Madame de Chronembourg ne manquera pas selon sa coutume de demander douze cent livres de la queue de sa Romanée, nous ne savons si elle trouvera toujours des duppes d'un prix si excessif. [...] Elle est montee sur le ton là, rien ne la corige. L'an passé elle n'a vendu que cinq ou six feuillets et 3 ou 4 cartons à le prix énorme-là et il luy en reste plus de deux tiers. Cette anée-cy elle a fait 60 feuilletes soy disant de la romanée car il ne peut y en avoir au plus que 30 dans sa vigne mais elle a meslé ses richebourg qu'elle n'a coutume de vendre que les 2/3 du prix de cette Romanée.«

24 GLAK 98/733: Brief von Karl Joseph Riepp an Abt Anselm II. vom 26. 2. 1767, hier zit. nach Miltschitzky: Ottobeuren, S. 84.

25 Bronner: Bereitung der Rothweine, S. 129.

26 Landwirtschaftliches Wochenblatt des Großherzogtums Baden 4. Jg., 1836, Nr. 5, S. 39.

27 Bronner: Bereitung der Rothweine, S. 129.

28 Beitrag Fritschi: Weinbau und Weinhandel in der Ostschweiz in diesem Band; Beitrag Ackermann: Klösterliche Weinwirtschaft in der Kartause Ittingen in diesem Band.

29 Ott: Wiener Weltausstellung 1873, S. 22: Von den sechs prämierten Schweizer Weinen

kamen fünf aus dem Kanton Thurgau.

30 Die Zahlen für die Schweiz sind der Internetseite des Branchenverbands Deutschschweizer Wein (www.weinbranche.ch) entnommen.

31 Beitrag Ursula Heinzelmann: Dynamik der privaten Weingüter in diesem Band.

Müller-Thurgau – der weiße Seewein Seite 165–175

1 Vgl. Beitrag Krämer: Spätburgunder in diesem Band.

2 Becker: 100 Jahre Rebsorte Müller-Thurgau, S. 532.

3 Vgl. Haus der Geschichte Baden-Württemberg: Reinen Wein einschenken, S. 44f.; Kuhn u.a.: Die Geschichte des Weines, S. 133.

4 Vgl. Beitrag Knubben/Krämer: Umbrüche und Aufbrüche in diesem Band.

5 Müller-Thurgau: Ueber Bastardirung, S. 17.

6 Ebenda.

7 Ebenda.

8 Zit. nach Becker: 100 Jahre, S. 536. Becker schreibt irrtümlich Dahlem statt Dahlen, dessen richtiger Namen als Generalsekretär des deutschen Weinbauvereins vielfach bezeugt ist.

9 Vgl. Knubben: Schiller und Kerner.

10 Vgl. Haus der Geschichte: Reinen Wein, S. 21.; Röhrenbach: »Müller-Thurgau«.

11 Röhrenbach: »Müller-Thurgau«.

12 Freundlicher Hinweis von Hans Rebholz, Weingut Rebholz, Radolfzell-Liggeringen.

13 Archiv des Winzervereins Meersburg: freundlicher Hinweis von Dr. Christine Krämer.

14 Archiv des Staatsweinguts Meersburg.

15 Quellen: Becker: 100 Jahre Rebsorte Müller-Thurgau; Mehlin: Weinbau und Wein-

statistiken; Statistisches Bundesamt: Land- und Forstwitschaft.

16 Vgl. Haus der Geschichte: Reinen Wein, S. 53.

17 Vgl. Beitrag Knubben: Globale Weinwelt in diesem Band.

18 Vgl. ebenda.

19 Vgl. Winzerinitiative Bodenseewein e.V.: www.bodensee-wein.org.

20 Eichelsbacher: Genetischzüchterischer Vergleich der Rebsorten.

21 Becker: 100 Jahre Rebsorte Müller-Thurgau, S. 536.

22 Ergebnis von Untersuchungen der Deutschen Bundeanstalt für Züchtungsforschung in Siebeldingen/Pfalz; vgl. Dettweiler: Grapevine cultivar Müller-Thurgau and its true to type descent.

23 Vgl. Ibáñez: Genetic Relationships among Table-Grape Varieties, S. 40–41; für Trollinger wird in dieser Analyse allerdings die synonyme Bezeichnung Frankenthal verwendet.

Rausch des Menschen, Ruhm Gottes Seite 177–187

1 Vgl. Poo: Wine, S. 17.

2 Hoffmann: Ägypten, S. 225.

3 Brunner: Trunkenheit, S. 773.

4 Zitiert nach Dubach: Trunkenheit, S. 120, Anm. 247.

5 Ebenda, S. 173.

6 Plietzsch: Noah, S. 65–81.

7 Marx: Zehn, S. 83ff.

8 Zit. nach Kaiser: Trunkenheit, S. 30.

9 Ebenda, S. 34.

10 Ebenda, S. 36f.

11 Raymond: Teaching, S. 93–95.

12 Engelmann: Pirmin, S. 53.

13 Seifert: Kampf, S. 81–92.

14 Tlusty: Bacchus, S. 162.

15 Intelligenz-Blätter der Reichsstadt Lindau, [o. p.].

16 Neumaier: Pfründner, S. 403ff.

17 Zimmerische Chronik, Bd. 1, S. 429.

18 Boettcher: Geschichte, S. 4.

19 Peters: Geschichte, S. 92–95.

20 Schreiber: Weinglocke, S. 1–17.

21 Tlusty: Bacchus, S. 223f.

22 Schiess: Hexenprozesse, S. 7.

23 Denke: Pilgerfahrt, S. 187.

24 Bobzin: Koran, S. 80ff.

25 Heggen: Alkohol, S. 70.

26 Arand: Amt, S. 180.

27 Spode: Trunkenheit, S. 200f.

28 Tanner: Schweiz, S. 147ff.

29 Rösch: Mißbrauch, S. 286.

30 Stände-Versammlung, S. 265.

31 Rieger-Benkel: Meersburg, S. 80.

32 Olenhusen: Priester, S. 199.

Trinkstubengesellschaften in den Bodensee-Städten
Seite 189–199

1 Fouquet: Trinkstuben, S. 20.

2 Vgl. Fouquet: Zusammenfassung, S. 14, 17f.; Isenmann: Stadt im Spätmittelalter, S. 291–340.

3 Roeck: Zunfthäuser, S. 203.

4 Fouquet: Zusammenfassung, S. 256f.

5 Vgl. ebenda, S. 255–258.

6 Vgl. Rogge: Geschlechtergesellschaften, S. 102–111.

7 Ebenda, S. 105.

8 Kälble: »Zivilisierung«, S. 47f.

9 Vgl. Rogge: Geschlechtergesellschaften, S. 117–122.

10 Vgl. Heiermann: Zur Katz.

11 Vgl. Stolze: Sünfzen.

12 www.nothvststein.ch

13 Vgl. Eitel: Zunftherrschaft, S. 48f.

14 Vgl. Simon-Muscheid: Zunft-Trinkstuben, S. 147–162.

15 Vgl. Maurer: Konstanz, S. 48–60.

16 Vgl. Ehrenzeller: St. Gallen, S. 67ff.; Baumann: Vielfalt, S. 110–115.

17 Vgl. Maier: Friedrichshafen, S.97.

18 Zu Lindau, Überlingen und Ravensburg vgl. Eitel: Zunftherrschaft.

19 Vgl. Willi: Rorschach, S. 289–297.

20 www.zunftzurrose.ch

21 Vgl. Bilgeri: Bregenz, S. 130.

22 Vgl. Götz: Radolfzell, S. 131, 175.

23 Vgl. Föge / Stutz: St. Annabruderschaft.

Heilmittel Wein   Seite 201–211

1 McGovern / Mirzoian / Hall: Wines, S. 7361–7366.

2 Papyrus Ebers: http://www.medizinische-papyri.de/PapyrusEbers/html/kolumne_xxxiii.html (letzter Aufruf 12.5.2016); Vgl. Norrie: Wine, S. 23–24.

3 Vgl. Norrie: Wine, S. 24–26.

4 Caraka-samhita: Bd. 3, S. 195.

5 Huangdi: Kaiser, S. 82.

6 Hübotter: Rezeptur.

7 Norrie: Wine, S. 26.

8 Hippokrates: Aphorismen (VII, 56), Bd. 3, Teil XIV, S. 73.

9 Dierbach: Hippokrates, S. 60.

10 Nach Plinius: Naturgeschichte, Buch XXIII, Kap. 19, S. 32–33.

11 Vilas: Asklepiades, S. 70.

12 Dioscorides: Arzneimittelehre, Buch 5, Kp. 50, S. 497.

13 Galen: Erkennen, S. 577.

14 Babylonischer Talmud: Nedarim, fol. 66a.

15 Babylonischer Talmud: Sabatt, fol. 129a.

16 Maimonides: Regimen, S. 160.

17 Ebenda, S. 105.

18 Zit. nach Strohmaier: Avicenna, S. 24.

19 Avicenna: Heilmittel, S. 131.

20 Ibn Butlan: Tacuinum, S. 118–119.

21 Kassim: Sarakhsi, S. 89.

22 Hildegard von Bingen: Heilweisen, S. 187.

23 Ebenda, S. 177f.

24 Grube: Charakterbilder, S. 422.

25 Arnaldus de Villanova: Tractat, sig. Ai.

26 Fischer: Rausch, S. 350.

27 Arnaldus de Villanova: De conservanda bona valetudine, S. 39a.

28 Eis: Pelzbuch.

29 Giese: Überlieferung, S. 211.

30 Reiche: Monatsdiätetiken, S. 131.

31 Hochdeutsche Übersetzung nach Hürlimann / Völker: Mäßig, S. 185.

32 Riha: Monatsregeln, S. 142.

33 Riha: Heilkunst, Nr. 19, S. 34; Riha: Arzneibuch, Nr. 19, S. 7.

34 Büchelin: Nr. 131, S. 139

35 Ebenda.

36 Wittich: Tugend, S. 13.

37 Grimmelshausen: Pilgram, S. 58.

38 Dinstühler: Wein, S. 601.

39 Meßmer: Insel-Spital, S. 43.

40 Kinzelbach: Gesundbleiben, S. 420.

41 Burmester: De usu.

42 Hoyer: Vires.

43 Becker: Versuch, S. 1026–1032.

44 Davinus: De potu.

45 Jacobi: De vino.

46 Hoffmann: Anweisung, S. 255.

47 Vgl. Paul: Bacchic, S. 25–30.

48 Horn: Handbuch, S. 916.

49 Hufeland: Makrobiotik, 2. Teil, S. 276.

50 Ebenda, S. 208.

51 Ebenda, S. 82.

52 Löbenstein-Löbel: Anwendung, S. 143.

53 Rothschedl: Kultur, S. 128.

54 Eulenburg: Real-Encyclopädie, Bd. 26, S. 178.

55 Lorey: Wein, S. 31.

56 Jaffé: Stellung, 1903, S. 80.

57 Lidy: Apotheker, S. 246.

58 Heuss: Winzer, S. 44.

59 Vgl. u.a. Goldberg / Soleas: Resveratrol, S. 160–191.

60 Vgl. Paul: Bacchic, S. 195–220.

61 http://www.aok.de/bundesweit/gesundheit/essen-trinken-ernaehrung-rotwein-8424.php (letzter Aufruf 27.5.2016)

Weingeschmack im Wandel
Seite 213–221

1 Wittenwiler: Ring, S. 255.

2 Reininger: Ulrich Lemans Reisen, S. 23.

3 Denke: Grünemberg, S. 343.

4 Guevara: Güldene Sendschreiben, S. 38.

5 Vgl. Matschke: Der Malvasier, S. 107; Denke: Grünembergs Pilgerreise, S. 244.

6 Matschke: Malvasier, S. 107.

7 Buck: Chronik Richental, S. 35.

8 Zu den im Spätmittelalter auf den Märkten angebotenen Weinsorten vgl. auch allgemein Sprandel: Von Malvasia bis Kötzschenbroda.

9 Buck: Chronik Richental, S. 39f.

10 Göttmann / Nutz: Grimmel, S. 58, 97, 138, 142.

11 Bacci: De naturali vinum historia, Bd. 7, S. 338.

12 Zimmerische Chronik, Bd. 3, S. 458.

13 Patschovsky: Der italienische Humanismus, S. 22.

14 Wolkenstein: Lieder, S. 230.

15 Gaier / Küble / Schürle: Schwabenspiegel, Band II, S. 95.

16 Reichenau contra Hochfürstl. Gnaden: (ohne Paginierung) Lit. BBBBB. Supplica ad Eminentiss. Episcopum, umb einen nießbahren Wein an statt des 40.ger sowie Lit. CCCCC. Responsio Eminentissimi ad Praecedentes.

17 Verhandlungen der Ständeversammlung des Königreichs Baiern 1819, Verhandlung zum Mautgesetz, 4. Juni 1819, S. 302.

18 Vgl. den Beitrag von Christine Krämer: Drehscheibe Bodensee in diesem Band.

19 Lewald: Glockner, S. 407.

20 Vgl. bspw. Hamm: Weinbuch, S. 24 oder den Bericht des salemischen Amtsphysicus, Bodenius: Volkskrankheiten, S. 577.

21 Wiel: Dietätisches Kochbuch, S. 207.

22 Vogt: Belvedere, S. 5.

23 Pfeiffer: Briefwechsel, S. 238, Brief Lassbergs an Uhland am 21.2.1838.

24 Cardauns: Briefe, S. 60.

25 Meyer: Wein, Mosel, Pfalz, S. 66.

26 Dilbaum: Wein-Büchlein (o. Paginierung). Samuel Dilbaum kannte sich am See gut aus, denn er gab gemeinsam mit Leonhard Straub im 16. Jahrhundert die Rorschacher Monatsschrift, die erste überregionale Zeitung, heraus.

27 Swayne: (o. Titel), S. 540.

28 Baedeker: Süd-Deutschland, S. 136.

29 Engelsing: Welt im Topf, S. 196; Rauscher: Weinkarten.

30 Pilar / Chapman-Huston: Bavaria, S. 127.

31 Archivalien des Winzervereins Meersburg.

32 Jullien: Topographie, Band 2, S. 31, 53f; Hamm: Weinbuch, S. 124, 178f. Emmerling: Handbuch für Reisende, S. XIII; Kölges: Handbuch, Band 1, S. 322; Landwirtschaftliches Wochenblatt des Großherzogtums Baden, 1836, Nr. 3, S. 39; Ott, Wiener Weltausstellung 1873, S. 22.

Globale Weinwelt und regionale Weinkultur
Seite 223–235

1 Berechnungsgrundlagen: Weltjahresproduktion an Wein 2014: 270 Mio. hl; Gesamtoberfläche des Bodensees: 536 km^2, Höhe der Dreiviertelliter-Flasche: 30 cm, Abstand zum Mond: 384.000 km.

2 Vgl. die Angaben des Zweckverbandes Bodensee-Wasserversorgung für 2014: www.bodensee-wasserversorgung.de (03.10.2016).

3 Berechnungsgrundlagen: Jahresertragsmenge in den Weinbaugebieten am Bodensee: ca. 110000 hl; Weltjahresproduktion 2014: 270 Mio. hl.

4 Für die Mengenberechnung in den deutschen, österreichischen und liechtensteinischen Anbaugebieten wurden die amtlichen Durchschnittsmengen von Baden mit 85 hl/ha, für die Schweiz die amtlichen Durchschnittsmengen der Ostschweiz mit 50 hl/ha zugrunde gelegt. Die tatsächlichen Werte für die Gesamtregion werden irgendwo dazwischen liegen. Vgl. Deutsches Weininstitut: Deutscher Wein, Statistik 2015/2016, www.deutscheweine.de, (04.10.2016), S. 15, sowie Ruffner / Wirth: Strukturen im Deutschschweizer Weinbau, S. 10f.

5 Ministerium für Wirtschaft, Verkehr, Landwirtschaft und Weinbau Rheinland-Pfalz: Weinwirtschaftsbericht: Rheinland-Pfalz, Deutschland und die Welt, S. 17.

6 Markantes Beispiel im Lebensmittelbereich ist seit längerem der Milchpreis, der aufgrund der Weltmarktkonjunktur hohen Schwankungen unterliegt und die Milchbauern in der EU existenziell bedroht. Vgl. zur Veranschaulichung Wagener: Zerrissen zwischen Welt- und Wochenmarkt, S. 3.

7 Vgl. Deutsches Weininstitut: Statistik. Für den Bodenseeraum ergibt sich eine vergleichbare Rechnung. Bei einem durchschnittlichen Pro-Kopf-Verbrauch von ca. 24 l pro Jahr in Deutschland, Österreich und der Schweiz und einer Eigenproduktion von

110000 hl/Jahr bedarf es des Imports von 330000 hl/Jahr. Der Mehrverbrauch durch den starken Tourismus ist hier noch nicht einbezogen.

8   Vgl. Deutsches Weininstitut: Statistik, S. 34.

9   Freundliche Auskunft des Geschäftsführers Christian Hack.

10 Deutsches Weininstitut: Statistik, S. 2.

11 Die aktuellen Preise der günstigsten Weine der WG Hagnau, der WG Meersburg, des Staatsweingutes Meersburg und des Weingutes Markgraf von Baden liegen zwischen 6 € und 7,50 € für Weißwein und zwischen 7,50 € und 8,20 € für Rotwein.

12 Zur hier notwendigerweise holzschnittartig skizzierten Chronologie vgl. Johnson: Weinatlas.

13 Vgl. Beitrag Rösch: Weinbau im Spiegel der Rebpollen in diesem Band.

14 Vgl. Schäfer: Dänemark. Aus bester Randlage; Finke: Der Britplop, S. 58.

15 Vgl. Deutsches Weininstitut: Statistik, S. 17.

16 Vgl. Organisation Internationale de la Vigne et du Vin: Weinkonjunkturbericht. Die prognostizierten Zahlen des Weltweinmarktes 2015, die sich unwesentlich von den Vorjahren unterscheiden, betragen 274 Mio. hl. Produzierten, 240 Mio. hl. Konsumierten und 104 Mio. hl exportierten Weines.

17 Vgl. Deutsches Weininstitut: Statistik, S. 14, 27.

18 Vgl. ebenda, S. 6.

19 Vgl. ebenda.

20 Für die Erhebung der Daten auf der Basis der Veröffentlichungen der Organisation Internationale de la Vigne et du Vin (OIV) danke ich Franziska Götz.

21 Vgl. Tourismusdaten für 2014 bei www.statistik-bodensee.org (05.10.2015). Bei den Einwohnerzahlen hier nicht berücksichtigt wurden, obwohl zur Internationalen Bodenseekonferenz zählend, der Kanton Zürich und der Regierungsbezirk Schwaben.

22 Vgl. Deutsches Weininstitut: Statistik, S. 2.

23 Vgl. Pigott: Wilder Wein, S. 175–260.

24 Vgl. Beitrag Heinzelmann: Dynamik der privaten Weingüter in diesem Band.

25 Vgl. Taber: Judgement of Paris.

26 Vgl. Beitrag Braun: Wein und Design in diesem Band.

27 Vgl. Meyhöfer/Frahm: Die Architektur des Weines.

Wein und Design
Seite 237–251

1   Vgl. Thielen: Zur Geschichte des deutschen Weinetiketts, S. 3.

2   Hellrung: Noah oder Deutschlands Weinbau, S. 34.

3   Hellrung: Der Champagner, S. 57.

4   Adrian (Hg.): Lord Byron's sämmtliche Werke, S. 110.

5   Schmidt: Das Plakat, S. 249.

6   Hamm: Weinbuch, S. 570.

7   Schmidt: Das Plakat, S. 249.

8   Ebenda, S. 249.

9   Ebenda, S. 250.

10 Hölscher: Gebrauchsgrafik, S 12.

11 Vgl. Schmidt-Bachem: Aus Papier, S. 306.

12 Dippel: Das Weinlexikon, S. 168.

13 Leu: Getränke-Gastronomie, S. 27.

14 Willsberger: Gourmet, S. 108.

15 Woschek, Heinz-Gert: Eine Spezialität aus der Lufthansa Vinothek, Blatt 86/X-86/XII.

16 Moser: Otl Aicher, S. 427.

17 Gaul, Matthias: Junge Wilde und ihre Schöpfungen. Süddeutsche Zeitung Nr. 223 (2014) S. 21.

18 Widmer/Flemming: Lindau, S. 129.

19 Rüther: Kochen, Alter, kochen!, Frankfurter Allgemeine Sonntagszeitung Nr. 33, S. 29.

20 Scharnigg: Trink was wahr ist, Süddeutsche Zeitung, 6. 11. 2015.

21 Vgl. Rüther: Kochen, Alter, kochen!, Frankfurter Allgemeine Sonntagszeitung Nr. 33, S. 29.

22 Michael Jansens Beratungsunternehmen »Marcom«, zit. n. Bernau: Kostprobe per Klick. Süddeutsche Zeitung Nr. 245 (2015) S. 29.

Quellen und Literatur

zusammengestellt von Anja Schuld

Quellen

Archiv des Winzervereins Meersburg.

ASKI (Archiv Stiftung Karthause Ittingen).

Deutsches Weininstitut: Deutsche Wein Statistik 2015/2016.

GLAK (Generallandesarchiv Karlsruhe).

HStAS (Hauptstaatsarchiv Stuttgart).

Landesamt für Geologie, Rohstoffe und Bergbau, Freiburg.

Landesanstalt für Umwelt, Messungen und Naturschutz: Klimaatlas Baden-Württemberg, Mannheim.

Landesbibliothekszentrum Rheinland-Pfalz mit Unterstützung der Gesellschaft für Geschichte des Weines.

Ministerium für Wirtschaft, Verkehr, Landwirtschaft und Weinbau Rheinland-Pfalz.

Organisation International de la Vigne et du Vin, Paris.

StATG (Staatsarchiv Thurgau) (CH).

StaAB (Stadtarchiv Bregenz).

StAM (Stadtarchiv Meersburg).

StiASG (Stiftsarchiv St. Gallen).

StiBSG (Stiftsbibliothek St. Gallen).

VLA (Vorarlberger Landesarchiv Bregenz).

Literatur

Abel, Wilhelm: Geschichte der deutschen Landwirtschaft vom frühen Mittelalter bis zum 19. Jahrhundert, 3. Aufl., Stuttgart 1978.

Aeberhard, Marcel: Geschichte der alten Traubensorten, Solothurn 2005.

Ammann, Hektor: Das Kloster Salem in der Wirtschaft des ausgehenden Mittelalters, in: Zeitschrift für die Geschichte des Oberrheins 110, (1962), S. 371–404.

Alber, Wolfgang / Andreas Vogt: Württemberger Weingeschichten, Tübingen 2016.

Arand, Johann Baptist Martin von: In Vorderösterreichs Amt und Würden, in: Die Selbstbiographie des Johann Baptist Martin von Arand (1743–1821), hg. von Hellmut Haller, Stuttgart 1996.

Arnaldus de Villanovà: Ain löblicher und nützlicher Tractat: von Beraitung vnd brauchung der Wein […], o. O. 1540.

Arnaldus de Villanova: De conservanda bona valetudine: opusculum scholae Salernitanae, ad regem Angliae, versibus conscriptum, Frankfurt / Main 1551.

Aspelmeier, Jens: Die Haushalts- und Wirtschaftsführung landstädtischer Hospitäler in Spätmittelalter und früher Neuzeit: eine Funktionsanalyse zur Rechnungsüberlieferung der Hospitäler in Siegen und Meersburg, Siegen 2009.

Auer, Rosmarie: Lindauer Seewein, Lebensnerv der Hospitalstiftung, in: Jahrbuch des Landkreises Lindau, Bd. 7 (1992), S. 13–20.

Babo, Lambert Freiherr von / Metzger, Johann: Die Wein- und Tafeltrauben der deutschen Weinberge und Gärten, 2 Bde. (Hauptband nebst Tafeln), Mannheim 1836–1838.

Bacci, Andrea: De naturali Vinorum Historia de Vinis Italiae, 7 Bände, Rom 1596.

Bader, Karl: Siegfried Manngrab und Hofstatt, in: Schriften des Vereins für Geschichte des Bodensees und seiner Umgebung, Bd. 92 (1974), S. 131–168.

Baedeker, Karl: Süd-Deutschland und Österreich. Handbuch für Reisende, 20. Aufl., Leipzig 1884.

Baier, Hermann: J.G. Schinbains Beschreibung der Reichsstadt Überlingen vom Jahre 1597, in: ZGO 76 (1922), S. 457–478.

Balzer, Ines: Neue Forschungen zu alten Fragen. Der früheisenzeitliche »Fürstensitz« Hohenasperg (Kr. Ludwigsburg) und sein Umland, in: »Fürstensitze« und Zentralorte der frühen Kelten, Forschungen und Berichte zur Vor- und Frühgeschichte in Baden-Württemberg 120/I, hg. von Dirk Krausse, Stuttgart 2010, S. 209–238.

Barack, Karl August (Hg.): Zimmerische Chronik, 4 Bde., Stuttgart / Freiburg 1866–1869/1881.

Baumann, Max: Konfessionelle, politische und wirtschaftliche Vielfalt, in: St. Galler Geschichte 2003, hg. von der Wiss. Kommission der St. Galler Kantonsgeschichte, St. Gallen 2003, S. 110–115.

Bassermann-Jordan, Friedrich von: Geschichte des Weinbaus, Frankfurt am Main 1923.

Becker, Helmut: 100 Jahre Rebsorte Müller-Thurgau, in: Der

Deutsche Weinbau, Bd. 37 (1982), S. 532-538.

Becker, Johann Hermann: Versuch einer Literatur und Geschichte der Nahrungsmittelkunde, Stendal 1811.

Behringer, Wolfgang: »Kleine Eiszeit« und Frühe Neuzeit, in: Kulturelle Konsequenzen der »Kleinen Eiszeit« (Veröffentlichungen des Max-Planck-Instituts für Geschichte, Bd. 212), hg. von Wolfgang Behringer / Hartmut Lehmann / Christian Pfister, Göttingen 2005, S. 415-508.

Behringer, Wolfgang: Tambora und das Jahr ohne Sommer: Wie ein Vulkan die Welt in die Krise stürzte, München 2016.

Berlepsch, Hermann Alexander: Schweizerkunde. Land und Volk übersichtlich vergleichend dargestellt, 2. Aufl., Braunschweig 1875.

Berner, Herbert: Bodman. Dorf, Kaiserpfalz, Adel, Bd. 1, (gleichzeitig Bodensee-Bibliothek, (gleichzeitig Bodensee-Bibliothek, (bd.13)), Sigmaringen 1977.

Berner, Herbert: Bodman. Dorf, Kaiserpfalz, Adel, Bd. 2, (gleichzeitig Hegau-Bibliothek, Bd. 32), Sigmaringen 1985.

Berner, Herbert: Dorf und Gemeinde, in: Bodman. Dorf, Kaiserpfalz, Adel, Bd. 2, hg. von Herbert Berner, Sigmaringen 1985, S. 335-472.

Bertsch, Karl / Bertsch, Franz: Geschichte unserer Kulturpflanzen, Stuttgart 1947.

Beug, Hans-Jürgen: Leitfaden der Pollenbestimmung für Mitteleuropa und angrenzende Gebiete, München 2004.

Beyerle, Konrad: Grundherrschaft und Hoheitsrechte des Bischofs von Konstanz in Arbon, in: Schriften des Vereins für Geschichte des Bodensee 32 (1903), S. 31-116; 34 (1905), S. 25-146.

Beyerle, Konrad: Die Kultur der Abtei Reichenau 1-2, München 1925.

Bikel, Hermann: Die Wirtschaftsverhältnisse des Klosters St. Gallen von der Gründung bis zum Ende des 13. Jahrhunderts, Freiburg i.Br. 1914.

Bilgeri, Benedikt: Bregenz. Geschichte der Stadt. Politik - Verfassung - Wirtschaft, Wien / München 1980.9

Bilgeri, Benedikt: Geschichte Vorarlbergs, Bde. 1-5, Wien 1974-1987.

Blümcke, Martin: Hagnau am Bodensee. in: Baden-württembergische Erinnerungsorte, hg. von Reinhold Weber / Peter Steinbach / Hans-Georg Wehling, 2012 Stuttgart, S. 551-561.

Bobzin, Hartmut: Der Koran. Eine Einführung, 7. Aufl., München 2007.

Bodenius, Albert Wilhelm: Die Volkskrankheiten in der badischen Bodensee-Gegend, in: Medizinische Annalen, Bd. 12, Heft 4, Heidelberg 1846, S. 571-617.

Bodmann, Sigmund Freiherr von und zu (Hg.): Verhandlungen der Versammlung deutscher Wein- und Obst-Producenten in Überlingen 1847, Frankfurt 1849.

Boettcher, Johann Heinrich: Geschichte der Mässigkeits-Gesellschaften in den norddeutschen Bundesstaaten […], Hannover 1841.

Bohi, Fidel: Kurze practische Anleitung zur Rebcultur, Auf vieljährige Erfahrungen gegründet, Konstanz 1845.

Borst, Arno: Bodensee - Geschichte eines Wortes. in: Schriften des Vereins für Geschichte des Bodensees und seiner Umgebung, 99/100 (1982), S. 501f.

Borst, Arno: Mönche am Bodensee. Spiritualität und Lebensformen vom frühen Mittelalter bis zur Reformationszeit, Lengwil 2010.

Brauchli, Hans / Pfaffhauser, Paul: 150 Jahre Thurgauischer Landwirtschaftlicher Kantonalverband 1835-1985, hg. vom Thurgauischen Landwirtschaftlichen Kantonalverband, Frauenfeld 1985.

Brázdil, Rudolf / Pfister, Christian / Wanner, Heinz / von Storch, Hans / Luterbacher, Jürg: Historical Climatology In Europe - The State Of The Art, in: Climatic Change, Vol. 70, Heft 3, Juni 2005, S. 363-430.

Bronner, Johann Philipp: Die Bereitung der Rothweine und deren zweckmäßigste Behandlung, Frankfurt 1856.

Bronner, Johann Philipp: Die Verbesserung des Weinbaues durch praktische Anweisung den Rießling ohne Pfähle und Latten vermittelst des Bockschnittes zu erziehen, um bessern und wohlfeileren Wein gewinnen zu können. Nebst einer Beschreibung Rebenspaliere auf eine zierliche und nützliche Art durch sogenannten Winkelschnitt zu erziehen, Heidelberg 1830.

Brugger, Hans: Statistisches Handbuch der schweizerischen Landwirtschaft, Bern 1968.

Brun, Friederike: Tagebuch einer Reise durch die östliche, südliche, und italienische Schweiz, ausgearbeitet in den Jahren 1798 und 1799, Kopenhagen 1800.

Brunner, Hellmut: Trunkenheit, in: Lexikon der Ägyptologie 6 (1986), S. 773-777.

Buck, Michael Richard: Ulrichs von Richental Chronik des Constanzer Concils 1414-1418. Tübingen 1882, (Bibliothek des literarischen Vereins in Stuttgart, 158), ND Hildesheim 1982.

Burga, Conradin A. / Perret, Roger: Vegetation und Klima der Schweiz, Thun 1998.

Burkhart, Anton: Bemerkungen über den Weinbau in den Gegenden des Bodensees und Oberrheins, Konstanz 1817.

Burmester, Gottlieb Andreas: De usu vini medico, med. Diss., Göttingen 1797.

Burmeister, Karl-Heinz: Der heiße Sommer 1540 in der Bodenseeregion, in: Schriften des Vereins für Geschichte des Bodensees und seiner Umgebung 126 (2008), 59-87.

Burmeister, Karl-Heinz: Geschichte Vorarlbergs, 4. Aufl., Wien 1998.

Burmeister, Karl-Heinz: Vom Lustschiff zum Lastschiff. Zur Geschichte der Schiffahrt auf dem Bodensee, Konstanz 1992.

Byron, George Gordon Lord: Sämtliche Werke, 1996.

Caraka-samhita: critical notes: (incorporating the commentaries of Jejjata, Carapāni, Gangadhara and

Yogindranātha). Vol. 3, Sūtrasthāna to Indriyasthāna, Varanasi 1994.

Cardauns, Hermann: Die Briefe der Dichterin Annette v. Droste-Hülshoff, Münster 1909.

Davinus, Johannis Baptista: De potu vini calidi, med. Diss., Modena 1720.

Denke, Andrea: Konrad Grünembergs Pilgerreise ins Heilige Land 1486. Untersuchung, Edition und Kommentar, Köln / Weimar / Wien 2010.

Deroudille, Jean-Pierre: Le vin face à la mondialisation, Paris 2003.

Dettweiler, Erika / Jung, A. / Zyprian, Eva / Töpfer, R.: Grapevine cultivar Müller-Thurgau and its true to type descent. in: Vitis. Bd. 39, Nr. 2 (2000), S. 63–65.

Deutsch, Otto Erich: Bericht des Grafen Karl von Zinzendorf über seine handelspolitische Studienreise durch die Schweiz 1764, in: Basler Zeitschrift für Geschichte und Altertumskunde, Bd. 35, 1936, S. 153–354.

Deutsches Weininstitut: Deutscher Wein Statistik 2015/2016, www.deutscheweine.de

Dierbach, Johann Heinrich: Die Arzneimittel des Hippokrates, oder Versuch einer systematischen Aufzählung aller in den hippokratischen Schriften vorkommenden Medikamente, Heidelberg 1824.

Dilbaum, Samuel: Weinbüchlein, Augsburg 1584.

Dinstühler, Horst: Wein und Brot, Armut und Not: Wirtschaftskräfte und soziales Netz in der kleinen Stadt; Jülich im Spiegel vornehmlich kommunaler Haushaltsrechnungen des 18. und beginnenden 19. Jahrhunderts, Köln 2001.

Dioscorides, Pedanius: Des Pedanios Dioskurides aus Anazarbos Arzneimittellehre: in 5 Büchern, Neudr., Stuttgart 1902.

Dippel, Horst: Das Weinlexikon. [Erweiterte Neuauflage], Frankfurt a.M. 1997.

Dittmann, Günter / Frömelt, Hubert / Früh, Margrit / Guisolan, Michel / Nyfenetter, Eugen: Ittingen zur Zeit des P. Procurator Josephus Wech.

Ein Beitrag zur Geschichte der Kartause Ittingen im 18. Jahrhundert (Ittinger Schriftenreihe Bd. 2), Kreuzlingen 1986.

Dominé, André: Wein, Tandem, o.O. 2004/2007.

Dornfeld, Immanuel: Die Geschichte des Weinbaus in Schwaben, Stuttgart 1868.

Dr. Adrian: Lord Byron's sämmtliche Werke: Don Juan. Ein Gedicht in sechszehn Gesängen, Zwölfter bis sechzehnter Gesang. Frankfurt am Main, 1831.

Dreher, Alfons: Die Geschichte der Reichsstadt Ravensburg, Bd. 2, Weißenhorn 1972.

Dubach, Manuel: Trunkenheit im Alten Testament – Begrifflichkeit – Zeugnisse – Wertung, Stuttgart 2009.

Dziersk, Bernd: Die historisch-geographische Verbreitung des badischen Weinbaues zwischen Bodensee, Hochrhein und Baar, in: Schriften des Vereins für Geschichte des Bodensees und seiner Umgebung 90 (1972), S. 155–233.

Ehrenzeller, Ernst: Geschichte der Stadt St. Gallen, St. Gallen 1988.

Eichelsbacher, Heinz Martin: Ein genetisch-züchterischer Vergleich der Rebensorten Riesling, Silvaner und Müller-Thurgau, Sonderdruck aus: Die Gartenbauwissenschaft 22. Bd. 4 (1957), S. 99–139.

Eis, Gerhard: Gottfrieds Pelzbuch. Studien zur Reichweite und Dauer der Wirkung des mittelhochdeutschen Fachschrifttums, Brünn / München / Wien 1944.

Eitel, Peter: Die oberschwäbischen Reichsstädte im Zeitalter der Zunftherrschaft, Stuttgart 1970.

Eitel, Peter: Der Konstanzer Handel und Gütertransit im 16. und 17. Jahrhundert, in: Schweizerische Zeitschrift für Geschichte, 20 (1970), 4, S. 501–561.

Eitel, Peter: Geschichte Oberschwabens im 19. und 20. Jahrhundert, Bde. 1–2, Ostfildern, 2010/2015.

Elwert, O.: Das Klima des Bodenseegebietes, Öhringen 1935.

Emmerling, Adolph: Der Schwarzwald, der Odenwald, Bodensee und die Rheinebene: Handbuch für Reisende, Heidelberg 1868.

Engelmann, Ursmar: Der heilige Pirmin und sein Pastoralbüchlein, Sigmaringen 1976.

Engelsing, Tobias: Die Welt im Topf. Kleine Kulturgeschichte der Küche am Bodensee, in: Konstanzer Museumsjournal, Konstanz 2010.

Eulenburg, Albert: Real-Encyclopädie der gesammten Heilkunde. Medicinisch-chirurgisches Handwörterbuch für praktische Ärzte, Bd. 26, 3. gänzlich umgearbeitete Aufl., Berlin / Wien 1901.

Feger, Otto: Das älteste Urbar des Bistums Konstanz, angelegt unter Bischof Heinrich von Klingenberg, Karlsruhe 1943.

Feger, Otto: Geschichte des Bodenseeraumes 1–3, Sigmaringen 1956–1963.

Fehr, Victor: Der Schweizerische Zolltarif in seiner Beziehung zur Landwirtschaft, Referat erstattet in der Generalversammlung des schweizerischen landwirtschaftlichen Vereins zu Liestal am 30. Mai 1880, von Kavallerie-Major V. Fehr in Karthaus-Ittingen (Thurgau), in: Schweizerische Landwirtschaftliche Zeitschrift, Aarau 1880, S.289–302.

Fehr, Victor: Buchhaltung, 1867 bis 1885, Archiv Stiftung Kartause Ittingen, V. Fehr 6.

Fehr, Victor: Lebenserinnerungen, 1934.

Fehr, Victor: Weinverkäufe, 1867 bis 1879, Archiv Stiftung Kartause Ittingen, V. Fehr 5.

Finke, Björn: Der Britplop. in: Süddeutsche Zeitung vom 3./4.9.2016, S. 58.

Fischer, Klaus-Dietrich: »Wer niemals einen Rausch gehabt...« – Ein Brief des Arztes Mnesitheos und ein Kommentar von Magister Bona Fortuna, in: Dynamis 23 (2003), S. 341–361.

Fischer, Steven Roger: Meersburg im Mittelalter, Meersburg 1988.

Fischer, Elske / Rösch, Manfred: Pflanzenreste aus Lehmgefachen, in: Landnutzung und Landschaftsentwicklung im deutschen Süd- westen. Zur Umweltgeschichte im Spätmittelalter und der Frühen Neuzeit, Veröffentlichungen der Kommission für geschichtliche Landeskunde in Baden-Württemberg, Reihe B, Forschungen, hg. von Soenke Lorenz / Peter Rückert, Stuttgart 2009, S. 77-98.

Föge, Lisa / Stutz, Katrin: 500 Jahre St. Annabruderschaft Meersburg 1510-2010, hg. von der Gesellschaft der 101-Bürger von Meersburg, Tettnang / Meersburg 2009.

Fouquet, Gerhard: Trinkstuben und Bruderschaften – soziale Orte in den Städten des Spätmittelalters, in: Geschlechtergesellschaften, Zunft-Trinkstuben und Bruderschaften in spätmittelalterlichen und frühneuzeitlichen Städten, hg. von Gerhard Fouquet, Matthias Steinbrink und Gabriel Zeilinger (Stadt in der Geschichte 30), Ostfildern 2003, S. 9-30.

Fouquet, Gerhard: Zusammenfassung, in: Geschlechtergesellschaften, Zunft-Trinkstuben und Bruderschaften in spätmittelalterlichen und frühneuzeitlichen Städten, hg. von Gerhard Fouquet, Matthias Steinbrink und Gabriel Zeilinger (Stadt in der Geschichte 30), Ostfildern 2003, S. 255-258.

Frey, Walter: Beiträge zur Finanzgeschichte Zürichs im Mittelalter, in: Schweizer Studien zur Geschichtswissenschaft, 1,3, Zürich 1911.

Fritzsche, Robert: Hermann Müller-Thurgau 1850-1927. Sonderdruck aus: Schweizer Pioniere der Wirtschaft und Technik, hg. vom Verein für wirtschaftshistorische Studien, Zürich 2000 (Erstveröffentlichung 1974).

Früh, Margrit: Ittingen, in: Les Chartreux en Suisse, Helvetia Sacra III.4, Basel 2006, S. 101-139.

Gärtner, Florian (Hg.): Galen: De locis affectis I–II / Über das Erkennen erkrankter Körperteile I–II: Edidit, in linguam Germanicam vertit, commentatus est (Corpus Medicorum Graecorum), Berlin 2015.

Gaier, Ulrich / Küble, Monika / Schürle, Wolfgang: Schwabenspiegel. Literatur vom Necker bis zum

Bodensee 1000–1800, Band I: Katalog, Autorenlexikon. – Band II: Aufsätze, Ulm 2003.

Gaul, Matthias: Junge Wilde und ihre Schöpfungen. in: Süddeutsche Zeitung Nr. 223 (2014) S. 21.

Geier, Fritz: Stadtrecht von Überlingen (Oberrheinische Stadtrechte, Bd. 2), Überlingen 1908.

Gercken, Philipp Wilhelm: Reisen durch Schwaben, Baiern, angränzende Schweiz, Franken, und die rheinische Provinzen etc. in den Jahren 1779–1782, I. Theil, Von Schwaben und Baiern, Stendal 1783.

Gesellschaft zur Förderung der Forschung an der Forschungsanstalt für Weinbau, Gartenbau, Getränketechnologie und Landespflege (Hg.): 100 Jahre Rebsorte Müller-Thurgau, Sonderheft Juli / August 1982, Geisenheim 1982.

Giese, Martina: Zur lateinischen Überlieferung von Burgundios Wein- und Gottfrieds Pelzbuch, in: Sudhoffs Archiv 87 (2003), S. 210-234.

Göttmann, Frank / Nutz, Andreas: Die Firma Felix und Jakob Grimmel zu Konstanz und Memmingen. Quellen und Materialien zu einer oberdeutschen Handelsgesellschaft aus der Mitte des 16. Jahrhunderts, in: Deutsche Handelsakten des Mittelaltes und der Neuzeit, Bd. 20, Stuttgart 1999.

Göttmann, Frank: Getreidemarkt am Bodensee. Raum, Wirtschaft, Politik, Gesellschaft (1650–1810), in: Beiträge zur südwestdeutschen Wirtschafts- und Sozialgeschichte 13, (Habil., Konstanz 1985), St. Katharinen 1991.

Götz, Bruno: Über die Geschichte der badischen Winzergenossenschaften. in: 100 Jahre Winzergenossenschaften in Baden, hg. von Badischer Genossenschaftsverband, Karlsruhe 1981.

Götz, Franz: Geschichte der Stadt Radolfzell, Radolfzell 1967.

Götz, Franz: Zur Geschichte von Dorf und Herrschaft Bodman, in: Bodman. Dorf, Kaiserpfalz, Adel, Bd.2, hg. von Herbert Berner, Sigmaringen 1985, S. 39-80.

Gok, Carl Friedrich von: Über den Weinbau am Bodensee, am oberen Neckar und der Schwäbischen Alp, Stuttgart 1834.

Goldberg, D. M. / Soleas, George J.: Resveratrol: biochemistry, cell biology and the potential role in disease prevention, in: Wine: A Scientific Exploration, hg. von Merton Sandler und Roger Pinder, London 2003, S. 160-198.

Grimmelshausen, Hans Jakob Christoffel von: Satyrischer Pilgram, hg. von Wolfgang Bender, Tübingen 1970.

Grube, August Wilhelm: Geographische Charakterbilder in abgerundeten Gemälden aus der Länder und Völkerkunde, Bd. 3, Leipzig 1881.

Guevara, Antonio de / Albertinus, Aegidius: Opera Omnia Historico Politica, Bd. 1, Güldene Sendschreiben, Frankfurt 1644.

Haeupler, Henning / Schönfelder, Peter: Atlas der Farn- und Blütenpflanzen der Bundesrepublik Deutschland, Stuttgart 1988.

Hahn, Helmut: Die deutschen Weinbaugebiete, Bonn 1956.

Hailer, Ulf: Das Weingut Markgraf von Baden in Schloss Salem. 210 Jahre markgräflicher Weinbau am Bodensee, in: Kloster und Schloss Salem. Neun Jahrhunderte lebendige Tradition. Staatliche Schlösser und Gärten Baden-Württemberg, hg. von Carla Mueller / Miriam Möschle / Petra Schaffrodt, Berlin / München 2014, S. 238-245.

Haller, Ernst: Seewein. Die Geschichte des Weinbaus in und um Friedrichshafen, Friedrichshafen 2005.

Hamm, Wilhelm: Weinbuch. Der Wein, sein Werden und Wesen; Statistik und Charakteristik sämmtlicher Weine der Welt; Behandlung der Weine im Keller, 2. Aufl., Leipzig 1874.

Hamm, Wilhelm: Das Weinbuch. Wesen, Cultur und Wirkung des Weines; Statistik und Charakteristik sämmtlicher Weine der Welt; Behandlung der Weine im Keller, Leipzig 1865.

Hansjakob, Heinrich: In der Residenz. Erinnerungen eines badischen Landtagsabgeordneten. Nach der Ausgabe von Adolf Bonz & Comp. Stuttgart 1911. Mit einem Nachwort und Anmerkungen von Manfred Hildenbrand (Tagebücher, Bd. 5), Waldkirch 1993.

Haus der Geschichte Baden-Württemberg (Hg.): Reinen Wein einschenken. Weinwelt im Wandel, Stuttgart 2006.

Heggen, Alfred: Alkohol und bürgerliche Gesellschaft im 19. Jahrhundert, Eine Studie zur deutschen Sozialgeschichte, Berlin 1988.

Hegi, Gustav: Illustrierte Flora von Mitteleuropa, 2. Aufl., Berlin / Hamburg 1975.

Heiermann, Christoph: Die Gesellschaft Zur Katz in Konstanz, Stuttgart 1999.

Helbok, Adolf: Der Stadtbrauch von Bregenz, in: Archiv für Geschichte und Landeskunde Vorarlbergs, Vierteljahresschrift 12 (1908), S. 33–54.

Hellrung, Carl Ludwig: Der Champagner ein Reise-Bericht zum Nutzen und Frommen aller Weintrinker, Leipzig 1840.

Hellrung, Carl Ludwig: Noah oder Deutschlands Weinbau, Weinhandel und Weingenuß, mit Anklängen aus allen Weinländern der Welt. Koblenz 1846.

Heunisch, Adam Ignaz Valentin: Das Großherzogthum Baden: historisch-geographisch-statistisch-topographisch beschrieben, 1857 Heidelberg.

Heuss, Ferdinand von: Eine zeitgemäße agrarisch-medizinische Studie über Winzer und Weingesetz: Verfasst im Interesse des durch das Weingesetz dem Untergang geweihten reellen Winzers, des reellen Weinhandels und zum Schutze des Konsumenten, Würzburg 1906.

Hirscher, Peter: Böhringen. Geschichte einer Landgemeinde zwischen Untersee und Hegau, Hegau Bibliothek 91, Radolfzell 1994.

Hölscher, Eberhard: Wein und Bier. in: Gebrauchsgraphik. Monatszeitschrift zur Förderung künsterlischer Reklame, hg. von Frenzel, (10. Jahrgang 1933, H. 4), Berlin 1933, S. 12.

Hofer: Reichenau = Verhandlungen des Großherzoglich Badischen landwirthschaftlichen Vereins zu Ettlingen, zweiter Jahrgang, Pforzheim 1822. Hierin: Landwirthschaftliche Topographien. Statistische und landwirtschaftliche Notizen über die Insel Reichenau vom Großherzoglich badischer Staatsrat Hofer, S. 182–184.

Hoffmann, Friedhelm: Ägypten – Kultur und Lebenswelt in griechisch-römischer Zeit – Eine Darstellung nach den demotischen Quellen, Berlin 2000.

Hoffmann, Friedrich: Gründliche Anweisung, Wie ein Mensch Durch vernünfftigen Gebrauch der Haus- und andern Diätetischen Mittel, Insonderheit des Weines, Seine Gesundheit erhalten, und sich von schweren Kranckheiten befreyen könne, 4. Teil, Halle 1718.

Hoffmann, Kurt: Der Gutedel und die Burgunder, in: Schriften zur Weingeschichte, hg. von der Gesellschaft für Geschichte des Weines, Nr. 61, Wiesbaden 1982.

Hoffmann, Kurt: 1100 Jahre blauer Spätburgunder in Bodman am Bodensee, in Schriften zur Weingeschichte, hg. von der Gesellschaft für Geschichte des Weines, Nr. 73, Wiesbaden 1985, S. 33–40.

Hoffmann, Kurt: Die Burgunder. Die Lebensgeschichte einer alten Rebfamilie, in: Der Badische Winzer, H. 5/1981, S. 179.

Hohenbruck, Arthur Freiherr von: Die Weinproduction in Oesterrich. Nach den neuesten statistischen Erhebungen von Fachmännern aus den einzelnen weinbautreibenden Ländern, zusammengestellt von Arthur Freiherrn von Hohenbruck, Wien 1873.

Horn, Ernst: Handbuch der praktischen Arzneimittellehre für Ärzte und Wundärzte, 2., vermehrte Aufl., Berlin 1805.

Hoyer, J. H.: Sistens vires vini medicinales cum viribus Opii comparatas; additis de vini in febribus usu praeceptis generalioribus, med. Diss., Erfurt 1799.

Huangdi: »Der Gelbe Kaiser«: das Grundlagenwerk der traditionellen chinesischen Medizin, hg. und kommentiert von Maoshing Ni, übersetzt von Ingrid Fischer-Schreiber, 2. Aufl., Frankfurt a. M. 2008.

Hübotter, Franz: Chinesisch-tibetische Pharmakologie und Rezeptur, Ulm 1957.

Hürlimann, Annemarie: Mäßig und gefräßig. Ausstellungskatalog, hg. von Angela Völker, Wien 1996.

Hufeland, Christoph Wilhelm: Makrobiotik oder die Kunst das menschliche Leben zu verlängern, 2 Teile, 4., vermehrte Aufl., Berlin 1805.

Humpert, Theodor: Das Konstanzer Spital-Weingut Haltnau, in: Schriften für Bodenseegeschichte 68, 1941–42, S. 61–74.

Ibáñez, Javier / Vargas, Alba M. / Palancar, Margarita / Borrego, Joaquín / de Andrés, M. Teresa: Genetic Relationships among Table-Grape Varieties, in: American Journal of Enology and Viticulture. Bd. 60, Nr. 1, 2009, S. 35–42.

Ibn-Butlan, Abu-'l-Hasan al-Muhtar Ibn-'Abdun: Tacuinum sanitatis = Das Buch der Gesundheit, hg. von Luisa Cogliati Arano. Einführung von Heinrich Schipperges u. Wolfram Schmitt, übersetzt von Bettino Braun, München 1976.

III, Manfred: 125 Jahre Winzerverein Hagnau. Älteste Winzergenossenschaft in Baden, 2006 Hagnau.

Intelligenz-Blätter der Reichsstadt Lindau, 3. Jg., 1 / 85.

Isenmann, Eberhard: Die deutsche Stadt im Spätmittelalter, Stuttgart 1988.

Jacobi, Daniel Dieter: De venenata vini alimenti ac medicamenti optimi virtute, med. Diss., Wittenberg 1740.

Jaffé, Karl: Stellung und Aufgaben des Arztes auf dem Gebiete der Krankenversicherung, München 1903.

Johnson, Hugh: Weingeschichte, Stuttgart / Bern 1990.

Johnson, Hugh / Robinson, Jancis: Der Weinatlas, München 2002.

Johnson, Hugh: Der Neue Weinatlas, Bern / Stuttgart 1994.

Jullien, André: Topographie aller bekannten Weinberge and Weinpflanzungen, … nebst einer General-Classification der Weine. Gekrönte Preisschrift. Nach der vierten französischen Ausgabe übersetzt, Quedlinburg / Leipzig 1835.

Kälble, Mathias: Die »Zivilisierung« des Verhaltens, in: Geschlechtergesellschaften, Zunft-Trinkstuben und Bruderschaften in spätmittelalterlichen und frühneuzeitlichen Städten, hg. von Gerhard Fouquet, Matthias Steinbrink und Gabriel Zeilinger (Stadt in der Geschichte 30), Ostfildern 2003, S. 31–56.

Kaiser, Reinhold: Trunkenheit und Gewalt im Mittelalter, Köln 2002.

Kapferer, Richard / Sticker, Georg (Hg.): Hippokrates: Die Werke des Hippokrates. Die hippokratische Schriftensammlung in neuer deutscher Übersetzung, Bd. 3, Stuttgart 1933.

Kasper, Alfons: Schussenrieder Häuser als Fluchtaysle und Pfleghöfe in fremder Herrschaft, in: Schriften des Vereins für Geschichte des Bodensees und seiner Umgebung 83 (1965), S. 46–106.

Kassim, Hussain: Sarakhsi: Hugo Grotius of the Muslims. Concepts of Treaties and the Doctrine of Juristic Preference in Islamic Jurisprudence, San Francisco 1994.

Kastner, Adolf: Das Meersburger Weingut des Klosters Rot an der Rot, in: Ulm und Oberschwaben, Zeitschrift für Geschichte und Kunst 36 (1962), S. 98–133.

Kastner, Adolf: Meersburgs Bevölkerung vor 150 Jahren nach den »Salzlisten« von 1810, in: Schriften des Vereins für die Geschichte des Bodensees und seiner Umgebung 79 (1961), 126–143.

Kastner, Adolf: Meersburg, Lindau 1953.

Keller, Oskar: Die geologische Geschichte des Bodensees., in: Schriften des Vereins für Geschichte des Bodensees und seiner Umgebung, H. 131 (2013), S. 268–301.

Keller, Oskar: Alpen – Rhein – Bodensee, Herisau 2013.

Kerner, Justinus: Die Seherin von Prevorst. Eröffnung über das innere Leben des Menschen und über das Hereinragen einer Geisterwelt in die unsere, Stuttgart 1832.

Kiefer, Friedrich: Naturkunde des Bodensees, Sigmaringen 1955.

Kinzelbach, Annemarie: Gesundbleiben, Krankwerden, Armsein in der frühneuzeitlichen Gesellschaft: Gesunde und Kranke in den Reichsstädten Überlingen und Ulm, 1500–1700, Stuttgart 1995.

Kleiner, Victor: Die Beschreibung der vorarlbergischen Herrschaften aus dem Jahre 1740, in: Alemannia, H. 3/6 (1935), S. 129–160.

Klemm, Gustav Friedrich: Handbuch der Germanischen Alterthumskunde, Dresden 1836.

Knubben, Thomas: Schiller und Kerner, Hölderlin und Hegel. Eine kleine Landesvinothek, in: Schwäbische Heimat, 64. Jg. (2013), S. 31–36.

Kölges, Benedikt: Vollständiges Handbuch der deutschen Weincultur und Weinausbildung vom Samen der Weinbeere an bis zur Essigsäurebildung des Weines, 2 Bde., Frankfurt 1837.

König, Margarete: Pflanzenfunde aus römerzeitlichen Kelteranlagen der Mittelmosel, in: Neuere Forschungen zum römischen Weinbau an Mosel und Rhein, Schriftenreihe des Rheinischen Landesmuseums Trier 11, hg. von Karl–Josef Gilles, 1995, S. 60–73.

Konold, Werner / Breuer, Matthias: Holzbedarf und Holzverbrauch, in: Historische Terrassenweinberge. Baugeschichte, Wahrnehmung, Erhaltung, hg. von Werner Konold / Claude Petit, Zürich / Bern / Stuttgart / Wien 2003, S. 165–195.

Krämer, Christine: Rebsorten in Württemberg. Herkunft, Einführung, Verbreitung und die Qualität der Weine vom Spätmittelalter bis ins 19. Jahrhundert, in: Tübinger Bausteine zur Landesgeschichte 7, (Diss., Tübingen 2006), Ostfildern 2006.

Küster, Hans-Jörg: Mitteleuropa südlich der Donau, einschließlich Alpenraum, in: Progress in Old World Palaeoethnobotany, hg. von Willem van Zeist / Krystina Wasylikowa / Karl-Ernst Behre (ed.), Rotterdam / Brookfield 1991, S. 179–187.

Kuhn-Rehfus, Maren: Das Zisterzienserinnenkloster Wald, in: Germania Sacra NF 30. Die Bistümer der Kirchenprovinz Mainz. Das Bistum Konstanz 3, Berlin 1992.

Kuhn, Daniel / Quarthal, Franz / Weber, Reinhold: Die Geschichte des Weines in Baden und Württemberg, Stuttgart 2014.

Kurrus, Theodor: Magister Johannes von Tunsel. Generalvikar und Offizial von Konstanz, in: Freiburger Diözesan-Archiv 89 (1969), S. 310–356.

Kurz, Gabriele: Ein Stadttor und Siedlungen bei der Heuneburg (Gemeinde Herbertingen-Hundersingen, Kreis Sigmaringen). Zu den Grabungen in der Vorburg 2000 bis 2006, in: Frühe Zentralisierungs- und Urbanisierungsprozesse (Festschrift Jörg Biel), Forschungen und Berichte zur Vor- und Frühgeschichte in Baden-Württemberg 101, hg. von Dirk Krausse, 2010, S. 185–208.

Kurze, Dietrich (Hg.): Büchelin wye der Mensch bewahr das Leben sein: eine mittelalterliche Gesundheitslehre in lat.-dt. Versen; mit e. Einführung u. Transkription – Faksimile aus der Handschrift D692/XV 3 der Kirchenbibliothek zu Michelstadt um 1460, Hürtgenwald 1980.

Landwirtschaftliches Wochenblatt des Großherzogtums Baden, hg. von der Centralstelle des landwirtschaftlichen Vereins, 4. Jg., Nr.3, 1836.

Landwirtschaftliches Wochenblatt des Großherzogtums Baden, hg. von der Centralstelle des landwirtschaftlichen Vereins, 4. Jg., Nr. 5, 1836.

Landwirtschaftliches Wochenblatt des Großherzogtums Baden, hg.

von der Centralstelle des landwirt-schaftlichen Vereins, 11. Jg., Nr. 1, 1843.

Lang, Gerhard: Quartäre Vegetationsgeschichte Europas, Jena / Stuttgart / New York 1994.

Lechterbeck, Jutta: »Human Impact« oder »Climatic Change«? Zur Vegetationsgeschichte des Spätglazials und Holozäns an hochauflösenden Pollenanalysen laminierter Sedimente des Steisslinger Sees (Südwestdeutschland), Tübinger mikropaläontologische Mitteilungen 25, Tübingen.

Lewald, August: Tyrol vom Glockner zum Orteles, und vom Gardazum Bodensee, 2. Aufl., München 1838.

Lidy, Tanja: In vino sanitas. Apotheker des 19. Jahrhunderts als Wegbereiter der modernen Önologie, rer. nat. Diss., Marburg / Lahn 2014.

Löbenstein-Löbel, Eduard Leopold: Die Anwendung und Wirkung der Weine in lebensgefährlichen Krankheiten, Leipzig 1816.

Lorey, Elmar M.: Als der Wein noch vom Arzt verschrieben wurde. Von den Freuden einer Wiederentdeckung, in: RheingauForum 9 (2000), S. 30–36.

Losse, Michael: »Ein Herrenhaus mit Giebel, Turm und Fahne«. Das »Scheffelschloßle« des Dichters Joseph Victor von Scheffel auf der Mettnau bei Radolfzell, in: Schriften des Vereins für Geschichte des Bodensees und seiner Umgebung, 123 (2005), S. 91–112.

Maier, Fritz: Friedrichshafen. Die Geschichte der Stadt bis zum Beginn des 20. Jahrhunderts, Bd. 1, Friedrichshafen 1983.

Maier, Fritz: Heimatbuch Friedrichshafen, Bd. 1, Friedrichshafen 1994.

Maimonides, Moses: Regimen Sanitatis oder Diätetik für die Seele und den Körper: mit Anhang der medizinischen Responsen und Ethik des Maimonides, 2. Aufl., Basel 1968.

Matheus, Michael: Weinproduktion und Weinkonsum im Mittelalter, Stuttgart 2004.

Matschke, Klaus-Peter: Der Malvasier. Byzanz und die lateinische

Romania im spätmittelalterlichen und frühneuzeitlichen Westen, in: Hellenika. Jahrbuch für griechische Kultur und deutsch-griechische Beziehungen NF 5 (2010), S. 99–119.

Marcolla, Siegfried: Vom Ravensburger Weinbau, Weingarten 1962.

Marx, Farina: Zehn plus Zehn plus Fünfzig gleich Siebzig: Geheimnisse durch Wein entdecken, in: Wein und Judentum, hg. von Andreas Lehnhardt, Berlin 2014, S. 83–92.

Maurer, Helmut: Konstanz als ottonischer Bischofssitz, Göttingen 1973.

Maurer, Helmut: Die Abtei Reichenau. Neue Beiträge zur Geschichte und Kultur des Inselklosters, Sigmaringen 1974.

Maurer, Helmut: Konstanz im Mittelalter (Geschichte der Stadt Konstanz 2), Konstanz 1989.

Maurus, Otto: Ein fürstbischöflicher Erlaß aus dem Jahr 1646, oder: wie Franz Johann von Praßberg die Ordnung in Meersburg wieder herstellte, in: Meersburg. Spaziergänge durch die Geschichte einer alten Stadt, hg. von Franz Schwarzbauer, Friedrichshafen 1999, S. 46–51.

McGovern, Patrick E. / Mirzoian, Armen / Hall, Gretchen R.: Ancient Egyptian herbal wines PNAS 106 (2009), Nr. 18, S. 7361–7366.

Mehlin, Isabella: Weinbau und Weinstatistiken in Deutschland. in: Statistisches Bundesamt: Wirtschaft und Statistik 3 / 2004, Wiesbaden 2004, S. 288–301.

Merk, Walter: Die Grundstücksübertragung in Meersburg am Bodensee, Sonderdruck aus der Zeitschrift der Savigny-Stiftung für Rechtsgeschichte: Germanistische Abteilung, ZRG GA 55/ZRG GA 56, Weimar 1936.

Merkle, Meinrad: Aus den Papieren des in Bregenz verstorbenen Priesters Franz Joseph Weizenegger, 3 Bde., Innsbruck 1839.

Meßmer, Beat Ludwig: Insel-Spital in Bern, Bern 1825.

Meyer, Felix: Rhein, Mosel, Pfalz; unter Einschluß der Weingebiete der Ahr, Nahe, Saar, Ruwer und

Rheinhessens; ein Propaganda- und Nachschlagewerk für den gesamten Weinbau und Weinhandel Deutschlands, Wiesbaden 1926/27.

Meyhöfer, Dirk / Frahm, Klaus: Die Architektur des Weines, Stuttgart 2014.

Miltschitzky, Josef: Ottobeuren – ein europäisches Orgelzentrum. Orgelbauer, Orgeln, und überlieferte Orgelmusik, in: Wissenschaftliche Beiträge aus dem Tectum Verlag: Musikwissenschaft, Band 8, (Diss. Univ. Amsterdam 2012), Marburg 2015.

Möllenberg, Johanna: Überlingen im Dreißigjährigen Krieg. Die Auswirkungen des Krieges auf das Wirtschaftsleben der ehemaligen Reichsstadt, in: Schriften des Vereins für Geschichte des Bodensees und seiner Umgebung 74 (1956), S. 25–67.

Mohr, Joseph: Handbuch für Weinpflanzer zur Verbesserung des Weinbaues am Bodensee und in den Rheingegenden; oder gründliche und faßliche Anleitung, welche praktisch lehrt, wie man ohne alles Künsteln den Weinbau zur größeren Vollkommenheit bringen kann, um gesunde gute Weine zu erhalten, 2 Bde., Freiburg 1834.

Montaigne, Michel de: Tagebuch der Reise nach Italien über die Schweiz und Deutschland von 1580 bis 1581, hg., übersetzt und mit einem Essay versehen von Hans Stilett, Frankfurt a. M. 2002.

Moser, Eva: Otl Aicher, Gestalter, Ostfildern 2012.

Müller, Karl: Geschichte des badischen Weinbaus, Lahr 1953.

Müller, Karl: Rebschädlinge und ihre neuzeitliche Bekämpfung, Karlsruhe 1918.

Müller, Karl Otto: Der Hauskalender des Überlinger Chronisten Jakob Reutlinger, in: Schriften des Vereins für Geschichte des Bodensees und seiner Umgebung 47 (1918), S. 196–235.

Müller-Thurgau, Hermann: Ueber Bastardirung von Rebensorten. in: Der Weinbau, Organ des Deutschen Weinbau-Vereins, VIII. Jg. (1882), Nr. 26, S. 17–18.

Neumaier, Rudolf: Pfründner. Die Klientel des Regensburger St. Katharinenspitals und ihr Alltag (1649–1809), Regensburg 2011.

Niederstätter, Alois: Vorarlberg 1523 bis 1861. Auf dem Weg zum Land. Geschichte Vorarlbergs, Bd. 2, Innsbruck 2015.

Niederstätter, Alois: Aspekte des Landesausbaus und der Herrschaftsverdichtung zwischen Bodensee und Alpen im 11. bis 14. Jahrhundert, in: Montfort, Zeitschrift für Geschichte Vorarlbergs, Bd. 44 (1992), S. 48–62.

Niederstätter, Alois: Die Bodenseeregion – Raum ohne Grenzen?, in: Aufbruch in eine neue Zeit: Vorarlberger Almanach zum Jubiläumsjahr 2005, hg. von Ulrich Nachbaur und Alois Niederstätter im Auftrag der Vorarlberger Landesregierung, Vorarlberger Landesarchiv, Bregenz 2006, S. 259–261.

Nobbe, Friedrich: Die landwirthschaftlichen Versuchs-Stationen. Organ für naturwissenschaftliche Forschungen auf dem Gebiete der Landwirthschaft, Bd. 25, Chemnitz 1880.

Norrie, Philipp A.: The history of wine as a medicine, in: Wine: A Scientific Exploration, hg. von: Merton Sandle und Roger Pinder, London 2003, S. 21–55.

Oechsle, Roderich: Die Finanzgeschichte der fürstbischöflich-konstanzischen Residenzstadt Meersburg (Freiburg, Univ., Diss., 1957), München 1957.

Olenhusen, Irmtraut Götz von: Klerus und abweichendes Verhalten: zur Sozialgeschichte katholischer Priester im 19. Jahrhundert: Die Erzdiözese Freiburg, Göttingen 1994.

Ott, Adolf: Wiener Weltausstellung 1873, Schweiz, Bericht über Gruppe IV, Nahrungs- und Genussmittel als Erzeugnisse der Industrie, Schaffhausen 1874.

Patschovsky, Alexander: Der italienische Humanismus auf dem Konstanzer Konzil (1414–1418),

(Konstanzer Universitätsreden 198), Konstanz 1999.

Paul, Harry W.: Bacchic Medicine. Wine and Alcohol Therapies from Napoleon to the French Paradox, Amsterdam 2001.

Pawlik, Manfred (Hg.): Hildegard von Bingen: Heilwissen. Causae et Curae, Augsburg 1997.

Peters, Johann Wilhelm: Geschichte der deutschen National-Neigung zum Trunke, Leipzig 1782.

Pfeiffer, Franz: Briefwechsel zwischen Joseph Freiherrn von Lassberg und Ludwig Uhland, Wien 1870.

Pfister, Christian: Die Fluktuation der Weinmosterträge im Schweizerischen Weinland vom 16. bis ins frühe 19. Jahrhundert. Klimatische Ursachen und sozioökonomische Bedeutung, in: Schweizerische Zeitschrift für Geschichte, Jg. 31, 1981, Nr. 4, S. 445–491.

Pfister, Christian: Das Klima der Schweiz von 1525–1860 und seine Bedeutung in der Geschichte von Bevölkerung und Landwirtschaft. Bd. I: Klimageschichte der Schweiz 1525–1860; Bd. II: Bevölkerung, Klima und Agrarmodernisierung, Bern / Stuttgart 1984.

Pigott, Stuart: Schöne neue Weinwelt. Von den Auswirkungen der Globalisierung auf die Kultur des Weins, Berlin 2003.

Pigott, Stuart: Wilder Wein. Reise in die Zukunft des Weins, Frankfurt a. M. 2008.

Pilar, Maria del, Prinzessin von Bayern / Chapman-Huston, Desmond: Bavaria the uncomparable. An unpretentious Travel Book, London 1934.

Plietzsch, Susanne: Noah zwischen Rausch, Verletzung und Schuld. Die Degradierung des Fluthelden in der rabbinischen Bibelauslegung, in: Wein und Judentum hg. von Andreas Lehnhardt, Berlin 2014, S. 65–81.

Plinius Secundus d. Ä., C.: Naturkunde, Buch XXIII, lateinisch-deutsch, hg. und übersetzt von Roderich König, München 1993.

Poo, Mu-chou: Wine and Wine Offering in the Religion of Ancient Egypt, London 1995.

Pokorny, Rudolf: Augiensia: ein neuaufgefundenes Konvolut von Urkundenabschriften aus dem Handarchiv der Reichenauer Fälscher des 12. Jahrhunderts, Hannover 2010.

Pupikofer, Johann Adam: Geschichte des Thurgaus, 2 Bde., Bischofzell / Zürich 1828–1830.

Pupikofer, Johann Adam: Der Kanton Thurgau, historisch, geographisch, statistisch geschildert [...]. Ein Hand- und Hausbuch für Kantonsbürger und Reisende, St. Gallen / Bern 1837.

Raymond, Irving Woodworth: The Teaching of the Early Church on the Use of Wine and Strong Drink, New York 1927.

Reiche, Rainer: Einige lateinische Monatsdiätetiken aus Wiener und St. Galler Handschriften, in: Sudhoffs Archiv 57 (1973), S. 113–141.

Reinhardt, Dietrich E.: Die Weingüter der Reichsabtei Ottobeuren am Bodensee 1522–1802 unter besonderer Berücksichtigung des 18. Jahrhunderts; in: Studien und Mitteilungen zur Geschichte des Benediktinerordens und seiner Zweige Nr. 114 (2003), St. Ottilien 2003, S. 135–174.

Reininger, Monika: Ulrich Lemans Reisen: Erfahrungen eines Kaufmanns aus St. Gallen vom Ende des 15. Jahrhunderts im Mittelmeer und in der Provence, Würzburg 2007.

Reith, Reinhold: Die Umweltgeschichte der Frühen Neuzeit (Enzyklopädie der deutschen Geschichte Band 89), München 2011.

Rhagorius, Daniel: Der Pflantz-Gart, welcher gestalten Obst Kraut und Wein-Gärten zu bawen und zu erhalten, Bern 1639.

Rieger-Benkel, Brigitte: Aus einer vergessenen Zeit: Meersburg in den Ortsbereisungsprotokollen von 1851 bis 1913, Meersburg 2004.

Riha, Ortrun: »Meister Alexanders Monatsregeln«: Untersuchungen zu einem spätmittelalterlichen Regimen duodecim mensium mit kritischer Textausgabe, Pattensen 1985.

Riha, Ortrun: Ortolf von Baierland: Mittelalterliche Heilkunst: das Arzneibuch Ortolfs von Baierland (um 1300), Baden Baden 2014.

Riha, Ortrun: Das Arzneibuch Ortolfs von Baierland: auf der Grundlage der Arbeit des von Gundolf Keil geleiteten Teilprojekts des SFB 226 »Wissensvermittelnde und wissensorganisierende Literatur im Mittelalter«, Wiesbaden 2014.

Robinson, Jancis / Harding, Julia / Vouillamoz, José: Wine Grapes, New York 2012.

Roeck, Bernd: Zunfthäuser in Zürich, in: Geschlechtergesellschaften, Zunft-Trinkstuben und Bruderschaften in spätmittelalterlichen und frühneuzeitlichen Städten, hg. von Gerhard Fouquet, Matthias Steinbrink und Gabriel Zeilinger (Stadt in der Geschichte 30), Ostfildern 2003, S. 191–214.

Röhrenbach, Wilhelm: Wie der »Müller-Thurgau« ans deutsche Bodenseeufer kam, Immenstaad 2003 (unveröffentlichtes Manuskript).

Rösch, Adolf: Hermann von Vicari im Dienste der Konstanzer und Freiburger Kurie, Freiburger Diözesan Archiv Bd. 55 (1927), S. 295–361.

Rösch, Carl: Der Mißbrauch geistiger Getränke in pathologischer, therapeutischer, medizinisch-polizeilicher und gerichtlicher Hinsicht, Tübingen 1839.

Rösch, Manfred: Wein und Weinbau, in: Reallexikon der Germanischen Altertumskunde, hg. von Heinrich Beck / Dieter Geuenich / Heiko Steuer, begründet von Johannes Hoops, Bd. 33, 2. Aufl., Berlin / New York 2006, S. 398–406.

Rösch, Manfred: New aspects of agriculture and diet of the early medieval period in central Europe: waterlogged plant material from sites in south-western Germany, in: Vegetation History and Archaeobotany 17, 2008, S. 225–238.

Rösch, Manfred: Vegetation und Waldnutzung im Nordschwarzwald während sechs Jahrtausenden anhand von Profundalkernen aus dem Herrenwieser See, in: Standort. Wald, Mitteilungen des Vereins für forstliche Standortskunde und Forstpflanzenzüchtung 47, 2012, S. 43–64.

Rösch, Manfred: Direkte archäologische Belege für alkoholische Getränke von der vorrömischen Eisenzeit bis ins Mittelalter, in: Küche und Keller in Antike und Frühmittelalter, Tagungsbeiträge der Arbeitsgemeinschaft Spätantike und Frühmittelalter, Studien zu Spätantike und Frühmittelalter 6, hg. von Jörg Drauschke / Roland Prien / Alexander Reis, Hamburg 2014, S. 305–326.

Rösch, Manfred: Evaluation of honey residues from Iron Age hill-top sites in south-western Germany: implications for local and regional land use and vegetation dynamics, in: Vegetation History and Archaeobotany 8, 1999, S. 105–112.

Rösch, Manfred: Vegetationsgeschichtliche Untersuchungen im Durchenbergried, in: Siedlungsarchäologie im Alpenvorland 2, Forschungen und Berichte zur Vor- und Frühgeschichte in Baden-Württemberg 37 (1990), S. 956.

Rösch, Manfred: Pflanzenreste aus Tumulus 17, Grab 1, in: A Landscape of Ancestors: Archaeological Investigations of Two Iron Age Burial Mounds in the Hohmichele Group, Baden-Württemberg, Forschungen und Berichte zur Vor- und Frühgeschichte in Baden-Württemberg, hg. von Bettina Arnold / Matthew L. Murray, Stuttgart [im Druck].

Rösch, Manfred: Pollen analysis of the contents of excavated vessels – direct archaeobotanical evidence of beverages, in: Festschrift für Sigmar Bortenschlager zum 65. Geburtstag, Vegetation History and Archaeobotany 14, 2005, S. 179–188.

Rösch, Manfred / Lechterbeck, Jutta: Seven Millennia of human impact as reflected in a high resolution pollen profile from the profundal sediments of Litzelsee, Lake Constance region, Germany, in: Vegetation History and Archaeobotany 25, 2016, S. 339–358.

Rösener, Werner: Grundherrschaft im Wandel. Untersuchungen zur Entwicklung geistlicher Grundherrschaften im südwestdeutschen Raum vom 9. bis 14. Jahrhundert, Göttingen 1991.

Rösener, Werner: Reichsabtei Salem. Verfassungs- und Wirtschaftsgeschichte des Zisterzienserklosters von der Gründung bis zur Mitte des 14. Jahrhunderts, Sigmaringen 1974.

Rösener, Werner / Rückert, Peter: Das Zisterzienserkloster Salem im Mittelalter und seine Blüte unter Abt Ulrich II. von Seelfingen (1282–1311), Ostfildern 2014.

Rogge, Jörg: Geschlechtergesellschaften, Trinkstuben und Ehre, in: Geschlechtergesellschaften, Zunft-Trinkstuben und Bruderschaften in spätmittelalterlichen und frühneuzeitlichen Städten, hg. von Gerhard Fouquet, Matthias Steinbrink und Gabriel Zeilinger (Stadt in der Geschichte 30), Ostfildern 2003, S. 99–128.

Rothschedl, Stefan: Kulturgut Wein: Die Inwertsetzung österreichischer Weinkultur auf Basis des Kulturerbeverständnisses der Unesco, Hamburg 2013.

Rudolf, Hans Ulrich: Bau, Funktion und Bedeutung des Fruchtkastens in der Klosterzeit (1684–1802), in: Der Fruchtkasten des Klosters Weingarten 1688–1988 (Weingartener Hochschulschriften Nr. 7), hg. von Hans Ulrich Rudolf / Norbert Kruse, Bergatreute 1989, S. 15–40.

Rüsch, Ernst Gerhard: Vadians Schriften über die Stadt St. Gallen und über den obern Bodensee, in: Schriften des Vereins für Geschichte des Bodensees und seiner Umgebung 117 (1999), S. 99–155.

Ruffner, Hans-Peter / Wirth, Andreas: Strukturen im Deutschschweizer Weinbau. in: Obst-und Weinbau. Schweizer Zeitschrift für Obst und Weinbau, 152. Jg., Nr. 16 (2016), S. 8–12.

Sartori, Joseph von: Statistische Abhandlung über die Mängel in der Regierungsverfassung der geistlichen Wahlstaaten, und von den Mitteln, solchen abzuhelfen, 2. Aufl., Augsburg 1788.

Schäfer, Friedrich: Wirtschafts- und Finanzgeschichte der Reichsstadt Überlingen am Bodensee in den Jahren 1550–1628, nebst einem einleitenden Abriss der Überlinger Verfassungsgeschichte, in: Untersuchungen zur deutschen Staats- und Rechtsgeschichte 44, Breslau 1893.

Schäfer, Rainer: Dänemark. Aus bester Randlage. in: Die Zeit vom 24.07.2008.

Schib, Karl: Geschichte der Stadt und Landschaft Schaffhausen, Schaffhausen 1972.

Schiess, Emil: Die Hexenprozesse und das Gerichtswesen im Lande Appenzell im 15. bis 17. Jahrhundert, in: Appenzellische Jahrbücher 48 (1921), S. 1–12.

Schlegel, Walter: Weinbau und Weinhandel der Kartause Ittingen und die Situation des Weinbaus ums Jahr 1840, in: Thurgauer Beiträge 108, Frauenfeld 1970, S. 81–115.

Schmid, Hermann: Aus den Totenbüchern der Pfarrei Meersburg (1714–1839). Ein Beitrag zur Geschichte der Gemeinde, des bischöflich-konstanzischen Hofs und der schwäbischen Kreistruppen, in: Freiburger Diözesan-Archiv 110 (1990), S. 137–234.

Schmidt, Paul Ferdinand: Moderne Weinetiketten. Aus den Werkstätten der Firma Rudolf Gerstung in Offenbach a. M., in: Das Plakat, 4. Jg, Nr. 6, Berlin 1913, S. 249–250.

Schmidt-Bachem, Heinz: Aus Papier. Eine Kultur- und Wirtschaftsgeschichte der Papierverarbeitenden Industrie in Deutschland, Berlin 2011.

Schnyder, Werner: Handel und Verkehr über die Bündner Pässe im Mittelalter zwischen Deutschland, der Schweiz und Oberitalien. Darstellung und Dokumente bearb. von Werner Schnyder. 2 Bde., Zürich 1973, 1975.

Schreiber, Georg: Die Weinglocke in der deutschen Weinlandschaft, in: Archiv für Kulturgeschichte 43 (1961), S. 1–17.

Schudel, Elisabeth: Der Grundbesitz des Klosters Allerheiligen in Schaffhausen, Diss., Zürich 1936.

Schürle, Wolfgang: Das Hospital zum Heiligen Geist in Konstanz. Ein Beitrag zur Rechtsgeschichte des Hospitals im Mittelalter (Konstanzer Geschichts- und Rechtsquellen 17), Sigmaringen 1970.

Schulte, Aloys: Die Urkunde Walafrid Strabos von 843, in: Zeitschrift für die Geschichte des Oberrheins 42 (1888), S. 345–353.

Schwab, Andreas: Wärmespeicher See, in: Wetter und Klima im Bodenseeraum, hg. von der Internationalen Bodenseekonferenz, o.O. 2005, S. 29–35.

Schwab, Andreas, u.a.: Klimafibel – Ergebnisse der Klimaanalyse für die Region Bodensee-Oberschwaben und ihre Anwendung in der regionalen und kommunalen Planung, in: Info Heft Nr. 11, hg. vom Regionalverband Bodensee-Oberschwaben, o.O. 2010.

Schwab, Andreas / Schillig, Dietmar: Oberschwaben – das Land vor den Alpen., in: Oberschwaben naturnah, Jahresheft 2009, S. 54–68.

Schwab, Gustav: Der Bodensee nebst dem Rheinthale von St. Luziensteig bis Rheinegg. Handbuch für Reisende und Freunde der Natur, Geschichte und Poesie, Stuttgart / Tübingen 1827.

Schwarzbauer, Franz: »Das Städtchen ist so angenehm«. Annette von Droste-Hülshoff in Meersburg. in: Meersburg. Spaziergänge durch die Geschichte der Stadt, hg. von Franz Scharbauer, Friedrichshafen 1999, S. 124–134.

Sebald, Oskar / Seybold, Siegmund / Philippi, Georg / Wörz, Arno: Die Farn- und Blütenpflanzen Baden-Württembergs, Stuttgart 1990–1998.

Seifert, Eckhart: Der Kampf um des Priesters Rausch. Eine Quellenstudie, in: Ferdinandina. Herrn Prof. Dr. iur. Ferdinand Elsener zum

60. Geburtstag am 19. April 1972, 2. Aufl., Tübingen 1973, S. 81–92.

Semler, Alfons (bearb.): Die Tagebücher des Dr. Johann Heinrich von Pflummern 1633–1643, in: ZGORh Beihefte 98–100, NF 59–61, 1950–1952.

Shand, Philip Morton: A Book of other wines – than French, London 1929.

Sieglerschmidt, Jörn: Maße, Gewichte und Währungen am westlichen und nördlichen Bodensee um 1800, in: Schriften des Vereins für Geschichte des Bodensees und seiner Umgebung 105 (1987), S. 75–91.

Simon-Muscheid, Katharina: Zunft-Trinkstuben und Bruderschaften: Soziale Orte und Beziehungsnetze im spätmittelalterlichen Basel, in: Geschlechtergesellschaften, Zunft-Trinkstuben und Bruderschaften in spätmittelalterlichen und frühneuzeitlichen Städten, hg. von Gerhard Fouquet, Matthias Steinbrink und Gabriel Zeilinger (Stadt in der Geschichte 30), Ostfildern 2003, S. 147–162.

Single, Christian: Auszug aus dem Bericht des Gemeinderaths Single über die ihm 1862 als Führer einer Anzahl von Weingärtnern aufgetragene Instruktionsreise, in: Wochenblatt für Land- und Forstwirthschaft, hg. von der Königlich Württembergischen Centralstelle für die Landwirtschaft, Nr. 8, 1864, S. 37–47.

Sonderegger, Stefan: »Den Weingarten in Ehren haben« – Ottenberger Weinbau, in: Vom Bodensee nach Bischofszell. Alltag und Wirtschaft im 15. Jahrhundert (Der Thurgau im späten Mittelalter 2), hg. von Silvia Volkart, Zürich 2015, S. 89–93.

Sonderegger, Stefan: Weinbau im St. Galler Rheintal im 15. Jahrhundert, in: Montfort 51 (1999), S. 129–138.

Sonderegger, Stefan: Der Rebbrief von 1471, eine wichtige Quelle zum Weinbau im St. Galler Rheintal, Kommentar und Neuedition, in: Wirtschaft und Herrschaft, Beiträge zur ländlichen Gesellschaft in der östlichen Schweiz (1200–1800), hg.

von Thomas Meier / Rogier Sablonier, Zürich 1999, S. 43–53.

Sonderegger, Stefan: Landwirtschaftliche Spezialisierung in der spätmittelalterlichen Nordostschweiz, in: Zwischen Land und Stadt. Wirtschaftsverflechtungen von ländlichen und städtischen Räumen in Europa 1300–1600, (Jahrbuch für Geschichte des ländlichen Raumes 2009), hg. von Markus Cerman / Erich Landsteiner, Innsbruck 2010, S. 139–160.

Sorg, Michael: Kurze jedoch gründliche Anleitung zu dem Rebbau, Schaffhausen 1759.

Spahr, Gebhard: Geschichte des Weinbaus im Bodenseeraum, in: Schriften des Vereins für Geschichte des Bodensees und seiner Umgebung 99/100 (1981/82), S. 189–229.

Spahr, Gebhard: Wein und Weinbau im Bodenseeraum, in: Schriften zur Weingeschichte 23, Wiesbaden 1970, S. 1–36.

Spode, Hasso: Die Macht der Trunkenheit. Kultur- und Sozialgeschichte des Alkohols in Deutschland, Opladen 1993.

Sprandel, Rolf: Von Malvasia bis Kötzschenbroda. Die Weinsorten auf den spätmittelalterlichen Märkten Deutschlands, in: Vierteljahrschrift für Sozial- und Wirtschaftsgeschichte, Beiheft 149, Stuttgart 1998.

Staab, Franz: Agrarwissenschaft und Grundherrschaft. Zum Weinbau der Klöster im Frühmittelalter, in: Weinbau, Weinhandel und Weinkultur, Geschichtliche Landeskunde, Bd. 40, hg. von Alois Gerlich, Stuttgart 1993, S. 1–48.

Staab, Franz: Weinwirtschaft im früheren Mittelalter, insbesondere im Frankenreich und unter den Ottonen, in: Weinwirtschaft im Mittelalter. Zur Verbreitung, Regionalisierung und wirtschaftlichen Nutzung einer Sonderkultur aus der Römerzeit, Quellen und Forschungen zur Geschichte der Stadt Heilbronn 9, Heilbronn 1997, S. 29–76.

Stadelhofer, Marquard: Aufzeichnungen über die Witterungsverhältnisse zu Meersburg am Bodensee in den Jahren 1724–1785. sowie über denkwürdige Vorkommnisse ... Ursprünglich niedergeschrieben von den Rebleuten des Gotteshauses Münsterlingen, Karlsruhe 1880.

Staffler, Johann Jakob: Tirol und Vorarlberg, statistisch, mit geschichtlichen Bemerkungen, Innsbruck 1839.

Staiger, Xaver: Salem oder Salmansweiler ehemaliges Reichskloster Cistercienser-Ordens, Constanz 1863.

Statistisches Bundesamt (Hg.): Land- und Forstwirtschaft, Fischerei, Landwirtschaftliche Bodennutzung – Rebflächen 2014, Fachserie 3, Reihe 3.1.5, Wiesbaden 2015.

Steinemann, Ernst: Der Zoll im Schaffhauser Wirtschaftsleben, in: Schaffhauser Beiträge zur Geschichte, 27 (1950), S. 207–252.

Stika, Hans-Peter: Römerzeitliche Pflanzenreste aus Baden-Württemberg, Materialhefte zur Archäologie 36, Stuttgart 1996.

Stika, Hans-Peter: Früheisenzeitliche Met- und Biernachweise aus Süddeutschland, in: Archäologische Informationen 33/1, 2010, S. 113–121.

Stingl, Willy: Noch 15 Torkel im Bodenseeraum, Meersburg 1981.

Stolz, Dieter Helmut: Geliebtes Überlingen, ein Gang durch die Geschichte und Kultur, Allensbach 1972.

Stolze, Alfred Otto: Der Sünfzen zu Lindau, Lindau und Konstanz 1956.

Strohmaier, Gotthard: Avicenna, 2., überarb. Aufl., München 2006.

Swayne, G.C., in: Once a week, an illustrated Miscellany of Literature, Pupular Science, and Art, Vol I. Jan-June 1866, hg. von Eneas Sweetland Dallas, London 1866.

Taber, George M.: Judgement of Paris: California vs France and the Historic Paris Tasting that Revolutionized Wine, New York 2005.

Tanner, Jakob: Die »Alkoholfrage« in der Schweiz im 19. und 20. Jahrhundert, in: Zur Sozialgeschichte des Alkohols in der Neuzeit Europas, hg. von W. Hermann Fahrenkrug, Lausanne 1986, S. 147–168.

Tchofen, Bernhard: Europa im Extrakt? Die gemeinsame Weinkultur und der Geschmack der Regionen. Vortrag beim Symposion »Die europäische Weinkultur im Zeitalter der Globalisierung« des Artvinum-Forums für europäische Weinkultur in Stuttgart 2007.

Thielen, Johann / Arntz Helmut: Zur Geschichte des deutschen Weinetiketts. Schriften zur Weingeschichte, Wiesbaden 1975.

Tlusty, B. Ann: Bacchus und die bürgerliche Ordnung: die Kultur des Trinkens im frühneuzeitlichen Augsburg, Augsburg 2005.

Vilas, Hans von: Der Arzt und Philosoph Asklepiades von Bithynien, Bremen 2012.

Vogt, Werner: Über den Weinbau in Wolfurt, in: Heimat Wolfurt, Zeitschrift des Heimatkundekreises, H. 19 (Juni 1997), S. 4–13.

Vogt, Karl Wilhelm: Belvedere der Hochlande von dem Bodensee und den Lechquellen bis zur Isar, von dem Oetzthalferner bis zum Würmsee, Augsburg / Lindau 1841.

Volk, Otto: Weinbau und Weinabsatz im späten Mittelalter. Forschungsstand und Forschungsprobleme, in: Weinbau, Weinhandel und Weinkultur, hg. von Alois Gerlich, Stuttgart 1993, S. 49–163.

Wagener, Benjamin: Zerrissen zwischen Welt- und Wochenmarkt. Aufgerieben von Globalisierung und Verbraucheranspruch kämpfen Landwirte um ihre Existenz. in: Schwäbische Zeitung vom 20.09.2016, S. 3.

Weeber, Karl-Wilhelm: Die Weinkultur der Römer, Zürich 1993.

Weech, Friedrich Freiherr von: Codex diplomaticus Salemitanus (1134–1498), Urkundenbuch der Cisterzienserabtei Salem, 3 Bde., Karlsruhe 1883–1895.

Weech, Friedrich Freiherr von (bearb.): Sebastian Bürster's Beschreibung des Schwedischen Krieges 1630–1647, nach der Original-Handschrift im General-Landesarchiv zu Karlsruhe, Leipzig 1875.

Weichle, Friedrich: Der Weinbau am Überlinger See, in: Badische Heimat 23 (1936), S. 322–333.

Weller, Friedrich: Vermindert der Bodensee die Frostgefahr in seinem Umland? in: Schriften des Vereins für Geschichte des Bodensees und seiner Umgebung, 119 (2001).

Welti, Ludwig: Siedlungs- und Sozialgeschichte von Vorarlberg, 1973.

Wick, Lucia: Weinbau im Wallis vor der Römerzeit? Was die Seesedimente erzählen, in: Walliser Reb- und Weinmuseum, Rebe und Wein im Wallis, Sierre 2010, S. 58–59.

Wick, Lucia / Rösch, Manfred: Von der Natur- zur Kulturlandschaft – Ein Forschungsprojekt zur jungsteinzeitlichen und bronzezeitlichen Landnutzung am Bodensee, in: Denkmalpflege in Baden-Württemberg 35/4, 2006, S. 225–233.

Widmer, Jürgen / Flemming, Christian: Lindau. Porträt einer Stadt, Meßkirch 2015.

Wiel, Josef: Dietätisches Koch-Buch für Gesunde und Kranke, mit besonderer Rücksicht auf den Tisch für Magenkranke, 6. verm. Aufl., Freiburg 1886.

Willi, F.: Geschichte der Stadt Rorschach und des Rorschacher Amtes, Rorschach 1947.

Willsberger, Johann: Gourmet, Das internationale Magazin für gutes Essen, H. 39 (1986).

Winkler, Gerhard: Der Feldkircher Mistrodel (1307–1313), in: Die Montforter. Vorarlberger Landesmuseum Bregenz, 1. Okt. – 14. Nov. 1982, Palais Liechtenstein Feldkirch, 1. Okt. – 31. Okt. 1982 (Ausstellungskatalog des Vorarlberger Landesmuseums / Vorarlberger Landesmuseum, Bregenz 103), 1982, S. 137–143.

Wittenweiler, Heinrich: Der Ring, Berlin 2012.

Wittich, Johann / Conrath, Karl: Von der artzneylichen Tugend des Weines wider alle Leibs-Uebel und phlegmatische Pein der Männer und Weiber, insonderheit für alle Preßhafftigkeiten der Organe, der äußern und der heimlichen Glieder, damit sie munter seyen. Gesamlet und außgesucht nach dem Newen Artzneybuch des Hoff- und Stadt-Medicus Johannes Wittichius von Karl Conrath, 1595 [Auszug], Neustadt a.d. Weinstraße 1955.

Wolkenstein, Oskar Von: Lieder. Frühneuhochdeutsch u. Neuhochdeutsch, ausgew., hg., übers. und komm. von Burghart Wachinger. Meldoien und Tonsätze hg. und komm. von Horst Brunner (RUB 18490), Stuttgart 2007.

Woschek, Heinz-Gert: Eine Spezialität aus der Lufthansa Vinothek, Blatt 86/X–86/XII (1986).

Zeller, Bernhard: Das Heilig-Geist-Spital zu Lindau im Bodensee von seinen Anfängen bis zum Ausgang des 16. Jahrhunderts, Lindau 1952.

Zeller, Ingrid: Weinbau in Vorarlberg, Feldkirch 1983.

Zohary, Daniel / Hopf, Maria: Domestication of plants in the Old World, Oxford 1988.

Zohary Daniel / Spiegel-Roy, Peter: Beginnings of fruit growing in the Old World, in: Science 187, 1975, S. 319–327.

Zückert, Hartmut: Die sozialen Grundlagen der Barockkultur in Süddeutschland (Quellen und Forschungen zur Agrargeschichte 33), Stuttgart / New York 1988.

Zwinger, Theodor: Theatrvm Botanicvm, das ist: Neu Vollkommenes Kräuter-Buch, Frankfurt 1696.

Abbildungsnachweis

Archiv Hochschule Geisenheim, S. 165, 168

Badische Landesbibliothek Karlsruhe, S. 65

Bibliothèque nationale et universitaire de Strasbourg, S. 124

blubb.media GmbH, Stuttgart, S. 225, 227

Demirag Architekten, Stuttgart, S. 235

Fürstl. zu Waldburg-Zeilsches Gesamtarchiv, Schloss Zeil, S. 184/185

Generallandesarchiv Karlsruhe, S. 62, 115, 125, 132

Gesellschaft der 101 Bürger zu Meersburg, S. 198

Getty Museum New York, S. 215

International Advertising & Design DataBase, S. 240

Kantonsbibliothek Thurgau, S. 179

Kartause Ittingen, S. 136–141 (Mirjam Wanner), 144–150

Krämer, Christine, Stuttgart, S. 113, 114

Labor für Archäobotanik, Hemmenhofen, S. 50–53, 57

Landesbetrieb Vermögen und Bau Baden-Württemberg, Amt Ravensburg, S. 92

Landesmuseum Württemberg, Stuttgart, S. 121, 130

Museum Hagnau, S. 82, 84

Museum Humpis-Quartier, Ravensburg, S. 188, 193

Österreichische Nationalbibliothek Wien, S. 203

Rebholz, Hans, Radolfzell-Liggeringen, S. 171

Schaal, Chris, Stuttgart, S. 254–263

Sommerfeld, Susanne, Konstanz, S. 164, 166, 167, 238, 239, 242

Staatl. Schlösser und Gärten Baden-Württemberg, Schloss Tettnang, S. 176, 180

Staatsweingut Meersburg, S. 240, 243

Stadtarchiv Bregenz, S. 127

Stadtarchiv Lindau, S. 195

Stadtarchiv Meersburg, S. 16/17, 99, 107, 110, 111, 116, 209

Stadtarchiv Ravensburg, S. 8–11, 72, 75, 76, 80, 131, 197

Stadtmuseum Lindau, S. 122, 133

Städtisches Museum Überlingen, S. 86/87

Stiftsbibliothek St. Gallen, S. 13, 60, 63, 181, 200, 205

Universitätsbibliothek Bern, Ryhiner Karten, S. 108, 119

Vineum Bodensee, Meersburg, S. 23, 32, 264/265 (M. Haefner); S. 24, 28–30, 34–37, 40–44, 47 (A. Schwab); S. 235

Weingut Schmidt, Wasserburg, S. 250, 252

Wikimedia Commons, S. 18, 54, 104, 212, 218

Willsberger, Johann, Herisau, S. 222, 232/233

Winzerverein Hagnau, S. 94, 105

Winzerverein Meersburg, S. 106, 162, 163

Württembergische Landesbibliothek Stuttgart, S. 121, 130, 154, 156, 159

Autorenverzeichnis

Dr. Felix Ackermann, Historiker und Kurator am Ittinger Museum, Kartause Ittingen, Warth

Prof. Uli Braun, Professor an der Fakultät für Gestaltung, Hochschule Würzburg-Schweinfurt

Christa Fritschi, Historikerin, Ittinger Museum, Kartause Ittingen, Warth

Ursula Heinzelmann, Foodhistorikerin, Reise- und Weinautorin, Berlin

Prof. Dr. Robert Jütte, Direktor des Instituts für Geschichte der Medizin der Robert Bosch Stiftung, Stuttgart, Honorarprofessor an der Universität Stuttgart

Prof. Dr. Thomas Knubben, Professor für Kulturwissenschaft und Kulturmanagement sowie Leiter des Instituts für Kulturmanagement der Pädagogischen Hochschule Ludwigsburg

Dr. Christine Krämer, Weinhistorikerin, Stuttgart

Prof. Dr. Manfred Rösch, Leiter des Labors für Archäobotanik im Landesamt für Denkmalpflege Baden-Württemberg, Hemmenhofen, außerplanmäßiger Professor an der Universität Heidelberg

Prof. Dr. Werner Rösener, bis 2009 Professor für Mittlere und Neuere Geschichte an der Universität Gießen

Prof. Dr. Andreas Schmauder, Direktor des Stadtarchivs und des Museums Humpis-Quartier Ravensburg, Honorarprofessor an der Universität Tübingen

Prof. Dr. Andreas Schwab, Professor für Geographie an der Pädagogischen Hochschule Weingarten

VERLAGSGRUPPE PATMOS

PATMOS
ESCHBACH
GRÜNEWALD
THORBECKE
SCHWABEN

Die Verlagsgruppe
mit Sinn für das Leben

Für die Schwabenverlag AG ist Nachhaltigkeit ein wichtiger Maßstab ihres Handelns. Wir achten daher auf den Einsatz umwelt-
schonender Ressourcen und Materialien.

Gestaltung
Uli Braun, Konstanz und Markus Braun, Stuttgart

Umschlagabbildung
Titelkollage aus: Sebastian Münster, Cosmographie,
Holzschnitt, 1550, und Foto von Susanne Sommerfeld

Druck
Himmer GmbH Druckerei, Augsburg
Hergestellt in Deutschland
ISBN 978-3-7995-1153-7